中国科协学科发展研究系列报告

中国科学技术协会／主编

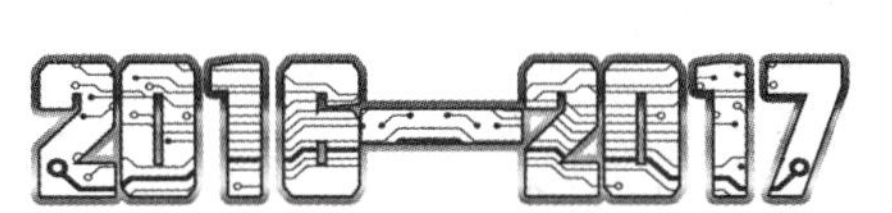

资源科学学科发展报告

中国自然资源学会 ｜ 编著

REPORT ON ADVANCES IN
RESOURCES SCIENCE

中国科学技术出版社
·北　京·

图书在版编目（CIP）数据

2016—2017 资源科学学科发展报告 / 中国科学技术协会主编；中国自然资源学会编著 .—北京：中国科学技术出版社，2018.3

（中国科协学科发展研究系列报告）

ISBN 978-7-5046-7932-1

Ⅰ. ① 2… Ⅱ. ①中… ②中… Ⅲ. ①资源科学—学科发展—研究报告—中国— 2016—2017 Ⅳ. ① P96-12

中国版本图书馆 CIP 数据核字（2018）第 047497 号

策划编辑	吕建华　许　慧
责任编辑	赵　佳　高立波
装帧设计	中文天地
责任校对	凌红霞
责任印制	马宇晨

出　　版	中国科学技术出版社
发　　行	中国科学技术出版社发行部
地　　址	北京市海淀区中关村南大街16号
邮　　编	100081
发行电话	010-62173865
传　　真	010-62179148
网　　址	http://www.cspbooks.com.cn

开　　本	787mm × 1092mm　1/16
字　　数	420千字
印　　张	17.75
版　　次	2018年3月第1版
印　　次	2018年3月第1次印刷
印　　刷	北京盛通印刷股份有限公司
书　　号	ISBN 978-7-5046-7932-1 / P · 197
定　　价	88.00元

2016—2017

资源科学学科发展报告

首席科学家　成升魁

专　家　组

组　　长　江　源　沈　镭

成　　员　（按姓氏音序排列）

包安明　陈松林　崔建宇　崔振岭　邓　伟
封志明　何永涛　黄贤金　江荣风　蒋　瑜
孔祥斌　李方舟　李家永　李升峰　李彦明
廖善刚　刘　俊　马金珠　马　林　濮励杰
秦富仓　沈　镭　沈彦俊　宋永永　王小丹
武　娜　徐增让　薛东前　殷　勇　余建辉
袁　苑　曾朝旭　张福锁　张文忠　张宪洲
钟　帅　朱　波　朱高峰　朱　明

学术秘书　王　捷　刘丽娜　商永刚

党的十八大以来，以习近平同志为核心的党中央把科技创新摆在国家发展全局的核心位置，高度重视科技事业发展，我国科技事业取得举世瞩目的成就，科技创新水平加速迈向国际第一方阵。我国科技创新正在由跟跑为主转向更多领域并跑、领跑，成为全球瞩目的创新创业热土，新时代新征程对科技创新的战略需求前所未有。掌握学科发展态势和规律，明确学科发展的重点领域和方向，进一步优化科技资源分配，培育具有竞争新优势的战略支点和突破口，筹划学科布局，对我国创新体系建设具有重要意义。

2016 年，中国科协组织了化学、昆虫学、心理学等 30 个全国学会，分别就其学科或领域的发展现状、国内外发展趋势、最新动态等进行了系统梳理，编写了 30 卷《学科发展报告（2016—2017）》，以及 1 卷《学科发展报告综合卷（2016—2017）》。从本次出版的学科发展报告可以看出，近两年来我国学科发展取得了长足的进步：我国在量子通信、天文学、超级计算机等领域处于并跑甚至领跑态势，生命科学、脑科学、物理学、数学、先进核能等诸多学科领域研究取得了丰硕成果，面向深海、深地、深空、深蓝领域的重大研究以“顶天立地”之态服务国家重大需求，医学、农业、计算机、电子信息、材料等诸多学科领域也取得长足的进步。

在这些喜人成绩的背后，仍然存在一些制约科技发展的问题，如学科发展前瞻性不强，学科在区域、机构、学科之间发展不平衡，学科平台建设重复、缺少统筹规划与监管，科技创新仍然面临体制机制障碍，学术和人才评价体系不够完善等。因此，迫切需要破除体制机制障碍、突出重大需求和问题导向、完善学科发展布局、加强人才队伍建设，以推动学科持续良性发展。

近年来，中国科协组织所属全国学会发挥各自优势，聚集全国高质量学术资源和优秀人才队伍，持续开展学科发展研究。从 2006 年开始，通过每两年对不同的学科（领域）分批次地开展学科发展研究，形成了具有重要学术价值和持久学术影响力的《中国科协学科发展研究系列报告》。截至 2015 年，中国科协已经先后组织 110 个全国学会，开展了 220 次学科发展研究，编辑出版系列学科发展报告 220 卷，有 600 余位中国科学院和中国工程院院士、约 2 万位专家学者参与学科发展研讨，8000 余位专家执笔撰写学科发展报告，通过对学科整体发展态势、学术影响、国际合作、人才队伍建设、成果与动态等方面最新进展的梳理和分析，以及子学科领域国内外研究进展、子学科发展趋势与展望等的综述，提出了学科发展趋势和发展策略。因涉及学科众多、内容丰富、信息权威，不仅吸引了国内外科学界的广泛关注，更得到了国家有关决策部门的高度重视，为国家规划科技创新战略布局、制定学科发展路线图提供了重要参考。

十余年来，中国科协学科发展研究及发布已形成规模和特色，逐步形成了稳定的研究、编撰和服务管理团队。2016—2017 学科发展报告凝聚了 2000 位专家的潜心研究成果。在此我衷心感谢各相关学会的大力支持！衷心感谢各学科专家的积极参与！衷心感谢编写组、出版社、秘书处等全体人员的努力与付出！同时希望中国科协及其所属全国学会进一步加强学科发展研究，建立我国学科发展研究支撑体系，为我国科技创新提供有效的决策依据与智力支持！

当今全球科技环境正处于发展、变革和调整的关键时期，科学技术事业从来没有像今天这样肩负着如此重大的社会使命，科学家也从来没有像今天这样肩负着如此重大的社会责任。我们要准确把握世界科技发展新趋势，树立创新自信，把握世界新一轮科技革命和产业变革大势，深入实施创新驱动发展战略，不断增强经济创新力和竞争力，加快建设创新型国家，为实现中华民族伟大复兴的中国梦提供强有力的科技支撑，为建成全面小康社会和创新型国家做出更大的贡献，交出一份无愧于新时代新使命、无愧于党和广大科技工作者的合格答卷！

2018 年 3 月

资源是人类赖以生存与发展的物质基础。随着人口的快速增长和经济发展，人类过度地消耗资源已经引起全球性资源短缺和环境恶化。协调好人口、资源与环境的关系成为人类社会经济实现可持续发展战略的重要任务，从而推动资源科学的快速发展。

资源科学研究资源的形成、演化、质量特征和时空分布及其与人类社会发展的相互关系，发现、分析、解释和解决资源问题是其根本任务。我国人口基数大，耕地、水、能源和矿产等重要资源的人均占有量都低于世界平均水平，资源供需矛盾一直比较突出。根据我国国情，这些年来国家一直强调“绿色发展”和“生态文明建设”，选择有利于节约资源和保护环境的产业结构与消费方式，坚持资源开发和节约并举，加强污染治理，切实改善生态环境，这些都为中国资源科学的发展提供了不可替代的巨大动力。

在中国科协的支持下，中国自然资源学会先后完成了2006—2007、2008—2009和2011—2012共3期《资源科学学科发展报告》。本报告是在前3次学科发展研究的基础上，进一步分析了“十二五”时期我国社会经济发展中的资源问题，系统地总结了最近几年资源科学研究取得的最新进展以及学科建设成就，比较、分析了国内外资源科学的发展现状，审视了我国资源科学的发展水平，对未来学科发展的趋势进行了判断，提出了未来学科发展方向和重要研究领域。鉴于自然资源分布有着非常强的地域性，且不同地区的社会经济发展水平差别大，资源问题和研究重点各不相同，因此本次学科发展研究还开展了分区专题研究，完成8个专题报告，阐述了近几年来8大地区的研究特色，对综合报告进行了深化和补充。

参加本报告编写的有中国科学院地理科学与资源研究所、北京师范大学、南京大学、中国农业大学、陕西师范大学、兰州大学、中国科学院新疆生态与地理研究所、福建师范大学、中国科学院水利部成都山地与灾害环境研究所等9个单位的50多名专家学者。为了完成好本报告的研究和编写任务，中国自然资源学会组织召开了多次工作会议，组成了以江源、沈镭副理事长为主编的编委会，并聘请《资源科学》前副主编、编辑部主任李家永研究员负责编务工作。报告初稿形成后，学会先后召开3次研讨会听取学科领域内专家的意见，邓伟、左其亭、江源、沈镭、李家永、薛东前、陈松林、何永涛等对报告稿提出了许多宝贵的修改意见，各单元主要编写人员根据研讨会精神和审读意见分别对初稿进行了修改和补充，最后由江源、沈镭、李家永统稿。王捷、刘丽娜、商永刚参与了项目的日常管理工作。

资源科学涉及领域庞大，近几年立项又特别多，发表的文章和专著数十万篇，在短短一年多的时间里，编写人员费了很大精力力图反映各个方面的进展，但限于时间和水平，仍然难以达到一个理想的层面，报告不可避免地存在着疏漏和错误，诚望学界同人批评指正。

中国自然资源学会

2017年12月

综合报告

专题报告

ABSTRACTS

Comprehensive Report

Reports on Special Topics

综合报告

资源科学学科发展现状与展望

一、引言

资源科学以自然资源系统为对象，研究自然资源的形成、演化、质量特征和时空分布及其与人类社会发展的关系。一般地说，在现有生产力水平条件下，自然界中能够用来满足人类生产和生活需要的自然物质即为自然资源。自然资源具有多重属性：作为一种自然物质，自然资源遵从物质运动的普遍规律；作为一种决定人类生活质量的环境要素，自然资源受一定地域范围内人口数量和质量的影响；作为一种生产资料，自然资源与人类的生产技术水平及管理水平密切相关。自然资源的多重属性决定了资源科学研究的复杂性，无论是从人类整体利益出发还是从中国国家利益出发，都迫切需要对世界和本国自然资源开发利用及其环境影响进行不断的跟踪研究，分析自然资源的演化和开发利用过程、格局与调控机理，研究自然资源开发利用的环境影响因素和开发废弃物资源化技术及生态环境修复技术，发现、揭示自然资源利用与社会经济发展的相互作用机理和资源流动机制，并依托科学技术手段实现资源集约、高效、可持续利用。

从本质上讲，资源科学更是一种应用价值极强的问题导向性交叉学科，发现、分析、解释和解决人类社会发展中的资源问题是其根本任务。因此，资源科学在国家社会经济发展中的应用基础研究定位始终不渝，但不同时期和不同发展阶段，国家对资源科学研究的需求不同。随着全球经济一体化进程的加快和我国工业化、城镇化的推进，自然资源短缺与环境恶化问题日益加剧，这也是制约我国新时期社会经济可持续发展的重要战略问题之一。同时，自然资源也一直是世界大国外交、政治、经济角逐的核心问题，系统的自然资源综合研究在科学上能够为国家发展和崛起，甚至为构建世界新秩序做出贡献。近几年来，中国资源科学研究紧紧围绕国家需求展开，取得了许多重大成果，特别是一些跨国科学考察项目的执行，标志着我国自然资源研究已经不仅仅局限于国内，获得的成果对评估区域关键资源开发、人居环境变化与人类活动及其生态环境的影响具有重要的科学意义，对保障国家与地区资源安全、促进国际合作也具有重要的战略意义。

最近两年是我国全面贯彻实施“十三五”规划的关键时期，自然资源能否持续支撑国家未来长期发展进程，是我国可持续发展面临的重大课题，迫切需要资源科学关注社会经济发展与资源的关系、资源开发利用与生态环境的关系，迫切需要深入研究水资源、土地资源、能源与矿产资源、生物资源以及这些资源的综合开发利用和相互作用过程。为此，《国家“十三五”科学技术发展规划》《国家自然科学基金“十三五”发展规划》等国家层面的科技发展战略规划都已经将“资源高效开发利用”和“资源与环境科学”列为专门领域予以重点支持。

为了更好地满足国家战略需求，完成好“十三五”规划中部署的各项任务，促进资源科学研究发展和资源开发利用技术创新，在中国自然资源学会完成的 2006—2007、2008—2009、2011—2012 共 3 期《资源科学学科发展报告》的基础上，我们继续开展了 2016—2017 资源科学学科发展研究。本报告分析了新时期我国社会经济发展中的资源问题，总结了 2012 年以来资源科学研究取得的进展和学科建设成就，比较了国内外资源研究的热点和重点，提出了未来发展方向、重点研究领域及学科发展策略。考虑到我国幅员辽阔，自然条件复杂多样，社会经济发展区域差异明显等因素，本次学科发展研究尝试分区开展专题研究，如东北地区主要针对资源型城市转型，黄土高原地区侧重水土资源保育，西北地区强调水土资源，青藏高原重点进行高寒草地资源研究等等，完成了包括海域在内的 8 个专题研究报告，作为本报告的补充。

二、社会经济发展中的资源问题

（一）全球性资源问题

进入 21 世纪以后，在新技术革命的带动下，全球已经进入信息化时代，金融业、文化创意产业、人工智能、虚拟经济等迅猛发展，但自然资源在经济社会发展中的基础性支撑作用依然没有变化，尤其是美国、欧洲相继爆发金融危机后，实体经济重新得到重视和振兴。同时，人口问题、气候变化应对、环境污染治理、受损生态修复、资源开源节流、资源及产品国际贸易仍然是世界各国经济社会发展面临的重要议题，只是不同国家、不同经济发展阶段以不同的形式出现。事实上，人口增长、气候变化、环境污染、生态退化、资源短缺等全球性问题的核心是资源问题，人口过剩的提出是因为资源有限，气候变暖很大程度上与化石燃料和土地利用变化造成的温室气体增加有关，环境污染更多地源于资源利用方式不当，生态退化在多数情况下与资源过度利用有关。因此，资源问题解决的好坏直接关乎人类可持续发展。概括起来，当今全球性资源问题主要表现在 3

个方面。

（1）以气候变暖为主要特征的地球系统变化导致生物多样性减少、淡水资源衰减和土地退化，农业生产的可持续性和人类食物安全受到威胁。以全球变暖为主要特征的气候变化对自然生态系统和人类社会存在着巨大的影响，这已经是国际社会的共识之一[1]。按照中等范围的全球气候变暖情形，到2050年，占地球陆地表面积20%的区域中有15%~37%的物种将注定消亡[2]。全球变暖的影响还表现在热浪、干旱和强降水等极端气候事件发生的强度和频率可能增加[1]，特别是使干旱半干旱地区降水量减少、蒸发量增加，造成干旱和土地荒漠化日趋严重，占全球41%的干旱土地将进一步退化，全球荒漠化面积逐渐扩大[3]。如果这些问题应对不力，其后果将直接危及农业生产的可持续性，给人类食物安全带来威胁。到2050年，世界人口数量将增加到90亿，按照目前的粮食生产水平，届时世界粮食产销缺口将达到消费量的70%[4]，如何增强土地、水和生物等可更新资源的持续性，以可持续的方式养活90亿人，是当前人类面临的一大挑战。

（2）人类活动诱发的水体污染、土壤污染和大气污染等环境问题反作用于自然资源系统，造成可更新资源的可利用性改变，资源数量减少，质量下降。早在20世纪中后期，水体污染、土壤污染和大气污染等环境问题就引起了人们前所未有的关注，从而激励了环境科学快速发展，西方发达国家开始着手控制和治理环境。但从全球范围来看，仍然是局部改善而更大面积恶化，目前大致有30%~50%的陆地表面已经受到面源污染的影响。在治理环境的过程中，人们逐步认识到，对自然资源的过度开发和不合理利用是问题的根源。废水、废气、废渣等污染物的排放强度不断占有环境容量，甚至逼近或超越环境容量，于是环境问题反过来造成资源的可利用性和可获得性严重受损，致使耕地、淡水、清洁空气等可更新自然资源的数量减少，并且污染物在多介质中的迁移、转化和积累，同时还包含与各种植物及微生物、地下水、地表径流甚至大气等相关联，对资源及其产品的质量产生深刻影响，直接威胁到人类健康。

（3）全球经济一体化与资源区域分布不平衡的矛盾进一步激化，争夺能源、矿产等耗竭性战略资源的地区冲突频繁，地缘政治经济风险加大。资源分布、数量及品位具有区域性，成为社会经济区域差异性的重要影响因素。从国际来看，资源供需结构在地理位置上的错位和品种上的错位造成的资源分布不均衡是国际贸易的动力，同时也成为诱发地区冲突的原因。近年来，全球经济一体化进一步激化了资源区域分布不平衡的矛盾，自由贸易和各国工业化的不断发展加剧了国际能源、矿产等耗竭性资源的供需矛盾，资源问题成为国家之间经济、政治的重要博弈点。目前，虽然争夺战略性资源的地区冲突和争端频繁发生，世界经济和国际金融市场运行似乎并没有受到非常明显的直接冲击，但地缘政治风险的隐性危险仍然在不断积聚，一旦这些隐性危险骤然显现，世界经济的动荡甚至危机很难避免。

（二）中国社会经济发展面临的资源问题

我国人口基数大，耕地、水、能源、矿产等重要资源的人均占有量都比较低，加之最近二三十年工业化、城镇化的快速推进，各种资源需求量和资源消耗量迅猛增长，不仅全球性资源问题表现尤为突出，而且还面临着更为复杂的环境整治、资源配置、资源管理、资源枯竭地区产业转型、重要战略性资源的对外依存度高等问题。

（1）水、土资源利用强度大，有效需求乏力和有效供给不足并存，开发整治的难度越来越大，资源优化配置日益复杂。我国已进入城乡发展转型、发展方式转变、体制机制转换和生态文明建设的重要时期，区域经济发展与生态环境保护的矛盾日趋尖锐，水、土地资源需求增长与供给不足的矛盾不断加剧，资源优化配置日益复杂、开发整治难度越来越大。水、土地资源研究必须主动适应城乡转型与制度创新的形势，重点加强环境整治、优化配置与持续利用、生态建设与民生保障相融合的综合研究。在工程技术层面，将资源开发利用的理化实验、田间试验、定位观测和工程示范相结合，扎实推进水土资源问题工程化、工程问题技术化、技术问题精准化[5]；重视水资源利用的综合性、复杂性、战略性，土地的资源、资产与资本的“三重性”，将水土资源配置、资源资产收益和自然资本分配相结合，有效促进水土资源战略、环境整治工程和资源利用配置的多层次系统集成研究；面向构建和谐社会、促进科学发展与生态文明建设宏观战略，中国水土资源研究应明确战略导向，服务国家需求，加强学科交叉，推进资源管理技术与制度创新，为实现资源可持续利用和经济社会可持续发展，搭建新平台、营造新环境。

（2）能源结构不合理，煤炭、石油等传统化石能源比重高，资源存量、流量、开发强度与经济结构都存在较大的区域差异，资源流动成本高。我国正在推动由粗放型经济增长方式向集约型经济增长方式的转变，但能源结构不合理，煤炭、石油等传统化石能源比重高，可再生能源比重低，导致能源利用效率低、环境污染重。高能耗的产业体系难以满足经济持续增长的要求，高污染的能源结构加剧了经济发展与生态环境的矛盾，严重的产能过剩制约国家竞争力的提升[6]。改革开放以来，我国政府颁布的节能减排政策数量越来越多、政策总效力越来越大，但政策的平均力度不但没有增加反而逐渐降低，政策制定在一定程度上缺乏战略性和系统性。节能减排政策的部门协同、措施协同和目标协同逐渐增强，政策制定由以单一部门为主向以相关部门联合为主转变。政府逐渐增大金融措施、人事措施、财政税收措施和其他经济措施与行政措施及引导措施的协同。但部门协同颁布的政策力度低、实施期限短[7]。当前，正在推动能源供给侧改革，构建能源节约型的产业体系，强化行业节能降耗工作，推进工业、建筑、交通运输、公共机构等领域节能，实施锅炉、照明、电机系统升级改造及余热暖民工程，提高能源利用效率。构建清洁低碳、安全高效的现代能源体系。解决产能过剩问题，建立健全行业退出机制。实施煤炭、石油等传统化石能源去产能、去库存、兼并重组，优化能源供应结构、提高供应效率[8]。

可再生能源可以循环利用、环境影响小，有利于能源、经济与环境的可持续发展。中国水能、风能、光能等清洁能源储量相对丰富，为能源结构优化升级提供了较为优越的资源条件。当前，中国可再生能源发展中也遇到一些突出问题：①从资源分布看，可再生能源资源分布与资源消费空间分离，资源富集区与需求区逆向分布，富集区电力需求不足，电力输送网络架构配置不合理，外送渠道受阻，弃风、弃水、弃光现象严重[9]；②从制度变迁看，可再生能源产业发展存在路径依赖，技术锁定使得可再生能源技术在短期内难以获得突破性进展。技术不成熟、供给波动性使得可再生能源还不能完全替代常规化石能源；③促进可再生能源发展的制度安排短期内很难完善[10]。

（3）自然资源资产管理与高效利用机制不完善，资源生态补偿机制未能健全，资源综合利用效率低而且浪费严重。长期以来，人们对自然资源价值认识不够，保护和管理不到位，资源闲置与无序开发并存，经济快速发展引起大气、水体、土壤污染，水土流失，生态失衡，生物多样性下降，危及水、土地资源和生态系统安全。产生这些问题的深层次原因是自然资源及生态系统服务具有公共物品特点，现行自然资源管理制度注重自然资源的资源属性，忽视生态属性，没有将资源损耗、环境污染和生态退化的损失成本纳入国民经济核算体系[11]，更没有对生态资产及其生态系统服务给予应有重视[12]，自然资源资产产权界定尚不很清晰，尤其是环境污染、生态退化、生态产品和服务尚未得以内化，在自然资源利用领域不同程度地存在市场失灵和政府缺位等问题，导致资源利用与保护、经济效益与环境效益的矛盾难以调和。目前，在自然资源定价，尤其是还没有进入市场的生态产品和服务定价，环境整治和生态修复支出确定等方面还存在不少理论和方法的盲点，这些方面的突破对绿色 GDP 核算、自然资产负债表编制，尤其是自然资源负债核算具有重要理论和方法论指导[13]。

同时，在当前的补偿实践中，存在补偿范围小、标准低、利益相关方不明确、补偿资金来源单一，以政府主导的财政转移支付为主，区域间、行业间横向补偿机制较少，补偿长效机制尚未建立等问题。这种机制无形地造成资源综合利用效率低下，而且浪费严重。据对 G20 经济体生态文明指数的研究[14]：在 G20 各经济体中，我国资源利用效率的整体得分仅高于俄罗斯，能源利用效率、水资源利用效率和单位 GDP 二氧化碳排放量等单项排名均靠后。2013 年我国每消耗 1kg 石油当量能源有 5.48 购买力平价美元的 GDP 产出。该能耗水平为同年 G7 经济体平均水平的 52.73%，为金砖国家平均水平的 75.58%。2014 年我国的水资源利用效率为 9.51 美元 GDP/m^3（2005 年不变价美元），为英国同年水平的 3.85%。2011 年我国二氧化碳排放强度为 1.36 千克 / 购买力平价美元 GDP（2010 年不变价美元），为同年 G7 经济体平均水平的 6.12 倍，为金砖国家平均水平的 1.47 倍。考虑到我国日益庞大的经济总量，提高资源利用效率的紧迫性已经十分显著。

（4）资源型地区（城市）转型缓慢，社会经济发展持续下行低迷，成为制约全面建成小康社会的难点地区。资源型地区经济增长高度依赖能源矿产资源产业，面临资源约束趋紧、环境污染严重和生态系统退化的压力。随着资源的大量消耗，产业结构转型成为资源型地区可持续发展的必然选择。但是，在资源能源产业的挤出效应下，资源型地区面临制造业落后、人力资本积累不足、创新水平较低等问题，并且产业结构调整受到产业布局、技术创新、市场需求等多重因素的制约。一般地，独特的伴生资源和二次资源（如煤炭开采和加工过程中的副产品煤矸石、煤层气、粉煤灰、焦炉煤气、矿井水等）是资源型地区发展循环经济的优势资源。主体产业的生产废物绝大多数可以作为其他产业的原材料或能源，甚至可以循环回到原有生产系统中去。但现实中，资源型地区发展循环经济也面临一些具体问题：①企业发展循环经济的利益机制尚未形成。由于可以从市场上以较低的价格获取资源、能源等生产要素，资源循环利用导致企业生产成本高于市场平均生产成本，循环经济的外部性造成企业动力不足；企业需要大量的技术、固定资产投资以发展循环经济，初始生产平均成本较高，难以实现规模经济。②政府职能尚需明晰。主要包括：不同经济主体之间利益的协调、法律法规的制定和执行、资源产权明晰。③关键技术亟待突破。资源型地区第二产业比重高且以初级开采为主，清洁生产技术、废物利用技术、污染治理技术等研发和推广还比较薄弱，技术服务保障体系也尚未形成，成果市场化机制尚不完善。④生活废弃物循环利用水平有待提高。传统的废弃物处理方式会加剧环境损害，造成二次污染，循环利用生活废弃物又受到其分散化、混杂性特征的制约[15]。

资源耗竭和生态环境问题迫使资源型城市推动产业升级和城市转型。长期过度开采使资源型城市自然资源储量下降，经济发展方式粗放，城市经济发展在达到顶峰后逐渐陷入停滞，人民收入降低，规模优势不再，结构性失业明显，生态环境问题严重。诸如资源耗竭、三废问题、地表塌陷、土地退化、水污染、大气污染、植被破坏、生态系统失衡等生态环境问题制约着资源型城市的持续发展。严峻的经济、资源、环境压力迫使资源型城市调整产业结构，实现城市转型。资源型城市转型不仅面临着传统“城市病”的威胁，还面临着“资源诅咒”的困境，制度保障不足、产业刚性严重、要素创新低下已成为资源型城市转型的重大瓶颈。资源型城市迫切需要提升供给质量，提高全要素生产率，实现供给侧结构性改革以破解城市转型难题[16]。

（5）重要战略性资源的对外依存度高，国家资源安全风险大。在区域地缘态势持续紧张的情况下，能矿资源对外高依存度，国家资源安全风险大。资源分布、数量及品位具有区域性[17]，成为社会经济区域差异性的重要影响因素。从国际来看，资源不均衡是国际贸易的动力，也成为诱发地区冲突的原因。近年来，各国工业化的不断发展加剧了国际能矿资源供需不平衡，使得资源问题成了国家之间经济、政治的重要博弈点。1995 年以来我国原油、铁矿石和铜矿石进口依赖度持续增加：2012 年我国原油进口 2.8 亿吨，对外依赖度达 60%；铁矿石依赖度由 2001 年 35.7% 增加到 2013 年 70.1%；铜矿石依赖度从 1998 年 70.8% 上升到 2012 年 83%；铝土矿依赖度从 2006 年 33.7% 升高到 2011 年 55.5%。未来若在中速和高速经济增长下，进口原油依赖度将提高到 70% 和 80%；天然气进口依赖度将达到40%和50%左右。进口原油中大约60%来自中东，20%来自非洲，约15%的原油和60%的天然气来自中亚和俄罗斯。近年来，随着中国国家综合实力的增强以及主要大国力量此消彼长的变化，世界地缘格局发生了深刻变化，我国周边地缘格局日益复杂化，地缘政治的严峻态势，能源输出地区的动荡持续。高资源对外依存度尤其是大宗战略性资源高对外依赖度将对国家资源安全产生重大影响[18]。

此外，中国境外农业资源开发利用亟须上规模、上水平。随着中国工业化和城市化速度的加快，一方面食品消费结构升级和工业原料需求增加，对自然资源及农产品需求呈刚性增长；另一方面工业化、城镇化、生态退化、灾损使得农业自然资源总量下降，国内农业自然资源供求矛盾突出。据测算[19]，2011—2016年，我国谷物、大豆、肉类、奶制品进口量年均增长分别为32.2%、9.8%、24.9%和16.6%，谷物粉等制品、蔬菜水果制品及其他食品进口量年均增长分别为19.0%、2.4%和16.4%，利用境外农业资源是中国的必然选择。按农产品净进口量折算（以当年国内平均产出为标准），2010年中国农产品净进口折算播种面积达到0.454亿ha，占当年国内农作物种植总面积的28%。境外农业自然资源在保障中国粮食安全和农产品供给方面的作用越来越重要，但问题是国际农业资源市场的竞争环境日益激烈，10家最大的跨国公司控制了世界商业种子销售的50%[20]；况且境外农业投资规模小，整体处于产业链的下游，对资源及农产品原料的控制力弱，面对日益激烈的国际竞争，难以保障自己国家的政治经济安全。

三、主要研究进展与学科建设成就

（一）有关的国家重大科学研究计划

上述资源问题我国政府和学术界早已有所重视，《国家中长期科学和技术发展规划纲要（2006—2020年）》（以下简称《纲要》）在城镇化与城市发展、公共安全等重点领域，以及围绕国家目标确定的重大专项、前沿技术和基础研究方面也有不少主题和资源研究与之密切相关，如“地球系统过程与资源、环境和灾害效应”“人类活动对地球系统的影响机制”等，总的来说，《纲要》中涉及资源问题研究的内容不下三分之一。根据《纲要》部署，国家在“十二五”时期和“十三五”前期先后出台的一系列重大研究计划都优先安排了一批资源环境方面的项目。

1. 国家科技重大专项

最近几年国家科技重大专项中与资源科学研究相关的主要有3项。

（1）大型油气田及煤层气开发专项。该专项以寻找大油气田、提高采收率、打造具有国际竞争力的油田技术服务和非常规天然气战略性产业为主攻方向。加强油气资源勘探开发地质理论研究，攻克重大技术，研制重大设备。该专项的实施为优化能源结构，改善环境做出巨大的贡献。“十三五”期间，油气开发专项将聚焦陆上深层、海洋深水、非常规油气等三大油气勘探开发领域，创新建立一批引领我国石油工业技术发展、在国际上具有较大影响力的重大理论、技术和装备，到2020年全面实现油气开发专项总体战略目标。

（2）水体污染控制与治理专项。其总体目标是针对我国水体污染控制与治理关键技术瓶颈问题，通过技术创新和体制创新，构建我国流域水污染治理技术体系和水环境管理技术体系，建立适合我国国情的水体污染控制、水环境质量改善的技术体系，为国家的重点水污染治理工程提供强有力的技术支撑。围绕“三河三湖一江一库”重点流域，重点攻克重污染行业废水全过程治理技术、重污染河流和富营养化湖泊综合治理技术、面源污染控制技术、适用于不同水源水质的净化技术、水环境风险评估与预警遥感监测等关键成套技术300项以上。该项目要求大幅度削减污染物的负载，示范区的水环境质量要求明显改善，饮用水安全保障技术明显提高，并为推动流域的整体治理提供技术支撑，实现水体主要污染物的减排目标。

（3）高分辨率对地观测系统专项。2006年，我国政府将该专项列入《国家中长期科学和技术发展规划纲要（2006—2020年）》，2009年实施方案通过；2010年5月经国务院常务会审议批准，高分专项全面启动实施。高分专项的主要使命是加快我国空间信息与应用技术发展，提升自主创新能力，重点发展基于卫星、飞机和平流层飞艇的高分辨率先进观测系统；形成时空协调、全天候、全天时的对地观测系统；建设高分辨率先进对地观测系统，满足国民经济建设、社会发展和国家安全的需要。该项目对于改进我国资源调查方法，实施资源动态监测具有特殊的意义。

2. 国家重点研发计划

国家重点研发计划是2016年正式启动实施的重大研究计划，它整合了多项科技计划，包括原来的“973”计划、“863”计划、国家科技支撑计划、国际科技合作与交流专项，发改委、工信部管理的产业技术研究与开发资金以及有关部门管理的公益性行业科研专项等内容。重点研发计划主要针对农业、生态环境、能源资源等重大社会公益性研究，以及事关产业核心竞争力、整体自主创新能力和国家安全的重大科学技术问题。其计划分为：2016年试点专项和2016年以后的若干重点专项。2016年以来，与资源科学研究领域紧密相关的主要如下。

（1）水资源高效开发利用。该重点专项紧密围绕水资源安全供给的科技需求，贯彻落实《关于加快推进生态文明建设的意见》《关于实行最严格水资源管理制度的意见》《水污染防治行动计划》等相关重要部署，重点开展综合节水、非常规水资源开发利用、水资源优化配置、重大水利工程建设与安全运行、江河治理与水沙调控、水资源精细化管理等方面科学技术研究。专项以提升国家水资源安全保障的科技支撑能力为总目标，构建具有国际水平的水资源高效开发利用理论技术体系和实验基地平台。专项依托国家实行最严格的水资源管理制度，东北节水增粮和华北节水压采行动计划，新型城镇化进程中的城市供水节水与海绵城市建设，京津冀、长江经济带、“一带一路”等国家重点经济区水资源安全保障，以及国务院加快推进的172项重点水工程建设等5大实践载体。

（2）林业资源培育及高效利用技术创新。该重点专项紧紧围绕《国家中长期科学和技术发展规划纲要（2006—2020年）》以及当前林业资源和产业发展面临的重大战略需求，为进一步提升林业资源培育及高效利用自主创新能力，促进林业产业结构调整和转型升级而启动实施的。当前，林业资源和产业发展面临“木材安全、生态安全、绿色发展、山区经济”四个重大问题。通过林业资源培育及高效利用科技创新，有效支撑种苗繁育、营造林、加工利用全产业链技术升级，提高人工林生产力和资源利用水平，促进产业结构调整和转型升级，才能有效解决上述问题。专项以“保障木材供给安全，促进产业转型升级”为目标，以速生用材、珍贵用材、工业原料等树种为对象，开展产量和质量形成机理研究、资源培育和利用关键技术研发、全产业链增值增效技术集成与示范，形成产业集群发展新模式，单位蓄积增加15%，资源利用效率提高20%，资源加工劳动生产率提高50%。

（3）典型脆弱生态修复与保护研究。该重点专项紧紧围绕“两屏三带”生态安全屏障建设科技需求，重点支持：生态监测预警、荒漠化防治、水土流失治理、石漠化治理、退化草地修复、生物多样性保护等技术模式研发与典型示范；发展生态产业技术，研究生态补偿机制、资源环境承载力等评价方法体系；形成典型退化生态区域生态治理、生态产业、生态富民相结合的系统性技术方案，在典型生态区开展规模化示范应用，实现生态、经济、社会等综合效益。本专项执行期为2016—2020年。2016年已经安排部署37个项目。专项的第八项任务“国家生态安全保障技术体系”下设的三个项目包括“自然资源资产负债表编制与资源环境承力评价技术集成与应用”“生态环境损害鉴定评估业务化技术研究”“生态技术评价方法、指标体系及全球生态治理技术评价”。

（4）深地资源勘查开采。该重点专项主要包括成矿系统深部结构与控制要素、深部矿产资源评价理论与预测、移动平台地球物理探测技术装备与覆盖区勘查示范、大深度立体探测技术装备与深部找矿示范、深部矿产资源勘查增储应用示范、深部矿产资源开采理论与技术、超深层新层系油气资源形成理论与评价技术等7项科研任务。专项2016年第一批项目将重点围绕五个领域展开：一是成矿系统的深部结构与控制要素；二是深部矿产资源评价理论与预测；三是大深度立体探测技术装备与深部找矿示范；四是深部矿产资源开采理论与技术；五是超深层新层系油气资源形成理论与评价技术。

（5）煤炭清洁高效利用和新型节能技术。该重点专项总体目标是：以控制煤炭消费总量，实施煤炭消费减量替代，降低煤炭消费比重，全面实施节能战略为目标，进一步解决和突破制约我国煤炭清洁高效利用和新型节能技术发展的瓶颈问题，全面提升煤炭清洁高效利用和新型节能领域的工艺、系统、装备、材料、平台的自主研发能力，取得基础理论研究的重大原创性成果，突破重大关键共性技术，并实现工业应用示范。

（6）全球变化及应对。该重点专项是按照《国家中长期科学和技术发展规划纲要（2006—2020年）》和《国家应对气候变化规划（2014—2020年）》部署，根据国务院《关于深化中央财政科技计划（专项、基金等）管理改革的方案》，由科技部、教育部、中科院、气象局、海洋局、环保部等部门组织专家编制方案实施。其总体目标是发挥优势，突出重点，整合资源，在全球变化领域若干关键科学问题上取得一批原创性的成果，使多学科交叉研究能力明显增强，显著提升我国全球变化研究的竞争力和国际地位，为维护国家权益、实现可持续发展提供科学支撑。主要由5个方面的研究任务，包括全球变化综合观测、数据同化与大数据平台建设及应用；全球变化事实、关键过程和动力学机制研究；地球系统模式研发、预测和预估；全球变化影响与风险评估；减缓和适应全球变化与可持续转型研究。

2016年以前实施的国家重点基础研究发展计划（“973”计划）和国家高技术研究发展计划（“863”计划）已有部分进入验收结题阶段，与资源学科有关的包括：①典型流域陆地生态系统 - 大气碳氮气体交换关键过程、规律与调控原理；②我国富铁矿形成机制与预测研究；③我国主要人工林生态系统结构、功能与调控研究；④长江中游通江湖泊江湖关系演变及环境生态效应与调控；⑤典型流域陆地生态系统 - 大气碳氮气体交换关键过程、规律与调控原理；⑥二氧化碳减排、储存和资源化利用的基础研究；⑦华北平原地下水演变机制与调控；⑧中国陆块海相成钾规律及预测研究等。以及“863”计划的“土壤重金属污染现场监测技术与设备”“煤制清洁燃气及其废水控制关键技术研究与示范”等。

2016年以前实施的国家科技支撑计划主要是面向国民经济和社会发展需求，重点解决经济社会发展中的重大科技问题的国家科技计划。其中与资源学科有关的立项有：①全国产化新能源海水淡化系统集成技术及一体化设备；②钙、铝硅酸盐矿转型利用与合成制备技术开发；③典型非传统非金属矿资源开发应用技术研究；④钢渣农业资源化利用技术研究与示范；⑤地热资源综合梯级利用集成技术研究；⑥资源三号卫星立体测图标准与规范研究；⑦国家尺度生态系统监测与评估技术集成应用系统等。

国家自然科学基金作为我国支持基础研究的主渠道之一，面向全国各高等院校和科研机构，重点资助具有良好研究条件、研究实力的高等院校中和科研机构中的研究人员。最近几年与资源科学相关的项目也在不断增多，特别是“水文学及水资源”受到高度重视，“流域水循环模拟与调控”“生态水文学机理”“水资源综合管理”等方面项目较多。“十三五”时期，国家基金委已经将“资源与环境科学”列为未来五年的发展战略学科之一。

3. 国家科技基础性工作专项

国家科技基础性工作专项，自2012年实施以来截至2015年底共立项153项。其中与自然资源相关的项目多达上百项，占项目总数的70%左右，表明资源研究在科技基础性工作专项中居绝对重要地位。

专项中各类自然资源考察研究都有项目安排，特别是生物类（含植物和植被以及动物类相关）资源的考察项目最多。粗略统计，生物类资源考察有56项，其中与陆地生物多样性相关的项目共19项，与森林、草地及其他植被资源相关的项目16项，与陆地动物资源相关的项目9项，与中药资源相关的项目6项，与生态系统综合调查相关的项目4项，与遗传资源相关的项目2项。与农业发展相关的项目居其次，有29项，其中与农作物资源相关的项目12项，与畜禽养殖资源相关的项目6项，与水产及渔业资源相关的项目5项。随后是与水资源相关的项目，有20项，其中与海洋资源相关的有11项，与淡水资源相关的项目9项。土地资源、气候资源、矿产资源、能源资源等此类项目中相对要少一些，这主要是土地普查、气候变化、能源矿产已经在其他科技计划中做了重大安排。

从区域分布角度，上述自然资源类基础性工作专项涉及全国范围的最多，共53项（占与自然资源相关项目总数的50%）。从区域分布来看，涉及西南地区的较多，有14项；沿海地区12项；东北地区8项；西北地区7项；华南、华中地区相对较少。

科技基础工作专项的依托单位，主力军当属中国科学院，中科院所属的29个相关研究所承担了50余个项目，大约占项目总数的一半。教育部直属高等院校承担17项，农业部各研究单位承担16项，国家林业局各研究单位5项，国家海洋局各研究所4项。此外，国家中医药管理局、国土资源部、国家质量监督检验检疫总局、中国气象局所属的相关资源研究单位也参与了该专项部分工作。

（二）主要成果产出

由于有了大量国家科技计划项目的支持，最近几年资源科学研究蓬勃发展，成果层出不穷。在2012—2016年期间，获得国家技术发明奖的项目有12项，如孙润仓等完成的“木质纤维生物质多级资源化利用关键技术及应用”，王超等完成的“多功能复合的河流综合治理与水质改善技术及其应用”，李洪法等完成的“秸秆清洁制浆及其废液肥料资源化利用新技术”，曹宏斌等完成的“工业钒铬废渣与含重金属氨氮废水资源化关键技术和应用”等。获得国家科学技术进步奖的有37项，如王浩等完成的“流域水循环演变机理与水资源高效利用”，杨志强等完成的“复杂难处理镍钴资源高效利用关键技术与应用”，朱兆云等完成的“低纬高原地区天然药物资源野外调查与研究开发”获得一等奖；热带作物科学研究院牵头组织完成的“特色热带作物种质资源收集评价与创新利用”，国家林业局组织完成的“森林资源综合监测技术体系”等数十多个项目获得二等奖。还有一批项目获得有关部门的奖励，如刘耀林等的“全数字化土地资源评价关键技术与工程应用”（国土资源部二等奖），鞠洪波等的“森林资源综合监测技术体系”（国家林业局二等奖），康绍忠等的“干旱内陆河流域考虑生态的水资源配置理论与调控技术及其应用”（教育部二等奖）等。这些项目产出的成果大部分以论文、研究报告、专著等形式公开发表出版。

1. 期刊论文和研究报告

根据ISI Web of Knowledge平台数据库，在资源研究领域载文量较多的外文期刊有：*Water Resources Management*（《水资源管理》）、*Journal of Hydrology*（《水文学杂志》）、*Environmental Earth Sciences*（《环境地球科学》）、*Water*（《水》）、*Hydrological Processes*（《水文过程》）、*Hydrology and Earth System Sciences*（《水文与地球系统科学》）、*Water Resources Research*（《水资源研究》）、*Remote Sensing*（《遥感》）、*Land Use Policy*（《土地利用政策》）、*PloS One*（《公共科学图书馆》）、*Science of The Total Environment*（《整体环境科学》）、*Environmental Earth Sciences*（《环境地球科学》）、*Biological Conservation*（《生物保护》）、*Renewable Energy*（《可再生能源》）、*Renewable Sustainable Energy Reviews*（《可再生与可持续能源评论》）、*Journal of Geophysical Research Atmospheres*（《地球物理学研究学报》）、*Geophysical Research Letters*（《地球物理快报》）、*Metallurgical and Materials Transactions A-Physical Metallurgy And Materials Science*（《冶金和材料交易A-物理冶金和材料科学》）、*Journal of Applied Ecology*（《应用生态学杂志》）、*Journal of Resources & Ecology*（《资源与生态学报》）等。

在中文科技期刊中，目前刊名中直接冠名“资源”的已有60多种，其中被“中国科学引文数据库（CSCD）”“中国科技论文与引文数据库（核心版，CSTPCD）”、北京大学《中文核心期刊要目总览》等收录的资源类核心期刊20多种[21]，如《自然资源学报》《资源科学》《中国人口·资源与环境》《干旱区资源与环境》《长江流域资源研究环境》《中国农业资源与区划》《水资源保护》《植物资源与环境学报》《林业资源管理》《国土与自然资源研究》《资源与产业》《国土资源遥感》等。同时，地理、地质、水文、气象、环境、生态、农学等方面的相关期刊也发表很多有关资源研究的文章，如《水利学报》《水资源与水工程学报》《农业工程学报》《农学通报》《生态学报》《生物多样性》《地理学报》《地理科学》《地理研究》《中国土地科学》，以及很多高校办的综合性期刊等。

根据中国知网数据不完全统计，2012—2016年，在国内外科技期刊上发表的有关资源研究的论文和研究报告数量增长特别快，包括相应英文在内的文章（不含“人力资源”“科技资源”等社科领域的文章）数量多达22万多篇。从文章“题名”检索结果可以看出，最近几年“资源管理”“水资源”“矿产资源”“旅游资源”“森林资源”“资源配置”“土地资源”“资源保护”“植物资源”等是关注热点。尤其是水资源和矿产资源研究方面的论文特别多，这与国家把“水与矿产资源”列为重点支持的优先主题有着直接的关系。

范广兵等[22]对国内资源科学领域26种典型期刊2010—2014年期间发表的文献进行统计分析还发现，从刊载内容看，国土资源、地理信息系统（GIS）、气候变化、土地利用等是热点关键词，且关于国土资源的研究内容引用频次最高；从研究机构看，发文量排在前三的分别是中国科学院地理科学与资源研究所、陕西师范大学和国土资源部信息中心；从资助项目情况看，主要是国家自然科学基金、国家重点基础研究发展计划（“973”计划）和中国科学院知识创新工程基金项目产出的文章比较多，重点支持领域为“环境科学与资源利用”。

2. 专著出版

除了在科技期刊上发表文章之外，我国学者在资源学科各个领域还出版了大量的专著。2012—2016 年期间，仅高等教育出版社和科学出版社两家就汇集出版或者修订出版了相关领域的专著和教材 180 多部。在这些专著和教材中，若以出版门类的数量多少作为资源科学某领域或某研究方向的热度标志，则生物资源、水资源、矿产资源、资源环境以及资源经济等，是近年来资源科学学科最集中的研究领域，其余为土地资源、旅游资源、资源法学等（图 1）。进一步细分，生物资源又主要集中在植物资源、种质资源、农业生物资源等方面；水资源则主要集中在东部季风区以及干旱、半干旱区水资源问题研究，重点是水资源管理、配置、评价，以及气候变化对水资源的影响等。这与期刊发文情况基本一致。

资源学著作既有介绍资源学科整体状况的，也有诸多关于某类资源研究的。如刘成武等编著的《资源科学概论（第二版）》（科学出版社，2014），张公嵬编著的《产业集聚与资源的空间配置效应研究》（经济日报出版社，2014），余敬等编著的《重要矿产资源可持续供给评价与战略研究》（经济日报出版社，2015），梅林海编著的《资源与环境经济学的理论与实践》（暨南大学出版社，2016），全球水伙伴技术顾问委员会编著的《水资源综合管理》（中国水利水电出版社，2016），杜敏编著的《自然资源资产离任审计制度》（化学工业出版社，2016），陈集双等编著的《生物资源学导论》（高等教育出版社，2017），王诺编著的《中药资源经济学研究》（经济科学出版社，2017），姚霖编著的《自然资源资产负债表编制理论与方法研究》（地质出版社，2017），等等。

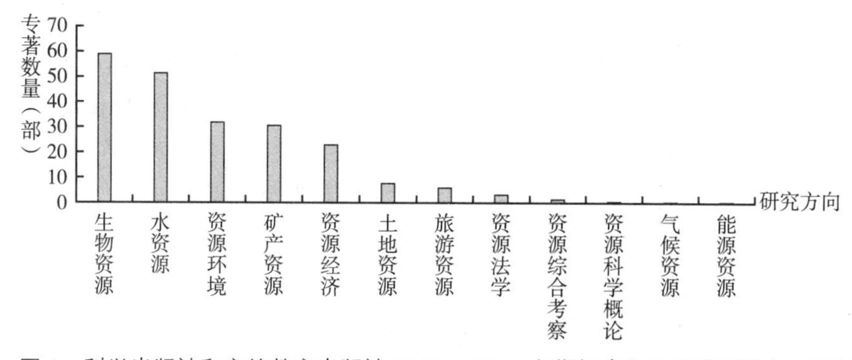

图 1　科学出版社和高等教育出版社 2012—2016 年期间出版的资源科学专著情况

近年来区域或省域层面的资源研究专著也不断增加。如金平斌编著的《浙江省地文旅游资源的可持续利用研究》（浙江大学出版社，2012），李星敏编著的《基于 GIS 的陕西省农业气候资源与区划》（陕西科学技术出版社，2013），于胜祥等编著的《滇黔桂喀斯特地区重要植物资源》（科学出版社，2014），李志强编著的《山西资源型经济转型发展报告——新常态下资源型经济结构均衡发展》（社会科学文献出版社，2015），周冯琦编著的《上海资源环境发展报告——长三角环境保护协同发展与协作治理》（社会科学文献出版社，2016），等等。

特别值得一提的是，两本专门涉及自然资源综合考察历史的著作，即《中国科学院自然资源综合考察委员会会志》和《自然资源综合考察委员会研究》（张九辰，2013）。前者阐述了中国科学院自然资源综合考察委员会的概况及发展历程，论述了中国自然资源综合科学研究及其与国际上同行的交流与合作。后者从科学社会史的角度详细阐述了综合考察委员会（简称“综考会”）的历史及发展，关注综考会的功能定位，以及中国学者在创建科研体制、探索科研方法、建立学科制度等方面所做出的贡献。

（三）研究进展及成果应用

通过上述对国家科技计划实施情况及其产出文献的分析，可以作出一个基本判断，我国资源科学研究已经发展到了一个新的阶段，主要研究进展概述如下。

1. 自然资源调查向国际化、专业化方向拓展和深入

自然资源调查是对一个国家或地区自然资源的分布、数量、质量和开发利用条件进行全面的野外考察、室内资料分析与必要的访谈、研讨等工作的总称，包括特定目标下的科学考察、勘察等各种形式的资料采集与分析论证工作。自然资源调查始终是资源科学研究的基础，最近几年完成和进行的自然资源调查林林总总有一百多项，尤其是近几年进行或完成的跨境综合科学考察研究具有划时代的特殊意义。

（1）中国北方及其毗邻地区综合科学考察。该项目是国家科技基础性工作专项重点，由中方科学家主导，中科院地理资源所董锁成研究员任首席科学家，中科院地理资源所、武汉水生所、南京湖泊所、东北地理所、同济大学、西安交通大学、南京大学、东北师范大学、陕西师范大学和内蒙古师范大学的 120 多位学者，以及俄罗斯科学院伊尔库茨克科学中心主席 Kuzmin M. 院士、蒙古科学院地理研究所所长 Dechingungaa Dorjgotov 院士等 12 个研究所和大学的 50 多位国外专家参加了考察。考察历时 5 年多，2014 年 12 月 31 日通过科技部组织的专家组验收。考察范围涉及我国北方及俄罗斯西伯利亚、贝加尔湖地区、勒拿河流域及北冰洋沿岸、远东和太平洋沿岸等我国科学家过去难以到达的高纬和北极地区，获取了大量珍贵样本和数据成果，填补了我国近几十年在该地区的资料空白，开创了“对口合作，站点共建，成果共享”“科学基础数据主导，政府部门需求辅助”的综合科学考察国际合作模式，评审意见认为，考察成果应用范围广，科学价值大，对于应对全球气候变化研究，丝绸之路经济带和中俄蒙经济走廊建设等具有重要的基础科技支撑作用及重要战略意义[23]。

（2）澜沧江中下游与大香格里拉地区综合科学考察。该项目是国家科技基础性工作专项重点，中科院地理资源所成升魁研究员任首席科学家，主要由中科院地理资源所、成都山地所、西双版纳热带植物园以及云南省环科院、云南大学、云南师范大学等单位承担完成。考察历时5年多，2015年2月5日通过科技部组织的专家组验收。该项目是我国首次在流域尺度上开展的多学科、多尺度、大范围的综合科学考察，范围涉及中国西南地区与中南半岛毗邻地区。项目通过点、线、面结合，遥感监测、实地调查与样点分析相结合，获取包括水、土地覆被、森林、灌丛、草地等300多个样方数据，植物、动物和菌物等珍贵样品和标本5万多个（号），制作数据库（集）6个，图集3部，填补了我国近几十年在该地区的资料空白。项目发表论文120余篇，形成咨询报告14份，产出博士、硕士学位论文50篇，在综合集成多学科、多尺度、多源科学数据的基础上，揭示了澜沧江流域与大香格里拉地区的自然资源、生态环境和社会经济梯度变化规律；评估了气候变化及水电开发、矿产资源开发、产业发展等人类活动对区域水土资源等的影响及山地灾害敏感性；开辟了中国－湄公河次区域国家在资源环境研究方面开展国际合作的渠道，签署5项国际合作备忘录[24]。

除上述两项，目前还有一些跨国专项正在进行，如中科院新疆生地所承担的“阿克苏河上游吉尔吉斯斯坦基础数据综合调查”，中国农科院棉花研究所承担的“西南边境地区棉花种质资源考察”，华东师范大学承担的“中越边境地区苔藓植物资源调查”，中科院植物所承担的“泛喜马拉雅地区植物资源综合考察”，中科院海洋所承担的“西太平洋暖池区域水文气象综合科学考察”等。

这些跨境的综合科学考察研究不仅获得宝贵的科学资料，取得丰硕的研究成果，而且密切了与这些国家在科技领域的合作关系，培养了一批跨国自然资源研究的人才，有力地推动了新时期我国综合科学考察的国际化，标志着我国资源研究工作已经开始走向世界。

在跨境自然资源调查稳健拓展的同时，大部分的自然资源调查研究仍然集中国内。我国自然资源调查研究专业化、规范化方向深入，有更多熟悉相关领域和地区的国立科研机构及重点大学投入到自然资源科学考察的行列中来，独立承担起相应专业性很强的特殊考察任务，如中科院盐湖所承担的“中国盐湖资源变化调查”、动物所的“藏东南动物资源综合考察”、微生物所的青藏高原及新疆地区“特色微生物资源与多样性调查”、华南植物园的“热带岛屿和海岸带特有生物资源调查”、东北地理所的“中国沼泽湿地资源综合调查”、海洋所的“我国近海重要海草资源及生境调查”，以及中国林科院承担的“中国森林植被调查”、中国地科院的“全国矿产资源图集编研”、中国医科院的“药用植物资源考察”、兰州大学的“温带草原重点牧区草地资源退化状况与成因调查”等。

2. 五大传统资源研究不断深化

根据自然资源的形成条件及其与地球环境各圈层的关系，传统上将自然资源分为土地资源、水资源、生物资源、矿产（含石油、煤炭）资源和气候资源等五大类。从资源科学发展的历史进程来看，最具现代科学意义的自然资源研究是从土地（壤）调查和地质调查起步的，随着社会经济的发展资源需求也会不断变化，因此在不同时期、不同区域自然资源研究的重点不同。最近几年，总体来说五大传统的常规资源仍然是目前资源科学研究的核心内容，其中水资源研究和能源矿产资源研究相对更受关注一些。

土地资源研究。土地资源是保障国家和区域粮食安全的基础。在工业化、城镇化快速推进的过程中，从不同的角度和侧面探讨我国土地资源开发整治与新型城镇化建设问题，成为拓展和深化中国土地资源研究创新的重要领域前沿。中国自然资源学会土地资源专业委员会是国内比较成熟和较有影响的学术团体之一，多年来在团结和组织土地资源领域的广大科研、教学和管理人员，积极投身土地资源的前沿研究和学术交流方面发挥了重要导向作用。最近几年，土地资源专委会开展的学术研讨会主题分别是：中国农村土地整治与城乡协调发展（2012，贵州贵阳）、全国土地资源开发利用与生态文明建设（2013，青海西宁）、全国土地开发整治与建设用地上山（2014，云南昆明）、全国土地资源开发整治与新型城镇化建设（2015，河南安阳）、中国新时期土地资源科学与新常态创新发展战略（2016，辽宁沈阳）。中科院地理资源所等单位深入开展村庄土地利用时空规律的理论与技术研究，提出了推进农村组织、产业、空间“三整合”的理论，以及资源整合、空间重构和集约用地的准则，将国家战略同农民意愿相结合，构建了城镇化引领型、中心村整合型和村内集约型等农村土地整治模式[5]。

节约、集约用地也是近几年土地资源创新研究的热点之一。农业土地评价理论和实践研究一直是我国土地利用研究的强项，农用地的分等定级、农用地的质量评价在许多地方都已经普遍开展，并积累了丰富的研究资料，成果也很多。城市土地集约利用研究主要集中在对城市空间土地资源要素节约集约方法、城市土地评价尤其是城市土地集约利用潜力评价的理论研究和实践方面，尽管在一些城市进行了城市土地集约利用潜力评价的试点工作，但还没有形成一套标准的评价指标体系和广泛实用的评价方法，研究有待进一步深入[25]。

随着我国生态文明建设战略的实施，土地生态服务价值评价更加受到关注。基于空间计量的方法，探索生态系统服务价值的时空演变特征，进而为地区生态系统保护和修复提供具体政策建议。还有学者在土地生态综合评价的基础上，探讨刚性和弹性的土地生态红线的划定、土地生态改造的利益构成与分配机制、资源环境压力等[26]。

耕地资源是保障国家和区域粮食安全的基础。国内一大批土地资源学者纷纷在区域层面展开了相关研究。2012—2016年，华北平原耕地资源研究在耕地资源调查与评价、耕地质量监测与更新、耕地资源可持续利用及保护、耕地资源利用变化及其生态效应研究、高标准基本农田建设研究、土地整治理论及方法研究等许多方面取得了丰硕的成果。东北地区耕地资源研究侧重了区域耕地的生产状态、耕地演变的特征和耕地资源受到的破坏与保护，特别强调了东北地区耕地（黑土带）受土壤的污染、水土流失、土壤肥力衰减等因素的影响导致耕地质量不断下降。相关专家运用遥感数据分析了东北地区耕地的时空变化情况，得出结论表明1990—2013年耕地总量增加，2000—2013年比1990—2000年耕地增加速度减小，空间上呈现南减北增的趋势，新增耕地重心逐渐北移。

水资源研究。水资源研究是近几年发文量最多的资源研究领域。据中国知网文献检索，2012—2016年“题名”中包含“水资源”（或“Water Resource”）的论文与研究报告近2万篇，我国学者在SCI和SSCI收录期刊上发表的有关水文水资源的论文数量已经位居世界第一。

我国水资源演变规律的研究已经转入量化研究阶段，大量的水文模型应运而生，包括分布式水文模型、概念性水文模型和统计类水文模型等。尤其是在自然和人类活动因素影响下，关于水资源演变规律的研究取得了大量的研究成果。例如，国家重点基础研究计划项目：“海河流域水循环演变机理与水资源高效利用”，在王浩院士带领下，经过数年的技术攻关，在流域水循环、水资源、水环境与生态演变机理以及农田与城市单元水分循环过程与高效用水机制研究的基础上，提出了基于水循环的“量-质-效”全口径多尺度水资源综合评价方法、水循环整体多维临界调控理论与模式，形成了流域水分利用从低效到高效转化的理论和实施方案，对人类活动密集缺水地区的涉水决策与调控管理具有重要的指导意义，研究成果已在海河流域和我国北方地区得到广泛应用，荣获2014年度国家科学技术进步奖一等奖。

西北干旱区是我国水资源短缺最严重的地区之一，生态系统极为脆弱，水资源问题受到特别的关注，水资源的开发和利用成为西北干旱区的首要任务。国家自然科学基金重大研究计划项目：“黑河流域生态-水文过程集成研究”贯穿地球系统科学的思维，针对我国内陆河地区严峻的水-生态问题，探索流域尺度提高水效益的理论和方法。计划执行4年来，建立了遥感-监测-实验一体的流域生态水文观测系统及其相应的数据平台；初步揭示了流域冰川、森林、绿洲等重要生态水文过程耦合机理，认识了流域一级生态水文单元的水系统特征，奠定了流域水循环、水平衡的科学基础；计算了黑河下游生态需水量，为黑河流域水资源优化管理厘定了重要的约束条件[27]。相关专家通过对降水时空的分布特征、降水异常与极端降水、遥感降水产品及再分析资料的评估与应用，降水利用与农业发展和冰雪融水这些方面的研究，总结出相关的结论，为西北干旱区水资源的开发和利用提供宝贵的经验。同时，许多学者还利用模型模拟研究了西北干旱区地表水和地下水，提出了基于流域含水层释水特性的“快”“慢”双线性库组合的含水层出流公式。

面对全球变化下中国跨境水安全与国家水权益保障面临的挑战，中国科学家建议，及时开展跨境水资源本底与水安全风险、水资源系统不确定性与气候变化影响、水分配与合理利用、综合管理与调控机制等多学科交叉研究[28]。由于特殊的区位使中国成为亚洲乃至全球最重要的上游国家，中国冰冻圈（除长江、黄河源区外）几乎全部在国际河流区，跨境水安全受气候变化影响风险高。近5年来，中国国际河流研究快速发展，气候变化与人类活动对国际河流水文-水生态-水环境的影响、跨境水资源冲突与合作等是本领域研究的前沿；跨境水纠纷、水分配与利用则是研究的热点。研究主要关注综合性跨境问题。如在区域层面上，通过分析国际河流受气候变化、梯级水电开发、跨境基础设施（公路、铁路、航道、油气管道）建设和土地开发等驱动相关的跨境水与生态问题，从梯级水电生态调度、跨境生态安全屏障构建、跨境生态补偿机制创建等多尺度，提出了中国跨境水安全与生态安全调控的新范式[29]。

应用近现代同位素技术，开展地下水补给和可更新性、追踪地下水污染等方面的研究水文地球化学方法在了解地下水的水化学特征、查明地下水的补给、径流与排泄以及阐明地下水成因及资源的性质上卓有成效，环境同位素技术因此成为当前研究地下水补给和可更新性、追踪地下水的污染等方面较为新颖的方法之一[30]。目前，我国已经广泛应用这一技术进行地下水径流特征分析、水岩相互作用过程、地下水咸化、地下水资源管理和地下水水质问题等研究，以及用于测定农业上施用氮肥、垃圾集中处理、工业废水排放、动物养殖等人类活动对水环境的影响。

水危机被列为未来 10 年世界风险之首[29]，虚拟水和虚拟水贸易为解决水资源紧缺问题提供了一个新的视角，目前的一些研究主要是关注虚拟水的理论基础、虚拟水贸易、虚拟水含量和区域虚拟水实证研究。例如，贾焰等利用 2003—2012 年中国与非洲各国农产品贸易数据计算了中非农产品虚拟水流特征及其节水效应，结果表明中国在此期间从非洲进口虚拟水总量为 $769.71 \times 10^8 m^3$，向非洲出口虚拟水总量为 $427.27 \times 10^8 m^3$，总体表现为虚拟水净进口。中国虚拟水进口的农产品种类主要为棉花和果品等，而出口虚拟水产品主要为茶叶等[31]。

生物资源研究。生物资源研究范围很广，发文也多，近几年来还在不断地分化和重组，但传统的植物资源、动物资源和微生物资源研究仍然相当活跃，近几年国家基础性科技专项生物资源立项几乎占了一半。更具体一些来说，森林资源和中药资源是这几年研究较多的领域，产出成果也多。种质资源的收集和保存成为生物资源研究的一个新的关注点。

据中国知网收录的 2012—2016 年文献分析，有关“森林资源”和“林业资源”的记录多达 6100 多条。森林资源研究产出成果多主要得益于 2013 年结束的“全国第八次森林资源清查”和国家重点科技专项“林业资源培育及高效利用技术创新”。林业资源培育和利用、森林资源监测、非木质林产资源利用、林业资源枯竭型城市转型等是近几年关注比较多的热点。其中基于时态 GIS 技术的森林资源更新管理数据库具有广泛的应用价值，使时空数据库构建形式和森林资源数据更新流程更加实用化，为森林资源实时监控提供了技术支持。森林资源连续清查数据进行碳密度、碳储量估算被认为是一个最好的途径，我国学者利用森林资源连续清查开展了一系列关于陆地生态系统植被碳储量研究，取得一些重要研究成果。森林资源是可更新资源，但更新有周期性，从而出现林业资源枯竭型城市的转型发展问题，森林资源的可持续属性又使得林业资源型城市转型有别于其他类型资源枯竭城市，建立林区资源开发利益共享机制、构建区域生态补偿机制、发展实体工业经济和优化林区人口布局是许多文献的提出的思路和基本结论。

中药及天然药物资源研究在近几年也取得显著成果，2012 年启动的“第四次全国中药资源普查”，搜集并积累了大量的中药材资源标本及其种子等实体材料以及相关的影音文献资料；获得了各地中药资源的种类、分布、传统知识、栽培与野生情况以及蕴藏量等本底资料信息，基本掌握了我国各类中药资源种类的现状和需求量；建立起覆盖全国的中药资源普查机构体系和中药资源动态监测体系，为探索中药资源利用和保护策略提供了第一手资料和科学依据。同时，利用合成生物学策略改造天然生产宿主，或者异源宿主，大规模生产药用活性成分，为中药资源可持续利用及中药发展提供了一个崭新的有效策略和发展机遇；以现代分子和细胞生物学为基础，分子生药学学科和研究体系不断创新发展、DNA 条形码生物鉴定技术不断完善等，均在药用生物资源种质和药材鉴定方面得到了有效转化和应用[32]。

最近几年，我国还针对重要类群、重要和薄弱空白地区开展了生物种质资源研究和种子库及基因库保存工作。如中国科学院植物研究所等单位历时 5 年完成的“青藏高原特殊生境下野生植物种质资源的调查与保存”项目，构建了完整的特殊生境种质资源保存或储备体系，丰富了我国野生植物种质资源的库存。中国农业科学院草原研究所完成的四川西北部、西藏部分地区野生牧草种质资源考察和搜集，收集到牧草种质资源 849 份，其中禾本科为 32 属，720 份，豆科为 13 属，87 份，其他科 42 份，丰富了国家牧草种质基因库，为川、藏地区野生牧草的驯化与育种提供了原始材料[33]。

能源与矿产资源研究。随着我国应对气候变化压力加大和绿色发展的现实挑战，绿色、低碳的新能源即可再生能源研究的重要性日益突出。我国太阳能资源最丰富的地区是青藏高原，其中西藏地区太阳能资源的年辐射量为 7340 MJ/m^2、青海地区的年辐射量为 6720 MJ/m^2，这两个省区太阳能资源的年辐射量在全国各省区名列第一和第二。青藏高原地区地势空旷、空气稀薄、云量少、气温低日照时间长等环境因素使得该地区成为全国范围内最适合大规模开发太阳能的地区。该地区太阳能的利用主要分为光热利用和光电利用。“十一五”国家“863”计划重点项目“兆瓦级并网光伏电站系统”中子课题“西藏高原兆瓦级和高压电网并网的荒漠集中光伏示范电站及关键设备研制”课题研究并掌握了兆瓦级和高压电网并网的高海拔荒漠集中光伏电站集成技术，建成了 10MWp 并网光伏示范电站，研制了 100kVA 与 500kVA 光伏并网逆变器、50kW 水平单轴跟踪系统、5kW 和 10kW 双轴跟踪系统，并应用于示范电站。

在矿产资源研究方面，中国地质科学院矿产资源研究所唐菊兴研究员团队在公益性行业科研专项和商业性勘查项目联合资助下，查明西藏阿里尕尔穷铜金矿床地质特征，研究成矿规律，新发现含锇自然铋、硫硒铋化物、碲硒铋化物、自然铁、锌铜互化物、铁铬镍互化物等特殊金属矿物，确定了矿床类型，建立了矿床模型。探获 332+333 类别铜资源量

8.7 万吨、共生金资源量 27t、伴生银资源量 52t，成为班公 – 怒江缝合带西段第一个达到详查程度的大型铜金矿床，实现科技找矿重大突破。此外，特高含水老油田三次采油技术取得重大进展，在 16 个区块推广应用，阶段提高采收率 10% 以上；我国在复杂地质条件下油气藏分布预测、地球物理探测方法与技术等方面取得显著成果。

在矿产勘查理论研究上近几年也取得重大突破，青藏高原地质和成矿理论研究揭示了青藏高原区域成矿规律，新发现驱龙、甲玛等 7 个超大型和冲江、朱诺等 25 个大型矿床，确定了重要巨型金属成矿带，大幅增加了我国大宗矿产资源量。深部勘查与探测技术取得进展，勘查技术装备水平跻身世界先进行列，成功研制了航空地球物理勘查系统和 2000m 地质岩心钻探关键技术装备。4 项矿情调查评价成果显著，对我国煤炭、铀、铁、铝土矿等 25 个矿种进行了资源潜力预测和评价，实施了全国矿产资源利用现状调查专项、全国近 15 万个矿业权实地核查、全国油气资源动态评价。在东部典型矿集区开展多尺度深部找矿方法研究和技术集成研究，构建区域三维结构模型或典型矿床模型 5 个，提出各类找矿远景区和靶区 40 多处，找矿效果良好。

在技术创新与应用方面，中国地质科学院矿产资源研究所肖克炎研究员团队在陈毓川院士等专家指导下，按照全国矿产资源潜力评价相关要求，借鉴国内外矿产预测经验，创新性地提出了矿床模型综合地质信息矿产预测方法体系。依托 GIS 平台研发了矿产预测全流程信息方法技术，完成了全国铁、铝土、铜、铅锌、钨、锡、钼、稀土、金、银、锑、锰、铬铁矿、镍、锂、菱镁矿、钾盐、硼矿等 22 种重要矿产资源的预测评价，建立了全国矿产资源潜力评价预测数据库，圈定了各类不同级别预测靶区、成矿远景区近 5 万处，优选了省级成矿远景区和全国成矿远景区，并预测了潜在资源量，为我国找矿勘查部署提供了重要依据。

在研究成果与技术应用方面，一是面向全球新兴经济体和我国发展需求，探索传统资源型产业转型升级，以五大金属资源基地为核心，利用高新技术提升资源采选冶，加快有色、钢铁等战略资源行业地区（城市）转型的途径，促进大型资源基地集约化绿色开发；二是三稀资源清洁升级改造，主要是针对钼、钛、铋、钨和稀土资源，开发稀有资源强代熔炼技术、清洁连续生产技术装备、高效分离提纯技术、高效富集技术，整体提升清洁生产水平，实现传统产业的更新改造。三是应用遥感资料和 GIS 技术在矿产资源精细勘探、资源节约综合利用等方面取得了较好效果，例如中国地质大学（北京）地质过程与矿产资源国家重点实验室，利用遥感资料结合 GIS 技术，提取了泰国地质遥感致矿信息，采用证据权法对泰国铜金矿进行成矿预测，圈定了研究区铜金找矿有利地段[34]；梁静等对西藏日土地区矿产资源遥感地质调查，通过成矿地质条件和找矿预测研究，圈定了 16 处遥感找矿靶区，为西藏日土地区进一步开展矿产资源调查工作提供了基础资料和科学依据[35]；陈熠等通过对赞比亚卡奥马 – 基特韦地区多元地学信息初步处理与分析，圈定了 8 个铜、金为主的化探异常区[36]。

气候资源研究。气候资源研究经历光、热、水资料分析和气候生产潜力研究之后，在20世纪中后期开始把重点转移到“全球气候变化及其应对”方面，但早期的气候变化研究模仿和跟踪国外研究较多。2009年，中国气象局“四项研究计划”（分别为2009—2014年天气、气候、应用气象、综合气象观测研究计划）出台，有力地促进了中国气候变化监测、预估、评估工作，目前已经建立起中国第一代短期气候预测模式系统，研发出一些气候系统模式，开展了气候变化对国家粮食安全、水安全、生态安全、人体健康安全等多方面的影响评估。2013年，在北京举办了“气候智慧型农业”研讨会，2014年5月“第三次过去全球变化——亚洲两千年气候重建”国际研讨会在中国科学院地理资源所举行，2014年11月，又在陕西杨凌举办了“气候变化与农业发展”为主题的首届全国“农业与气象”论坛，进一步推动了我国气候资源研究从跟踪全球变化研究，逐步转向结合中国国情加强全球变化的区域响应研究，在气候变化对水文水资源的影响、气候变化与农业生产潜力的响应等方面取得进展。

夏军等[37, 38]在国家重点基础研究发展计划支持下，完成了“气候变化对中国东部季风区水资源安全影响与适应对策的基础研究”，取得系统性的科研成果与若干新的进展，包括：①在国内首次推出基于质量控制与分析订正后的高密度气象观测台站的格点数据集，建设水文-气象数据库；②发展了陆-气水循环双向耦合模型和陆面同化系统新方法，为研究气候变化对水循环影响的检测与归因提供了科学基础与途径；③针对未来气候变化影响的不确定性与情景预估难题，研发了贝叶斯多模式集成的概率预估不确定性理论，提出了评估多模型概率预估可信度和面向流域水文过程的降尺度方法；④针对非平稳水文极值系列洪水频率问题的挑战，发展了一种与气候变化影响联系的非稳态极值洪水频率计算新方法，改进了传统设计洪水估算的频率分析理论的不足；⑤发展了水资源脆弱性多元函数分析的理论与方法，联系气候变化、社会经济影响与适应性过程和风险，建立了脆弱性与适应性的联系，提高了应对气候变化影响的水资源适应性管理与对策的科学性。

探讨未来气候变化对农业生产带来的影响及其适应问题也是近期国内外的热点。莫兴国等[38]研究发现：气候变化对华北平原水资源和农业需水影响显著，1950年以来华北平原气候总体趋向于暖干化，潜在蒸散呈下降趋势；近30年实际蒸散量呈现弱的上升趋势，与潜在蒸散有互补关系。未来气候变化情景下，区域水分盈余量下降，华北地区干旱化趋势加重；作物生育期耗水量和灌溉需水量增加，其中北部地区水量亏缺更为严重，南部地区水量盈余则减少。钟章奇等[39]对20世纪80年代以来中国区域农业生产潜力的空间演变特征进行了分析，并就未来气候变化对中国区域农业生产潜力的可能影响做出了估计，模拟得到：在当前的全球变化趋势下，2041—2060年我国农业生产潜力减少的区域可能主要位于长江以南以及青海中部地区，其中四川盆地和湖北中南部等地的农业生产潜力下降趋势最为明显，因而这也可能会给这些地区的平均粮食产量带来一定程度的下降。胡实等[40]基于IPCC5的3种代表性温室气体浓度排放路径（RCP）的情景集成数据，采用

VIP 生态水文模型，模拟分析了黄淮海平原未来冬小麦产量、蒸散量的气候变化响应。结果表明：未考虑 CO_2 肥效时，3 种典型排放路径下，冬小麦生育期都将因气温上升而缩短，其产量和蒸散量将呈下降趋势。CO_2 浓度增加对作物生长的有利影响强于气候变化带来的不利影响，是未来情景下冬小麦产量增加的主要原因。

3. 海洋资源研究异军突起

21 世纪是海洋的世纪，随着海洋地位的日益突出，海洋资源作为第六类资源进入资源科学研究领域。海洋资源学是资源科学和海洋科学的一个共同的分支学科，是资源科学、海洋科学与工程技术学等相互交叉形成的边缘学科。我国领海海域蕴含十分丰富的海洋资源。随着科学技术的进步，近几年来，我国对海洋油气资源、海洋固体矿产资源、海洋生物资源、海水及水化学资源和海洋能资源进行了深入研究，取得了许多瞩目的成就。海洋谱系化深潜器研发带动了海洋资源勘探技术和装备实现跨越发展，"海洋石油 981"、3000 型成套压裂设备等一批油气开发高端装备打破了国外长期垄断。2012 年 10 月，"我国近海海洋综合调查与评价"专项（908 专项）通过总验收。该项目包括近海海洋综合调查、综合评价和数字海洋信息基础框架构建三大任务，项目实施后，基本摸清我国近海海洋环境资源"家底"。这是新中国成立以来调查规模最大、涉及学科最多、采用技术手段最先进的近海综合调查与评价专项，自 2004 年实施以来历时 8 年。来自 180 个单位的 3 万余名海洋科技工作者海上作业约 2 万天，圆满完成近海海洋综合调查、综合评价和"数字海洋"信息基础框架构建三大任务。908 专项由国家海洋局、国家发改委和财政部统筹协调，创造了诸多"首次"，例如，首次系统获取我国大陆海岸线长度、海岛数量、滨海湿地等高精度实测基础数据；首次查明我国近海海洋可再生能源潜力；首次编制全国沿海以县为基本单元的综合海洋灾害风险区划图；首次编制 1∶5 万和 1∶25 万幅我国近海高精度大比例尺海底地形图与地貌图；首次建立国内海洋领域标准统一、质量可靠、内容全面的海洋数据库，奠定"数字海洋"信息基础。

鉴于海洋资源的重要性，以及从资源科学的角度研究海洋资源的时间较短，资料积累有限，为此进行了专门研究，详细情况可参见本书"中国海域资源调查与海洋资源学的发展"专题报告。

4. 资源循环利用技术研发成为热点

工矿、农林业废物和副产品的再生循环利用，不但可以提高自然资源的利用价值，而且是生态环境保护的需要。在"863"计划、支撑计划等国家科技计划支持下，近年来资源循环利用取得很大进步，相关应用技术的研发和示范成为热点。

随着工业化的快速发展，中国是世界第一钢铁生产大国，大量无处理的钢渣任意堆积，不仅侵占大量土地，而且带来环境污染，更是一种资源浪费。我国钢渣利用率仅为 10% 左右，远低于发达国家。中国农业科学院农业资源与农业区划研究所等单位承担的"钢渣农业资源化利用技术研究与示范"项目，与有关企业联合解决了钢渣资源利用的关键技术，使炼铁、炼钢废弃物转化成钢渣硅钙肥料。试验证明，钢渣在土壤溶液中培养，硅素释放显著高于在蒸馏水，钢渣作为硅钙肥在大田施用随翻耕埋入土壤，初春采用保温措施等都有利于提高钢渣中硅的利用效率[41]，这对于提高缺硅、钙、铁、锰等元素的农业土壤肥力具有重要意义，有着广阔的应用前景。

在矿产资源开采方面，我国深部、复杂矿体采矿及无废开采技术进展显著，大直径深孔采矿等共性关键技术显著提高了采矿的强度与安全性，并建成了不建尾矿库、不建废石场的近零排放示范矿山。如西藏特大型多金属矿高效开发利用项目，开发出全尾砂充填、高分段落矿充填采矿方法、管棚支护、新型高效选矿药剂、铜钼高效分选流程、人工增压供风、弥散 供氧等专项技术。同时，复杂低品位多金属资源选冶技术取得了进步，我国地下金属矿智能化开采五大核心智能装备和技术实现突破，如氰化尾渣硫铁资源高效利用技术、低品位锂矿石选择性分散于高效脱泥技术、高砷高碳金精矿热压预氧化与碳浆氰化浸出技术等。

在农业废弃物资源化方面，秸秆肥料化是最传统的秸秆回收利用的手段之一，随着生物技术和应用化学的进步，菌种选择与重金属钝化等方法正在推动秸秆、畜禽粪尿等农业废弃物肥料化、饲料化、能源化、材料化、生物质炭化等多途径开发利用。目前，通过热解技术制备的生物质炭，使秸秆、林产品剩余物等转化为清洁的气体燃料、热解油和固体热解焦，利用废弃物中的高蛋白质资源和纤维性材料生产多种生物质材料和生产资料等是热点。此外，有害物质在堆肥过程中的降解，以及功能性微生物的添加对堆肥农田施用的抗病虫害研究也受到关注。

5. 资源核算研究和自然资源资产负债表编制稳健起步

自然资源核算是指对一定时间和空间内的自然资源，从实物、价值和质量等方面，统计、核实和测算其总量和结构变化并反映其平衡状况。通过自然资源核算，能够全面客观地分析评估自然资源资产及利用现状，科学制定资源开发利用政策。在国际上，综合环境经济核算体系为经济发展、自然资源、生态环境提供了一个统一的核算框架。自1953 年以来，联合国等陆续推出 4 个版本的国家核算账户（System of National Accounts，SNA1953，1968，1993，2008），将国家核算由经济逐步拓展到自然资源、生态环境领域。尤其是 1993 年起陆续发布《综合环境与经济核算手册》（*Handbook of National Accounting: integrated Environmental and Economic Accounting*，SEEA1993，2000，2003，2012），作为 SNA 的卫星账户，为自然资源、环境污染核算提供了理论和方法指导[42, 43]。其最新版本综合环境与经济核算体系（System of Environmental and Economic Accounting 2012–Central Framework，SEEA2012）[44, 45]则是第一个综合性国际环境核算标准，为各国进行经济发展、自然资源和生态环境综合核算提供了一个统一标准。SEEA 核算体系为自然资源资产负债表提供了规范的统计基础。

自然资源资产负债表是遵循企业资产负债表编制范式，以核算生态环境损益为着眼点，反映特定时空内自然资源的数量与质量、存量与流量的信息报告系统[46]。自然资源资产负债表通过期初存量、任期消耗、期末结余，确定某时段内自然资源减少程度，环境质量恶化程度以及生态系统退化程度，反映自然资源资产负债后的生态、经济建设成果[47]。自然资源资产负债表关注人类活动对自然资源或自然环境的影响，以实物量反映人类社会与自然环境之间存储、取用与消耗的关系，强调对自然资源资产、负债的计量，便于资源管理部门进行资源影响评估、责任主体的生态建设成效考核，是一种新的资源管理框架[48]。

2013 年，党的十八届三中全会提出："探索编制自然资源资产负债表，对领导干部实行自然资源资产离任审计。建立生态环境损害责任终身追究制。"2015 年 9 月，国务院下发了试点方案。但自然资源资产负债表编制涉及财政、统计、环保等诸多部门，研发负债表是一个复杂的过程，仍然处于探索试编阶段，亟待建立科学范式与技术体系。从 2015 年下半年开始，中国先后在内蒙古呼伦贝尔市、浙江湖州市、湖南娄底市、贵州赤水市、陕西延安市等地开展编制自然资源资产负债表试点工作。中科院地理资源所以国家生态文明先行示范区湖州市和安吉县为例，完成了全国首张市（县）自然资源资产负债表，即"湖州模式"和"安吉模式"[49]。该项目取得了一系列重要进展：① 研究提出了自然资源资产负债表编制的总体思路与基本原则，明确了自然资源资产负债表编制的框架体系与实施路径，实践探索了"先实物后价值、先存量后流量、先分类后综合"的编制路径；② 构建了由"总表 – 主表 – 辅表 – 底表"组成的报表体系，提出了由资源过耗、环境损害、生态破坏构成的表式结构；③ 研究提出了湖州市自然资源资产负债表的计量方法，确立了土地资源、水资源、林木资源等几类主要自然资源的核算指标；④ 形成一套可复制、可拓展、可推广的标准化与自动化系统[50]，建立了湖州市及其各县、区的自然资源资产数据库；⑤ 提出了湖州市自然生态空间统一确权登记实施方案和湖州市领导干部自然资源资产离任审计制度的建议。该项工作的完成为后续全国范围自然资源资产负债表编制工作的推广，落实领导干部自然资源资产离任审计，建立生态环境损害责任追究制度提供了坚实的科技支撑。

6. 资源信息技术与研究手段更新

资源信息可以理解为人们用来消除对资源的不确定性的事物[51]。由于土地资源的时空特性明显，土地资源研究是最早应用信息技术的主要领域之一，特别是遥感和 GIS 技术应用，过去数十年来，国内外开展了大量的土地资源与环境遥感应用研究，丰富的信息源和实现手段，拓展了土地资源的研究内容，深化了土地资源的研究程度[52]。随着 3S（遥感 RS、地理信息系统 GIS、全球定位系统 GPS）技术和数据库技术的发展和应用研究的深入，现代信息技术在资源科学研究中发挥着愈来愈重要的作用，它已经几乎遍及资源研究的各个领域，前述的"森林资源更新管理数据库构建""中药资源信息系统""矿产资源精细勘探与评价"[34-36]就是一些典型的例子。

"十二五"期间，中国启动了国家高技术研究发展计划（"863"计划）"星—机—地"综合定量遥感系统与应用示范重大项目，规划建设了"天—空—地"一体化的全国遥感网技术体系，提升了覆盖数据接收、处理、定量遥感产品生产与应用服务全链条的空间信息服务能力，为中国的对地观测系统走向世界在理论和技术方面进行了积极探索。在全球应用方面，通过国家科技计划支持，部分科研院所、大学以及行业部门初步具备了全球遥感监测与应用技术能力，科技部国家遥感中心组织开展了全球生态环境遥感监测，发布了年度评估报告；中国气象局、国家测绘局启动了全球卫星气象监测与全球测图等计划。

近几年来应用遥感和 GIS 技术进行农业灾害监测也取得成效。中国农科院农业资源区划所等完成的“农业旱涝灾害遥感监测技术”，形成了以遥感技术为核心的灾害监测系统，是及时、准确获取多尺度农业旱涝灾害信息的重要途径，获得 2014 年度国家科技进步奖。该项目更新了面向农业旱涝灾害遥感监测的理论体系，构建了以地表蒸散发参数为核心的农业干旱遥感定量反演理论和农业干旱参数遥感反演的空间尺度效应解析理论，实现了全国尺度地表蒸散发等干旱核心参数的全遥感反演，在华北和西北典型试验区反演精度提高到 90% 以上。项目结合农业主管部门的灾情信息需求，紧扣“理论创新－技术突破－应用服务”主线，以农业旱涝灾害遥感监测的理论创新为切入点，重点突破了“旱涝灾害信息快速获取、灾情动态解析和灾损定量评估”三大技术瓶颈，创建了国内首个精度高、尺度大和周期短的国家农业旱涝灾害遥感监测系统，不同尺度旱涝灾情信息获取时间缩短到 24 小时以内，已被用于农业部、国家防汛抗旱总指挥部、中国气象局和国家减灾中心等部门的农业防灾减灾工作。

（四）学科建设的主要成就

1. 编撰完成中国资源科学学科史

中国自然资源学会自 2014 年开始组织编写《中国资源科学学科史》[51]，经过 3 年多的反复研讨、资料收集整理等大量的艰苦工作，该书于 2017 年 12 月由中国科学技术出版社公开出版发行。通过梳理学科发展史，形成了以下重要的基本认知。

（1）中国资源科学与古代资源利用的知识和思想一脉相承。资源即财富之源，是人类生存与发展的物质基础。一部人类发展史，就是一部认识、发现、粹取、开发、利用、配置和管理自然资源的历史，资源科学就是在此实践过程中形成的系统的科学认知。在古代的生产实践中，中国农耕文明代表了传统农业文明时代人类利用自然资源的发展水平，燧石取火、神农尝百草、大禹治水等资源观念在混沌朦胧中显现，二十四节气是华夏祖先对气候资源利用的经验结晶，郑国渠、灵渠、都江堰、大运河等水利工程修建是华夏祖先充分利用水资源的杰作，农作物选育和繁殖、动物驯化、海物维猎、中草药采制等表明中国人在生物资源利用方面取得不菲成就，因地制宜、休耕轮作和井田制度等是中国人科学管理土地资源的创造。《禹贡》《管子》《齐民要术》《本草纲目》《农政全书》等对古代资源利用的实践经验和成就有较为系统的记载，形成的“分类分级的资源评价”“因地制宜的资源利用”“用养结合的资源管理”“天人合一的资源系统”等资源思想今天仍然产生着影响。从某种角度上讲，本土知识和思想在中国资源科学中占有很大比重。

（2）西方近代科学的渗透和植入助推了资源科学在中国的发展。19 世纪，随着世界范围内地理探险与考察的不断深入，具有丰富生物和矿产资源的中国，引起西方探险家的关注。1868—1872 年，德国地理学家李希霍芬（Feridinand von Richthofen）7 次到中国内蒙古、山西、陕西和四川西部等地考察。从 1892 年开始，俄国人多次进入中国东北地区进行矿产资源调查，并采集动植物标本。英国人亨利（A. Henry）4 次来华，采集了数万号标本，著有《中国植物名录》（1887 年）和《中国经济植物笔记》（1893 年）。法国学者桑志华（Emile Licent）于 1914 年来华，在中国北方从事了长达 20 余年的资料收集与资源考察工作。美国庞培烈（Raphael Pumppelly）于 1862—1865 年间在华考察，收集了大量的中国自然资源资料。从 20 世纪 20 年代开始，经过五四运动洗礼，中国学者开始具有现代意识与民族精神，采取合作的方式组成中外联合科学考察团，如中瑞西北科学考察团（1927—1935），中美联合科学考察（1928—1930），中法联合科学考察（1930 年前后）等。同时，中国也聘请外国学者来华工作，如美籍学者潘得顿（R. L. Pendleton）、梭颇（James Thorp）等曾来华帮助中国学者从事土壤资源调查。1915 年成立的“中国科学社”，1928 年成立的“中央研究院”，1932 年成立的“国防设计委员会”（1935 年易名的“资源委员会”）等机构，网罗了一批从西方留学归来的有识之士，丁文江、翁文灏、秉志、胡先骕、曾昭抡、李四光、竺可桢等是他们的杰出代表，他们对我国的自然条件、自然资源做了近代科学意义上的调查、观测和初步研究。在生物资源调查、土壤资源调查与制图、矿产资源调查、水资源调查与规划等方面取得丰硕成果。国外学者来华探险、中外联合考察、留洋归国的青年才俊奋发图强，引进了西方自然资源考察研究的科学方法，从而发展、改造中国传统的自然资源调查方法，使得中国的自然资源研究开始进入了科学范式的萌芽阶段。

（3）现代资源科学理论体系和学科体系基本形成。1949 年新中国成立后，自然资源综合考察随着我国经济建设的需要而兴起。1956 年中科院综考会成立后，先后组织了数十支综合科学考察队，对我国水资源、矿产资源、土地资源、森林资源及重点地区进行了 40 多次全面调查和系统研究，如青藏高原考察、盐湖调查、紫胶调查、南水北调考察、黑龙江流域考察、新疆资源考察、黄河及黄土高原考察、西南考察、南方山区考察等。大规模的资源综合考察研究，不但为国家经济建设和国防建设做出重要贡献，也为我国培养了一大批从事资源研究的人才，创建了一套适用于综合分析的研究方法，明确了资源科学的主要研究对象是自然资源系统。资源结构、资源分类、资源演化、资源评价、资源配置等学科理论在 20 世纪 80 年代前后逐步形成，并随之涌现出一批资源研究机构、资源教育机构和资源专业学术期刊，特别是《中国资源科学百科全书》《资源科学》《中国资源科学技术名词》《中国自然资源丛书》等 4 部标志性著作出版，奠定了中国资源科学的理论基础，现代资源科学学科体系基本形成（图 2）。1993 年中国自然资源研究会更名为中国自然资源学会标志着中国资源科学日臻成熟。

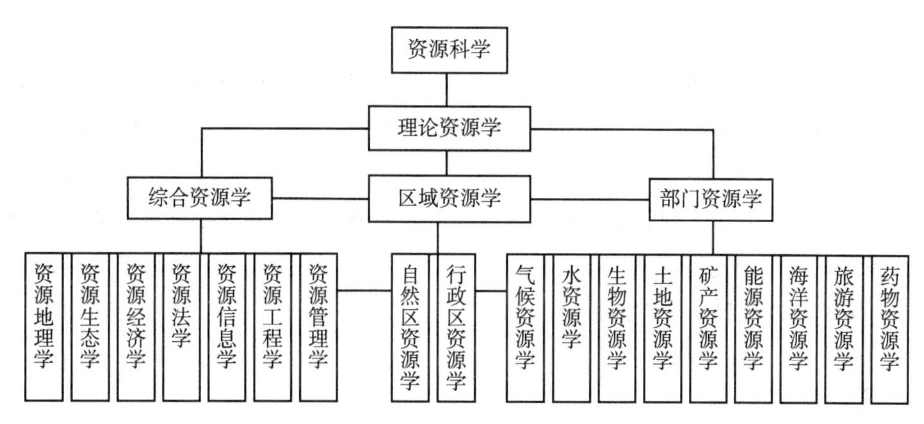

图 2　资源科学的学科体系与主要分支学科

（4）资源科学是问题导向性交叉学科。资源科学目前仍然处于初创发展阶段，学科地位尚未完全确立，学科制度建设有待加强，但从学科产生的背景来看，资源科学与环境科学极其相似，它们都是为着解决危及人类生存与发展的一些急迫问题而产生的新兴交叉学科。因为工业革命以后出现了空气污染、水污染和土壤污染等环境问题，才激励人们综合应用化学、生物学、地质学、地理学和土壤学等多学科的知识来解决这些问题，于是有了环境科学。同样地，因为淡水不足、食物短缺和能源危机等资源问题日益突出，综合应用地理学、生物学、水文学、土壤学、地质学、农作学等的知识来解决这些问题的资源科学才应运而生。事实上，很多环境问题与资源开发利用密切相关，资源的滥用或误用是环境问题的重要根源；反过来，环境问题又会导致资源问题加剧，所以人们常常把“资源与环境”绑在一起相提并论。分析资源科学和环境科学产生的历史背景不难发现：虽然它们有很多知识是从传统学科中吸取来的，并且在科研活动组织上也与传统学科有着某种渊源，但有一点很清楚：它们的科学目标、思想方法和科学解释是新的，从学理上看并不是某个传统学科的延伸和发展。

2. 资源科学研究机构健康发展

资源科学研究和人才培养机构是资源科学发展的重要平台，从发表论文的单位组成数据看，2012—2016 年大约有 300 余家高等院校和科研院所从事资源科学研究与人才培养，此外，也有一些企业和公司从事资源技术开发和资源管理方面的工作。

通过分析“中国科学引文数据库（CSCD）”中的数据检索结果可以看出，我国目前约有 140 余所高等院校设置有从事资源科学研究的二级机构。从分布地区看，湖北省的高等院校拥有最多的与资源科学研究相关的二级学院，共 13 所，其次为北京市、四川省、安徽省，各拥有约 9 所。从总体看，这些拥有资源科学研究二级单位的高等院校主要集中在东部地区。从这些二级学院名称所反映出的主要研究方向知，最多的是从事资源环境综合研究的院校（占 70% 以上）；其次居多的是从事土地资源、能源与矿产资源、旅游资源等方面的研究；此外，还有一些以资源生态、资源地理和资源经济等研究为主的教学科研机构。

另据不完全统计结果，国内目前从事资源科学研究的专业性研究机构共有 94 家（含 75 个研究所和 19 个研究院）；而科研院所中拥有从事资源科学研究二级单位的院所共有 69 个（包括 35 个实验室、29 个研究中心和 5 个研究室）。根据这些科研院所或二级单位的研究方向归类，关注生物资源或资源环境的综合研究较多，其次是水资源研究，而对资源生态、资源地理以及资源信息研究的关注较少（图 3），这从一个侧面反映出现今国家社会经济发展对资源科学研究的真实需求。

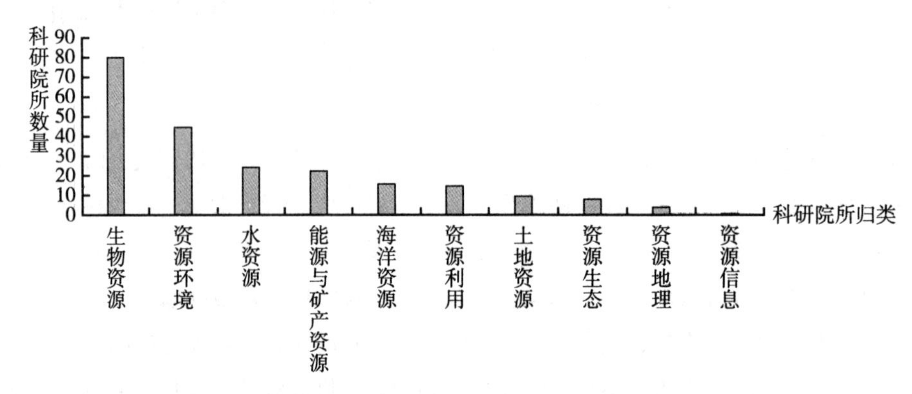

图 3 中国资源科学专业研究机构与高等学校分类设置情况

3. 人才培养制度建设稳步向前推进

2012 年，教育部将“资源环境与城乡规划管理”专业拆分为“人文地理与城乡规划”和“自然地理与资源环境”两个专业，2013 年开始招收该两个专业的首批本科学生。目前，全国含有“资源”且与自然资源相关的本科专业共 12 个，招生单位 476 家；研究生专业 77 个，招生单位 420 家。而在全国开设有与“资源”相关的本科专业单位中，以开设“土地资源管理”“自然地理与资源环境”专业的单位数量最多，其所占百分比在 20% 左右（图 4）。

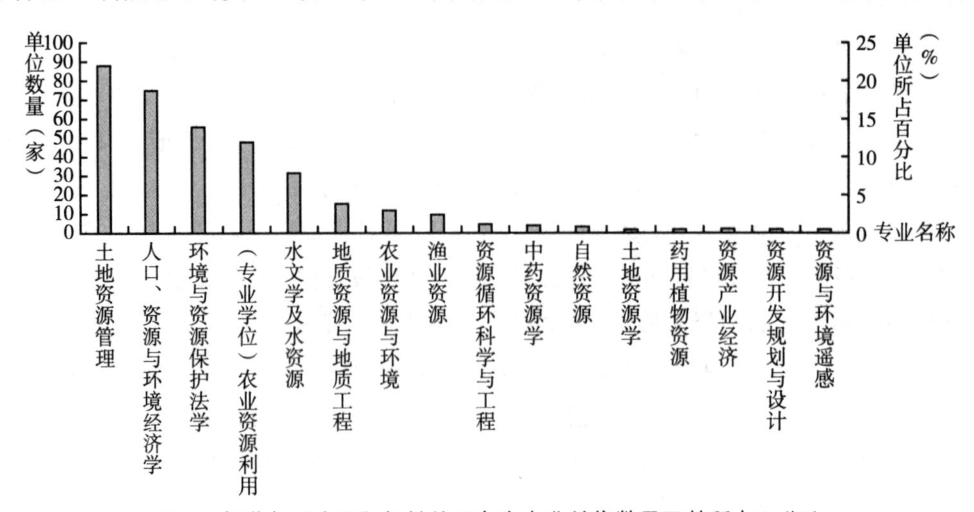

图 4 招收与“资源”相关的研究生专业单位数量及其所占百分比

另一方面，高校内设置并招收有与“资源”相关的研究生，能够授予研究生专业学位的单位数量，也以“土地资源管理”为最多，其次为“人口资源与环境经济学”，再次为“环境与资源保护法学”“农业资源利用”“水文学及水资源”等（单位数量均超过 30，占百分比达 10% 以上）。需要指出，招收并可授予与“资源”相关的研究生学位的单位，在全国不同地区分布并不均匀，以北京为最多，其次为江苏，大多分布于我国东部地区；西部仅四川省略多，陕西省次之。招收与“资源”相关的研究生专业的数量亦是东部地区较多，排在前五位的分别是北京、江苏、四川、湖北、陕西。值得指出的是云南省情况较为特殊，虽然仅有 6 所高校具有招收“资源”类研究生资格，但其招收研究生的专业却达 11 个，这无疑与云南省虽地处西南边陲，但却属我国的资源大省（矿产、生物、药物、水利、旅游等）有关。

上述招收与“资源”学科有关的本科和研究生招生专业及单位机构，每年向国家大量输送着掌握了“资源”科学的基础理论、基本技能和先进方法，具备深厚专业知识的专门人才。这些专门人才已经在或者日后将会在我国的自然资源开发、资源利用、资源保护、资源管理、资源拓展等各个领域或部门的工作战线上发挥重要骨干作用。

目前，国内高等院校与资源科学相关的课程体系设置初步形成了基本框架。借助中国高等教育学生信息网承办的阳光高考网站专业知识库，以“资源”为关键词，检索国内各高校本科相关专业的主干课程信息，知各本科专业的骨干课程数量变动在 18~24 之间（表 1）。若对各专业课程按“可更新资源类”“不可更新资源类”“其他资源类”“其他类”（表示与“资源”无直接关系的其他课程）分类，“可更新资源类专业”的课程设置，以“可更新资源类课程”为主；而“不可更新资源类专业”的课程设置，则主要为“其他类课程”及“不可更新资源类课程”。

表 1　资源科学类专业的不同类型课程设置

课程（门） 专业	专业课程总计	可更新资源类课程	不可更新资源类课程	其他资源类课程	其他类课程
农业资源与环境	24	13	1	4	6
自然地理与资源环境	24	7	0	1	16
资源与环境经济学	23	4	1	5	13
海洋资源与环境	22	16	0	1	5
中药资源与开发	22	16	0	0	6
资源勘查工程	22	1	8	0	13
矿物资源工程	21	0	8	0	13
土地资源管理	21	11	0	2	8

续表

课程（门） 专　业	专业课程总计	可更新资源类课程	不可更新资源类课程	其他资源类课程	其他类课程
水文与水资源工程	19	14	0	0	5
海洋资源开发技术	18	15	1	0	2
资源环境科学	18	8	1	3	6
资源循环科学与工程	18	2	1	7	8

四、国内外研究重点与热点比较

（一）国际上资源研究的重点与热点

文献分析法是通过搜集、鉴别、整理文献资料，并进行系统分析，形成对事实认识的方法，是一种经济、快捷且有效了解科技发展动态的方法。本报告根据 ISI Web of Knowledge 平台的 Science Citation Index Expanded（SCI–EXPANDED）和 Social Sciences Citation Index（SSCI）两个外文引文数据库和中国科学引文数据库（CSCD）进行文献分析。文献检索期限为 2012—2016 年，通过高频关键词进行汇总分析。鉴于资源种类纷繁众多，本报告重点选择水文水资源研究、土地利用和土地变化研究、气候与气候变化研究、生物多样性研究、可更新能源研究、矿产资源研究等，对国际上有关资源研究的重点与热点进行分析，主要结果概述如下。

1. 水文水资源研究

水是生命之源，在资源研究中，中外开展水和水资源的研究众多。在 ISI 平台 SCI–EXPANDED 和 SSCI 数据库中，输入“water resource（水资源）”进行搜索，选择“article（论文）”和“review（综述）”两类统计，2012 年记录 400 余条，2013 年 480 多条，2014 年 500 多条，2015 年 600 多条，2016 年 660 多条。由此可见，每年收录数目逐年提高，表明水文水资源研究的关注度是逐年上升的。

检出的前十出版物按照刊发水文水资源文章数量顺序是：*Water Resources Management*、*Journal of Hydrology*、*Environmental Earth Sciences*、*Water*、*Hydrological Processes*、*Hydrology and Earth System Sciences*、*Water Resources Research*、*Science of the Total Environment*、*Proceedings of The Institution of Civil Engineers Water Management*、*Desalination and Water Treatment*、*Water Environment Research*。

全球研究水文水资源发文量的前二十个机构排序为：中国科学院、美国加利福尼亚大学系统、北京师范大学、澳大利亚联邦科学工业研究组织（CSIRO）、中国科学院大学、美国农业部（USDA）、河海大学、法国国家科学研究院（CNRS）、美国地质调查局（USGS）、中国水利水电科学研究院、美国加州大学戴维斯分校、美国佛罗里达州立大学、美国亚利桑那大学、伊朗德黑兰大学、清华大学、美国能源部（DOE）、美国北卡罗来纳大学、澳大利亚格里菲斯大学、伊朗伊斯兰阿萨德大学、法国研究与发展研究所（IRD）。

ISI 文献显示近五年对水文和水资源的研究开展范围广泛且深入。近五年来研究在水文水资源研究中体现出交叉学科更加深入的融合，融合的有动力学、水文学、水文和水资源学、气候学等科学，而不是单一学科来研究和探讨。

研究尺度更多的关注全球的尺度，同时充分运用遥感等手段如使用 Landsat 热成像、Modis 图像在全球气候变化视角下开展研究。研究关注点广泛：①水的物理蒸散作用，包括全球水资源的气态、固态、液态三物理形态相互转化引发的影响，尤其是水资源的蒸散量、蒸腾作用对大气系统如季风的影响；②气候变化下的水资源，包括全球气候变化下用水规模、水短缺、洪水预报、评估水资源；③关注不同地形地貌中的水资源，在水库、河流、盆地、流域中考虑水资源变化的质量和通量；④关注流域水质，探讨如何去除流域中污染物混合物的方法；⑤重视人类对水资源的开发利用，如页岩气的水资源、发展中国家的水电开发、废水再生和再利用、海水和灰水再利用、淡水资源、土地利用变化对水的影响；⑥关注城市和农村的水资源，城市的供水系统和饮用水、农业灌溉用水；⑦关注极端水资源短缺，水资源极度短缺的干旱的空间变异性；⑧地下水和地表水的通量和评估，地表水可用量、地下水分布和通量也是研究者们关注点；⑨水资源管理，能够保持水资源的可持续性的政策、最优化措施。目标是实现可持续管理水资源、水的生态工程决策。其他热点：含水层的通量变化、植被和土壤中的土壤湿度、南北两极的水资源等。研究分析模型或方法：SWAT 模型、水足迹分析方法、稳定性同位素法等。

文献显示研究水文水资源的突出研究国家为澳大利亚、中国、印度、美国等国家，有发展中国家，也有发达国家。研究区域突出的有：地中海区域、黑河流域、美国得克萨斯州及宾夕法尼亚州、埃塞俄比亚、伊朗唐涧流域、中国辽宁省。

2. 土地利用和土地变化研究

2012 年联合国的“未来地球计划”（Future earth）促进了 2012—2016 年土地资源的研究。刊发相关论文按数量排序前十出版物为：*Remote Sensing*、*Land Use Policy*、*PloS One*、*Science of The Total Environment*、*Environmental Earth Sciences*、*Remote Sensing of Environment*、*International Journal of Remote Sensing*、*Journal of Hydrology*、*Journal of Geophysical Research Atmospheres*、*Agriculture Ecosystems Environment*。

全球研究土地利用和土地变化的前二十个机构，按刊发相关文章数量顺序排列为：中国科学院、美国加利福尼亚大学系统、法国国家科学研究院（CNRS）、美国农业部（USDA）、中国科学院大学、美国地质勘探局（USGS）、美国国家航空航天局（NASA）、荷兰瓦赫宁根大学研究中心、北京师范大学、美国马里兰大学、美国佛罗里达州立大学、澳大利亚联邦科学与工业研究组织（CSIRO）、英国自然环境研究委员会（NERC）、法国农业科学研究院（INRA）、美国能源部（DOE）、法国研究与发展研究所（IRD）、美国马里兰大学帕克校区、法国巴黎萨克雷大学、美国威斯康星大学、美国林业局。

研究区域突出的是森林、植被、北方针叶林、流域、三角洲、岛屿、热带雨林、城市等。

在土地资源研究中，研究重点关注：①土地元素或组分，包括有机质、水质及其渗透系数、土壤湿度、温度、能量、植物、元素沉降、肥料、氮肥等，塑料废物从陆地进入海洋的过程、土地生态系统中新的污染物、土壤重金属等也受关注；②土地覆被变化，包括覆盖变化、景观格局、空间分布、演变、土地元素循环，如建立一个国家在某一段时间的土地覆被数据库，建立某个时间的全球土地覆盖图，全球陆地表面分析数据集，估算土壤覆盖管理因子，一定时期内的城市扩张等；③从生态学的角度出发，研究土地利用的生态过程、生态系统服务、生命周期评价、生物多样性、物种丰富度、生物多样性保护、保护区、系统退化等，探讨在土地利用过程中，对全球生态系统的生物多样性的影响，农业是第一生产力，其生物多样性和土壤生态工程不容忽视；④气候变化下的土地利用或土地利用变化，如气候变化下加速了旱地扩张，全球森林或草地面积变化动态；⑤碳主题，如土地的碳，有机碳、土壤固碳、碳循环等，进行全球的碳预算，在某一特定的生态系统中碳汇的趋势，减少化石燃料或水泥生产的碳排放；⑥土地中气体的吸收或释放，氮、大气中的二氧化碳、二氧化碳通量变异性、月通量、温室气体排放、大气环流模型、空气污染等，探讨在气候目标下允许的二氧化碳排放量；⑦土地与人之间的相互关系，食品安全、饮食、农业的生产力、农田土壤、城镇化过程中的土地利用、森林开采等管理，探讨不同国家不同时期土地管理制度的转变，尤其是特别关注食品安全；⑧土地利用过程中的极端事件：土地的干旱或变化性干旱；⑨其他，如生物燃料、人工神经网络等。

研究手段主要是遥感，利用地球资源卫星（Landsat）获取卫星资料在时间序列下进行情景分析、情景模拟、数值模拟、数据融合或进行元分析等。

3. 气候与气候变化研究

全球气候变化是引发诸多资源问题的重要原因之一，气候及其气候变化是近五年来研究的一大重点领域。刊发全球气候与气候变化研究论文的数量排序前十期刊为：*Journal of Climate*、*PloS One*、*Geophysical Research Letters*、*Journal of Geophysical Research Atmospheres*、*Climate Dynamics*、*Climatic Change*、*Global Change Biology*、*Atmospheric Chemistry and Physics*、*International Journal of Climatology*、*Environmental Research Letters*、*Journal of Hydrology*。

全球研究气候与气候变化的前二十个机构，按刊发相关文章数量顺序排列为：中国科学院、美国加利福尼亚大学系统、法国国家科学研究院、美国国家海洋大气管理局

（NOAA）、英国自然环境研究委员会（NERC）、美国国家航空航天局（NASA）、美国农业部（USDA）、澳大利亚联邦科学与工业研究组织（CSIRO）、美国能源部（DOE）、美国地质勘探局（USGS）、中国科学院大学、法国研究与发展研究所（IRD）、美国佛罗里达州立大学、西班牙高等科学研究理事会（CSIC）、美国科罗拉多大学系统、法国巴黎萨克雷大学、美国科罗拉多大学波德分校、美国国家大气研究中心（NCAR）、美国哥伦比亚大学、英国伦敦大学。

全球气候是一定时期内整体圈层事件，当然不能将大气圈割裂开来研究气候，更多的研究者从水圈、土壤圈关联大气圈来研究气候。从南北两极的海冰变化、南美洲热带雨林变化、海水温盐变化等等来研究全球气候变化。研究者不仅仅关注全球气候的现在，同时从冰柱上探寻过去的气候以及预测未来的气候。运用遥感学、气候学、动力学、生物地理学、生态学等多学科来探讨气候变化规律。

局部研究突出的国家或地区是美国、北美地区、欧洲、中国，研究的大洋主要是北大西洋、太平洋、南冰洋。研究手段：环境模拟装置、通用管理信息协议（CMIP5）、元分析、情景分析等。

关注点或热点：①从全球眼光来关注全球变化或者环境变化，探索引起气候变化影响因子、建立大气环流模型或气候模型、地球系统模型，研究各种循环，注重边界层、温度、热量、能量、流量、细颗粒物，如研究全球地表温度的变化；②从水圈来寻找引起气候变化的答案，关注水和水汽，尤其是海洋、海冰、冰原、冰盖、海平面上升、海洋酸化、温盐环流、海面温度、热浪、厄尔尼诺现象，如利用珊瑚礁来探索气候的过去和未来，研究太平洋海面温度对气候的影响，南极对过去和未来海平面上升的贡献；③气候变化的生态影响，研究生态系统和生物多样性、生物多样性保护、系统或物种演变、物种保存、物种丰富度、树死亡率、混合层方案，注重不确定性、可变性、敏感性、死亡率、年际变率、易损性、生产力等，评估物种对气候变化的脆弱性，生物多样性增加了生态系统生产力对气候极端的抵抗力；④气候变化中的碳是重要的研究元素，碳循环、二氧化碳、提升的二氧化碳、黑碳、碳储存、二氧化碳通量变化性，如永冻层的碳反馈，生态系统中的碳汇，减少化石燃料燃烧和水泥生产的碳排放估算，在不同人为二氧化碳情景下运用情景分析方法预测未来前景；⑤当然也不能排除植被的因素：森林、热带雨林，如全球森林覆盖变化造成的气候影响，气候引起的全球野火危险变化；⑥部分局部地区的极端天气、干旱等，如叙利亚的干旱影响，气候变化加速旱地扩张；⑦气候变化与人之间的相互作用，农业、土地利用变化、食品安全、温室气体排放，如全球气候变暖会降低全球小麦产量，水电大坝建设对气候变化的利与弊，非洲农业管理。

4. 生物多样性研究

生态系统的生物多样性丧失对人类的影响肯定是非常深远且巨大的，为此人们开展众多的生物多样性研究。近些年更多关注的是气候变化、全球变化下或土地利用变化下的生物多样性研究。如探究生物对气候变化的脆弱性，增加生物多样性可提高生态系统生产力对极端气候的抵抗力等研究。

生物多样性或生物资源研究运用了生态学、生物地理学、群落生态学、系统发生学、生物信息学、分类学、人口统计学、人类植物学、民族动物学、基因组学等多学科来研究。

刊发全球生物多样性研究论文的前十出版物是：*PloS One*，*Biological Conservation*，*Biodiversity and Conservation*，*Zootaxa*，*Ecological Indicators*，*Forest Ecology and Management*，Agriculture *Ecosystems Environment*，*Journal of Applied Ecology*，*Ecology and Evolution*，*Conservation Biology*。

全球研究生物多样性变化的前二十个机构，按刊发相关文章数量顺序排列为：法国国家科学研究院（CNRS）、加利福尼亚大学系统、中国科学院、西班牙高等科学研究理事会（CSIC）、法国研究与发展研究所（IRD）、法国国家农业研究院（INRA）、巴黎索邦大学、英国自然环境研究委员会（NERC）、澳大利亚联邦科学与工业研究组织（CSIRO）、澳大利亚昆士兰大学、荷兰瓦格宁根大学、美国佛罗里达州立大学系统、美国农业部（USDA）、巴西圣保罗大学、澳大利亚詹姆斯库克大学、瑞典农业科学大学、墨西哥国立自治大学、法国朗格多克－鲁西永大学、法国国家自然历史博物馆、阿根廷国家科学与技术研究理事会（CONICET）。

生物多样性热点国家和地区有：中国、欧洲、美国、南非、澳大利亚、巴基斯坦、尼泊尔、巴西、新西兰、非洲等。

生态系统是研究基础，关注生态系统中过去、现在、将来的生物多样性。关键词排序为：系统、生态系统、群落、种群、食物网、生命史、生态系统服务、生态系统管理、生态系统模型、生态系统功能、生态系统方法。

主要关注点：生物物种形成、演变、持续性、稳定性和灭绝这一过程，对群落结构、结构、物种丰富度、物种多样性、植物多样性、物种分布、丰富度、种群动态、灭绝风险有一定研究。具体表现为探讨生态系统中的生物多样性丧失、变异性、风险、健康、生物量、性能、功能反应、遗传因子、序列、集合物、适应性、质量、不确定性、复原力、恢复、生存资料、死亡率、生产力、广义线性模型、年际变率、物种分布模型等。如建立模型揭示连接生态系统生产力和植物物种丰富度的机制，生产力受多种营养素的限制研究。

有关海洋、海洋生态系统等海洋生物多样性研究是一大热点。关注海洋保护区、海冰、海岸线、海岸线地带、岛屿，以及渔业、个体渔业，沿岸小型渔业、海运业、渔业管理、南极海洋生物资源保护（CCAMLR）、海洋鱼类。研究突出的海域有南冰洋、斯科舍海、地中海、切萨皮克湾、纳拉干塞特湾（美国罗得岛州东部海湾）、东部南极洲、南极洲、北大西洋、（中国的）南海、罗斯海（南太平洋深入南极洲的大海湾）、巴伦支海（北冰洋接近欧洲大陆边缘海）、爱德华王子岛（加拿大一岛屿名）、北海，分析某海域海洋生物多样性现状抑或是全球海洋生物资源管理。

除了海洋生态系统，同样也关注森林，如热带森林、雨林，草原等陆地生态系统在全球气候变化下的生物多样性。如气温增加对森林的生物多样性的影响。物种的栖息地环境、植被、干扰行为的判断，如何形成生境破碎化等。

突出研究类别有甲壳纲动物、真菌、微生物、爬行动物、底栖动物、鸟、昆虫、细菌、植物、浮游植物，如预测全球微生物多样性。

关注生物与新能源生物能的联系，生物燃料、离子蓄电池、生物能、生物经济、生物合成等，探讨藻类生物燃料的潜力，欧洲的生物经济。

关注人与生物之间的联系，如流域管理、人口、保护、环保区、资源评估、公有资产以及针对生物的违法行为：偷猎、兼捕、误捕、砍伐森林等。减少抗生素和抗生素抗性基因释放到环境的管理，大西洋鳕鱼渔业管理，渔业兼捕对南海海鸟的影响也受关注。

5. 可更新能源研究

能源是国家重要的资源，近五年来的研究也在持续增长中。研究地点突出的国家有：中国、土耳其、印度、伊朗。在能源资源中，可再生能源或称为可更新能源是研究热点领域。主要是风能、太阳能、海浪能、水力发电。如建设水电大坝，建造高效聚合物太阳能电池，评估风力发电一体化支持能源储存系统，太阳能光伏风力混合能源系统等。

刊发全球可更新能源研究论文前十出版物排序：*Renewable Sustainable Energy Reviews*、*Renewable Energy*、*Energy Policy*、*Energy*、*Applied Energy*、*Energy Conversion and Management*、*Energies*、*International Journal of Hydrogen Energy*、*Journal of Cleaner Production*、*Energy and Buildings*。

全球可更新能源研究的前二十个机构，按刊发相关文章数量顺序排列为：美国能源部（DOE）、中国科学院、加利福尼亚大学系统、马来西亚马来亚大学、华北电力大学、印度理工学院、马来西亚理工大学、丹麦技术大学、清华大学、丹麦奥尔堡大学、美国国家可再生能源实验室、法国国家科学研究院（CNRS）、伊斯兰自由大学、美国加州大学伯克利分校、美国佛罗里达州立大学系统、瑞士联邦理工学院、新加坡国立大学、美国麻省理工学院、葡萄牙里斯本大学、（伦敦大学）帝国理工学院。

主要关注是可更新能源的开发和利用，关键词有：分布式能源、微格网、智能电网、电力系统配电网、无线传感网络、燃料电池、风力发动机、生物燃料、太阳光电、变频器、电动车等。热点研究有建立智能能源系统以及管理智能电网电动车队等。

注重气候变化下的生物能源和生物燃料也是热点，关键词有：二氧化碳释放、制氢、生物量、生命周期评价、植物等。探索生物质废物的生物炭热解生产，微藻生物燃料的应用，氢气智能能源系统的开发，绝热压缩空气储能系统等是重点研究内容。

能源管理、能源政策、分配体制等期望能够实现可持续发展或持续性的研究亦比较多。

6. 矿产资源研究

矿产资源研究涉及地球化学、地质学、构造学、地质统计学、动力学、地质年代学、水文化学、矿物学、岩相学等学科领域。刊发矿产资源研究论文前十的出版物排序是：*Metallurgical and Materials Transactions A-Physical Metallurgy and Materials Science*，*Geochimica Et Cosmochimica Acta*，*American Mineralogist*，*Chemical Geology*，*Metallurgical and Materials Transactions B-Process*，*Metallurgy and Materials Processing Science*，*Applied Clay Science*，*Minerals Engineering*，*Ore Geology Reviews*，*Environmental Earth Sciences*，*Environmental Science Technology*。

全球矿产资源研究的前二十个机构，按刊发相关文章数量排序为：中国科学院、法国国家科学研究院（CNRS）、俄罗斯科学院、中国地质大学、美国能源部（DOE）、加利福尼亚大学系统、西班牙高等科学研究理事会（CSIC）、中国科学院大学、法国研究与发展研究所（IRD）、法国巴黎索邦大学、澳大利亚联邦科学与工业研究组织（CSIRO）、中国地质大学（北京）、中南大学、巴黎第六大学（皮埃尔和玛丽居里大学）、美国国家航空航天局（NASA）、澳大利亚昆士兰大学、德国亥姆霍兹国家研究中心联合会、美国地质勘探局（USGS）、中国地质科学院、印度科学与工业研究理事会（CSIR）。

研究区域，研究频次依次为：中国、南非、澳大利亚、美国加利福尼亚州、加拿大、巴西、伊朗、西澳大利亚、中大西洋中脊、南非布什维尔德杂岩体、中国西北、印度洋、中国华南地区、波兰、中国新疆、太平洋、中国湖南省、土耳其、伊比利亚黄铁矿带、亚洲造山带、哥伦比亚、塞尔维亚、韩国、秘鲁、欧盟、中国东南部、非洲、西班牙、冈瓦纳大陆、昆士兰州（澳大利亚）、乌干达（非洲国家）、中国西部、撒哈拉以南非洲、中国内蒙古、埃及、东天山。

研究矿产资源涉及地带：大陆地壳、地带、山脉、火山口、绿岩带、泛滥平原沉积物、地幔、盆地、河流下游、集水盆地。

矿产材料研究突出关注以下物质，期望通过研究这些物质可以得到对人类有用的材料：矿物原料、金属、岩石矿物、矿物质、铜、铁矿、污染物、稀土元素、碳 -14（^{14}C）、六价铬、镉、锰、黏土、矾土、铁铝氧石、铝土矿、钼矿床、金、造山金、金矿床、锂、镍、铜矿床、赤铁矿、铅锌矿床、钢、磷、石英、有机质、重金属、有毒金属、硬煤、石油、海底块状硫化物、Re（O）配合物［Re（O）］。

探寻矿产资源及其产业的形成过程及发展机制：①探测位置或分布，关键词有源头、探测、位置、矿床、矿层、影响、增长、流量、异常点、隔离、库存，北美页岩气储层的孔隙结构表征；②构造作用，关键词有矿化作用、构造演变、矿床类型、重金属污染、多金属结核、生物浸矿、氧化作用、吸附作用、脱盐作用、地质意义，如探究华南区块的生态构造；③矿产物质的演变过程：萃取、浮选、沉淀、演变、循环、同化、迁移、竞争、结核、溶解、运输、比较、储存、排放、恢复、废物，如磁铁矿的成核和生长。

矿产资源与人的相互作用也是受关注较多的，关键词有城镇化、资源管理、环境影响、土地利用冲突、消费、矿产政策、策略、企业的社会责任、经济性、效率、生产率、质量控制、贸易、远景预测、可持续发展、趋势、回收利用等。

矿产资源产业与管理研究热点：采矿工业、矿业项目、景观项目、制陶业、经济增长、枯竭性资源、循环经济、地热系统等。

研究方法和手段突出的有周期评估、主成分分析、聚类分析、风险评估、抽样方式、物流分析、NGSA 算法、遥感、Aster 遥感数据、星载热辐射热、U-Pb 原位定年方法、调频，调谐，调幅、克里格法、同位素组成、桑基图、能量分流图表、条件模拟、单能中子、启动映像文件、物质流分析、成分数据、高级星载热辐射热反射探测仪、层析技术、数值模拟、动态分析、地理信息系统、数据库等。

矿产资源研究的目的包括探寻地球化学图、地球化学基线、环境地球化学监控网络与动态地球化学图、电感耦合等离子体质谱、协同区域化线性模型 LMC、成矿规律性、成矿时代等。

（二）国内资源研究的国际比较

从 2012—2015 年，资源科学相关研究中文论文发表数量呈现逐年攀升的态势，其中中文文章记录显示，2014 年的文章发表数量比 2013 年有大幅度提高。根据国家自然基金委 2012—2014 年地理科学部下 9273 项项目分析显示，生物资源的资助项目最多，达到 3045 项；其次是矿产资源，有 1581 项资助；之后依次是水资源、土地资源、气候资源、能源资源。

在 2012—2016 年资源科学相关中文研究论文的主要研究领域中水资源相关研究的文章约占 34.4%，土地资源研究的文章约占 7.1%，森林资源研究的文章约占 4.0%，矿产资源研究的文章约占 1.4%，气候变化研究的文章约占 0.6%，能源相关研究的文章约占 0.3%。其他近半数的文章研究主题涉及“开发利用、可持续发展、对策、管理、保护、承载力、分析评价、法律政策”等。各个研究领域与国际同行比较，总体来说，中国资源科学研究在世界上的位置越来越突出，尤其是水文与水资源研究，现分别概述如下。

1. 水文水资源研究

根据上述 3 个数据库检索结果分析，在水文水资源研究领域，按照文章数量排序前十的国家依次是：中国、美国、澳大利亚、英国、加拿大、伊朗、德国、印度、意大利、法国，中国居于首位。中国研究水文和水资源的机构发表论文数量的前十机构分别是：中国科学院地理科学与资源研究所、中国水利水电科学研究院、中国科学院新疆生态与地理研究所、中国科学院寒区旱区环境与工程研究所、北京师范大学水科学研究院、武汉大学、西安理工大学、南京水利科学研究院、西北农林科技大学水利与建筑工程学院、河海大学。

在ISI平台中，通过SCI、SSCI文献和中国科学引文数据库（CSCD）进行文献研究分析。显示，在众多水文水资源研究中，来自中国研究者们关注点更多的是中国本国的水资源问题。在水资源区域分布不均国情下，中国学者开展了广泛且深入的工作，应用遥感手段来研究水资源和进行现场开展测量验证的案例研究较多。在全球气候变化下研究水资源的短缺、蒸散、水文等，也不仅仅是全球尺度，而更多地探讨在不同时空尺度下的各种当量或指标变化等。

水资源研究主要集中在水资源需求较大和矛盾较为突出的地区。研究内容主要包括流域水资源、水资源的开发利用、水资源可持续发展、水资源现状及问题分析、政策研究、水资源的供需优化配置、水利资源利用、水污染、承载力、公众参与、水权、水足迹等。热点为：①蒸散量的过去探索，现在探测以及预测将来；②不同时空尺度下的降水变化对中国农业的影响；③由于中国易形成南水北旱局面，注重水资源的管理和分配、风险评价，主要是洪水监测、预测和评估、水资源分配问题、用水需求和消费、节水、寻找替代水资源如海水和灰水电利用、灌溉用水需求和供水、径流敏感性评估，较少涉及干旱监测；④关注水资源承载力，注重各地的降水指数、降水极端现象；⑤近些年来出现海水倒灌、地下水漏斗现象增多，研究者们同时关注地下水研究；⑥中国研究者还关注到水和土之间相互作用，土地利用或土地覆盖变化对地表水和地下水的影响，淡水湖的水位下降影响，城市污水再利用等。

研究的重点区域有：黑河流域、黄土高原、钱塘江流域、青藏高原湖泊、黄河流域、西北干旱区、珠江流域、中国西南地区、渭河流域等。

突出分析方法、模型或数据：GIS技术、ETWatch、水文模型、GRACE卫星数据、Penman潜在蒸发量、神经网络模型、SBM模型、DPSIR模型、可拓物元模型、K-LPPC模型、灰色分析等。

研究水文水资源发文量前十中文出版物是：《南水北调与水利科技》《资源科学》《自然资源学报》《农业工程学报》《水力发电学报》《水利水电技术》《干旱区资源与环境》《水土保持通报》《水土保持研究》和《生态学报》。

通过比较，中国研究者在开展水文水资源研究中做出了卓越的贡献，关注在全球气候变化下的水文水资源学，也能够很好的应用遥感等现代技术手段来分析研究中国的问题，在水文水资源研究领域取得丰硕成果。在全球研究水文水资源的前20个机构中，按刊发相关水文水资源文章数量顺序排列，中国科学院就有6个机构入列。但遗憾的是，至今在SCI和SSCI数据库中收录的研究水文水资源前十出版物，没有一个是中国出版的期刊，均为荷兰、美国、英国、德国、意大利等欧美发达国家所办的期刊。也就是说，我国一些重大科技计划项目产出的优秀论文很多是优先发表在国外的期刊上。由此可见，办好中国自己的具有对外交流的水文水资源研究期刊何等的重要。

2. 土地利用和土地变化研究

研究比较多的前十国家依次是：英国、德国、中国、澳大利亚、荷兰、法国、加拿大、意大利、西班牙、瑞士。中国研究土地利用和土地变化的机构发表论文数量的前十机构是：中国科学院地理科学与资源研究所、西南大学地理科学学院、南京大学地理与海洋科学学院、中国农业大学资源与环境学院、中国科学院新疆生态与地理研究所、甘肃农业大学资源与环境学院、西南大学资源环境学院、南京农业大学公共管理学院、中国地质大学（北京）土地科学技术学院、新疆大学资源与环境科学学院。

中国的土地利用和土地变化研究主要是在经济发展较为迅速、土地变动较为快速的地区。探讨中国土地利用变化的时空特征，尤其注重土地资源管理，如土地利用政策或建设用地扩张或者说城市扩张驱动力探讨，也注重土地生态安全、土地资源承载力，同时也进行土地覆被的监测，探讨中国的空心村问题。中国土地利用和土地变化更多地体现出与人的关系，当然也进行土地碳浓度、碳循环研究。研究内容主要包括国土规划、土地整治、用地管理、配置分析、耕地占补平衡、适宜性评价、承载力分析、景观格局分析、土地安全、政策分析以及土地资源开发利用过程中的驱动机理等。运用到的方法主要有综合评价法、层次分析法、主成分分析、熵值法、灰色分析、能值分析、轨迹分析、TOPSIS 模型、生态足迹模型、“隐患 – 状态 – 免疫”模型等。

研究土地利用和土地变化的前十中文出版物是：《水土保持研究》《资源科学》《农业工程学报》《中国农学通报》《水土保持通报》《长江流域资源与环境》《自然资源学报》《干旱区资源与环境》《生态学报》和《地理研究》。

总的来说，中国在土地利用研究领域发文量已经位居第三，但从解决问题角度出发，中国是全球人口最多的国家，并且在实施二孩政策之后，人口还将继续增加的情况下，中国处于一个快速发展变化的状态中，土地资源的可持续利用和管理成为中国研究者首要关注的问题，土地利用问题的解决是中国能否更好更快发展的基本保障。在一些脆弱土地生态区域，如黄土高原、沿海滩涂、西北干旱区域，易引发土地生态安全问题。土地承载力和土地的适宜性评价研究是中国需要更加深入和更加广泛的研究。

3. 气候与气候变化研究

研究作者国家比较多的前十个国家依次是美国、英国、德国、澳大利亚、法国、加拿大、瑞士、荷兰、中国、西班牙。中国排第九。中国研究气候与气候变化的机构发表中文论文数量的前十机构是：中国气象科学研究院、陕西省经济作物气象服务台、中国气象局成都高原气象研究所、中国气象局兰州干旱气象研究所、中国农业科学院农业环境与可持续发展研究所、中国农业大学资源与环境学院、四川省气候中心、新疆石河子气象局、南京信息工程大学应用气象学院、海南省气象科学研究所。

主要关注点：①我国研究气候变化更多的目的是为了农业，关注与农业气候资源的变化特征，如冬小麦、水稻、玉米等生产作物的产量、气候生产潜力。如研究结果表明温度升高会降低全球小麦产量，或在气候变化下模拟小麦产量的不确定性。②还关注城市里的大气和气候变化问题。如 $PM_{2.5}$ 的化学特征和来源，中国大气气溶胶成分的空间 / 时间变异性和化学特征，气溶胶对对流云和降水的影响。③特别关注我国的干旱少雨区，也表明气候变暖加速了旱地扩张。④侧重于与水资源相关的方面，如东亚夏季风降水变化。⑤当然也有不少研究气候变化下生态影响，如旱地的植物物种丰富性、生物多样性变化。总的来说，主要涉及热量资源、光能资源、脆弱性评价、灾害分析、影响分析、降水、地下水、水资源供需配制等方面，探究其在农业、旅游业等领域的开发利用、可持续发展等问题。可持续管理倾向于改善工业结构，减少中国人为二氧化碳的排放，针对性解决中国的气候贸易困境。研究方法主要包括分段抽样模拟、δ 差值方法、SWAT 模型、VIC 模型、序列趋势分析法等。

研究气候与气候变化的前十中文出版物是:《中国农学通报》《中国农业气象》《中国生态农业学报》《干旱地区农业研究》《自然资源学报》《江苏农业科学》《生态学杂志》《资源科学》《西北农林科技大学学报（自然科学版）》和《干旱区资源与环境》。

中国的气候与气候变化研究更多地倾向于为经济和社会发展服务，相对于其他类别资源的研究来说，中国的气候与气候变化全球性的基础研究与发达国家比较要少一些，相信随着巴黎协定的签订，特别是 2016 年 4 月 22 日在纽约签署了气候变化协定后，中国研究气候与气候变化的研究水平会有提高，并加强这方面研究人才的培养。

4. 生物多样性研究

研究比较多的前十个国家依次是：美国、英国、澳大利亚、德国、法国、巴西、中国、西班牙、加拿大、意大利。中国研究生物多样性的机构发表中文论文数量的前十机构是：中国科学院植物研究所、中国科学院地理科学与资源研究所、环境保护部南京环境科学研究所、中国科学院生态环境研究中心、中国科学院动物研究所、中国环境科学研究院、北京林业大学、中国林业科学研究院森林生态环境与保护研究所、北京林业大学水土保持学院、国家海洋局第三海洋研究所。

中国研究者的生物多样性研究主要是围绕森林资源、林业资源以及海洋渔业资源进行研究。同样关注全球变暖下的南极磷虾等生物资源或生态系统，探究生态系统的群落结构、群落特征、生命周期评价等内容。中国研究生物多样性更多的关注农业生物资源，海洋生物资源，如鱼群灭绝评估。关注地区是云南省及其周边地区，中国沿海海域以及城市生态。如研究避免热带森林保护区的生物多样性崩溃，城市生态与可持续发展，中国海洋海洋生物多样性现状等。注重生物多样性保护和管理，如红树林、珊瑚礁保护管理。研究方法主要有 GIS、主成分分析、空间分析、综合评价法、SWOT 分析、灰色分析、声学调查、福斯特曼模型等。

研究生物多样性的前十中文出版物主要有:《生物多样性》《生态学报》《生态学杂志》《应用生态学报》《生态环境学报》《生态与农村环境学报》《生态科学》《林业科学》《微生

物学通报》和《中国生态农业学报》。

中国的生物多样性研究与他国研究水平相较不遑多让，由于中国处于快速城市化的过程中，中国城市的生态问题也引起研究者们的更多关注，也更多注重生物多样性保护和管理。

5. 可更新能源研究

研究比较多的前十个国家依次是美国、中国、伊朗、西班牙、英国、加拿大、印度、德国、澳大利亚、土耳其。可更新能源研究的中国机构发表中文论文数量的前十机构是：中国电力科学研究院、浙江大学电气工程学院、天津大学、国网能源研究院、北京华北电力大学、华中科技大学、清华大学电机工程与应用电子技术系、北京华北电力大学经济与管理学院、重庆大学、东南大学电气工程学院。

可更新能源的研究区域主要分布在西部地区，我国倡导节能减排，从经济性的角度开发利用替代传统化石能源煤炭石油的新能源，风能、光能、水能、生物能等。在新疆大力开发风电、光电产业。此外，也有探索其他新能源，如将二氧化碳光催化转化为可再生燃料，页岩气新型能源。可再生能源研究热点有应用新材料石墨烯来做电催化剂，探索可再生能源生产和储存的纳米材料，太阳能电池研制和开发，风力发电一体化等。研究内容主要有关的新能源的现状分析、承载力分析、配置分析、价值分析、材料开发、能源结构与生态文明建设、资源治理等。

可更新能源研究的前十中文出版物主要有：《电力系统自动化》《中国电机工程学报》《电网技术》《中国电力》《电力系统保护与控制》《电工技术学报》《电力自动化设备》《电源技术》《科技导报》《化工进展》。

中国在经济快速发展过程中，积极关注新能源的开发和利用，以期替代传统的化石能源，减少对环境污染和生态破坏。在石墨烯等新材料、风力发电、太阳能电池等方面均取得一定的研究成果，有其自己的研究特色。

6. 矿产资源研究

中国矿产资源研究更多地倾向于国内的成矿预测和探究成矿规律，进一步探明我国的成矿区带。如探究西藏中下地壳低速带分布与连通情况、中国大别山千年大斑岩钼矿、中国四川盆地页岩气藏页岩分形特征。研究比较多的前十个国家依次是美国、中国、德国、澳大利亚、法国、加拿大、英国、印度、俄罗斯、日本。矿产资源研究的中国机构发表中文论文数量的前十机构是：中国地质科学院矿产资源研究所、中国地质大学北京地球科学与资源学院、中国地质调查局发展研究中心、中国国土资源航空物探遥感中心、中国科学院地理科学与资源研究所、中国地质调查局西安地质调查中心、中南大学资源与安全工程学院、中国科学院地质与地球物理研究所、中国地质科学院地质研究所、中国地质科学院地球物理地球化学勘查研究所。

矿产资源的研究主要围绕我国资源型城市或矿产资源分布区域，如中国河南省分布的大陆碰撞环境形成的斑岩矿体系统、中国主要铁矿床的时空分布和构造背景等研究，另一重点研究区域就是在矿产资源中积极探究新型材料的应用。如增强吸附剂或催化剂性能研究、纳米技术研究，当中不乏控制实验研究。研究内容主要包括现状分析、生态构造、成矿作用、成矿地质特征、构造演化、矿产勘查、生态补偿、绿色发展、政策分析、循环利用、产业化、资源诅咒、节约与利用、市场、规划以及影响分析、资源评价、矿产资源潜力评价等方面。研究方法除了运用上文提到的方法外，还有综合评价法、四元主体模型、云模型、层次分析法、价值分析等。

矿产资源研究发文量多的前十中文出版物是:《地质通报》《地质学报》《资源科学》《地球物理学进展》《中国地质》《国土资源遥感》《地球学报》《物探与化探》《地质与勘探》和《岩矿测试》。

中国是一个消耗传统化石能源巨大的国家，为适用碳减排的目标和任务，除了传统的寻矿和探明矿产外，更多的研究在于不同的矿产资源中寻求新型生产生活材料。中国在该领域的论文产出已经位居世界第二，中国学者的影响力正在不断提升。

五、学科发展趋势及展望

（一）国家战略需求

1. 党中央的决策和要求

如前所述，资源科学是问题导向性学科，面向国家重大需求是资源研究的主攻方向，也是资源科学学科发展的动力。2012 年党的十八大报告提出，要把资源消耗、环境损害、生态效益纳入经济社会发展评价体系，建立体现生态文明要求的目标体系、考核办法、奖惩机制。2013 年十八届三中全会进一步强调，要健全自然资源资产产权制度和用途管制制度，实行资源有偿使用制度和生态补偿制度，改革生态环境保护管理体制。2016 年国民经济和社会发展“十三五”规划纲要提出，加快构建自然资源资产产权制度，确定产权主体，创新产权实现形式，研究建立生态价值评估制度，探索编制自然资源资产负债表，建立实物量核算账户，建立统一规范的国有自然资源资产出让平台。2017 年党的十九大报告进一步提出，要加快生态文明体制改革，推进资源全面节约和循环利用，实施流域环境和近岸海域综合治理，推进荒漠化、石漠化、水土流失综合治理，强化湿地保护和恢复；要设立国有自然资源资产管理和自然生态监管机构，完善生态环境管理制度，统一行使全民所有自然资源资产所有者职责。由此可见，未来一二十年是资源科学发展的重要机遇期。

2. 国家科技规划的部署

“十三五”是《国家中长期科学和技术发展规划纲要（2006—2020 年）》实施的最后一个五年计划，规划部署的 11 个重点领域和 62 个优先主题大部分已经完成或正在进行，其中涉及资源研究的优先主题，基本上也在“十三五”规划中做了安排。“十三五”国家科技创新规划中明确提出了发展资源高效循环利用技术的要求，即以保障资源安全供给和促进资源型行业绿色转型为目标，大力发展水资源、矿产资源的高效开发和节约利用技术。要求在水土资源综合利用、国土空间优化开发、煤炭资源绿色开发、天然气水合物探采、油气与非常规油气资源开发、金属资源清洁开发、盐湖与非金属资源综合利用、废物循环利用等方面，集中突破一批基础性理论与核心关键技术，重点研发一批重大关键装备，构建资源勘探、开发与综合利用理论及技术体系，解决我国资源可持续发展保障、产业转型升级面临的突出问题；建立若干具有国际先进水平的基础理论研究与技术研发平台、工程转化与技术转移平台、工程示范与产业化基地，逐步形成与我国经济社会发展水平相适应的资源高效利用技术体系，为建立资源节约型环境友好型社会提供强有力的科技支撑。

3. 中国科学院前瞻领域的关注

由原中国科学院院长路甬祥领导，会聚了 300 多位中科院高水平专家完成的《创新2050：科技革命与中国的现代化》战略研究报告，面向 2050 年中国实现现代化的宏伟愿景，从历史和未来走向的视角，分析了科技发展的演进和规律，阐释了科技对现代化建设的决定性作用，做出当今世界正处在科技创新突破和新科技革命前夜的战略判断。在系统分析中国现代化进程不同阶段对科技发展需求的基础上，提出了以科技创新为支撑的八大经济社会基础和战略体系的整体构想，并从中国国情出发设计了支撑八大体系建设的科技发展路线图，凝练出影响我国现代化进程全局的战略性科技问题，提出了走中国特色科技创新道路的系统政策建议。形成了战略研究总报告和能源、水资源、矿产资源、海洋、油气资源、人口健康、农业、生态与环境、生物质资源、区域发展、空间、信息、先进制造、先进材料、纳米、大科学装置、重大交叉前沿、国家与公共安全等 18 个分领域报告，其中超过半数与资源科学密切相关。

上述战略研究报告认为，在我国现代化进程中，既面临着可能发生新科技革命的历史机遇，又面临着能源资源、生态环境、人口健康、空天海洋、传统与非传统安全等严峻挑战，因此必须构建以科技创新为支撑的八大体系。其中与资源科学相关的共五个方面：一是构建我国可持续能源与资源体系，大幅提高能源与资源利用效率，大力发展战略性资源的大陆架和地球深部勘察与开发，大力发展新能源、可再生能源与新型清洁替代资源；二是构建我国先进材料与智能绿色制造体系，加速材料与制造技术绿色化、智能化、可再生循环的进程，促进我国材料与制造业产业结构升级和战略调整，有效保障我国现代化进程所需的材料与装备供给及其高效、清洁、可再生循环利用；三是构建我国生态高值农业和生物产业体系，促进农业产业结构升级，发展高产、优质、高效、生态农业和相关生物产业，保证粮食与农产品安全；四是构建支撑我国人与自然和谐相处的生态与环境保育发展体系，系统认知环境演变规律，提升我国生态环境监测、保护、修复能力和应对全球气候变化的能力，提升对自然灾害的预测、预报和防灾、减灾能力，不断发展相关技术、方法和手段，提供系统解决方案；五是构建我国空天海洋能力新拓展体系，大幅提高我国海洋探测和应用研究能力，海洋资源开发利用能力，空间科学与技术探测能力，对地观测和综合信息应用能力。

（二）学科发展趋势

根据国家需求，再从学科性质上看，资源科学最终目的是为改善人类生产和生活条件服务，全球性的气候变暖和工业化、城镇化的现实，不断地提出新的资源问题等待科学家去认识、去研究，同时又有许多自然过程需要长时间的观测、积累，如水、气、土、植被的自然演替过程，人类开发利用后的生态环境效应等也需要提前摸索其规律性。总之，未来资源科学的发展前景美好而任务繁重，学科发展趋势有以下两个动向。

一是从传统的多学科综合走向交叉、融合与集成。资源科学发展经历了早期的针对某一资源进行调查和分析，然后是联合自然科学家、社会科学家、经济学家进行的自然资源综合考察研究，再发展到多学科专家、工程技术专家和政策制定者进行的跨学科、多部门研究。现阶段，跨学科的研究方式和专项计划的组织方式已经成为重大资源与环境问题研究的主流形式，把资源作为一个整体、一个系统来研究，强调研究的整体观和系统观，不仅研究其自然属性，而且加强对其社会属性的研究。在未来的发展中，随着资源科学理论体系日趋成熟，学科研究还将从现阶段的多学科综合进一步走向多学科交叉、融合与集成，强调资源开发利用的系统性、整体性、协调性。应该说，过去的多学科综合研究还是很重视对各种资源的组合特征、地域特性及其与区域社会经济发展的相互关系进行全面、系统的认识和分析。但限于理论和技术手段，一阶段一阶段的工作做过之后，并没有从长时间序列去考察各种资源属性的动态变化规律，科学预测和规划往往跟不上时代变迁的步伐。所谓的交叉、融合与集成，就是要从深化资源科学内涵入手，重视资源科学自身的理论探索，尤其对各种现象的起源研究、过程监测、演化及保护对策的研究，通过吸收数学、自然科学、哲学、社会科学中众多学科门类的新知识，转化成一种可以自洽的资源科学理论和知识，然后从部门资源研究扩展到人口、资源、环境作为整体系统来研究，不仅研究资源间、资源与环境间的自然属性，还要研究人类活动对资源、环境的影响和反影响；研究资源及其开发利用的社会属性、技术经济属性，实现资源–经济–环境整体协调。实现这个目标，首先需要进行大量的深入的研究案例和长系列的基础数据做支撑。目前，水文水资源研究已经有了一些苗头，综合流域水资源的系统研究国内外都有了一些成功的案例，水土资源耦合研究也有一些尝试。总之，资源科学独有的理论和方法开始萌动，资源领域的科学研究正在跨越以往各类资源之间以及资源与环境之间的界限。

二是大数据信息共享对学科发展的影响。空间技术的发展为人类认识地球、调查资源和监测资源环境动态变化及时不断地提供基本图件和科学数据，建立资源数据库、资源信息系统，已成为现代资源科学研究的强大技术手段，特别是一些与资源科学发展息息相关的技术支持系统，包括卫星遥感应用技术、轻小型无人机应用技术、信息获取和信息处理技术（如宽频带数字地震观测技术、计算机技术）、新型的观测及可视化技术等（如GIS、RS、GPS、VLBI），既保证了观测及计算精度有了大的提高，又使那些过去无法实现的对某些动态过程的观测与分析成为现实。同时，随着综合国力的增强和应用技术的发展，我国自然资源考察研究的装备、设备已经更新，并且一大批资源、环境、生态、地质方面的野外观测、监测试验研究站点进入全天候实时动态观测。建立一个高效的、可供全球使用的信息系统需要有统一的数据、指标，并且与经济社会信息系统紧密结合，以及向决策者提供比较容易理解那些复杂数据与信息的形式，仍是资源科学研究发展的重要任务。

（三）重点发展方向

1. 水土资源耦合研究

长期以来国内外在水土资源研究领域，基本上是人为地把水土资源分开，分别讨论土地资源和水资源，很少将水土资源视为一个整体，探讨两者之间的相互作用。而水土资源作为区域社会经济发展的基础资源，是区域农业生产的关键性限制因子，水资源作为区域土地利用尤其是农业土地利用的瓶颈因素，决定着一个区域的土地利用方向。此种背景下，有必要将水土资源视为一个紧密联系的整体，在探讨二者共同作用的基础上，以促进人口、社会经济和生态环境的全面可持续发展为目标，综合评价区域的可持续承载力。

首先应深入地研究水土资源的基础理论，建立水土资源的概念体系。现阶段的研究缺乏全面准确地定义水土资源的概念、界定其内涵及其他影响因素的完整的理论体系；缺乏能够同时描述复杂性、随机性和模糊性的综合评价模型和评价指标体系。所以，系统研究水土资源的基础理论，完善其内涵和特征；运用现代科学技术，建立适宜不同地区、不同发展水平的科学系统的评价指标体系和准确的计算模型，应该成为今后研究的重点。

其次是加强水土资源动态评估研究。对水土资源的研究主要偏重于静态评价，所得结果仅与具体区域有关，而在一个更大的范围内却缺乏可比性。研究中常常把区域看作是一个孤立的系统，不与外界进行交换，而在当今经济全球化的背景下，任何一个区域的发展都不可能是独立的。所以将区域视为开放的系统，考虑与外界的交流，也必然会使一个区域的水土资源发生变化。

再次是应加强通过水土资源承载力分析区域可承载的社会经济活动的研究。通过水土资源对区域社会经济活动承载能力分析，可以为区域进一步优化水土资源的利用结构和利用效率提供科学的指导，同时为区域经济的发展提供科学的依据。加强区域水土资源承载力与城市规划的协调研究，实现城市规划与区域水土资源相协调，将关系到我国城市能否良性发展，城市生态系统能否维持平衡等一系列重大社会问题。

2. 海洋资源高效开发利用技术研究

海洋占据了地球表面积的70.8%，其中蕴含着丰富的资源。我国海岸线绵长，管辖海域相当于我国陆地面积的1/3，属于海洋大国。如何高效开发利用海域内蕴藏着丰富的资源，对我国经济的可持续发展具有重要意义。随着科学技术的进步，我国对海洋矿产资源、海洋生物资源、海水及水化学资源和海洋能源均进行了不同程度的开发和利用。特别是海水淡化技术的进一步突破，使得设备制造和工业生产成本大幅下降，并已投入商业生产。2017年5月我国在南海北部神狐海域进行的可燃冰试采获得成功，标志着海洋资源开发的巨大的潜力。未来海洋资源开发利用，要树立大时空思想，拓展海洋经济发展空间，从海洋资源系统整体出发，在世界海洋开发整体框架下，从全国国土总体开发出发，安排部署海洋资源的开发，构建国家自然资源开发的总体战略系统，科学合理地开发利用海洋资源。

3. 能源、矿产资源的高效开发与利用关键技术研究

大力推进勘查开发关键技术的研究，提高开采装备自动化、信息化和智能化水平，才能逐步将能源、矿产资源开发从传统的劳动密集型行业转变为新型的技术密集型行业。依托国家工程技术研究中心、部级重点实验室及各级科技创新平台，支持和鼓励矿山企业、科研院所、高校等产学研有机融合，围绕保障矿产资源安全供给和促进矿业绿色转型，探索建立产业技术创新战略联盟，积极争取国家重点研发计划支持，大力研发先进技术。在煤炭资源绿色开发、天然气水合物探采、油气与非常规油气资源开发、金属资源清洁开发、盐湖与非金属资源综合利用等方面，突破一批核心关键技术，为可持续发展保障、矿业转型升级，提供强有力的科技支撑。

4. 自然资源资产核算问题研究

虽然自然资源核算试点工作已经取得成效，完成了一些试点地区的自然资源负债表编制工作，但目前的研究还主要集中在理论分析层面，自然资源的核算方法多是沿用国外的估价模型，缺乏创新。目前，国内外普遍按照先实物量再价值量、先存量再流量、先分类再综合的原则进行自然资源核算研究。但是，各国的核心项目分类尚未统一，自然资源估价方法的选择还存在争议。我国自然资源资产负债表编制研究刚刚起步，需要解决的问题包括：确定核算项目、选择估价方法、分步推进自然资源核算和自然资源核算与自然资源资产负债表的衔接。这些问题的解决思路主要从四个方面展开：选择可控或拥有的、产权明晰的自然资源作为核算项目，充分考虑资源要素的经济、生态和社会价值选择估价方法，优先建立单项资源的区域自然资源核算体系，结合各方力量设计我国统一的自然资源核算标准。此外，自然资源核算在全国全面推开后，在社会实践中必然还会遇到一些具体的问题，需要科技工作者提供科学的解释和解决问题的技术方法。

5. 国家资源安全问题研究

资源安全是一种保障供给的概念，即自然资源要能够在数量、质量、结构和功能上以

经济合理的价格满足社会经济发展的需要。在此可以将其理解为一个国家或地区战略性自然资源可持续保障的状态，或者是一个国家或地区可以持续、稳定、及时和足量地获取所需自然资源的状态，它是对一国或地区自然资源保障的充裕度、稳定性和均衡性的衡量。自然资源对经济发展和人民生活的保障程度越高，则资源安全程度越高。所谓经济合理的价格，是指社会、企业和个人所能够接受的供给价格，如果资源供应的价格使得需求难以接受，则说明资源供给是“不安全”的。因此，这一层面资源安全的核心含义是“充足的数量、稳定的供应、合理的价格”。同时，资源安全还有一层含义，即是指人类开发利用资源过程中，要保证自然资源基础和生态环境处于良好的状态或不遭到难以恢复的破坏。无论从市场角度还是自然资源本身具有“可持续性”角度，我国社会经济可持续发展都面临严峻的资源安全问题，特别是在粮食、原油、矿石原料等战略性资源的对外依存度越来越高的情况下，亟待加强资源安全的综合研究，包括水土资源的承载力、资源流动、资源核算、资源循环利用等相关的基础性研究。

6. 区域性重大资源问题的实证研究

“十三五”时期乃至未来相当长时期内，我国区域发展问题突出，伴随的一些资源科学问题亟待深入研究。区域问题是人口、经济、资源、环境等问题在特定地域的集成与综合，也是速度、效益、平衡等问题的综合，特别需要综合资源研究方法的创新。无论在国际上推进“一带一路”倡议下的六大经济走廊建设，还是国内的京津冀、长江经济带建设，都面临不同的能源、资源和环境问题。近几年来，国内外形势发生了深刻的变化，受外部环境、基础条件、发展阶段、主观努力等多重因素的影响，我国区域发展体现一些新情况、新特点。深刻认识、精准把握这些区域的资源环境情况和特点，对促进区域协调发展的基本思路、针对存在问题精准施策十分必要。因此，开展特定区域资源问题的野外调查和实证观测分析研究将是未来一段时间内资源科学所要完成的现实课题。此外，“资源综合区划”原是《国家中长期科学和技术发展规划纲要（2006—2020 年）》确定的第 12 项优先主题，规划纲要的大部分重点领域和优先主题绝大部分都已经落实，但此主题至今还没有安排具体的项目实施，也需要在深入的区域实证研究基础上做好“资源综合区划”的预研究工作。

7. 大数据时代的资源科学技术方法创新

随着信息与通信技术的迅猛发展，全球数据量呈现爆炸式增长。面对海量、复杂的数据，有效的数据分析与挖掘技术将推动企业、行业的高效、可持续发展。现阶段，大数据分析与挖掘已有了阶段性成果，并已经被应用于物联网、舆情分析、电子商务、健康医疗、生物技术和金融等各个领域。而资源系统本身的整体性和复杂性也决定了资源科学研究的综合性和多样性，可以说，资源科学学科本身的属性就是契合大数据挖掘的应用前提。

在新的资源研究时代，遥感技术飞速发展，成为资源科学中最大的数据产生方式。伴随着我国资源三号卫星和高分三号卫星的相继发射，地面接收站每时每刻都在收到来自太空的高精度观测数据，而与之形成对比的是现阶段对于遥感大数据的处理技术仍只处于起步阶段，大数据时代里的资源科学技术方法成了学科发展的瓶颈。究其根本原因是空间大数据挖掘在计算机行业领域仍处于新兴阶段，仍未形成成熟的理论体系和技术方法，并不能直接应用在资源科学的研究当中。因此，资源科学家也应高度关注并积极投身进入空间大数据挖掘的研究当中，将原先一维尺度的大数据研究拓宽到二维、三维，乃至时间序列上的四维大数据研究，并形成一整套资源科学独有的、完整的、可应用、可重复的大数据技术方法。

（四）发展策略与对策措施

1. 争取尽快把资源科学纳入国家一级学科分类体系

本次学科发展研究，通过检索国家重点科技计划立项项目和成果产出文献的分析还发现，在最近几年，虽然有关资源研究的项目多，水资源、矿产资源、土地资源研究方面的论文数量已经跃居世界前列，但系统的创新性成果产出不多，“碎片化”现象甚至有所加重。究其原因是多方面的，但学科设置滞后于学科发展的现状是一个重要的因素，在现行的学科专业目录中，资源科学的一些分支学科仍然散落在经济学、法学、工学、农学、管理学、理学等学科门类下，有关的科研项目来源也很凌乱，使得对资源问题的研究以及相关的人才培养受制于特定的学科领域和课题归属，从而失掉了资源研究的综合特点，更难形成学科优势和人才培养优势，难以在理论探索中发挥应有作用。

2. 强化资源环境与经济社会领域重大科技问题的综合研究

资源科学研究的层次性是资源系统尺度效应的体现。早期的资源学科的研究侧重在比较小的区域，在经济全球化、全球资源短缺和环境恶化的背景下，该学科的科学研究层次逐步扩展到了大区域或全球尺度。随之，研究范围也不断拓展，各个层次不同的资源问题研究相互交叉、各个领域相互交叉，形成了许多新的学科生长点，导致了自然资源科学新学科的不断产生。尽管资源科学具有典型的自然科学和社会科学综合交叉的特点，但目前各学科研究多数停留在个别学科之间的联合，与国家战略需求对区域资源环境与经济社会的综合交叉还有相当大的差距，需要在国家自然科学基金委员会、科技部、教育部等国家层面通过实施有关的综合性研究计划，单独成立资源学科的研究小组，促进资源学科内部各分支学科以及资源学科以外的其他相关学科之间相互渗透、彼此融合，实现综合集成创新和发展。

3. 强力推进资源科学国际化

资源科学研究必须走向世界，实现资源科技全球化。鉴于当前世界上尚未设立独立的综合性学术团体，可以先利用现有的单项资源研究组织（如国际水资源协会、世界能源研究会、世界矿业大会、生态峰会等）的作用，发起召开有重大影响力的资源科学国际学术研讨会，实现资源科学研究成果的全球共享和资源科学技术活动的全球管理。同时，由于科技全球化的直接动因是以跨国公司生产和经营国际化为主要推动力的经济全球化浪潮，它直接服务于跨国公司的全球经营战略，服务于跨国公司的全球利益。为此，中国资源科技工作者必须主动地为中国资源性企业走向世界提供重要的决策咨询和科技支撑。此外，尽管这几年我国在水资源、矿产资源、土地资源研究领域在外文期刊上发表的论文总数已经位居世界前列，但在SCI、SSCI收录的文献中，前十期刊多是美、英、德等发达国家出版物，在办好我国中文资源学科期刊的同时，也应办好与他国交流合作、属于中国自己的外文交流期刊。

参考文献

[1] 徐冠华，葛全胜，宫鹏，等. 全球变化和人类可持续发展：挑战与对策［J］. 科学通报，2013，58：2100-2106.

[2] 陈宜瑜. 全球变化与生物多样性［N］. 光明日报，2007-04-02（010）.

[3] 江泽慧. 全球变化背景下土地退化防治的挑战与创新发展［J］. 世界林业研究，2013，26（6）：1-4.

[4] T Searchinger，C Hanson，J Ranganathan，et al. Creating a sustainable food future: Interim Findings-A menu of solutions to sustainably feed more than 9 billion people by 2050［J］. World resources report 2013-14：interim findings. World Resources Institute，2014.

[5] 刘彦随. 中国土地资源研究进展与发展趋势［J］. 中国生态农业学报，2013，21（01）：127-133.

[6] 林卫斌，苏剑. 理解供给侧改革：能源视角［J］. 价格理论与实践，2015（12）：8-11.

[7] 张国兴，高秀林，汪应洛，等. 中国节能减排政策的测量、协同与演变——基于1978-2013年政策数据的研究［J］. 中国人口资源与环境，2014，24（12）：62-73.

[8] 肖兴志，李少林. 能源供给侧改革：实践反思、国际镜鉴与动力找寻［J］. 价格理论与实践，2016（2）：23-28.

[9] 岳立，杨帆. 新常态下中国能源供给侧改革的路径探析——基于产能、结构和消费模式的视角［J］. 经济问题，2016（10）：1-6.

[10] 陈艳，朱雅丽. 可再生能源产业发展路径：基于制度变迁的视角［J］. 资源科学，2012，34（01）：50-57.

[11] 孔含笑，沈镭，钟帅，等. 关于自然资源核算的研究进展与争议问题［J］. 自然资源学报，2016，31（3）：363-376.

[12] 徐增让，刘洋，邹秀萍，等. 水利风景资源资产化管理初探［J］. 水利经济，2015，33（06）：37-39.

[13] 张丽君，秦耀辰，张金萍，等. 基于EMA-MFA核算的县域绿色GDP及空间分异——以河南省为例［J］. 自然资源学报，2013，28（3）：504-516.

[14] 樊阳程，严耕，吴明红，等. 国际视野下我国生态文明的建设现状与任务［J］. 中国工程科学，2017，19（4）：6-12.

[15] 褚艳宁. 资源型地区循环经济发展的问题破解［J］. 经济问题，2014（5）：126-128.

[16] 徐君，李巧辉，王育红. 供给侧改革驱动资源型城市转型的机制分析［J］. 中国人口·资源与环境，2016，26（10）：53-60.

[17] 王宜强，赵媛. 资源流动研究现状及其主要研究领域［J］. 资源科学，2013，35（01）：89-101.

[18] 王郁．“一带一路”背景下能源资源合作机遇与挑战[J]．人民论坛，2015（20）：82-84.

[19] 王晓．前5个月我国多数农产品进口持续增加［N］．国际商报，2017-07-18，第A01版.

[20] 邹文涛，吴乐，刘玲．中国利用境外农业资源问题研究[J]．世界农业，2012（07）：101-104.

[21] 李家永，王立新，耿艳辉，等．从《自然资源》到《资源科学》：资源类科技期刊发展的一个例证——纪念中国自然资源学会成立30周年［J］．资源科学，2013，35(9)：1729-1740.

[22] 范广兵，王淑强，沈镭．基于典型学术期刊文献的资源科学研究态势探讨[J]．自然资源学报，2017，32（5）：889-894.

[23] 中国科学院地理科学与资源研究所.《中国北方及其毗邻地区综合科学考察》为“一带一路”战略提供坚实科技支撑［J］．环境与可持续发展，2015，40（1）：191-192.

[24] 中国科学院地理科学与资源研究所．“澜沧江中下游与大香格里拉地区科学考察”通过验收［EB/OL］. 2015，http：//www.igsnrr.ac.cn/xwzx/kydt/201503/t20150311_4320334．html.

[25] 王小兵．土地资源节约集约利用研究综述［J］．中国市场，2014（33）：126-128.

[26] 林坚，付雅洁，马俊青．2016年土地科学研究重点进展评述及2017年展望［J］．中国土地科学，2017，31（3）：61-69.

[27] 程国栋，肖洪浪，傅伯杰，等．黑河流域生态——水文过程集成研究进展［J］．地球科学进展，2014，29（4）：431-437.

[28] 中国科学院．我国跨境河流水安全问题的战略对策与建议［R］．北京：中国科学院，2015.

[29] 何大明，刘恒，冯彦，等．全球变化下跨境水资源理论与方法研究展望［J］．水科学进展，2016，27（6）：928-934.

[30] 焦杏春．地下水水质评价与水资源管理：水文地球化学与同位素方法的应用研究进展［J］．地质学报，2016，90（9）：2476-2489.

[31] 贾焰，张仁陟，张军．中国与非洲农产品贸易虚拟水流动及节水效应研究[J]．草业学报，2016，25（5）：192-201.

[32] 段金廒，宿树兰，郭盛，等．2014—2015年我国中药及天然药物资源研究进展与学科建设［J］．中国现代中药，2016，18（10）：1237-1252.

[33] 马玉宝，闫伟红，徐柱，等．川、藏地区野生牧草种质资源考察与搜集［J］．中国野生植物资源，2014，33（3）：36-39.

[34] 杨莎莎，王功文，陈永清．基于遥感信息提取技术的泰国铜金矿成矿预测［J］．地质通报，2015，34（4）：780-785.

[35] 陈熠，戴金旺，余书俊，等．赞比亚卡奥马-基特韦地区找矿前景分析［Z］．2015地学新进展——第十三届华东六省一市地学科技论坛文集，2015.

[36] 梁静，杨自安，张建国，等．西藏日土地区矿产资源遥感地质调查与找矿预测研究［J］．矿产勘查，2014，5（2）：322-329.

[37] 夏军，刘春蓁，刘志雨，等．气候变化对中国东部季风区水循环及水资源影响与适应对策［J］．自然杂志，2016，38（3）：167-176.

[38] 莫兴国，夏军，胡实，等．气候变化对华北农业水资源影响的研究进展［J］．自然杂志，2016，38（3）：189-192.

[39] 钟章奇，王铮，夏海斌，等．全球气候变化下中国农业生产潜力的空间演变［J］．自然资源学报，2015，30（12）：2018-2032.

[40] 胡实，莫兴国，林忠辉．气候变化对黄淮海平原冬小麦产量和耗水的影响及品种适应性评估［J］．应用生态学报，2015，26（4）：1153-1161.

[41] 宁东峰，宋阿琳，梁永超．钢渣硅肥硅素释放规律及其影响因素研究［J］．植物营养与肥料学报，2015，21（2）：500-508.

[42] 李金华. 中国国家资产负债表卫星账户设计原理研究[J]. 统计研究，2015，32（03）：76-83.
[43] 黄溶冰，赵谦. 自然资源核算——从账户到资产负债表：演进与启示[J]. 财经理论与实践，2015，36（01）：74-77.
[44] United Nations，et al. System of Environmental-Economic Accounting 2012——Central Framework [M]. United Nations. Document symbol.
[45] 李金华. 联合国环境经济核算体系的发展脉络与历史贡献[J]. 国外社会科学，2015（03）：30-38.
[46] 姚霖，余振国. 自然资源资产负债表基本理论问题管窥[J]. 管理现代化，2015（02）：121-123.
[47] 张友棠，刘帅，卢楠. 自然资源资产负债表创建研究[J]. 财会通讯，2014（4）：6-9.
[48] 胡文龙. 自然资源资产负债表基本理论问题探析[J]. 中国经贸导刊，2014（10）：62-64.
[49] 闫慧敏，封志明，杨艳昭，等. 湖州 / 安吉：全国首张市 / 县自然资源资产负债表编制 [J]. 资源科学，2017，39（9）：1634-1645.
[50] 江东，付晶莹，封志明，等. 自然资源资产负债表编制系统研究 [J]. 资源科学，2017，39（9）：1628-1633.
[51] 中国自然资源学会. 中国资源科学学科史 [M]. 北京：中国科学技术出版社，2017：263.
[52] 张增祥，汪潇，温庆可，等. 土地资源遥感应用研究进展 [J]. 遥感学报，2016，20（5）：1243-1258.

撰稿人：成升魁　徐增让　刘　俊　沈　镭　武　娜　钟　帅
江　源　周子建　刘　琦　濮励杰　朱　明　蒋　瑜
沈洪运　杨齐祺　封志明　李方舟　李家永

专题报告

东北地区
资源型城市转型研究

一、引言

东北地区资源型城市集中，是我国资源型城市转型发展研究的典型区。资源型城市是以本地区矿产、森林等自然资源开采、加工为主导产业的城市。资源型城市作为我国重要的能源资源战略保障基地，是国民经济持续健康发展的重要支撑。国务院于 2013 年颁布了《全国资源型城市可持续发展规划（2013—2020 年）》（国发〔2013〕45 号），界定了全国 262 个资源型城市，其中东北地区资源型城市占据全国的 14%，黑龙江和吉林两省 75% 的地级市、辽宁省 43% 的地级市都属于资源型城市，是我国资源型城市最密集的区域，可以说资源型城市是东北地区的一个缩影，东北地区的资源型城市在全国具有不可替代的地位[1]。同时，东北地区枯竭型资源城市有 19 座，占全国资源枯竭城市的 28%，是制约东北地区振兴和全面建成小康社会的重点和难点地区。近期，中共中央国务院出台的《关于全面振兴东北地区等老工业基地的若干意见》（中发〔2016〕7 号）、国家发展改革委出台的《东北振兴“十三五”规划》等都明确指示要加快东北资源型城市可持续发展。基于此，东北资源型城市转型等方面的研究对实现资源型城市可持续发展，乃至东北地区整体振兴都具有十分重要的意义。

二、当前东北地区资源型城市发展现状

（一）资源型城市发展态势

近年来，东北地区的经济增速持续放缓，其中东北资源型城市的主要经济指标下滑尤为明显，部分城市甚至陷入了自 2000 年以来的最低点。2014 年，黑龙江省内五个出

现GDP负增长的地级市都是资源型城市，其中鹤岗市–20%、七台河市–19%、双鸭山市–13%、鸡西市–10%、伊春市–9.9%。吉林省白山市，当年一季度第二产业增加值同比萎缩1.7%，GDP同比增长仅为1.7%，GDP增速同比回落9.7个百分点。辽宁省抚顺市，一季度规模以上工业增加值增幅同比降低3.6个百分点，4月份公共财政预算收入与一季度相比增速下降12.3个百分点，税收收入增速下降18.1个百分点。受宏观经济影响，资源型企业业绩下滑明显。黑龙江省内，大庆油田公司、石化公司、炼化公司三大中直企业2014年实现增加值同比下降1.7%；省属最大国有企业龙煤集团自2013年净亏损23.4亿元之后，2014年一季度再度亏损16.2亿元。吉林省内，通化钢铁集团实现产值30.9亿元，同比下降21%；吉林油田的油气开采业减少增加值5.4亿元，下拉工业增速2.8个百分点。辽宁省内，阜矿集团煤炭行业产值同比下降10.4%，抚顺石化公司、抚顺铝业公司、抚顺新钢铁公司以及抚顺矿业集团公司的工业总产值同比下降14.7、13.7、7和4个百分点。

当前，东北资源型城市陷入经济发展低谷，转型步伐放缓。究其原因，既有国内外发展形势的影响，也有区域间市场竞争的冲击。

（1）国内经济整体下行导致东北经济低迷。2014年，全国主要经济指标增速回落，规模以上工业增加值增长8.7%，同比回落0.8个百分点；固定资产投资增长17.6%，回落3.3个百分点；社会消费品零售总额增长12%，回落0.4个百分点。全国经济增长放缓对能源、原材料等上游工业产品需求规模缩减，导致东北资源型城市主要工业产品的价格持续下降。当年一季度，黑龙江地区商品煤价格同比降低18.4%，影响七台河煤炭关联企业工业增加值同比下降32.6%，鹤岗市下降53%，鸡西市下降28.1%，双鸭山市下降25.1%。吉林地区原油平均价格每吨同比下降255元，致使松原市油气开采业减少增加值5.4亿元。

（2）自身单一产业结构制约了经济的振兴。对资源以及资源型产业的严重依赖是资源型城市的固有特征，列入《全国资源型城市可持续发展规划（2013—2020年）》的东北三省37个资源型城市，煤炭、石化、钢铁等主要资源型产业增加值占地区GDP比重普遍超过30%，其中黑龙江省四大煤城：七台河市煤炭产业增加值占全部工业比重高达89.7%，鹤岗市为64.3%，鸡西市为62%，双鸭山市达到40%。吉林省白山市资源型产业增加值占地区GDP比重为64%，辽宁省辽阳市弓长岭区高达70%。虽然在国家产业结构调整政策引导和财力性转移支付支持下，东北资源型城市非资源型产业发展加速，但由于在经济总量中所占比重较小，短时期内不足以弥补传统资源型产业下降形成的缺口。

（3）周边地区资源开发的冲击较大。东北地区是我国矿产资源较为富集且开发较早的地区，大多数资源型城市的主力矿山、油气田日趋枯竭，开采难度加大，生产成本增加，在与呼包鄂榆等地区的市场竞争中处于明显劣势。如龙煤集团下辖的鸡西、鹤岗、双鸭山、七台河4个矿业集团，42个煤矿均属于高瓦斯矿井，其中有19个煤矿存在冲击地压隐患，开采成本为每吨750~800元，比内蒙古神华集团露天煤矿开采成本高约350元。大庆油田经过50多年的开采已进入“双特高”阶段，综合含水超过90%，可采储量采出程度超过 80%，维持现有产量面临着后备资源接替不足、剩余油高度分散、控制递减产量等诸多世界性难题。

（二）资源枯竭城市转型态势

资源枯竭城市，是指矿产资源开发进入后期、晚期或末期阶段，其累计采出储量已达到可采储量的 70% 以上的城市。2008、2009、2011 年，国家分三批确定了 69 个资源枯竭城市（县、区），中央财政给予这两批城市财力性转移支付资金支持。东北是资源枯竭城市的集中区，资源枯竭城市 20 座，占全部资源枯竭城市数量的 29%，其中辽宁省 7 座、吉林省 7 座、黑龙江省 6 座。

1. 转型成效

自 2008 年国家开始大规模支持资源枯竭城市转型以来，东北地区资源枯竭城市转型发展取得了长足的进展，尤其是自 2011 年国家界定完成第三批资源枯竭城市后的三年里，资源枯竭城市转型活动蓬勃开展，变化迅速。具体表现在如下方面。

（1）经济增长势头保持稳定。2010—2013 年间[①]，资源枯竭城市经济总体形势平稳增长，基本与区域经济总体发展保持同步。GDP 增长速度与东北地区整体增长速度差异在 0.1 个百分点，人均 GDP 增长速度仅比东北地区整体速度慢 0.6 个百分点。工业产值的增长速度快于整个东北地区，高出 3 个百分点（表 1）。

表 1　东北地区资源枯竭城市经济增长情况

	GDP 年均增长速度	人均 GDP 年均增长速度	工业产值年均增长速度
资源枯竭城市	13.1%	13.4%	17.5%
东北地区	13.2%	14.0%	14.4%

（2）产业结构调整成效显著。随着产业结构调整步伐加快和接续替代产业扶持力度的增强，资源枯竭城市的经济发展逐渐由主要依靠资源产品初加工产业带动向依靠三产协同带动转变。2010—2013 年，东北地区资源枯竭城市主导资源采掘（伐）业占地区生产总值比重由 24.6% 下降到 13.7%，年均下降 3.6 个百分点。第三产业增加值占比由 29.5% 增加到 31.9%，年均增加 0.8 个百分点，增速紧跟全国步伐。部分城市接续替代产业初具规模。近年来，抚顺市把优化产业结构作为城市转型突破口，大力发展现代服务业，并取得明显成效。2015 年上半年，全市服务业增加值同比增长 6.4%，占地区生产总值比重达 43.2%，提高近 8 个百分点，首次超过全省平均水平。其中，电子商务交易额达 150 亿元，增长 614%；旅游总收入实现 348 亿元，增长 20%。

① 由于第三批资源枯竭城市自 2011 年开始中央转移支付资金扶持，故从 2010 年开始比较。

（3）人民群众生活持续改善。2013 年东北地区资源枯竭城市城镇居民人均可支配收入增长率平均达到 11.2%，紧跟全国增长步伐。社会保障覆盖面继续扩大，城镇居民最低生活保障覆盖率达到 97%，城镇居民基本养老保险参保率和城镇居民基本医疗保险参保率分别达到 70% 和 94%。居民收入持续增加，城镇居民人均可支配收入增长 11.1%，高于同期地方经济增长速度。棚户区改造工作成效显著，总共完成棚户区改造 1289 万平方米，改造完成比率近 40%。

（4）生态环境治理稳步推进。2013 年东北地区资源枯竭城市矿山地质环境治理稳步推进，矿山地质环境治理和历史遗留损毁土地复垦任务完成率分别达到 32.7% 和 16.2%，高于同期其他地区资源枯竭城市平均值。污染减排工作成效显著，COD、二氧化硫、氨氮等主要污染物排放总量平均减少 5.5%，全年空气质量优良天数比例平均超过 85%。资源循环再利用水平明显提高，污水处理厂集中处理率平均达到 71.6%，一般工业固体废物综合利用率达到 71.3%。城市环境综合整治力度持续加大，环境污染治理投资合计达 39.7 亿元，平均每座城市投资近 2 亿元。

2. 面临问题

虽然在转型过程中资源枯竭城市取得了一定的转型成绩，但随着近期经济大环境发展趋缓，产业结构仍然很重的资源枯竭城市迎来了转型的艰难阶段。根据 2014 年国家对资源枯竭城市年度转型绩效评估结果显示，东北地区的资源枯竭城市转型绩效评估结果最差，20 个参评城市中综合考评优秀的只有 1 个，而较差的城市占比超过了 70%，这进一步反映了东北地区资源枯竭城市转型任务的艰巨性（表 2）。而 20 个中部地区城市中综合考评优秀和良好的占到了 65%，转型绩效评估相对较好；18 个西部地区城市中综合考评优秀和良好的城市，与达标和较差的城市相差不大，各占一半；9 个东部地区城市中综合考评优秀和良好的占 77.8%，明显好于其他 3 个地区。

表 2　2014 年资源枯竭城市年度绩效评估结果统计

区域	等级评估结果							
	优		良		达标		较差	
	个数	占比	个数	占比	个数	占比	个数	占比
东北地区	1	14.3%	5	18.5%	9	34.6%	5	71.4%
全国	7	100%	27	100%	26	100%	7	100%

注：除盘锦市和孝义市外的 67 个城市参与评估。

（1）宏观环境变动导致城市发展波动增大。近年来，全国经济增长放缓对能源、原材料等上游工业产品需求规模缩减，导致资源枯竭城市，尤其是东北地区的资源枯竭城市，主要工业产品的价格持续下降，经济下行压力增大，转型步伐明显放缓。2014 年大部分东北地区资源枯竭城市经济发展出现滞缓甚至倒退的现象。2014 年第一季度，黑龙江省内五个出现 GDP 负增长的地级市都是资源型城市，其中三个是资源枯竭城市，分别是鹤岗市 -20%、七台河市 -19%、伊春市 -9.9%。吉林省白山市，一季度第二产业增加值同比萎缩 1.7%，GDP 同比增长仅为 1.7%，GDP 增速同比回落 9.7 个百分点。

（2）产业结构单一化现象仍然明显，对资源型产业依赖仍然没有实质性改观。目前，七台河市煤炭产业增加值占全部工业比重仍然超过 80%，鹤岗市超过 60%，双鸭山市接近 40%，辽阳市弓长岭区高达 70%。并且，我国正处于工业化中后期和全面建成小康社会的关键阶段，伴随经济社会的迅速发展和人民生活水平的快速提高，国家资源和能源的刚性扩张性需求在短期内难以得到根本改变。目前部分枯竭城市仍然承担着国家资源能源供应地的重任，必须确保大量的矿产开发和加工活动正常进行，而在开采技术水平不能迅速提高的条件下，资源和能源生产粗放型模式又很难改变，这和城市转型中生态保护与整治、产业多元化发展的目标有一定矛盾。

（3）资源类接续产业市场导向性不强，发展前景不容乐观。借助原有产业优势发展资源接续型产业是东北地区枯竭城市转型发展的主要路径之一。然而在经济发展新常态形势下，资源类产业延伸没能与市场很好对接，仅仅从资源优势出发，谋划和选择下游产业链，极易受到竞争类企业的冲击，影响接续产业的健康发展。如二道江区在转型过程中大力发展围钢经济，围绕通钢规划建设了不少钢铁上下游产业，但一旦出现钢铁行业低速微利发展期，围钢企业转方式、调结构的压力就马上迫在眉睫。2014 年一季度，黑龙江地区商品煤价格同比降低 18.4%，影响七台河煤炭关联企业工业增加值同比下降 32.6%，鹤岗市下降 53%。

（4）替代产业集群初现苗头，但规模有限。经过几年的转型发展，东北大部分资源枯竭城市都培育起了部分替代产业集群，比如伊春市的新型装备制造产业集群、辽源市的铝制品精深加工产业集群、大兴安岭地区的绿色食品深加工集群等，但由于自身条件有限，发展时间短，培育的替代产业集群大多处于雏形阶段，远达不到生成内生发展动力的水平，距离真正成为城市的支柱产业道路尚远。2014 年，伊春市新型装备制造业实现增加值仅为 9357 万元，占全市 GDP 不到 1%；辽源市高精铝产业集群产值仅占全部工业产值的 3%。

（5）环境污染治理转向深层次，治理难度加大。近年来东北地区资源枯竭城市持续推进生态环境整治工作，重点污染治理业已初步完成，矿山地质环境治理任务完成率已经达到 32.7%，取得了很好的效果。但由于之前污染量巨大，目前仍有大量深层次问题亟待处理。如七台河市因煤矿开采形成了 200km^2 采矿深陷区面积仍在扩大，分布不同位置的矸石山 360 座、总量达到 3 亿吨，棚改腾空土地 9km^2，仍待治理。

（6）历史遗留问题掣肘城市发展，部分死角尚未解决。随着转型的深入进行，诸多城市历史遗留问题得到了较快解决，但由于遗留问题复杂多样，造成了在大面积解决历史遗留问题时部分主体被遗漏。如目前各城市集中连片、占地面积较大的棚户区大都完成或者正在进行施工改造，但仍有许多占地面积较小，在城市中零星分布的棚户区，面临着改造困难大，在上一轮改造中被遗漏的问题。同时，部分城市在棚户区改造过程中，由于不注意所涉及居民的再就业扶持等配套工作，搬迁居民收入不足，棚改新居搬不起、住不起、养不起、越改越穷的现象仍然存在。

（7）城市创新能力不足，“人才荒”现象持续存在。2013 年，东北地区资源枯竭城市 R&D 投入占 GDP 比重仅为 0.4%，不仅显著低于全国 1.97% 的平均水平，甚至低于其他地区资源枯竭城市 0.65% 的水平。研发投入的低水平导致区域创新能力不足，产业发展仍然只能在产业链的中低端徘徊，无法通过创新驱动经济快速增长。另外，资源枯竭城市人才流失的情况相对严重，低迷的经济和较差的生活环境，加之僵化的人才机制，对“人才荒”现象都起到推波助澜的作用。

三、近期东北地区资源型城市转型研究进展

（一）转型问题研究

东北资源型城市的发展对新中国的经济的带动和对东北经济的发展有突出的贡献，但是由于资源的粗放型管理和资源的过度开发造成目前的许多问题[2]。东北资源型城存在的经济结构单一、城市形成具有突发性、城市布局分散、产矿关系不顺、城市功能弱化等特点，其面临的主要问题包括资源枯竭、主导产业衰退、产业接续困难、政府财政困难[3]、科技支持力度不够、下岗失业职工多、结构性人才短缺、环境污染和生态破坏等[4]。从环境方面来看，结构性污染、土地塌陷、固体废弃物污染、严重的水污染及大气污染是东北地区资源型城市普遍存在的环境问题，同时，由于矿产资源开发出现的地表塌陷、尾矿堆积等，使得生态环境进一步恶化[5, 6]。在城市资源利用方面，矿产开发的技术手段落后、矿山生态环境破坏严重、矿产开发产品层次低下是目前制约资源城市的矿产资源高效利用的关键问题[7, 8]。对于近期发展尤其困难的国有林业资源枯竭型城市，有研究认为地理区位障碍、经济地理空间约束、居住空间分散，社会发展成本高昂、体制和制度障碍是严重制约这类城市发展的主要原因[9]。基于人地关系的视角，东北资源型城市发展的本质问题是“人地关系”矛盾演化的问题，正确认识资源型城市人地关系对城市未来发展的重要作用[10]。

不同类别资源型城市在转型发展中存在的问题各不相同，其中煤城的主要问题表现在三方面：一是煤炭资源濒临枯竭，且矿井老旧、开采难度大、成本较高；二是产业结构单一，“一煤独大”矛盾突出；三是体制性障碍突出。油城的主要问题在于资源储备不足、开发成本随矿产的枯竭而不断增大。林城的主要问题是：重点国有林区停伐后对林区经济社会发展影响巨大，如何协调好环保、经济发展与民生问题比较紧迫[11]。当前，东北地

区大多数资源城市产业结构不合理状况仍然没有明显改变，较低的第三产业经济增长贡献率将致使这些城市经济增长速度依然缓慢发展[12]。

（二）能力评价研究

近五年间，东北地区关于资源型城市发展评价的研究多集中于对资源型城市竞争力、基本公共服务效率、可持续发展能力、土地利用集约程度等方面的探讨。对资源型城市城市竞争力的研究发现，哈长及辽中南地区城市竞争力较强，资源型城市竞争力相对其他城市较弱但是具有一定的经济势能扩散影响，且全面加强型、整体退出型、局部退出型等不同资源型城市的可持续发展能力差异较大[13]；对未来 15 年东北经济增长情况进行预测分析表明，区域经济增长差异波动逐渐减小，综合竞争力逐步提高[14]。有学者从科学教育服务、环境保护服务、医疗卫生服务、基础设施服务、社会保障服务五个方面评价东北地区资源型城市基本公共服务效率，结果显示东北资源型城市在基本公共服务的综合效率上总体水平较低，并在空间上存在显著分异，其中盘锦市基本公共服务水平最高，双鸭山的基本公共服务水平最低[15]。在资源型城市土地的集约利用方面，有研究通过构建资源型城市土地集约利用评价指标体系与评价模型分析了东北地区 15 个地级资源型城市的土地集约利用水平、空间分异特征与成因，发现不同类型资源型城市土地集约利用水平具有石油城市＞冶金城市＞煤炭城市＞森工城市的特征，资源型城市土地集约利用水平与城市规模、产业结构高级化程度和经济发展水平等呈正相关[16]。

在空间格局评价方面，有学者对资源衰退型城市的聚集格局进行评价，结果显示资源衰退型城市布局的空间自相关特征显著，主要集中在东北综合经济区，东北、华北及中南地区为密集分布区域[17]。在不同城市发展过程中所体现的空间分异特征方面，李汝资等[10]认为东北地区资源型城市由于空间区位的影响缺乏厚重历史基础，加之资源的类型差异较大，因此在城市职能和产业结构上呈现出显著的分异。杨宇等[18]认为东北地区资源型产业空间同样分布不均衡，不同城市的资源型产业空间集聚与扩散态势及其演化路径差异显著。

（三）转型影响因素研究

传统观点认为资源诅咒效应是制约东北地区资源型城市经济发展的重要因素。对此，黄悦等[19]验证了东北地区资源型城市资源诅咒效应的存在性与主要传导机制，发现资源诅咒效应主要通过抑制制造业发展、物质资本投入和教育业投入来阻碍经济增长。以往的文献在考虑资源诅咒效应时，一般只从资源开发度和经济发展的关系进行分析，没有考虑到区位对于经济发展的作用，如将区位因素转化为距离省会城市偏远度与距离区域中心城市偏远度，可以据此探讨东北地区资源型城市的资源、区位和经济发展三者之间的关系。

在东北地区的资源型城市转型的过程中，经济转型因素受到广泛的重视[12]。其中，矿产资源保障能力[20]、非煤产业发展[2]等也是研究东北资源型城市转型的重要经济因素。在生态环境因素方面，研究认为在以往的林业型资源城市的发展中，森林资源破坏严重对当地的生态环境造成了不良影响，必须推进生态工程计划，合理利用天然林区，保证生态、经济、环境三者协调发展[21]。在民生改善方面，棚户区改造是研究焦点之一。有研究认为在棚户区改造的过程中，不仅要考虑环境因素，也要将经济社会因素结合进去，将棚户区改造纳入到城市经济转型的整体布局中，扩大棚户区改造人群中失业人员的再就业，以顺利实现棚户区改造[22]。同时，人才培养也是社会民生改善乃至经济振兴的重要动因之一，开放大学建设对东北老工业基地振兴有着非常重要的作用[23]。加强资源型城市社会生态环境建设，协调好人类活动与经济、环境、资源的关系，缓解“人地关系”的矛盾，可以为资源型城市的顺利转型创造良好的机会和条件[10]。在体制机制方面，研究认为国企改制是东北能否振兴的关键，并针对东北经济如何在国有企业市场化改制中实现振兴，提出了圈定经济特区、企业资产让渡与出售、人员分流与剥离、股份制改造和资本社会化五个振兴重点因素[24]。

（四）转型战略研究

针对资源型城市在发展过程中所面临的种种问题，学界对资源型城市的转型战略进行了大量分析，其中规划指导、产业培育、民生改善、生态环境治理[25]四个方面是转型关注的主要方向[26]，同时加强城市体制机制方面的软实力建设，为企业的发展与居民的生存提供良好制度环境不可忽视[3]。学者们认为，在经济转型中应注意加快经济结构调整和经济增长方式的转变；在社会转型时要加快公共产品的供给，强化公共服务职能并加强社会管理作用[27]；在制度转型的过程中要加强资源开发补偿机制、资源管理利用监督机制、政府、社会、企业、公民多方合作机制、完善资源性产品价格形成机制以及建立衰退产业援助机制[2, 20]。在国家层面，中央应给予支持的政策措施，如加大国家财税、投资的支持力度，在产业转移和生产力布局方面加大东北地区的倾斜，同时要为城市综合企业降低成本；在地方政府层面，建议设立用于资源城市转型发展的投资基金，建立示范产业园区或新型产业示范园，强化项目筹划和招商引资，并借助“一带一路”倡议，加强与周边国家基础设施互联互通[11]。在具体的实证研究中，有学者分别就扎兰屯市、鸡西市、盘锦市、黑龙江省资源型城市、阜新市的转型情况进行分析，因地制宜地为这些城市提出了符合当地实际情况的产业、城市转型的建议，并通过对该地区转型效果的分析，总结出对其他资源型城市转型的启示[25, 28–31]。

四、资源型城市可持续发展面临的问题与未来研究重点

（一）城市面临的问题

1. 资源可持续利用问题

（1）资源开采难度大。资源开采难度增大，接续开发矛盾突出。一方面，由于前期的无序和粗放式开采，资源开采难度增大，成本提高，发展后劲缺乏；另一方面，资源勘探工作严重滞后，普遍存在缺少普探、详探、精探、深探等问题，致使许多资源情况数据不准确。目前，我国重要矿产资源储量增长相对缓慢，找矿难度不断增大，隐伏区、深部区等找矿方法尚未有效突破，一大批老矿山可采储量急剧下降，矿产资源勘查开发接续基地严重不足，一些重要矿产储量消耗快于储量增长。大部分工矿企业对矿区外围勘探力度不足，石油、煤炭、铁、铝等主要矿产资源总体查明程度为 30% 左右。长期高强度的开采导致大量主力矿山关闭，相当一部分资源型城市的已探明资源趋于枯竭。以黑龙江省大兴安岭地区为例，经过近 50 年的开发，大兴安岭地区的森林资源遭到严重破坏，加之森林大火、病虫害等因素，可采森林资源濒临枯竭。截至 2008 年年底，全区可采森林资源为 2115 万立方米，根据择伐强度 40% 的要求，可采期仅为 4 年。

（2）资源利用率低。我国矿业生产的低效益主要体现在矿产资源开发中采选回收率低，矿产资源综合利用水平低，资源浪费严重。据有关部门统计，目前我国采矿回收率铁矿为 60%，有色金属 50%~60%，非金属矿 20%~60%，煤矿仅 30%。全国矿产资源平均开发利用总回收率只有 30%~50%，比发达国家水平低 20% 左右，能源矿产资源总利用率仅为 20%~30%，一半以上的资源没有得到有效利用。此外，小型矿山开采规模小、布局分散，开发技术条件落后，开发方式粗放，在资源生产加工中，受企业技术和管理水平的限制，矿产资源开采回采率、选矿回收率低，资源的综合利用水平低，深加工能力弱。据统计，2007 年，全国拥有各类煤矿 28 万家，小煤矿占 90% 以上，煤炭产量约占全国总产量的三分之一，由于开采方法、工艺落后，我国煤炭生产平均采收率只有 30%，小型煤矿的煤炭资源回收率只有 10%~15%。由于我国长期形成的粗放型增长方式和结构性矛盾尚未根本改变，矿产资源开发利用粗放浪费，综合利用率较低，矿山布局和结构不尽合理，矿产开发小、散、乱和矿山环境破坏等问题突出，加剧了资源供求紧张状况。

资源深加工程度较低。我国矿产资源加工业和冶炼业普遍落后于采掘业，许多矿产资源在深加工方面都做得不够，尤其是煤炭采选业、石油和天然气开采业以及黑色金属矿采选业。矿产品加工多以初级产品为主，忽视精深加工，高附加值、高科技含量的产品少，优势矿产如菱镁、硼、滑石等初级产品长期过剩，效益外流。此外，开采及加工技术落后，利用方式粗放。例如，一次能源中，仍以原煤为主，洁净煤技术及煤炭地下气、液化技术应用缓慢。受高度集中的计划经济束缚，矿业产品的深加工和技术含量都很低。在劳

动力充足和资金供给相对短缺的情况下，生产工艺在较长时期内保留了手工劳动和半机械化生产。地方集体、个体矿业兴起后，其产品技术含量与生产工艺更为落后。

2. 经济发展问题

（1）第二产业比重过大。在资源型城市建立初期，追求资源产品数量扩张导致绝大部分资源型城市主导产业单一，产业结构以二产为主，第一、第三产业发展滞后。黑龙江省的七台河，煤炭工业占工业总产值的比重达到 80% 以上；石油城市大庆和东营，石油总产值占工业总产值的比重分别达到 73% 和 78%，采油和石油加工两者合计分别占两个城市工业总产值的 93% 和 86%；森工城市伊春，木材采伐与加工业占该市工业总产值的 50%。资源型城市经济发展对资源具有高度的依赖性，产业集中度（表 3）过高，职能较为单一，极易产生“牵一发而动全身”的效果。单一性的产业结构难以对资源性的产业衰退产生缓冲作用，经济转型基础薄弱。

表 3　部分资源型城市产业集中度比较

省份	省会产业集中度	资源型城市	产业集中度
辽宁	2.3	盘锦市	2.3
		阜新市	2.1
		抚顺市	2.73
吉林	2.95	辽源市	3.09
黑龙江	3.3	伊春市	2.07
		七台河市	9.24
全国平均值		2.57	

资料来源：根据《中国城市统计年鉴 2010》计算。

（2）就业结构单一。与产业结构单一相伴随的，资源型城市就业结构也呈现出单一的特征。在矿业开采初期，以矿产资源开采加工为主的采掘业、制造业的从业人员比重都很高，职工就业集中于某一两个行业。例如大庆石油采掘业职工所占比例为 25%。这种单一的就业结构导致一旦资源型产业出现衰退，大批职工下岗便不可避免。例如抚顺矿区各集体企业与原单位脱钩后，335 个独立法人已有 310 个关闭，下岗集体职工总数高达 6 万人之多。由原单位关闭和破产等造成的下岗人员，加上新增下岗人员，全市累计下岗职工总数达到 28 万人，占城区人口的 20%。

（3）所有制结构单一。从所有制结构来看，中国资源型城市产权结构以国有经济为主，所有制结构单一。例如，中国 14 个典型的煤炭城市国有及国有控股工业的工业总产值比重平均为 71%，5 个典型冶金城市为 83%。大庆、六盘水、东营和伊春的国有及国有控股工业总产值比重分别达到 92%、91%、85% 和 70%。

长期发展资源采掘加工业，资源型城市的资源型企业相比其他城市较多，甚至有些城市 50% 以上的企业都为资源企业，如盘锦、抚顺的石油石化企业，鞍山的钢铁企业，七台河的煤炭企业等。国有大型企业占绝对主导地位。例如，黑龙江省鹤岗矿业集团（原矿务局）年工业产值和税收均占全市的 60% 以上。20 世纪 90 年代以来，我国国有企业就业人数持续下降，新增就业岗位主要由民营、三资等多种所有制企业提供，资源型城市由于企业所有制结构单一，中小企业发展滞后，难以消化大量的转型就业人口，增加了经济转型的难度。

3. 生态环境问题

（1）地质灾害频发。由于粗放式的开发，我国资源型城市采矿活动带来一系列地质灾害，主要有崩塌、滑坡、岩溶塌陷、采空塌陷、瓦斯爆炸、矿坑突水、水土流失等。多数矿区由于开采历史长，矿井顶板承载能力下降，各矿区内都出现了不同程度地面塌陷和地裂缝（表 4），造成大量的农田基本设施毁坏和建筑物墙体开裂，居民区地陷事件屡见不鲜，严重影响居民生产生活。近年来，因矿山采空区塌陷、环境和安全问题，引发当地群众与企业的冲突不断增多，矛盾激化。由于许多工矿企业长期积淀的遗留问题无法解决，群众群体性上访、连续上访、越级上访的事件频频发生。

表 4　部分城市塌陷区面积及占比

城市	土地沉陷区总面积（km^2）	占市区面积（%）
抚顺	53.47	7.5
阜新	101.3	2.5
白山	28.7	0.5
辽源	18.8	0.1

资料来源：各城市发改委调查数据。

（2）废气废渣污染严重。资源型城市以资源开采及加工产业为主，经过长期的粗放型资源开采和初级加工，资源型城市在快速大规模利用其特有的资源的同时，产生了较严重的环境污染，加上污染治理欠账较多，造成环境污染和生态破坏趋势加剧。

污染气体排放严重污染大气环境。大气污染是比较普遍的现象，主要是由矿产资源开采与利用过程中排放的废气、粉尘和废渣中有害元素成分挥发造成的。据统计，资源型城市的人均工业二氧化硫排放量和人均工业烟尘排放量均为全国平均水平的 2 倍之多。仅煤炭采矿行业废气排放量就占全国工业废气排放量的 5.7%，其中，有害物排放量每年超过 73 万吨，主要为烟尘、二氧化硫、氮氧化物和一氧化碳等，造成资源型城市大气环境遭受不同程度污染。辽宁省抚顺市全市共有三个露天矿开采剥离物堆积形成的排土场，在露天堆积条件下，每立方米空气中悬浮颗粒高达 0.339mg，弃渣中产生大量的有害气体。另外，舍场堆放的煤矸石因自燃产生的废气对大气环境造成严重污染。

固体废弃物排放侵占大量土地。据工业污染调查，全国固体矿产采选业年产生的各种固体废物约 3.3 亿吨，年排放量 2.04 亿吨，累计积存量已达 29.1 亿吨以上，侵占了大量的土地。据统计，露天矿开采和各种废渣、废石和尾矿的堆放与储存等，直接破坏与侵占的土地已达 1.4~2.0 万平方千米，以每年约 200km^2 的速度增加。

此外，资源型城市的工业废弃物综合利用能力尚有待提高，2009 年平均三废综合利用产品产值远低于全国城市平均水平（图 1），其中尤其以开采石油和非金属的资源型城市最为严重。

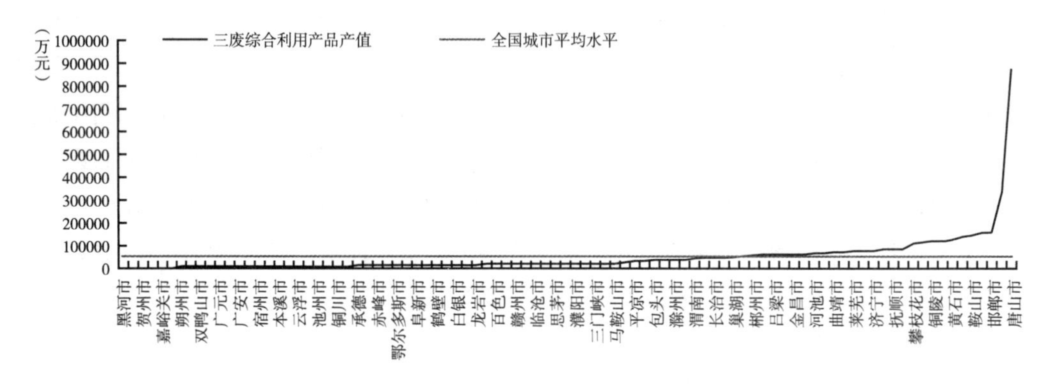

图 1　资源型城市废弃物处理利用情况

（3）城市景观有待改善。资源型城市是在资源开发利用的基础上形成，有别于其他因素作用形成的城市，其城市景观更多是矿业开采和加工活动的真实写照，呈现出一般城市所没有的矿城景象。资源型城市城区在建筑形态上是烟囱林立、厂房遍地、凌空管道以及分割交叉的铁路和公路道口等，色调上是“黑乎乎，灰蒙蒙”的，整个城市一片黑灰色，如煤城多呈黑色，而水泥城则呈现出灰色。城市缺乏以绿色为基调、城市建筑物与自然环境融为一体的人文景观。在城市郊区，开山采矿破坏了原有的地形地貌，形成与原来自然环境十分不协调的景观。

4. 社会民生问题

（1）基础设施落后。由于资源型城市大多因采矿而设立，因矿企而发展，城市的生产和生活长期围绕厂矿进行，各大厂矿的生活区是城市功能的主要载体。相对来说城市功能发育不完全，社会事业发展水平较低，公共基础设施建设均落后于全国城市平均水平，尤其是交通基础设施建设明显不足。由于许多资源型城市位于内陆边远荒漠地区，地理环境偏僻闭塞，受地形条件约束较大，基础设施建设成本高，交通运输发展严重受阻。

（2）失业人口多，就业压力大。国企改制以来，随着资源型城市的国有矿企的关闭、破产，企业大量裁员使得城市失业人口激增，民众再就业形势严峻。失业人员的基本生活需要大量的资金来保障，但对于经济实力不足的资源型城市，安置就业、维护社会稳定的压力很大。此外，由于矿业职工的专业技术单一，就业渠道狭窄，下岗失业后很难再就业，从而导致家庭经济来源急剧下降，生活陷入困境。此外，由于资源型城市过度依赖资源性产业，而资源型企业受到国际形势波动的影响较大，大多数矿业城市的职工工资收入相比全国平均水平较低。

（3）职工居住条件亟待改善。目前有相当比例的矿企职工居住于矿业繁荣时期所建设的房屋里，这些居住区使用年限久、质量差、人均面积小，基础设施配套不齐全，交通不便利，治安和消防隐患大，环境卫生脏、乱、差，由于城市经济衰退，政府财力不足，企业经济危困，职工收入低下且不能按时发放，各资源型城市棚户区的住房条件始终得不到改善，而且随着时间的推移房屋状况愈差。此外，有些资源型城市的社会保障覆盖率低，相当部分的职工权益得不到有效的保证。部分城市由于土地塌陷导致的失地农民大量存在，但对其社会救助机制缺失，使这部分民众生活极其困难。这些严重的民生问题，给面临转型的资源型城市带来极大的压力。

（4）政府负担过重。国有大中型资源型企业是资源型城市的主体，资源型城市的社会负担主要由资源型企业来承担。市场化改革以来，资源型企业承担企业办社会、税费、债务、离退休人员等多个方面的社会负担，尤其是1994年以后实行的税制改革，大大增加了资源型企业的税费负担。我国资源型企业的税赋一般占销售收入的10%左右。例如，辽宁省抚顺市全市企业退休人员约29万人，预计支出养老保险基金42.5亿元，当年缺口10亿元，加上历史上缺口的18个亿，累计缺口达到28亿元。

（二）资源型城市未来研究重点

1. 重点研究领域

（1）产业研究。产业发展是资源型城市摆脱经济发展困境的核心目的和有效途径，产业方面近期的研究重点有：①资源型产业发展的路径依赖研究；②基于禀赋优势的非资源型产业集群形成研究；③产业园区发展研究等。

（2）生态环境研究。资源型城市的环境破坏问题巨大，持续恶化的环境质量，严重动摇了资源型城市的生存基础，生态环境方面近期的研究重点有：①矿山地质环境监测与治理研究；②资源综合利用与环境保护研究；③污染排放监测与治理研究等。

（3）社会民生研究。社会民生是资源型城市发展的最终落脚点，关系到国家全面建设小康社会目标的实现，社会民生方面近期的研究重点有：①社会保障体系研究；②职工失业再就业研究；③棚户区改造研究；④公共服务与基础设施配套研究等。

（4）体制机制研究。资源型城市发展的困境很大程度上是因为体制机制掣肘所造成，捋顺资源型城市的各类体制机制，是保障城市可持续发展未来得以实现的重要环节。体制机制方面近期的研究重点有：①开发秩序约束机制研究；②产品价格形成机制研究；③资源开发补偿机制研究；④利益分配共享机制研究；⑤接续替代产业扶持机制研究等。

2. 重点研究类型区

（1）独立工矿区。独立工矿区是因矿产资源开发而兴起，以资源开采加工为主导产业，矿业职工及其家属为居民主体，远离中心城区，经济社会功能相对独立的工矿区。长期以来，我国的独立工矿区为国家经济社会发展做出了突出贡献。由于缺乏统筹规划和资源衰减等原因，加之缺乏城镇依托，多数独立工矿区出现了经济社会发展滞缓、矿山地质灾害频发、基础设施陈旧破败、失业和贫困人口增多、维护社会稳定压力较大等问题。如何解析独立工矿区的问题、发展机理，更快更好地促进独立工矿区改造搬迁、转型发展，是近期学界应当重点关注的研究问题。

（2）采煤沉陷区。资源型城市是因资源开采导致的许多经济、社会、环境等严重问题的集中地，近期最主要的问题之一就是采煤沉陷区问题。采煤沉陷区土地破碎裸露、植被破坏、水土流失严重，区内民房、道路、相关公共设施（供排水管线等）以及农业生产设施遭到严重破坏，居民无法正常生活，耕地毁坏无法耕种，失地农民生计无以维持，严重威胁到整个城市的可持续发展。采煤沉陷区的综合治理，涉及居民避险搬迁、基础设施和公共服务设施修复、矿山环境治理、地质灾害防治、土地复垦和再利用等方面，是一个十分复杂的研究方向。如何分析采煤沉陷区的产生机理、矛盾发生机制以及如何对症下药、从机理上找到快速合理解决采煤沉陷区的治理对策，是近期学界应当关注的重点之一。

参考文献

[1] 金凤君．东北地区发展的重大问题研究［M］．北京：商务印书馆，2012.

[2] 刘延．基于循环经济视角下的东北地区资源型城市转型的研究［J］．经营管理者，2016，(14)：205.

[3] 尹牧，宋冬林．《东北振兴“十二五”规划》与资源型城市的可持续发展［J］．黑龙江社会科学，2012(05)：52–54.

[4] 王惠慧．东北地区资源型城市产业转型的问题与对策初探［J］．生态经济（学术版），2012（02）：313–315.

[5] 姚震寰．东北地区资源型城市经济转型中环境问题探讨［J］．经济视角（下刊），2013（09）：17–18.

[6] 华颖，孙亚男，孙明，等．煤炭城市人居环境建设的生态对策研究［J］．低温建筑技术，2013（11）：27–29.

[7] 郭洪滨．东北矿产资源的利用问题探析［J］．内蒙古煤炭经济，2014（02）：94–99.

[8] 郭冬卉．东北矿产资源的利用问题的探讨［J］．科技创新导报，2012（25）：256.

[9] 李雨停，张友祥．东北地区国有林业资源枯竭型城市发展问题及转型思路研究［J］．东北师大学报（哲学社会科学版），2014（03）：118–122.

[10] 李汝资，宋玉祥．东北地区资源型城市发展路径及其演化机理研究——基于人地关系视角［J］．东北师大学报（自然科学版），2014（01）：150–156.

[11] 栾天怡．加快东北地区资源型城市转型发展的思考［J］．中国发展观察，2016（10）：49–51.

[12] 高嵩．东北资源型城市经济发展方式转变研究［J］．中国名城，2016（11）：20–24+86.

［13］李瑞军．内蒙古扎兰屯市生态保护和经济转型发展的思考与建议［J］．北方经济，2014（02）：66-68.
［14］关伟，韩俊．东北资源型城市竞争力时空演变与经济增长预测［J］．辽宁师范大学学报（自然科学版），2016（02）：254-261.
［15］尹鹏，刘继生，陈才．东北地区资源型城市基本公共服务效率研究［J］．中国人口·资源与环境，2015（06）：127-134.
［16］车晓翠，李春丽．东北地区资源型城市土地集约利用空间分异及成因分析［J］．资源开发与市场，2014（11）：1320-1323.
［17］昌小莉，孙祖聪，罗明良，等．基于GIS的资源衰竭型城市聚集格局［J］．资源与产业，2015（04）：1-7.
［18］杨宇，董雯，刘毅，等．东北地区资源型产业发展特征及对策建议［J］．地理科学，2016（09）：1359-1370.
［19］黄悦，李秋雨，梅林，等．东北地区资源型城市资源诅咒效应及传导机制研究［J］．人文地理，2015(06)：121-125.
［20］刘非．东北老工业基地资源枯竭型城市产业结构转型［J］．沈阳师范大学学报（社会科学版），2012（06）：85-87.
［21］张杰．试析我国东北地区林业资源现状及保护措施［J］．黑龙江科技信息，2012（12）：225.
［22］程玲，何影，党振乾．东北地区资源枯竭型城市可持续发展中的棚户区改造问题研究［J］．对外经贸，2016（02）：60-61.
［23］丰华涛．发挥开放大学资源优势 促进东北老工业基地振兴［J］．天津电大学报，2014（03）：27-30.
［24］王志文．对东北振兴和国企内涵的经济学思考——基于资源配置方式的视角［J］．沈阳师范大学学报（社会科学版），2016（05）：97-101.
［25］李瑞军，付英，雷涯邻．东北地区煤炭资源型城市可持续发展模式选择研究［J］．中国矿业，2013（S1）：113-116.
［26］周民良．东北地区“再振兴”战略下资源型城市转型发展研究［J］．经济纵横，2015（08）：58-63.
［27］孙荣，彭超．东北地区煤炭类资源型城市转型的路径探索——基于地方政府主导的视角［J］．行政论坛，2016（05）：113-116.
［28］马忠臣．金融支持煤炭资源型城市可持续发展面临的问题及对策［J］．黑龙江金融，2014（06）：31-33.
［29］周慧．经济新常态下东北地区城市产业转型问题研究——以资源型城市辽宁省盘锦市为例［J］．环渤海经济瞭望，2016（08）：41-45.
［30］路欣，赫明刚．黑龙江省资源型城市产业升级的一般路径选择［J］．牡丹江师范学院学报（哲学社会科学版），2013（06）：14-16.
［31］王菲菲，王金瑛．阜新进行经济转型试点的由来和发展［J］．辽宁经济，2012（12）：52-56.

撰稿人：张文忠　余建辉

华北平原农业资源研究

一、引言

华北平原是中国第二大平原，地势低平，多在海拔 50m 以下，主要由黄河、淮河、海河、滦河冲积而成，是典型的冲积平原，所以又称为黄淮海平原。土地总面积为 36.83 万平方千米，延展在北京市、天津市、河北省、山东省、河南省、安徽省和江苏省等五省、二市地域，占全国总面积的 3.87%。

华北平原属暖温带季风气候，四季变化明显，平原年均温为 8~15℃，年降水量在 500~900mm 之间。大体在淮河以南属于北亚热带湿润气候，以北则属于暖温带湿润或半湿润气候。冬季干燥寒冷，夏季高温多雨，春季干旱少雨，蒸发强烈。春季旱情较重，夏季常有洪涝。

华北平原地带性土壤为棕壤或褐色土，发育有黄土（褐土）或潮黄垆土（草甸褐土），平原中部为黄潮土（浅色草甸土）。黄潮土是华北平原最主要的耕作土壤，耕性良好，矿物养分丰富，在利用、改造上潜力很大。

华北平原的土层深厚、土质肥沃，主要粮食作物有小麦、水稻、玉米、高粱、谷子和甘薯等，经济作物主要有棉花、花生、芝麻、大豆和烟草等，是以旱作为主的农业区，不仅是全国小麦、玉米主产区，也是我国重要的粮棉油生产基地，还盛产苹果、梨、柿、枣等。

华北平原农业生产中涉及的资源问题主要包括耕地资源、水资源与农业废弃物资源三个方面，有限资源的高效利用是实现农业可持续发展目标的重要途径。

二、华北平原农业资源研究的发展现状与战略需求

（一）发展现状

1. 耕地资源的质量下降、污染较为严重、环境问题突出

华北平原现有耕地面积为 19.52 万平方千米，占全国耕地总面积的 16.04%，宜农土地资源丰富，开发利用程度高，农业土地利用率为 70.60%，耕地占土地总面积的比重在 50% 以上。同时，该区域也是我国主要的人口聚集区，人均耕地面积仅为 1.15 亩（1 亩≈ $666.67m^2$），不足世界人均耕地面积的 1/4。

根据水利条件和利用方式的不同，华北平原耕地可分为灌溉水田、望天田、水浇地、旱地、菜地，其中灌溉水田面积占耕地总面积的 7.6%，主要分布在淮河流域的江苏、安徽地区；望天田面积占耕地总面积的 0.07%，主要分布在黄海中下游的河南部分地区；水浇地面积占耕地总面积的 49.3%，主要分布在黄河流域的山东、河南地区和海河平原的河北地区；旱地面积占耕地总面积的 41.7%，是华北平原分布最为广泛的耕地利用类型；剩下菜地面积占耕地总面积的 1.39%，主要分布在城市郊区、城镇郊区以及工矿区附近[1]。

伴随着城镇化、工业化的快速进行，华北平原建设用地快速扩张，在这个过程中，华北平原耕地数量逐年减少，年均减少幅度达到 0.23%。在数量减少的同时，也引起了耕地质量的降低。建设用地扩张占用耕地多为区位较好、灌溉设施完善、熟化程度好、生产能力高的优质耕地，而开发复垦增加的耕地多为质量较低、耕作便利性差的耕地。另一方面，由于人口和粮食需求的增加，华北平原耕地长期处于高强度的利用之下，浅层地下水位平均每年下降 $0.46 \pm 0.37m$，深层地下水位平均每年下降 $1.14 \pm 0.58m$，并在河北石家庄地区出现明显的浅层地下水漏斗区，在山东德州地区出现明显的深层地下水漏斗区[2]。

华北平原主要粮食作物为小麦、玉米，播种面积分别约为 1.6×10^7ha 和 1.1×10^7ha，二者占到播种总面积的 53%~55%。播种面积排第三的是蔬菜，约为 0.7×10^7ha，占播种总面积的 15%。调查显示，2012—2015 年间华北平原每年化肥施用总量在 2200~2400 万吨，其中氮肥用量大约为 1200 万吨 / 年，年度间较为稳定；磷肥和钾肥用量分别为 525~589 万吨和 514~605 万吨，逐年呈现增加趋势。华北平原化肥消耗量约占到全国农用化肥总量的 40%。

21 世纪以来，华北平原耕地质量呈现两个明显特征，一方面华北平原的土壤养分由大面积缺乏向过量累积方向发展。20 世纪 80 年代，我国耕地主要土壤养分表现为大面积缺乏，部分土壤养分表现为全面缺乏，其中占我国总耕地面积 78% 的耕地为中低产田。经过 30 多年的化肥施用和土壤培肥，特别是部分地区的高量施肥，华北耕地土壤全量养分稳步上升，速效养分明显增加，部分地区速效养分含量已表现为过量累积[3]。如华北平原小麦 – 玉米轮作体系 0~100cm 土壤无机氮含量播前高达 221~275 kg/ha，果园达 613 kg/ha，

大棚蔬菜更高达1173kg/ha，如不能够很好加以利用，不仅造成资源浪费，也会给环境带来严重威胁[4]。

另一方面由于农业生产中过量施肥现象极其普遍，引起耕地中养分利用效率明显降低，施肥造成环境效应显著增加。受“施肥越多，产量越高”等观念的影响，我国农民为了获取作物高产，不合理和盲目过量施肥现象相当普遍，尤其在经济发达地区极为突出。大量调查结果表明，华北小麦 / 玉米轮作周期内氮肥用量超过500kg/ha，磷肥用量超过200 kg P_2O_5/ha，而相同区域专家推荐用量氮肥仅为300~350kg/ha。同时，化肥用量在不同地区和同一地区的不同农户间表现出很大差异，充分说明农民施肥随意，没有太多的科学指导。过量且不合理的化肥投入，导致该地区的氮肥效率极低，为25% ~ 30%。低的氮肥利用率导致大量的氮素损失，造成明显的环境效应。研究表明在小麦上超过20%，玉米上超过40%的氮肥由于不合理的利用，通过氨挥发，硝态氮淋洗和反硝化的途径损失到环境中去[5, 6]。

正是长期的大水、大肥、过量的农药施用以及其他不合理的农田管理行为，导致了华北平原的耕地污染较为严重，农田质量下降，环境问题突出。

2. 水资源缺口大，地下水超采和水体污染严重，灌溉有效利用系数依然不高

华北平原属典型的季风气候区，年均降水量多为500~600mm，多年平均水资源总量约为1275亿立方米[7]。当前，该地区的主要种植模式为冬小麦 – 夏玉米一年两熟制，其年平均蒸散量720mm左右，年降水仅能满足其用水的65%左右，其中冬小麦生长季降水稀少，只能满足小麦需水量的25%~40%，亏缺部分主要依靠引黄河水或开采地下水灌溉[8]。

华北平原农业开采量占当地农用水总量的70%以上，其中河北平原的大部分农业区（如：保定、石家庄、邢台、衡水和廊坊）灌溉用水的80%以上取自地下水，导致地下水超采日益严重，地下水位急剧下降。以位于华北山前平原高产区的中国科学院栾城农业生态系统试验站地下水观测数据为例，在20世纪70年代该地区地下水位埋深为10m，2001年已下降到32m，近年仍在以每年1m的速度下降，当前地下水位埋深已下降至48m。地下水的过量开采还导致了华北平原出现世界最大的地下水漏斗群。此外，华北平原水体污染较为普遍，受污染的浅层地下水占采样点的35%[9]。

尽管缺水现象十分严重，该区域的灌溉水有效利用系数（在一次灌水期间被农作物利用的净水量与水源渠首处总引进水量的比值）依然不高，与发达国家的水平（0.7~0.8）相比依然有明显的差距。据2015年的公布数据，河北、河南和山东三个省份的灌溉水有效利用系数分别为0.67、0.6和0.63，尽管显著高于全国平均水平，但仍存在较大的提升潜力。近些年，主要作物的水分利用效率得到显著提升，华北山前平原高产区的冬小麦水分利用效率从20世纪80年代的1.2kg/m^{3}增加到现在的1.5kg/m^3，夏玉米从过去的1.4kg/m^{3}增加到现在的2.0kg/m^3。尽管高产区的水分生产率逐渐提高，然而，两熟制作物的耗水量超出了水资源的更新能力，导致区域水资源储量持续减少。在区域水资源的约束下，种植制度调整成为有望实现水资源可持续利用的突破口。

3. 农业废弃物资源生产量大，利用效率低，环境压力大

（1）作物秸秆。华北平原农业生产中废弃物以小麦 – 玉米秸秆生产量最大。根据2012—2015 年间统计，华北平原每年产生的农作物秸秆量将近 2 亿吨，其中以河南省小麦秸秆量远高于其他省市，在 4130~4550 万吨 / 年之间；河南、河北与山东三省小麦秸秆量达 8703~9469 万吨 / 年之间，占到华北平原小麦秸秆总量（1.2~1.3 亿吨 / 年）的 73% 左右。对于玉米秸秆而言，河南、河北与山东三省的产生量相近，三者之和在 5931~6133 万吨 / 年之间，占到华北平原玉米秸秆总量的 86%~87%。年度间小麦、玉米秸秆总量呈现出增加趋势。

作为 21 世纪可开发利用的最经济最可观的能源，高效利用秸秆资源既可缓解饲料、肥料、燃料和工业原料紧张的现状，又能保护农村生态环境、促进农业可持续协调发展。近年来，黄淮海平原小麦 – 玉米两熟区秸秆资源综合利用方面已取得显著成效，通过调查和分析该地区秸秆的综合利用，可按其综合利用途径归纳为五类：肥料化、饲料化、燃料化、基料化和原料化。其中北京、天津、山东三省市小麦和玉米秸秆综合利用率处于较高水平，2014 年北京地区秸秆资源利用率高达 95.4%，天津与山东的秸秆利用率在 83% 左右。三地秸秆肥料化利用比例在 56.2%~82.5% 之间，是最主要的利用方式；其次是饲料化利用方式，占比 14.1%~23.7%。其他利用方式所占比例较小，农作物秸秆综合利用仍主要集中于农业领域[10-14]。

（2）畜禽粪便。据估算，黄淮海平原地区每年产生的禽畜粪便量约 6.2 亿吨。其中，北京市每年产生约 8.56×10^6t，天津市每年产生约 9.97×10^6t，河北省每年产生约 5.83×10^7t，河南省每年产生约 1.30×10^8t，山东省每年产生约 2.85×10^8t，江苏省每年产生约 7.57×10^7t，安徽省每年产生约 5.25×10^7t。畜禽粪便的主要组成来源是牛、猪、羊和家禽，其各年的粪便产生量占当年全国畜禽粪便总产生量的比例分别介于 58%~81%、10%~22%、3.6%~5.3% 和 1%~15% 之间，其各年份粪便量占当年总粪便量比重之和均介于 0.87~0.96 之间。而马、驴、骡、兔等畜禽的各年粪便产生量占当年全国畜禽粪便总产生量的比重均低于 1.5%，对畜禽粪便产生量的贡献不明显。可见，畜禽粪便的主要来源是以食用为主的畜禽，说明近年来随着人民生活水平的提高，对肉蛋奶类食品消费量的提高，间接导致了畜禽粪便总量的增加。

目前，畜禽粪便资源化利用方式主要有三种：肥料化、饲料化、能源化[15, 16]。

畜禽粪便用作肥料是最根本、最经济的出路，是世界各国最为常用的处理和利用办法，也是我国处理粪便的传统方法，但直接使用可能造成土壤板结，影响土壤质量，因此，在使用前进行相关处理尤为重要。目前，畜禽粪便用作肥料的处理方法有高温堆肥、干燥处理畜禽粪便和药物处理粪便等，其中高温堆肥以其无害化程度高、腐熟程度高、堆腐时间短、处理规模大、成本较低、适于工厂化生产等优点而逐渐成为首选处理方式。而

现代堆肥法利用生物发酵塔工艺，提高物料转化率高，同时节约大量能源，实现生产过程中畜禽粪便的完全处理利用，处理量大，对周边无污染，是处理畜禽粪便的一项有效且成熟的实用技术。

如将畜禽粪便作饲料用途，同样需要经过一定的无害处理过程，比如微波法、高温干燥法、青贮法、化学法等，将禽畜粪便经过高温高压、热化、灭菌、脱臭等过程制作而成的优质饲料可以用于猪和鱼的喂养，替代传统饲料。

除此之外，将禽畜粪便用作能源是近年来广泛推广的一种新型模式，即通过直接燃烧和厌氧消化法两种方式将其转化成能源，在一定程度上缓解农民的能源需求问题。目前研究最多、最有发展前途的是通过厌氧消化工艺获得沼气，该方法具有成本低、能耗低、占地少、负荷高等优点，是一种有效处理畜禽粪便和资源回收利用的技术。例如山东某肉鸭养殖龙头企业，每年鸭粪产生量约为 60 万吨左右，通过建设"厌氧消化技术 – 沼渣堆肥利用 – 沼气发电 – 余热回收利用"循环模式，每年发电 1440 万千瓦 · 时，节约标煤 3518t，同时每年消减 9 万吨的鸭粪。另外，禽畜粪便中含有丰富的纤维素资源，可以将其中的木质纤维素转化为糖类，进而发酵成为酒精。但禽畜粪便乙醇化在我国还处于起步阶段，有待不断完善和发展。

估算所得，黄淮海平原地区每年产生的禽畜粪便量约 6.2 亿吨，如果按照 3 吨 / 亩的有机肥施用量，能满足约 2 亿亩耕地的施肥，黄淮海地区现有耕地 2.4 亿亩，但由于大多数规模养殖场离农田较远，不能直接施用于农田，并且随着我国畜禽养殖业的进一步发展，对环境的压力将会进一步增加。

江苏、安徽的实地调研结果显示，约 88% 的禽畜粪便被利用，12% 的禽畜粪便被丢弃，直接污染水资源和环境。而黄淮海地区禽畜粪便的综合利用率不到 60%，还田率仅为 50%。现有多种畜禽粪便处理模式的治理效果并不理想，一方面原因是技术模式不成熟、不完善，干粪好利用、污水难处理，另一方面则是经济不可行，投入及运行成本过大。畜禽粪便农田处理的主要问题包括：种养脱节，养殖与农田不配套；处理方式不能因地制宜；贮存设施问题，液体容量不足，造成溢流；固体任意堆放；处理设施与饲养规模不配套；部分养殖场粪污利用设施设计不合理[17]。

2014 年和 2015 这两年间，专家学者、有关企业开展联合攻关和试验示范，总结出了畜禽养殖粪便资源化利用的 4 种模式，分别是种养结合、集中处理、清洁回用和达标排放。在深入研究畜禽养殖粪便资源化利用主推技术过程中，仍迫切需要解决政策研究、畜禽养殖、资源利用和环境评价四大问题。

（二）战略需求

华北平原农业资源面临耕地资源数量少、耕地质量降低以及耕地污染；农业用水方式粗放、用水效率低与用水管理不到位，华北平原的地下水超采严重等问题；农业废弃物资源数量大、利用率低，尤其是畜禽养殖废弃物的养分还田率还不到一半，成为农村环境脏乱差等问题的重要原因。开展华北平原不同领域研究的战略需求主要表现在以下几个方面。

（1）建立全面、协调和可持续的科学发展观，开展耕地资源保护与建设用地集约节约利用协同关系研究，构建满足耕地资源可持续利用与城镇化、工业化合理用地需求的可持续土地模式，充分发挥永久基本农田建设在控制建设用地无序扩张中的红线作用。通过可持续耕地资源利用的理论、方法、模式和保障体系研究，重视开展土壤污染、地下水漏斗区域耕地改良和可持续利用的典型实证研究，并进一步深化耕地管理技术和耕地保护政策在典型类型区域的应用研究。开展气候变化背景下耕地资源可持续利用研究，全球变暖增加了极端天气出现的概率，对耕地资源的可持续利用带来挑战，但同时热量资源的增加也为提高耕地的产出效益提供了机遇，应重点研究气候变化背景下华北平原耕地资源可持续利用方式，提高耕地质量以及利用效率，预防和减轻极端灾害的不利影响。加强土地整治规划新理念、新原理、新技术、新方法的研究与应用，构建数量、质量、生态三位一体的土地整治体系，充分发挥土壤改良、生态景观建设等技术和方法在土地整治中的支撑作用。构建基于“过程－功能－服务”的耕地资源多功能研究理论和应用方法，在生产功能研究的基础上，重点研究耕地系统水土保持、碳固持等生态功能的形成过程及影响机制，提高耕地资源的生态系统服务价值。进一步加强耕地资源学科的基础理论研究，构建适应时代要求的耕地资源分类、评价体系及方法；加强耕地资源的利用变化过程与机制，耕地资源利用的生态环境效应方面的研究。通过耕地资源研究的信息化和大数据平台建设，充分发挥“3S”技术、耕地大数据、模型模拟以及专家决策系统的支撑作用，实现对耕地资源状态及利用方式的实时监测和精准管理。

（2）开展水循环机理及其演变特征研究，充分认识变化环境下的自然水循环和社会水循环机理及其演变特征，探寻区域健康的水循环模式。农业节水研究始终是农业水资源研究领域的重点。“节流”是我国水利发展长期坚持的方针之一。将技术节水与结构节水相结合，是当前拓宽区域节水新思路、加大节水力度的有效手段，这要求继续深入挖掘技术节水的潜力，开展结构节水效果评估及其区域适应性研究。加强区域水资源高效监控管理与可持续利用研究。开展耗水用水监测，监控并分析区域各部门耗水、用水时空分布特征，重点研究农业水资源消耗总量，实行农业用水总量控制和定额管理；深入研究市场机制和经济杠杆调节手段对水资源的开发利用中的作用。开展非常规水源的高效利用方法与技术体系研究。深入研究并提出合理的淡水资源与微咸水、中度咸水等非常规水资源组合利用技术方案和技术体系。阐明非常规水灌溉对粮食产量、品质与安全的影响机制，定量评估非常规水灌溉产生的区域生态、环境及社会经济效应。进行水资源安全与粮食生产安全协同研究与污染防控研究。深入研究区域农业生产的水足迹和虚拟水贸易，寻求区域水资源安全与粮食安全协同良性发展的生产模式。同时针对区域不同水体的污染现状、特征及其机制开展研究，划定重点治理单元，做好水源地和污染源周边水环境监测，保持区域水质稳定。

（3）加强农业废弃物资源化的基础研究，掌握不同种类农业废弃物资源的特征，围绕收集、储存、处理、利用等关键环节优化集成技术方案，探索有效利用技术路径。寻求合理的可持续的循环农业模式，根据华北平原不同区域的地形地貌、气候特点、产业现状、生产生活方式和市场需求等因素，深入探索适合各地区的农业废弃物利用综合利用模式。进行废弃物资源利用的统筹规划，合理布局。根据华北平原各地农业废弃物资源种类和资源量，以及土地能够对畜禽粪便的承载力及消纳秸秆数量要提前进行统计和评价，提出合理的秸秆、粪便养分综合利用规划，避免资源竞争或资源不足。同时健全农业生态补偿机制，生态补偿机制被认为是减少农业废弃物污染的有效手段，从政策上提高人们对生态文明建设的重视，完善相关农业生态补偿的法律法规，促进农业废弃物资源化综合利用的水平。

三、华北平原农业资源研究进展

2012—2016 年期间，华北平原农业资源研究在耕地资源、水资源、农业废弃物资源等领域均取得了丰硕的成果，主要集中在耕地资源调查及其质量监测与管理、耕地可持续利用与保护、耕地养分资源管理等；农业耗水状况及其利用效率、气候变化对水资源的影响、水资源的高效管理及可持续利用等；农业废弃物的资源化利用等方面。这些成果在国民经济和社会发展中逐渐得到了推广与应用，对于农业可持续发展起到了积极的推动作用。

（一）耕地资源

1. 耕地资源调查与评价

耕地资源调查与评价的目的在于全面查清耕地资源的数量、质量、空间分布和利用状况，掌握真实准确的耕地基础数据，为科学规划、合理引导耕地资源的可持续利用和实施耕地保护政策提供依据。为实现农用地分等成果与第二次土地全国土地调查成果的有效衔接、全面掌握我国耕地后备资源现状，2011 年国土资源部发布《国土资源部办公厅关于部署开展 2011 年全国耕地质量等级成果补充完善与年度变更试点工作的通知》（国土资厅函〔2011〕1115 号）启动了耕地质量等级成果补充完善工作，2014 年国土资源部发布《国土资源部办公厅关于开展全国耕地后备资源调查评价工作的通知》（国土资厅发〔2014〕13 号），启动开展了第二轮全国耕地后备资源调查与评价工作。为支撑国家耕地质量成果补充完善及后备耕地资源调查工作的实际需求，华北平原耕地资源调查与评价的相关研究迅速开展，主要包括新技术在耕地资源调查中的应用研究，后备耕地资源评价指标体系建设，耕地等级成果汇总研究等。代表性研究成果有：耕地后备资源评价方法研究、基于3S技术的耕地后备资源调查与宜耕性评价研究、基于农用地分等更新的基本农田规划布局调整研究等[18，19]。

2. 耕地质量监测与更新

耕地资源调查与评价为掌握区域耕地资源本底提供了数据支撑，耕地质量动态监测和更新则是耕地资源可持续利用的直接保障。2011年，国土资源部下发《关于开展耕地质量监测试点工作的通知》（国土资厅函〔2011〕5号），2013年国土资源部发布《国土资源部办公厅关于部署开展2013年全国耕地质量等别调查评价与监测工作的通知》（国土资厅发〔2014〕8号），全面开展了耕地质量监测与更新的工作。华北平原既是我国主要的耕地资源聚集区域，也是我国耕地质量变化的敏感区域，2012—2016年，区域耕地质量监测与更新的研究在监测体系构建、监测样点布设、监测方法研究等方面取得了一系列的研究成果。代表性成果有：基于农用地分等的耕地质量动态监测体系研究、基于标准样地的省级耕地质量监测样点布设方法研究、基于多光谱遥感的耕地等识别评价因素研究等[20-22]。

3. 耕地资源可持续利用及保护

耕地资源作为至关重要的农业资源，是人类赖以生存的基本条件和经济社会发展的物质基础。2012年党的十八大报告明确指出"建设生态文明，是关系人民福祉、关于民族未来的长远大计"。中国农业大学孔祥斌教授研究团队长期开展华北平原耕地资源及其利用评价等工作的基础上，2013年向国务院提出《关于黄淮海平原地下水超采区实施休耕的建议》并得到国家重视。2013年十八届三中全会要求"调整严重污染和地下水严重超采区耕地用途，有序实现耕地、河湖休养生息"。2015年9月，中共中央、国务院在《生态文明体制改革总体方案》（中发〔2015〕25号）中提出建立耕地草原河湖休养生息制度，编制耕地草原河湖休养生息规划。同年，十八届五中全会要求"坚持保护优先、自然恢复为主，实施山水林田湖生态保护和修复工程"。2016年中央一号文件进一步要求编制实施耕地、草原、河湖休养生息规划，探索实行耕地轮作休耕制度试点。2016年11月，国家发展改革委员会、财政部、国土资源部、环境保护部、水利部、农业部、国家林业局、国家粮食局八部门联合印发《耕地草原河湖休养生息规划（2016—2030年）》，提出了耕地资源休养生息的阶段性目标和政策措施。在此背景下，华北平原耕地资源可持续利用与保护研究在可持续利用模式及评价体系、地下水超采区耕地休养生息策略、城镇化地区耕地保护研究以及气候变化下背景下耕地可持续利用研究等方面取得了丰硕的研究成果。代表性研究成果有：耕地可持续利用模式及评价体系研究、休养生息策略及补偿机制研究、城镇化背景下的耕地资源保护研究、适应气候变化的耕地资源利用创新研究等[23-26]。

4. 耕地资源利用变化及其生态效应研究

近5年来，华北平原耕地资源利用变化及其生态效应研究的研究方法不断完善，耕地资源利用的生态效应研究成为该领域研究的热点问题。基于典型区域的案例研究，进一步完善耕地资源利用变化研究的理论和方法，阐明区域耕地资源利用变化的规律及其环境效应。代表性研究成果有：基于智能体模型的耕地利用方式变化模拟、耕地利用的碳效应研究、耕地利用方式对地下水下降的影响等[2, 27–31]。

5. 高标准基本农田建设研究

2011 年，温家宝总理提出要“力争在‘十二五’期间再建 4 亿亩旱涝保收的高标准基本农田”。2012 年 7 月，国土资源部发布《高标准基本农田建设》行业标准。华北平原是我国高标准基本农田建设的主要区域，在国家高标准基本农田建设的需求引导下，2012—2016 年华北平原高标准基本农田建设得以广泛开展并取得了丰硕的研究成果。代表性成果有：高标准基本农田的划定方法研究、高标准基本农田的建设时序研究、高标准基本农田建设工程的生态化设计研究等[32–34]。

6. 土地整治理论及方法研究

2012 年 3 月，国务院正式批准《全国土地整治规划（2011—2015 年）》（国函〔2012〕23 号），规划到 2015 年全国再建成 4 亿亩旱涝保收高标准基本农田，通过土地整治、宜耕后备土地开发和损毁土地复垦补充耕地 2400 万亩，全面推进生产建设新损毁土地全面复垦和自然损毁土地及时复垦、历史遗留损毁土地复垦率达到 35% 以上。土地整治是华北平原耕地质量提升、提高耕地资源利用效率的主要手段，同时华北平原也是我国土地整治的主要区域。为切实完成区域土地整治的任务要求并提高区域耕地资源的利用效率，2012—2016 年华北平原土地整治理论和方法的研究在土地整治的理论创新、土地整治的工程实践以及土地整治的效益评价等方面取得了丰硕的研究成果。代表性成果有：土地整治与乡村空间重构研究、土地整治项目关键技术研究、土地整治综合效益评价研究等[35, 36]。

7. 耕地养分资源管理领域取得重大进展

以中国农业大学张福锁教授为首的团队在华北平原农业生产中耕地的养分资源管理领域取得了重要进展，建立了以根层养分调控为核心，同时实现作物高产与环境保护的养分资源综合管理新途径[37, 38]。以往的施肥技术，将土壤 - 作物体系作为“黑箱”，无法针对根层养分过程进行实时调控，也就不能实现作物高产与环境保护的协调。针对满足我国人口持续增长和经济发展对大幅度增加粮食单产、同时提高资源利用效率减少环境压力的需求，以及农业生产与科学研究中作物高产与资源高效难以协调的现状，该团队提出实现高产高效的两步走策略：首先，在现有产量和资源效率的基础上，通过主要作物体系高产高效关键限制因子消减，大面积实现产量增加 10%~15%，水肥效率提高 20%；其次，通过高产高效理论与技术创新，找到实现产量和效率同时增加 30%~50% 的突破口，为解决我国粮食安全和资源高效的国家重大需求提供切实可行的途径和决策建议。

针对华北平原小麦、玉米体系作物高产与资源高效难于同步的问题，创新了主要作物最佳养分管理技术，揭示了根层氮素供应与地上群体需求动态关系，建立了高产作物的氮素实时监控技术途径与指标，实现氮肥供应与作物氮素吸收的时空匹配。根层土壤氮素供应强度既是保障高产作物氮素需求的关键，又是影响氮素向环境迁移的决定因素，因此是协调作物高产与环境保护的核心。深入研究发现，近20多年来集约化农田土壤积累的养分和环境来源的养分数量越来越大。华北平原每年来自大气干湿沉降的氮素已经超过80 kg/ha，部分集约化菜地来自灌溉水的氮素养分超过100kg/ha，接近蔬菜吸收量的1/3；与此同时，由于连年过量施肥，土壤养分累积数量越来越大，高土壤无机氮残留是华北平原氮素供应的重要来源，也是造成当前施肥过量及氮素损失严重的重要因素。经过长期探索和积累，建立了以根层养分调控为核心的养分资源综合管理技术新途径。

在山东、河南等地的269个小麦、玉米田间试验结果表明，根层氮素实时监控技术在保证高产的条件下，实现氮素供应与高产作物氮素需求在数量上一致、时间上同步、空间上耦合，提高氮肥利用率，保护环境。与农民传统相比，根层氮素调控可以节省氮肥用量40%~60%，提高作物产量4%~5%。同时，作物收获后0~90 cm土壤硝态氮控制在100 kg · N/ha以内；活性氮损失较农民习惯降低77%；温室气体排放强度较农民习惯降低80%。

以设计作物群体高效利用光温资源来实现高产、以根层养分调控支撑高产群体来实现养分高效，建立了通过土壤 – 作物系统综合管理实现高产高效的模型与调控途径，实现作物高产、资源高效和环境保护等多重目标。在我国三大粮食作物主产区153个点 / 年结果表明，土壤 – 作物系统综合管理使水稻、小麦、玉米单产平均分别达到8.5、8.9、14.2 t/ha，实现了最高产量的97%~99%，这一产量水平与国际上当前生产水平最高的区域（如西欧的小麦、美国玉米带的玉米）相当。更为重要的是，与当前生产体系相比，土壤 – 作物系统综合管理在大幅度增产的同时，并不需要增加氮肥的投入，大幅度提高了氮肥的效率。在水稻、小麦和玉米上，土壤 – 作物系统综合管理氮肥偏生产力（每千克氮肥生产的籽粒）达到54~57，41~44和56~59 kg · N/ha，环境代价（活性氮损失，包括氨挥发、淋洗、N_2O等），温室气体排放（包括农资生产运输过程、农田耕作管理过程与农田直接排放）大幅度降低[39, 40]。

随着国家加大对华北平原水肥资源利用效率研究的支持力度，不少国家基金、支撑计划等项目围绕在不降低产量的同时提高资源利用效率开展工作，在国家自然科学基金重大项目中，建立了区域肥料总量控制与作物生育期分期调控相结合的氮素管理技术，显著地降低了施氮量，提高了氮肥利用率。国家重点基础研究项目“肥料减施增效与农田可持续利用基础”旨在创建农田高效施肥的理论、方法和技术体系，为集约化栽培减施化肥20%~30%提供理论依据和技术途径。

（二）水资源

1. 区域水资源形成与演变机理

区域水资源形成与演变机理的研究是水资源开发利用的前提，一直是学者们重点关注的研究领域。本阶段，在区域地下水资源更新速率、循环与演化特征、包气带增厚条件下的深层土壤水分运动特征及机理、区域降水资源和地表水资源的演变特征等方面开展了大量的研究[41，42]。

2. 农业耗水与水分利用效率

华北平原主要分布的农业土地利用类型多样，对各种类型的耗水总量及其强度进行定量研究是开展农业水资源可持续管理的前提。提高作物水分利用效率是解决农业淡水资源匮乏的重要途径。当前，众多学者对主要作物的水分利用效率及其调控机制和提升措施进行了大量的研究。此外，针对当前冬小麦 - 夏玉米耗水太高这一问题而提出的结构节水策略（通过种植制度调整减少水资源消耗，主要是压缩冬小麦面积）也受到各级管理部门的重视，学者们针对其耗水特征也开展了一些研究。相关的研究可见于：粮食生产对地下水的消耗效应、不同农业土地利用类型的农田耗水研究、提高农田水分利用效率的调控机制、华北平原不同玉米小麦种植体系养分水分利用效率评价[43-46]。需要指出的是，针对气候变化对农业耗水的影响也开展了一些评估研究[47]。

3. 水资源管理与可持续利用

华北平原的水资源可持续利用问题一直受到管理部门和学者们的重点关注。相关的研究进展有：灌溉农业的地下水保障能力评价方法研究、地下水灌溉效益评估和合理水价的制定、流域水资源管理的水文经济效益评估、华北平原浅层地下水可持续利用潜力分析、地下水资源可持续利用的制度架构[48-51]。

4. 非常规水源的开发利用

多渠道开发利用非常规水资源是近年来世界各国高度重视和积极探索的水资源可持续利用模式之一。非常规水资源主要包括微咸水、再生水、雨水、海水等。华北平原的滨海平原存在大量的微咸水，同时大量的地表坑塘也一直被当地民众用于雨水资源化利用。华北平原农业水资源严重短缺，在全面节水的基础上积极开源实现多源供水，可有效缓解水资源短缺。相关的研究进展有：雨水资源化利用、微咸水 - 淡水混合灌溉效果及其环境效应评估等[52，53]。

5. 水资源污染调查与评价

华北地区地表水、地下水污染严重。2015 年，国务院印发了《水污染防治行动计划》，强调了该区域的水资源污染治理。尤为突出的是，作为华北平原的主要供水水源的地下水，在工业和农业生产的影响下，已遭受一定程度的污染。相关的研究进展有：华北平原区域地下水污染评价、农田硝态氮淋失与地下水硝酸盐污染等[54，55]。

6. 区域水资源的相关监测

2016 年 10 月 18 日，水利部印发《“十三五” 水资源消耗总量和强度双控行动方案》。方案提出了水资源消耗总量和强度双控管理措施，并指出各流域、各区域用水总量得到有效控制，地下水开发利用得到有效管控，严重超采区超采量得到有效退减。区域水资源相关的监测是保证这一目标的有效监督。本阶段的相关研究进展有：华北地区旱情自动化监测技术的应用研究、华北平原大型灌区生态水文综合观测网络设计、国家地下水监测工程在 2015 年重点开展了华北地区的地下水监测点建设。

（三）农业废弃物资源

1. 农业废弃物肥料化

农业废弃物是良好的碳源，同时，畜禽粪尿还含有丰富的养分资源，农业废弃物的肥料化在提高土壤肥力、增加土壤有机质、改善土壤结构等方面有其独特的作用，是应用最广泛的农业废弃物资源化利用方式。

秸秆肥料化是最传统的秸秆回收利用的手段之一，除了最常见的直接还田，腐熟还田也是秸秆肥料化的有效措施。腐熟还田是采用秸秆腐熟菌剂，使田间农作物秸秆在短期内快速腐熟，不影响下茬农作物耕作，其中的养分保留在土壤中可以有效增加土壤有机质，该技术适合集中连片的大面积种植地区。

畜禽粪尿肥料化利用主要通过堆肥技术实现，堆肥是有机物质在好氧条件下，通过大量微生物群休的代谢分解，实现有机废弃物的无害化和养分固定的过程。国内外关于堆肥技术的研究较为成熟，并且能够广泛地应用到各类养殖场中[56, 57]。国外大多数研究注重添加外源物质对堆肥效果的影响，进而研究评价影响堆肥过程的主要因素。温度、发芽指数（GI）、C/N、有机物损失和 NH_4^+—N/NO_3^-—N 是评价堆肥腐熟度的主要指标。主要的评价方法有绘制温度图法，有机物损失进程法和 γ 值统计分析法[58]。

随着集约化农业的发展，农药，抗生素等投入量巨大，有害物质在堆肥过程中的降解以及功能性微生物的添加对堆肥农田施用的抗病虫害研究成为热点。

2. 农业废弃物饲料化

农业废弃物中含有大量的蛋白质和纤维类物质，经过适当的技术处理，便可作为饲料应用。目前，农业废弃物的饲料化主要分为植物纤维性废弃物的饲料化和畜禽粪便的饲料化。秸秆经过加工处理成为牛羊粗饲料的主要来源，主要的加工处理方式有：秸秆青贮、秸秆氨化、秸秆微贮（黄贮）、秸秆揉搓丝化、秸秆膨化、秸秆压块、秸秆颗粒饲料加工等[59]。国家发改委和农业部印发的《关于编制“十三五”秸秆综合利用实施方案的指导意见》中鼓励秸秆青贮、氨化、微贮、颗粒饲料等的快速发展。据粗略测算，如果我国秸秆资源的 40 % 用于发酵饲料，就会产生即相当于 112 亿吨粮食的饲用价值[60]。畜禽废弃物饲料化主要是将畜禽粪便中消化的粗蛋白、消化蛋白、粗纤维、粗脂肪和矿物质经过热喷、发酵、干燥等方法加工处理后掺入饲料中饲喂利用。

3. 农业废弃物能源化

我国正处于全面推进小康社会建设阶段，还需要依赖资源来推动发展，可持续发展是科学发展观的核心之一，这意味着可再生能源在社会经济发展中的重要性。根据可再生能源的定义，最重要的两种能源是生物质能和风能[61]。农业废弃物是农村能源的重要组成部分，在解决农村能源短缺和农村环境污染方面有重要的价值，秸秆和畜禽粪便均为适合于能源利用的生物质。生物质能转化技术主要包括直燃发电、生物质气化和生物质热解。直燃发电目前应用领域为生物质固体成型燃料供热与发电和有机垃圾混合燃烧发电；生物质气化是指秸秆畜禽粪便等经多种微生物厌氧发酵成高品位的清洁燃料——沼气；农业废弃物通过热解技术可以转化为清洁的气体燃料、热解油和固体热解焦等产品。沼气是有机物质厌氧发酵的产物，其中包括 60%~70% 的理想清洁能源甲烷、30%~40% 的二氧化碳和极少量的硫化氢等气体[62]。

相较于自然分解，利用农业废弃物生产沼气的优点体现在：减少甲烷等温室气体排放、产生新能源、减少臭气排放。此外，发酵过程中的沼渣、沼液也可以作为天然的、营养丰富的肥料。相关研究认为，政策因素，即相关的法律法规和当地政府的支持等外部因素是促进农业沼气工程发展的主要因素[63, 64]，国外通过政策和立法等手段有效地促进了沼气工程的发展，所以在农业废弃物资源化利用方面国内还需要更多的政府政策扶持和资金投入。

4. 农业废弃物材料化

利用农业废弃物中的高蛋白质资源和纤维性材料生产多种生物质材料和生产资料是农业废弃物资源化的又一个拓展领域，有着广阔的前景。目前的研究主要包括，利用农业废弃物中的高纤维性植物废弃物生产纸板、人造纤维板、轻质建材板等材料研究，生产可降解餐具材料和纤维素薄膜研究；制取木糖醇的研究。可以利用秸秆中的纤维素和木质素制作建筑板材，其核心技术在于秸秆热压成型技术。

农业废弃物中的高蛋白资源和纤维性材料可以生产多种生物质材料和农业资料，例如秸秆作为纸浆原料、保温材料、包装材料、各类轻质板材的原料，可降解包装缓冲材料、编织用品等；稻壳作为生产白炭黑、碳化硅陶瓷、氮化硅陶瓷的原料；棉籽加工废弃物清洁油污地面；或棉秆皮、棉铃壳等含有酚式羟基化学成分制成聚合阳离子交换树脂吸收重金属；或利用甘蔗渣、玉米渣等二次利用废弃物制取膳食纤维食品，提取淀粉、木糖醇、糖醛等，或者把废旧农膜、编织袋、食品袋等经过一定的工艺处理后作为基体材料，同时加入适当的添加剂，通过一定的处理和复合工艺形成以球 – 球、球 – 纤维堆砌体系为基础的复合材料。

5. 生物炭资源化利用

生物炭是指生物质在缺氧条件下热裂解形成的稳定的成分复杂的芳香化富碳产物。生物炭在固定大气碳素、减少土壤氮素淋滤损失、修复受污染土壤及提高作物产量等方面的应用有着积极作用，被认为是未来的一种新型的环境和农业功能材料[65–67]。国外对生物炭的研究比较深入，多注重于土壤重金属污染的修复、土壤性质的改良和土壤碳、氮组分的影响。此外，生物炭可以作为堆肥成分之一，其高孔隙度、较强的阳离子交换能力和吸附能力等特点对堆肥有着积极的影响，从化学和生物化学的角度来看，其通过增加有机物的腐殖化程度，可减少氨挥发造成的氮素损失，提高堆肥质量[68]。

6. 农业废弃物的其他应用

华北平原耕地面积与人口数量比例严重失衡，不合理地耕作方式和土地管理措施造成的水土流失导致这一矛盾进一步凸显，水土流失已经成为现代化经济可持续发展及和谐社会构建的重要制约因素之一。秸秆作为主要的农业废弃物之一，除了上述利用方法外，还可以经过加工覆盖在裸露的土层表面，以达到降低水土流失的目的。在最近的水土保持研究中证明：覆盖是一种相对廉价和有效的水土保持措施 ，它能够有效降低水土流失率和改善土壤条件[69，70]。使用秸秆覆盖到土壤表层可以非常有效地降低土壤可蚀性和减少地表径流，相较于植被恢复措施应用秸秆覆盖技术，水土流失减少效果显著。在表层土壤覆盖秸秆可以减少土壤水分的蒸发，保持土壤水分，降低土壤温度的波动，从而为植被恢复提供了适宜的土壤条件。此外，研究还发现，秸秆覆盖对提高土壤和促进植物生长的理化性能是有效的[71]。

四、华北平原农业资源研究项目情况及应用成果

（一）研究项目情况

1. 国家重大科研项目

近年来，国家不断加大对农业领域的研究支持力度，特别是粮食安全生产、农业可持续发展以及资源高效利用等方面。华北平原作为我国农业的重要粮食主产区，如何提高现有条件下的资源利用效率，确保农业绿色发展、作物高产与环境友好等多目标的实现，是赋予广大农业科技工作者的历史使命与责任。

2012—2016 年间与华北平原农业资源研究领域相关的重大立项共有 38 项，其中 973 项目有 6 项，948 项目 1 项，“十二五”国家科技支撑计划项目 5 项，农业部和国土资源部公益性行业科研专项共有 11 项，科技部科技基础性工作专项 1 项，国家社科基金重大项目（第一批）2 项，2016 年启动的“十三五”国家重点研发计划项目有 12 项，涉及耕地、水、养分管理、废弃物处理与资源化利用等多个领域。

2. 国家自然科学基金项目

除国家重大科研项目之外，每年国家自然科学基金委在农业领域的资助项目也不少。据不完全统计，2012—2016 年期间国家自然科学基金所资助的相关项目统计见图 2，耕地资源方面共 50 项，由 35 家科研单位承担；水资源方面共 36 项，有 18 家单位；农业废弃物资源领域共 43 项，涉及 29 家科研院所。

3. 国际合作项目

2012—2016 年间农业领域的国际合作项目继续深入，交流更加广泛。中荷合作项

目（China–NL Exchange Programme）是由荷兰瓦赫宁根大学和中国农业大学合作申报的一个以培养博士生为主的合作项目，题目为“氮素投入对农田和非农田土壤酸化的影响”（Impacts of nitrogen inputs on acidification of agricultural and non–agricultural lands in China）。荷方主持人为瓦赫宁根大学 Wim de Vries 教授，中方主持人为中国农业大学资源与环境学院刘学军教授，张福锁教授和申建波教授为中方协同主持人。该项目主要目的是通过田间、室内实验和 VCL 模型等手段定量评估氮循环等土壤过程对农田和森林土壤酸化潜势的影响，以及土壤酸化分布及其效应的区域模拟。项目从 2014 年开始至 2017 年结束，目前该项目已经培养三位中方博士生，先后在 *EST*，*AE*，*STOTEN* 等国际期刊发表 6 篇研究论文，取得了显著成效。

中英农业氮合作项目（UK–China Virtual Joint Centre for Improved Nitrogen Agronomy, CINAg）是一个由英国洛桑研究所和中国农业大学牵头、中英双方多加研究机构（包括英国生态与水文中心、班戈大学、中国科学院、中国农业科学院、南京农业大学和西南大学等）参与的农业氮素综合研究项目，英方项目负责人为洛桑研究所 Tom Misselbrook 教授，中方项目负责人是中国农业大学资源环境与粮食安全中心主任张福锁教授，英方项目由英国牛顿基金会资助，中方配套资金由科技部重点专项、国家基金创新群体和引智计划项目提供，项目从 2016 年启动延续至 2019 年。该项目旨在通过建立中英农业氮素合作研究平台，在我国农田氮素循环、作物氮素营养诊断和高效利用、氮肥、有机肥管理与土壤质量安全，以及农业技术向农户传播与国家肥料政策优化等方面开展深入合作，为我国 2020 年实现化肥“零增长”战略提供重要的理论与技术支撑。中英农业氮合作项目启动会已于 2016 年 3 月 15—17 日在北京召开，定期在英国洛桑研究所和中国召开项目研讨会，目前项目进展顺利，已有多位中英方学者和博士生互访，并达成了双方开展中英共性试验、联合培养青年学者 / 博士生和定期进行学术交流等多项共识，近期双方合作发表多篇包括 GCB，EST 和 EP 在内的高水平论文。

2016 年 10 月，由中国农业大学和澳大利亚墨尔本大学牵头的为期三年的“中澳土壤与粮食和环境安全联合研究中心”合作项目正式启动。这是由中澳知名大学和研究机构的国际权威专家，以及相关企业和政府机构组成联合研究中心，希望通过开展联合研究以及人员培训，在水肥高效利用农作体系构建，农业废弃物加工与循环利用，可持续的健康土壤管理，以及可持续农产品供应链的综合评价与支撑系统方面获得关键科学和技术突破；同时共同应对中澳双方面临的粮食和环境安全问题。参加单位包括南京农业大学、中国科学院亚热带农业生态研究所、中国农科院农业资源与农业区划研究所、悉尼大学、西澳大学等多家高校、研究机构以及企业代表。

2014 年 8 月，“农业常见废弃物生物质能源转化技术国际培训班”在兰州开班，来自 10 个国家的学员参加培训。培训内容涉及国际生物质能源开发应用最新成果、国内生物质能应用适用技术等。2016 年“中荷畜禽废弃物资源化中心”的成立将促进中荷两国在农业废弃物处理领域的深度交流与合作，并尝试探索适合中国国情、商业可行的粪污处理和资源化利用技术和解决方案，保障畜产品的有效供给和食品安全。同时我国还成立了“国家农业废弃物循环利用创新联盟”，推动了农业废弃物循环利用技术的试验示范，加速了成果转化，打造了一批农业废弃物循环利用技术基地样板，发挥由点到面、由局部带动整体的作用，推动我国种养业的产业全链条延伸，提升种养业规模化、标准化水平，增强种养业的竞争力和生态环境效益，对我国现代农业的绿色发展具有十分重要的现实意义。

（二）研究机构、人才培养等应用成果

2012—2016 年，华北平原农业资源领域取得了丰硕的研究成果。2012 年 1 月 1 日到 2016 年 12 月 31 日期间，分别以“耕地 + 华北平原或黄淮海平原”“华北 + 水”和“农业废弃物 + 省份”为搜索条件，在 CNKI 中国知网上共检索到相关论文 5673 篇，其中期刊论文共计 3183 篇，硕博论文共计 2343 篇，重要会议论文共计 147 篇。

人才培养方面，对所搜索到的 518 篇相关研究博士论文进行统计，得到进行相关研究博士生培养的高校及研究机构共计 65 所，其中 2012—2016 年期间累计培养相关研究博士生 10 名以上的高校共有 12 所，按其培养博士生数量先后排名分别为中国农业大学、中国农业科学院、西北农林科技大学、中国科学院大学、南京农业大学等。

此外，中国农业大学在专业学位研究生培养中，依托在农业耕地养分资源管理领域的学科优势，利用“科技小院”平台，探索深入基层开展科技创新、人才培养和服务社会等大学功能为一体的新模式，取得了显著成效。2014 年，《依托科技小院培养农科应用型研究生模式改革与实践》获得国家教学成果奖二等奖。2016 年，获得“全国农业专业学位研究生实践教育示范基地”称号。这是中国农业大学在深化专业学位研究生教育改革中，聚焦农业专业学位研究生培养目标，结合学校发展特色，在农村一线创建“人才培养 - 科学研究 - 社会服务”三位一体的创新探索。

学术会议方面，对所搜索到的 147 篇相关研究会议论文进行统计，得到 2012—2016 年间举办的与华北平原农业资源研究相关的会议共 86 项，主要的相关会议包括：中国农村土地整治与城乡协调发展学术研讨会，中国小麦栽培科学学术研讨会，全国土地资源开发利用与生态文明建设学术研讨会，全国土地资源开发整治与新型城镇化建设学术研讨会；中国水论坛、中国自然资源学会学术年会、中国地理学会水文地理专业委员会学术会议、中国地质学会水文地质专业委员会学术年会、中国水利学会学术年会、中国环境科学学会学术年会；全国地下水污染学术研讨会；中国气象学会年会；植物营养与肥料学会学术年会、全国养分资源管理协作网学术年会、第五届磷可持续发展国际峰会、中国植物保护学会学术年会，中国作物学会学术年会，全国青年作物栽培与生理学术研讨会，中国土壤学会全国会员代表大会，中国植物病理学会青年学术研讨会，全国土壤生物与生物化学

学术研讨会等，全国农业环境科学学术研讨会论文集、中国畜牧兽医学会家禽学分会全国家禽学术讨论会、中国可持续发展论坛等。

五、华北平原农业资源研究的发展趋势、重点方向与领域

（一）耕地资源

1. 发展目标

基于华北平原生态文明建设和可持续发展的要求以及耕地资源研究的战略需求，今后华北平原耕地资源研究发展的总体目标要求是：紧跟国际研究前沿，结合地区经济发展和生态文明建设的战略需求，以科学发展观为指导，加强基础理论和方法体系的研究，注重新技术和农业大数据在耕地资源研究中的应用，增强区域耕地资源研究的前瞻性、应用性和创新性，推进区域耕地资源研究的蓬勃发展和不断进步，为该区域城镇化、工业化及气候变化等背景下耕地资源的开发、利用、整治、保护和管理提供有力的科技支撑，为该区域对农业资源进行优化配置及利用，改善区域生态、环境质量，实现粮食安全，推进生态文明建设服务。

华北平原耕地资源丰富，光热条件好，灌排设施完善，土壤熟化程度高，还是我国冬小麦等作物的主要产区，在我国粮食安全战略中具有不可替代的保障地位。因此华北平原耕地资源研究是未来前景广阔的研究领域。目前，除了关注耕地资源的利用与保护对粮食生产的影响之外，耕地资源利用和保护过程中的生态、环境效应，以及通过耕地资源的利用与保护，控制城市无序扩张、改善地区生态环境、实现低碳减排目标等方面的研究成为该区域耕地资源研究所关注的另一个热点。随着生态文明建设和城乡统筹发展战略的推进，构建耕地资源的可持续利用，塑造“数量－质量－生态”三位一体的耕地资源管理模式正成为学术研究的领域前沿课题；耕地资源利用和保护中暴露出来的许多重大理论、技术和工程问题的突破，迫切需要耕地科技创新。为此，该区域耕地资源研究应着力于耕地资源利用与保护过程中的实际需求，充分运用新技术、新理念对耕地资源研究的引领作用，为生产和管理实践服务。

2. 发展趋势

综合分析国内外耕地资源领域研究现状及华北平原耕地资源研究的战略需求，预计今后 3~5 年华北平原耕地资源研究将呈现以下 3 个主要的发展趋势。

（1）耕地资源利用的生态效应方面的研究将进一步深入，发挥耕地资源利用与保护对区域生态环境提升的支撑作用。20 世纪 80 年代以来，华北平原城镇化、工业化迅速发展，同时为支撑区域城镇化、工业化的发展，华北平原耕地资源长期处于高强度的利用之下，造成了一系列的生态环境问题，如地下水下降和污染、深层土壤干化、土壤肥力下降等，迫切需要开展区域耕地资源利用的生态环境效应方面的研究，如耕地集约利用与地下水下

降的关系研究，耕地优良管理与土壤肥力提升方面的研究等。应用区域测土配方施肥等大数据，结合“大配方、小调整”的工作思路，研发华北平原各类作物区域专用肥及其施用技术，从而提供资源利用效率，降低环境风险。另外，全球变暖是21世纪人类所面临的重大气候变化问题，已有研究表明土壤碳库是陆地生态系统最大的碳库，而耕地资源的利用与管理对于土壤碳库的变化具有显著的影响，通过耕地资源利用的碳效应过程研究，进一步提升农地系统在缓解气候变化中的积极作用，也是未来该区域耕地资源研究的主要趋势。

（2）3S技术、大数据科学等新兴技术和科学在耕地资源调查、监测、利用与保护中的作用将进一步凸显，全面推进区域耕地资源研究及应用的精准化和信息化。随着计算机技术、无人机技术、物联网技术等的迅速发展，3S技术、大数据科学在耕地资源研究中的作用将进一步凸显。利用高精度遥感影像对耕地资源变化的监测与管理，利用无人机技术和传感器技术实现耕地质量的动态监测，利用GIS和物联网技术实现耕地资源利用的精准管理，基于农业大数据技术的耕地资源利用预警等方面的研究和应用将得到更广阔的发展空间。耕地资源研究的信息化、模型化趋势十分明显，将极大地提高区域耕地资源研究的工作效率。此外，农业生产中应用根层养分供应、作物营养状况监测及调控的新技术及新方法（田间原位测定、遥感技术），结合大面积应用的技术手段（如互联网+，信息技术），创建作物高产高效的示范推广模式创新（信息化、机械化等）、实现大面积途径创新，将有助于进一步提高耕地质量，实现农业可持续发展。

（3）数量、质量、生态三位一体的土地整治理论和方法研究将进一步加强，为区域生态文明建设提供助力。土地整治作为耕地资源利用与保护的主要手段和方法，在华北平原耕地资源的研究中具有重要的战略和实践意义，也具有广阔的研究前景。土地整治由最初的耕地数量增加到数据质量并重再到数量、质量、生态三位一体，无论是理论和方法，都有了很大的提升。未来土地整治理论和方法的研究，应与区域生态文明建设紧密结合，充分发挥土地整治在区域生态文明建设中的支点作用。

3. 未来研究方向领域

根据华北平原耕地资源研究的发展目标和趋势预测，华北平原耕地资源研究未来研究方向主要有以下7个方面。

（1）面向区域生态文明建设战略需求，着力破解耕地资源保护与城镇建设的矛盾，积极开展地下水漏斗区耕地资源休养生息的理论和方法研究，构建生态可持续的区域耕地资源利用模式。

（2）深入开展农用地质量分等定级成果的应用研究以及耕地质量补充完善基础上年度耕地质量监测与更新的研究，通过养分资源高效管理提升耕地质量的研究，耕地质量信息化数据库建设，深入推动区域耕地资源研究的理论、方法和技术创新。

（3）进一步拓宽区域耕地资源评价的内涵和领域范围，尤其注重耕地资源在水土保持、碳固持、生态景观服务等方面的评价理论和方法，开展区域耕地资源多功能评价的试点研究，为构建生态可持续的区域耕地资源可持续利用模式，推动区域生态文明建设服务。

（4）在全国土地整治规划（2016—2020年）的基础上，深入开展后备耕地资源开发规划、永久基本农田划定及保护规划、高标准基本农田规划、工矿废弃地复垦规划等方面的研究及应用，为区域耕地可持续利用战略和耕地质量提升服务。

（5）进一步深化区域耕地资源可持续利用核心领域的研究，尤其是在不同尺度上的耕地可持续利用评价指标体系研究、地下水下降重点区域以及城镇化发展热点区域的耕地可持续利用模式研究、耕地资源可持续利用政策保障体系研究等方面进行深入的探索和研究。

（6）继续推进耕地资源利用的生态环境效应研究，充分利用3S技术，重点采用模型模拟方法，揭示耕地资源利用环境效应的过程机理，提升区域耕地资源利用研究的理论。

（7）对未来经济、社会发展以及气候变化背景下可能出现的新情况、新问题进行模拟和预测，积极开展耕地资源利用与保护的专题性、战略性研究。比如：气候变化背景下耕地资源利用方式的适应问题，城镇化地区永久基本农田保护的长效机制，地下水漏斗区耕地资源的可持续利用模式研究等。

（二）水资源

1. 发展趋势

华北平原水问题极其突出。水利部和国家发展改革委印发的《“十三五”水资源消耗总量和强度双控行动方案》要求：到2020年，水资源消耗总量和强度双控管理制度基本完善，双控措施有效落实，双控目标全面完成；各流域、各区域用水总量得到有效控制，地下水开发利用得到有效管控，严重超采区超采量得到有效退减；农业亩均灌溉用水量显著下降，农田灌溉水有效利用系数提高到0.55以上。结合最严格水资源管理制度的“三条红线”，本区域在区域二元水循环关键过程和机理、需水管理与耗水控制、多水源安全高效利用、复杂水资源系统精细化配置、水资源污染防控与修复等方面亟须开展系统的研究。综合分析国内外水资源领域研究现状及华北平原水资源研究的战略需求，预计今后3~5年华北平原水资源研究将呈现以下3个主要的发展趋势：

（1）变化环境下的水循环机理研究将进一步深入。研究强烈人类活动干扰下的不同水文地质单元的地下水循环特征；分析不同农业土地利用类型对区域水资源消耗的影响，实现对县域尺度水资源承载能力、消耗总量和强度的评价和监测，为区域的水资源消耗总量和强度双控管理提供科学和技术支撑。

（2）强烈竞争条件下多水源高效利用和综合管理的基础研究将得到重视。在社会经济效益的驱动和不同用水部门的强烈竞争下，开展华北平原，尤其是京津冀地区多水源多目标协同配置研究，推动水循环的良性健康发展，实现水资源的可持续利用。重视区域农业水资源水联网精准调配的基础研究，提出农业水资源高效精准配置方案。研究常规水资源与微咸水、雨水、海水等综合利用的途径、方法和技术方案。

（3）区域水资源污染防控与修复研究将得到飞速的发展。华北平原尤其是京津冀地区水体污染方面的研究得到了极大的重视。"十三五"期间，"水体污染控制与治理科技重大专项"将针对京津冀社会经济发展的水污染重大瓶颈问题，以京津冀地区重要水源地保护及供水安全保障为方向，研究区域水污染机制，研发水污染治理技术体系和水环境管理技术体系。将针对区域的水源涵养地、城市废水、地下水、城市供水安全等方面开展系统的研究与示范工作。

2. 未来研究方向领域

根据华北平原水资源研究的趋势预测，华北平原水资源研究未来研究方向主要有以下8个方面。

（1）变化环境下水循环机理研究。自然系统和社会经济系统下的二元水循环问题是一切水资源利用的科学依据，未来几年随着京津冀一体化进程对土地利用改变的加剧和生态环境建设的重视，本区域的地表环境将必然会发生巨大变化，这一方向的研究仍将继续深入。

（2）南水北调工程实施对区域水资源和水循环的影响研究。随着南水北调中线和东线的全面实施，每年进入京津冀平原的外调水超过50亿立方米，将会极大地改变区域的用水结构，并产生大量的再生水，这些水资源对区域水资源消耗的时空格局产生影响，研究其对水循环的长期影响非常急迫且意义重大。

（3）深入开展农业用水、耗水监测和节水研究。针对不同农业土地利用类型和农业生产部门，开展深入系统的用水、耗水量实时监测；进一步开展农业节水研究，深入研究技术节水、结构节水综合利用下的区域节水效果。开展农业种植结构调整及其水分产量效应研究。农业种植结构调整是治理华北平原地下水超采的重要举措，未来需要综合评估种植结构调整后的水资源消耗量、产量、水分利用效率以及农户 / 区域的综合社会经济效益。

（4）深入开展未来气候变化对农业水资源影响的评估研究。需要进一步的研究在未来气候变化的影响下，华北平原的降水资源、地表水资源如何演变、农业生产对水资源的消耗如何变化。

（5）水足迹、虚拟水的研究有望为破解区域水资源难题提供新思路。通过开展华北平原、全国乃至全球的水足迹和虚拟水研究，全面评估华北平原水足迹和虚拟水贸易在全国、全球中的作用和地位，提出更为合理的水资源利用策略。

（6）农业水价的形成及调控机制研究。随着水资源费改税的试点扩大、农业水价的形成机制和水资源税征收的进一步推进，将深刻影响农业水资源利用效率，在评估农业生产的综合效益基础上，尽快研究农业灌溉用水水价问题，借鉴先进国家和地区的水价形成机制，提出华北平原的水资源价格方案和农业水资源税的征收标准。

（7）区域水资源污染防治研究。识别水体污染源汇机制与环境风险水平，建立优先控制污染源和特征污染物清单，提出水体污染防治技术方案，创新跨区域水环境水资源一体化管理制度；形成以提高水环境质量为核心的新型管理体系。

（8）加强新技术、新方法的联合应用，对多时空尺度的遥感、水文和社会经济系统开展综合观测和模拟，深入分析区域水资源的形成及消耗规律。

（三）农业废弃物资源

1. 发展趋势

根据《全国农业可持续发展规划（2015—2030 年）》中对华北平原的总体发展规划，目标为：一是秸秆处理需继续坚持以秸秆还田和能源化利用为主导，辅以基料化、饲料化、肥料化和工业原料化等多种其他形式，并大力推行秸秆的肥料化和饲料化利用；二是畜禽粪便资源化利用仍以能源化、肥料化、饲料化为主要方向，同时调整优化畜禽养殖布局，稳定生猪、肉禽和蛋禽生产规模，加强畜禽粪污处理设施建设，提高循环利用水平；三是在农业废弃物资源化的基础研究的基础上，根据黄淮海平原不同区域的地形地貌、气候特点、产业现状、生产生活方式和市场需求等因素，深入探索适合各地区的农业废弃物利用综合利用模式。

（1）理论研究。针对不同种类农业废弃物，继续加强对农业废弃物资源的特征的基础研究以及农业废弃物资源化过程中的机理性研究，如堆肥菌种的选择、重金属钝化方法等。探索农业废弃物资源肥料化、能源化、材料化、饲料化等新技术，争取实现废弃物资源化产品的无害化、高效化、高质化和工业化。重点提高废弃物物质、能量转化效率，降低处理成本。

（2）应用研究。以现代生物技术、信息技术和工程技术提升现有技术和产品的技术含量。比如发酵工程中微生物的筛选和高效工程菌的构建，高效率的机械设备与生物技术有机结合，通过工艺和工程技术的升级和设备水平的提高，提高废弃物无害化、资源化的效率和产品质量。完善新型农业废弃物处理技术的补贴机制。

（3）新技术与新方法的使用。依据不同地区生态条件、资源优势和经济发展水平，因地制宜利用现代科学技术并与传统农业技术相结合，按照“整体、协调、循环、再生”的原则，运用系统工程方法，针对不同种类农业废弃物收集处理、无害化加工和循环利用等单项技术进行优选和集成。最终建立和完善农业废弃物资源化利用标准技术体系和技术保障体系，构建农业废弃物资源化高效利用的生态模式。

（4）污染防控与治理。根据华北平原的不同种植养殖现状，对农业废弃物资源进行合理的统筹和规划。科学计算各地区畜禽粪尿承载力，优化养殖数量，减少农业废弃物的污染。废弃物处理过程中，重点降低氮磷损失和重金属等有毒有害物质的去除。在污染严重的规模化生猪、奶牛、肉牛养殖场和养殖密集区，按照干湿分离、雨污分流、种养结合的思路，建设一批畜禽粪污原地收集储存转运、固体粪便集中堆肥或能源化利用、污水高效生物处理等设施和有机肥加工厂。探索可持续发展的农牧结合体系，使农业废弃物资源得到充分的利用。

2. 未来研究方向领域

根据华北平原农业废弃物资源研究的发展趋势，今后 3~5 年研究方向领域主要包括以下几个方面：

（1）开展农作物秸秆的还田技术、有机肥加工技术、饲料化技术等的研究，为其合理利用提供科学依据；

（2）开展畜禽养殖废弃物的能源化与肥料化技术的深入研究，并进行示范推广；

（3）加强对畜禽养殖场污染物排放的监测，掌握不同种类污染物排放的总量、特征及其排放规律，开展不同利用方式以及土地消纳污染物的承载力研究，为畜禽养殖合理布局提供参考；

（4）开展废弃物综合利用模式的研究，探索多形式推进废弃物资源化利用。

参考文献

[1] 郝晋珉. 黄淮海平原土地利用 [M]. 北京：中国农业大学出版社，2013.

[2] Kong X B，X L Zhang，R Lal，et al. Chapter Two-Groundwater Depletion by Agricultural Intensification in China's HHH Plains，Since 1980s [J]. Advances in Agronomy，2016，135：59-106.

[3] 张福锁，崔振岭，王激清，等. 中国土壤和植物养分管理现状与改进策略 [J]. 植物学通报，2007，24(6)：687-694.

[4] Meng Q F，X P Chen，F S Zhang，et al. In-season root-zone nitrogen management strategies for improving nitrogen use efficiency in high-yielding maize production in China [J]. Pedosphere，2012，22 (3)：294-303.

[5] 倪玉雪，尹兴，刘新宇，等. 华北平原冬小麦季化肥氮去向及土壤氮库盈亏定量化探索 [J]. 生态环境学报，2013，22 (3)：392-397.

[6] Chen X P，Z L Cui，P M Vitousek，et al. Integrated soil - crop system management for food security [J]. Proceedings of the National Academy of Sciences，2011，108 (16)：6399-6404.

[7] 吴凯，黄荣金. 黄淮海平原水土资源利用的可持续性评价、开发潜力及对策 [J]. 地理科学，2001，21 (5)：390-395.

[8] 梅旭荣，康绍忠，于强，等. 协同提升黄淮海平原作物生产力与农田水分利用效率途径 [J]. 中国农业科学，2013 (06)：1149-1157.

[9] 张光辉，费宇红，刘春华，等. 华北平原灌溉用水强度与地下水承载力适应性状况 [J]. 农业工程学报，2013 (01)：1-10.

[10] 毕于运. 中国秸秆资源综合利用技术 [M]. 北京：中国农业科学技术出版社，2008.
[11] 徐康铭，秦娜，丁强，等. 黄淮平原秸秆资源及利用现状调查 [J]. 现代农业科技，2012（3）：297–298.
[12] 张艳超. 淮北地区秸秆机械化全量还田技术模式及效果 [J]. 现代农业科技，2013（1）：226–231.
[13] 于凤春. 秸秆资源评价与利用研究 [J]. 农民致富之友，2013（17）：106–106.
[14] 杨宏伟. 黄淮海平原秸秆综合利用的现状及建议 [J]. 农机科技推广，2016（1）：23–26.
[15] 国家环境保护总局自然生态保护司. 全国规模化畜禽养殖业污染情况调查及防治对策 [M]. 北京：中国环境科学出版社，2002.
[16] 温从雨，冯敏华. 有机肥资源及其利用现状调研 [J]. 农业与技术，2013（5）：115.
[17] 王亚辉. 畜禽粪便如何变废为宝——畜禽养殖粪便处理与综合利用技术模式研讨会在北京召开 [J]. 中国乳业，2016（7）：6–11.
[18] 张颂念，胡月明，赵元，等. 耕地后备资源评价方法研究综述 [J]. 广东土地科学，2013，12（2）：38–42.
[19] 展湘溟，吴克宁，王瑶，等. 基于农用地分等更新的基本农田规划布局调整 [J]. 安徽农业科学，2012，40（14）：8303–8306.
[20] 马建辉，吴克宁，赵华甫，等. 基于农用地分等的耕地质量动态监测体系研究 [J]. 中国农业资源与区划，2013，34（5）：133–139.
[21] 张玉臻，孔祥斌，刘炎，等. 基于标准样地的省级耕地质量监测样地布设方法 [J]. 资源科学，2016，38（11）：2037–2048.
[22] 杨建锋，马军成，王令超. 基于多光谱遥感的耕地等别识别评价因素研究 [J]. 农业工程学报，2012，28（17）：230–236.
[23] 刘晗，吕斌. 太行山区牛叫河小流域土地可持续利用模式探讨 [J]. 地理研究，2012，31（6）：1050–1056.
[24] 熊昌盛，胡月明，程家昌，等. 基于生态位理论的耕地可持续利用评价 [J]. 广东农业科学，2013，40（7）：197–201.
[25] 王学，李秀彬，辛良杰，等. 华北地下水超采区冬小麦退耕的生态补偿问题探讨 [J]. 地理学报，2016，71（5）：829–839.
[26] 韩荣青，潘韬，刘玉洁，等. 华北平原农业适应气候变化技术集成创新体系 [J]. 地理科学进展，2012，31（11）：1537–1545.
[27] 常笑，刘黎明，刘朝旭，等. 农户土地利用决策行为的多智能体模拟方法 [J]. 农业工程学报，2013，29（14）：227–237.
[28] 王福军，张明园，张海林，等. 华北农田不同耕作方式的固碳效益评价 [J]. 中国农业大学学报，2012，17（4）：40–45.
[29] 刘红梅，姬艳艳，张贵龙，等. 不同耕作方式对玉米田土壤有机碳含量的影响 [J]. 生态环境学报，2013，22（3）：406–410.
[30] 张明园，魏燕华，孔凡磊，等. 耕作方式对华北农田土壤有机碳储量及温室气体排放的影响 [J]. 农业工程学报，2012，28（6）：203–209.
[31] Zhang X L，L Ren，X B Kong. Estimating spatiotemporal variability and sustainability of shallow groundwater in a well-irrigated plain of the Haihe River basin using SWAT model [J]. Journal of Hydrology，2016，541：1221–1240.
[32] 朱美青，黄宏胜，史文娇，等. 基于多规合一的基本农田划定研究 [J]. 自然资源学报，2016，31（12）：2111–2121.
[33] 贾丽，吴冰冰，高泽崇，等. 高标准基本农田建设时序安排研究——以河北省涿州市为例 [J]. 中国生

态农业学报，2016（9）：1265–1274.

[34] 刘晓南，黄燕，程炯．高标准基本农田建设工程生态化设计研究［J］．应用基础与工程科学学报，2016（1）：1–11.

[35] 龙花楼．论土地整治与乡村空间重构［J］．地理学报，2013（08）：1019–1028.

[36] 高星．耕地质量等级提升的土地整治项目设计关键技术研究［D］．北京：中国地质大学（北京），2016.

[37] 张福锁，崔振岭，王激清，等．中国土壤和植物养分管理现状与改进策略［J］．植物学通报，2007，24（6）：687–694.

[38] 武良，张卫峰，陈新平，等．中国农田氮肥投入和生产效率［J］．中国土壤与肥料，2016（4）：76–83.

[39] Cui Z L，S C Yue，G L Wang，et al. In-season root-zone N management for mitigating greenhouse gas emission and reactive N losses in intensive wheat production［J］．Environmental science & technology，2013，47（11）：6015–6022.

[40] Chen X P，Z L Cui，M S Fan，et al. Producing more grain with lower environmental costs［J］．Nature，2014，514（7523）：486–489.

[41] Min L L，Y J Shen，H W Pei. 2015. Estimating groundwater recharge using deep vadose zone data under typical irrigated cropland in the piedmont region of the North China Plain［J］．Journal of Hydrology，2015，527：305–315.

[42] Zou J，C S Zhan，Z H Xie，et al. Climatic impacts of the Middle Route of the South-to-North Water Transfer Project over the Haihe River basin in North China simulated by a regional climate model［J］．Journal of Geophysical Research-Atmospheres，2016，121：8983–8999.

[43] Yuan Z J，Y J Shen. Estimation of Agricultural Water Consumption from Meteorological and Yield Data：A Case Study of Hebei，North China［J］．PloS One，2013，8（3）：e58685.

[44] Shen Y J，Y C Zhang，B R Scanlon，et al. Energy/water budgets and productivity of the typical croplands irrigated with groundwater and surface water in the North China Plain［J］．Agricultural and Forest Meteorology，2013，181：133–142.

[45] 张喜英，刘小京，陈素英，等．环渤海低平原农田多水源高效利用机理和技术研究［J］．中国生态农业学报，2016（08）：995–1004.

[46] Mo X G，R P Guo，S X Liu，et al. Impacts of climate change on crop evapotranspiration with ensemble GCM projections in the North China Plain［J］．Climatic Change，2013，120：299–312.

[47] Guo Y，Y J Shen. Quantifying water and energy budgets and the impacts of climatic and human factors in the Haihe River Basin，China：2. Trends and implications to water resources［J］．Journal of Hydrology，2015，527：251–261.

[48] 张光辉，费宇红，刘春华，等．华北平原灌溉用水强度与地下水承载力适应性状况［J］．农业工程学报，2013（01）：1–10.

[49] 罗仲朋．基于成本收益分析的河北平原灌溉水价研究［D］．西宁：青海师范大学，2016.

[50] Davidsen C，S X Liu，X G Mo，et al. The cost of ending groundwater overdraft on the North China Plain［J］．Hydrology and Earth System Sciences，2016，20：771–785.

[51] 王树强．地下水资源可持续利用的制度架构——以华北平原为例［J］．地下水，2012（03）：6–8.

[52] 聂成良，聂汉江．基于河渠和坑塘联通的雨洪资源综合利用研究［J］．水利科技与经济，2016，22（11）：86–90.

[53] 张喜英，刘小京，陈素英，等．环渤海低平原农田多水源高效利用机理和技术研究［J］．中国农业生态学报，2016，24（8）：995–1004.

[54] 张兆吉，费宇红，郭春艳，等．华北平原区域地下水污染评价［J］．吉林大学学报（地球科学版），2012（05）：1456–1461.

[55] Wang S Q, C Y Tang, X F Song, et al. Factors contributing to nitrate contamination in a groundwater recharge area of the North China Plain [J]. Hydrological Processes, 2016, 30: 2271–2285.

[56] Beesley L, E Moreno–Jim é nez, J L Gomez–Eyles. Effects of biochar and greenwaste compost amendments on mobility, bioavailability and toxicity of inorganic and organic contaminants in a multi–element polluted soil [J]. Environmental pollution, 2010, 158 (6): 2282–2287.

[57] Steiner C, B Glaser, W G Teixeira, et al. Nitrogen retention and plant uptake on a highly weathered central Amazonian Ferralsol amended with compost and charcoal [J]. Journal of Plant Nutrition and Soil Science, 2008, 171 (6): 893–899.

[58] K ü lc ü R, O Yaldiz. The composting of agricultural wastes and the new parameter for the assessment of the process [J]. Ecological Engineering, 2014, 69: 220–225.

[59] 毕于运. 中国秸秆资源综合利用技术 [M]. 北京：中国农业科学技术出版社，2008.

[60] 陈智远，石东伟，王恩学，等. 农业废弃物资源化利用技术的应用进展 [J]. 中国人口资源与环境，2010，20 (12)：112–116.

[61] Szyma ń ska D, J Chodkowska–Miszczuk. Endogenous resources utilization of rural areas in shaping sustainable development in Poland [J]. Renewable and Sustainable Energy Reviews, 2011, 15 (3): 1497–1501.

[62] Rajendran K, S Aslanzadeh, M J Taherzadeh. Household biogas digesters—A review [J]. Energies, 2012, 5 (8): 2911–2942.

[63] Reise C, O Musshoff, K Granoszewski, et al. Which factors influence the expansion of bioenergy? An empirical study of the investment behaviours of German farmers [J]. Ecological Economics, 2012, 73: 133–141.

[64] Grundmann P, M H Ehlers, G Uckert. Responses of agricultural bioenergy sectors in Brandenburg (Germany) to climate, economic and legal changes: An application of Holling's adaptive cycle [J]. Energy policy, 2012, 48: 118–129.

[65] Lehmann J. A handful of carbon [J]. Nature, 2007, 443: 143–144.

[66] Sika M, A Hardie. Effect of pine wood biochar on ammonium nitrate leaching and availability in a South African sandy soil [J]. European Journal of Soil Science, 2013, 65 (1): 113–115.

[67] Chintala R, T E Schumacher, L M McDonald, et al. Phosphorus sorption and availability from biochars and soil / biochar mixtures [J]. Clean–Soil, Air, Water, 2013, 41 (9999): 1–9.

[68] Hua L, W X Wu, Y X Liu, et al. Reduction of nitrogen loss and Cu and Zn mobility during sludge composting with bamboo charcoal amendment [J]. Environmental Science and Pollution Research, 2009, 16 (1): 1–9.

[69] Mwango S B, B M Msanya, P W Mtakwa, et al. Effectiveness of mulching under miraba in controlling soil erosion, fertility restoration and crop yield in the Usambara mountains, Tanzania [J]. Land Degradation & Development, 2016, 27 (4): 1266–1275.

[70] Sadeghi S H R, L Gholami, M Homaee, et al. Reducing sediment concentration and soil loss using organic and inorganic amendments at plot scale [J]. Solid Earth Discussion, 2015, 6 (2): 63–89.

[71] Prosdocimi M, A Jordán, P Tarolli, et al. The immediate effectiveness of barley straw mulch in reducing soil erodibility and surface runoff generation in Mediterranean vineyards [J]. Science of the Total Environment, 2016, 547: 323–330.

撰稿人：江荣凤　孔祥斌　沈彦俊　马　林　崔建宇　崔振岭　李彦明　张福锁

黄土高原地区
水土资源保育研究

一、引言

水土资源是人类赖以生存的宝贵资源，是经济社会发展的重要物质基础。实现水土资源的可持续利用和生态环境的可持续维护，是经济社会可持续发展的客观要求[1]。水土资源流失是我国重大的生态与环境问题，长期制约着区域社会经济的可持续发展，甚至危及国家或较大范围区域生态安全。水土资源和生态环境作为可持续发展不可替代的基础性资源和重要载体，是我国实施可持续发展战略，推进生态文明建设急需协调的两大制约因素。因此，水土资源保育作为事关国计民生的重大问题，成为防治水土流失，保护和合理利用水土资源，维护和改善区域生态环境的有效途径。

黄土高原位于中国中部偏北的黄河中上游及海河上游地区，是西北干旱区与东部湿润区的过渡地带。从地质、地貌学而言，是指日月山以西，太行山以东，秦岭以北，阴山以南的区域，包括内蒙古河套平原和鄂尔多斯高原、陕西北部与关中地区、甘肃陇中与陇东地区、青海东北部、河南西部山地丘陵区及山西与宁夏全部。黄土高原地区东西长约1300km，南北宽约800km，海拔高度约800~3000m，总面积64万平方千米，约占全国陆地总面积的6.67%。水土流失面积39.08万平方千米，其中水力侵蚀面积33.41万平方千米、风力侵蚀面积5.62万平方千米、冻融侵蚀0.05万平方千米，是黄河泥沙的主要来源区[2]。黄土高原地区是世界上最大的黄土堆积区，气候较干旱，降水集中，植被覆盖度低，水土流失严重，生态环境脆弱，区域社会经济发展滞后。

在全球环境变化和人类活动的长期干扰下，黄土高原地区成为我国乃至全世界水土流失最严重的地区。经过60多年的发展，该区水土资源保育工作取得了举世瞩目的辉煌成就。特别是进入21世纪以来，随着水土保育基础理论研究的不断深入和方法技术的日益成熟，一系列水土资源保育措施相继实施，黄土高原地区水土资源保育取得显著成效，区域生态环境明显改善，社会经济快速发展，人与水土资源的关系得到有效协调，一定程度上推动了区域人地关系的和谐演进。纵观新中国成立以来黄土高原地区水土资源保育历程，大体可分为4个阶段[3, 4]。

第一阶段：试验示范阶段（20世纪50—70年代）。根据山区生产和河流治理等需要，国家开始设立水土保育治理的科研机构，并于1955年将黄土高原水土保育列入国民经济建设计划，积极开展试验示范推广。梯田、坝地、小片水地等基本农田建设成为这一时期水土资源保育的主要内容，同时在水坠筑坝、机修梯田和飞播林草等水土流失治理技术科技攻关和推广方面取得重大突破。中国科学院水利部水土保持研究所（原中国科学院西北水土保持生物土壤研究所）承担的“黄土高原飞机播种造林种草试验研究”，开辟了治理黄土高原水土流失的新途径，为80年代更好地开展水土资源保育工作奠定了基础。

第二阶段：综合治理阶段（20世纪80年代）。水土保育工作由以基本农田建设为主转入以小流域为单元进行综合治理的轨道，小流域综合治理的先进经验开始全面推广和实施。随着家庭联产承包责任制的实施，以户为单位承包治理小流域的先进典型不断涌现，户包治理小流域的模式在全国迅速推广，取得了显著的生态、经济和社会效益。1986年国家批准立项的重点水土流失区治沟骨干工程项目，结束了长期以来沟道治理无序的现状，使大型淤地坝建设步入科学正规的建设管理程序。80年代中后期由中国科学院组织国家和地方有关单位开展的黄土高原地区综合科学考察，形成了黄土高原地区开发治理的总体方案。同期在黄土高原晋陕蒙接壤地区率先开展的水土保育监督执法工作，为国家《水土保持法》的制定和颁布作了必要的前期探索和实践工作。

第三阶段：依法防治阶段（20世纪90年代）。《中华人民共和国水土保持法》于1991年正式颁布实施，标志着水土流失治理进入到依法防治阶段。按照“谁使用土地、谁负责保护，谁造成水土流失、谁负责治理”的原则，黄土高原地区水土保育工作步入法制化轨道。初步建立了水土保持法规体系和执法体系，确立了水土保持方案报批制度、水土保持规费征收制度和监督检查及水土保持“三同时”制度，形成了“预防为主、防治结合”的黄土高原地区水土保育工作思路，保障了区域水土保育工作的顺利开展。

第四阶段：科学防治阶段（2000年至今）。2000年以来，以退耕（牧）还林（草）工程带动的生态恢复为核心，以土地利用及产业结构优化为重点的生态恢复及经济可持续发展示范研究，使黄土高原水土资源保育和生态建设进入新阶段。2005—2007年，水利部、中国科学院与中国工程院联合组织的“中国水土流失与生态安全科学综合考察”，对黄土高原地区水土流失现状和生态建设情况进行了全面、系统地考察，摸清了黄土高原地区水土流失防治情况。同时，“黄土高原水土流失综合治理工程关键支撑技术研究”“黄河中游砒砂岩区抗蚀促生技术集成与示范”“黄土丘陵沟壑区农田水土保持与高效农业关键技术集成与示范”等项目的相继实施，为大规模水土流失治理奠定了科学基础，推动了黄土高原地区水土保育事业的发展。全区水土流失面积逐年减少，山区民生事业持续改善，生态修复和建设取得显著成效。

在新的历史条件下，全面总结近五年来黄土高原地区水土资源保育研究的新理论、新方法、新技术和新经验，对支撑黄土高原地区水土资源合理利用和保护，保障区域生态安全，推进生态文明建设，促进区域生态、社会、经济可持续发展，推动资源科学及其交叉学科发展等具有重要意义。本报告通过梳理已有研究成果，分析了黄土高原地区水土资源保育研究现状和主要进展，从国家需求、区域水土资源开发和资源科学学科发展层面阐释了新时期黄土高原地区水土资源保育研究的战略需求，并对近年来取得的重大研究课题、主要科研成果、科研队伍建设及科研获奖情况进行了系统梳理，分析了黄土高原地区水土资源保育研究的发展趋势，提出了今后五年黄土高原地区水土资源保育研究的主要方向和重点领域，对未来研究前景进行了展望。

二、黄土高原地区水土资源保育研究现状与战略需求

（一）黄土高原地区水土资源保育研究现状

水土资源流失问题是我国目前面临的最严重的环境问题之一。黄土高原地区作为我国水土保育的重点区域，受到政府部门和学术界的广泛关注。近年来，关于黄土高原地区水土资源保育基础理论、水土资源保育方法与技术、水土资源保育模式、水土资源保育监测评估、水土资源保育与产业发展和水土资源保育政策保障机制等方面的研究成果不断问世，黄土高原地区水土资源保育研究已经进入到一个蓬勃发展时期。

1. 水土资源保育的基础理论研究

（1）土壤侵蚀规律与机理研究。土壤侵蚀作用是引起土地生态退化，造成水土流失的主要驱动因素，也是危及生态安全，破坏社会经济发展的重要原因。研究并揭示黄土高原地区土壤侵蚀规律及其内在机理，对建立水土流失模型，落实水土保育工作具有重要意义。近年来，我国学者在土壤侵蚀规律与机理研究中取得了较为丰富的成果，集中体现在土壤侵蚀规律的探究、土壤侵蚀机理的揭示、各类侵蚀产沙模型的构建与改进、不同空间尺度土壤侵蚀过程及其效应研究等方面。

在土壤侵蚀规律探究方面，王万忠等[5]采取“水文－地貌法”，分析了黄土高原地区不同治理阶段土壤侵蚀产沙变化特征与减沙幅度规律。李浩宏等[6]建立了黄土坡面片蚀形式下单位水流功率与含沙量的关系式。在此研究基础上，盛贺伟等[7]采用人工模拟降雨实验方法研究了黄土坡面片蚀稳定含沙量及其影响因素，发现在不同质地黄土、降雨强度和坡度条件下，水流含沙量均呈现先减小后平稳变化的规律。

在土壤侵蚀机理揭示方面，于国强等[8]探索了黄土高原地区坡沟系统及植被覆盖下的重力侵蚀机理，对有无植被的坡沟系统位移场、应力场和塑性区分布进行数值模拟，阐

明了植被根系措施对减缓重力侵蚀的作用机制，为理解植被根系调控重力侵蚀研究提供了新思路。细沟侵蚀是黄土坡面最主要的侵蚀方式之一，土壤剥离过程是细沟侵蚀中的重要环节。马小玲等[9]系统探究了黄土坡面细沟流土壤剥蚀率与水动力学和床面形态的耦合关系，认为土壤剥蚀率与流量、坡度均呈幂函数增加关系，且坡度对土壤剥蚀率的影响更大，同时床面形态越复杂、跌坑发育越成熟，土壤侵蚀就越剧烈。研究结果为黄土坡面水土流失治理及生态修复提供了理论支撑。

在土壤侵蚀模型构建方面，姚文艺等[10]建立了以多尺度流域"动力—植被—调控"系统侵蚀产沙过程耦合机制为核心的模拟基础理论，构建了多功能、成套的异构异类分布式多尺度流域土壤流失模型体系，创建了异构异类分布式土壤流失模型支持系统。汤青等[11]通过集成修正通用土壤侵蚀方程（RUSLE）和地理信息系统（GIS），模拟了黄土高原丘陵沟壑核心区燕沟流域的土壤侵蚀过程及其特征，集成的 RUSLE–GIS 模型为黄土高原及同类地区开展相关研究提供了借鉴。李强等[12]以沟间土壤为对照，分析了黄土高原地区坡耕地沟蚀对土壤质量单因子的影响，建立了沟蚀土壤质量综合评价模型，对黄土高原坡耕地不同沟蚀深度下的土壤质量进行了评价。

在土壤侵蚀及其尺度效应研究方面，高海东等[13]以整个黄土高原为研究对象，计算了最小可能土壤侵蚀模数和 2010 年现状土壤侵蚀模数，并将水土保持措施容量下的最小可能土壤侵蚀模数与现状土壤侵蚀模数之比定义为土壤侵蚀控制度，丰富了土壤侵蚀的基本理论。王伟等[14]通过分析黄土丘陵沟壑区小流域治理措施实施后，不同空间尺度流域产流产沙过程及其对降雨事件的响应，揭示了流域淤地坝建设等措施对小流域泥沙输移特征的影响及其尺度效应。张乐涛[15]选择黄土高原丘陵沟壑区典型小流域——岔巴沟为研究区，阐明了流域不同尺度不同类型洪水径流过程的侵蚀产沙响应特征，对开展土壤侵蚀风险评估和水土资源保育环境效应评价具有重要意义。

（2）水土资源保育的生态环境效应研究。黄土高原地区水土资源保育措施的实施对区域生态保育和环境保护发挥了积极作用。深入研究水土资源保育的生态环境效应，对科学推进黄土高原地区水土保育工作具有重要的理论和现实意义。近年来，学术界重点探讨了不同水土保育措施的实施对黄河水沙变化及区域生态环境产生的影响，并取得重要进展。

傅伯杰课题组发展了泥沙归因诊断分析方法，厘定了造成黄河泥沙减少的各因素的贡献及其作用[16]。研究认为黄河 58% 的输沙量减少是由产流能力降低引起的，其次是产沙能力和降水的贡献。坝库、梯田等工程措施是 20 世纪 70 年代至 90 年代黄土高原产沙减少的主要原因，占 54%。2000 年以来，随着退耕还林还草工程的实施，植被措施成为土壤保育的主要贡献者，占 57%。同时指出随着坝库等工程措施拦沙能力下降，在黄土高原地区维持一个可持续的植被生态系统对有效保持土壤和控制黄河输沙量反弹具有更加重要的作用。黄河水沙管理需要从黄土高原小流域综合治理转向全流域整体协调。该项研究成果为制定黄河流域综合治理策略提供了科学支撑。

王改玲等[17]研究了晋北黄土丘陵区人工植被与鱼鳞坑整地造林措施的蓄水保土和土壤水分效应，发现林草植被在减少水土流失的同时，加强了土壤水分的变异和亏缺程度。研究结果为区域林草植被的科学选择和合理配置提供了依据。

李国会[18]在调查土石山区、黄土丘陵区和沿川河谷区等黄土高原地区不同类型区的农田水土流失防治措施现状的基础上，对各类型区不同农田水土流失防治措施的土壤基本物理性质、水文特征、土壤微团聚体抗蚀性，以及土壤养分含量等进行比较分析，揭示了小流域不同类型区内各类农田水土流失防治措施在改良土壤、涵养水源和防治水土流失等方面的效应。为构建完善的农田水土流失防治措施体系提供了理论依据。

高海东[19]综合分析了淤地坝对流域水文过程、植被分布、侵蚀产沙的影响，定量揭示了淤地坝淤积过程对流域沟坡稳定性和土壤侵蚀模数的调控作用，认为沟道治理工程显著改变了地表径流等水文过程，影响了植被的时空分布。对丰富水土保育基础研究，推动黄土高原地区水土保育事业发展具有积极作用。

2. 水土资源保育方法与技术研究

水土资源保育方法和技术是保障水土保育工作顺利开展的基础和前提。黄土丘陵沟壑区水土流失严重、经济基础薄弱、贫困人口集聚。多年的退耕还林、退牧还草、荒山造林等工程的实践表明，要破解区域生态保护和经济发展之间的矛盾，必须统筹考虑水土流失治理技术和生态经济结构的调整优化[20]。为此，科研人员开展了适生树种的筛选、抗旱造林、坡面乔灌草空间配置、农林复合经营等研发工作，集成了水土流失治理生态产业一体化技术，这些技术的推广和实施，促进了黄土丘陵沟壑区生态修复和环境保护，带动了区域产业结构调整和社会经济发展。如“十二五”期间，由高建恩主持完成的“十二五”国家科技支撑计划课题“黄土丘陵沟壑区水土保持与高效农业关键技术集成与示范”，集成了两项黄土丘陵沟壑区水土保持高效农业技术体系，取得了良好的社会经济效益；由毕银丽等主持完成的“西部干旱半干旱煤矿区土地复垦的微生物修复技术与应用”，破解了煤矿塌陷区生态治理中土地贫瘠、干旱缺水和塌陷伤根三大技术难题，为黄土高原矿区土地复垦和生态修复提供了技术支撑。

近年来，科研人员通过水土保育理论研究和实践积累，形成了水土资源优化配置方法、退化生态系统恢复技术、开发建设区水土流失防治技术、重度侵蚀沟道综合治理技术等黄土高原地区水土保育和生态系统修复的方法及技术。特别是将黄土丘陵沟壑区土地整治工程和水土保育骨干工程相融合，创新性地实施了治沟造地土地整治重大工程项目试点，发展了坝系建设、切坡护沟、沟道排洪、沟头治理、坡面防护和农田灌溉等六大工程技术措施[21]。如郭贝贝等[22]运用帕累托（Pareto）寻优原理，建立了黄土台塬区水资源多目标优化配置（RWRMOA）模型，通过对水利工程改造建设和粮食作物种植组合优化等方法，实现了水资源的空间优化配置，为提高区域水资源利用效率、缓解水资源供需矛盾提供了方法支撑；肖培清等[23]研究了黄土高原砒砂岩区的抗蚀促生技术，探究创建了二元立体配置的砒砂岩区水土流失防治和生态修复技术；王国[24]以宁夏南部山区六县一区为研究对象，在实地调查已验收及在建生产建设项目水土保育措施的基础上，结合生产建设项目水土流失特点及其主要防治内容，筛选、集成、建立了宁南山区生产建设项目的水土流失防治技术体系；高建荣[25]通过探讨小流域生态综合治理项目中水土保育综合治理措施布设位置及配置模式，建立了工程与生态措施相结合的黄土高原水土流失综合防治技术体系。刘彦随[26]主持实施的“陕西省延安市治沟造地土地整治重大工程项目”，探索解决了黄土丘陵沟壑区沟道土地、农业、林业、水利等多种工程组装与系统集成的技术难题，创建了“区域—流域—沟域”多尺度关联、“水—土—气—生”多要素耦合的沟道土地整治工程理论，探明了治沟造地与水土保持、林业建设、现代农业协同发展的新途径，为黄土高原地区治沟造地工程的示范和推广提供了理论和技术支撑。

3. 水土资源保育模式研究

在黄土高原地区水土资源保育和生态建设过程中，形成了小流域综合治理模式、退耕还林（草）模式、淤地坝工程模式、梯田建设治理模式和生态移民治理模式等多种水土资源保育模式。

小流域综合治理模式的实施和发展是黄土高原地区水土资源保育研究的重要方向。陈见影[27]通过深入调研陕西渭北秦庄沟流域，首次提出了小流域综合治理模式与经济社会发展阶段匹配的概念，认为秦庄沟小流域综合治理正处于以水土保育措施为主的小流域改良阶段，指出生态农业模式、设施农业模式、优质果业模式、绿色农产品模式、杂果基地模式、满足生计需求模式、人居环境改善模式及村民参与治理模式等是符合区域发展实际的水土资源保育模式。该成果丰富和发展了传统小流域综合治理模式。刘德林等[28]研究了黄土高原上黄小流域土地利用动态变化状况及其驱动因素，发现近 30 年来上黄小流域土地利用呈现林地面积大幅增加、果园面积逐年增长、坡耕地面积减少的变化态势，认为土地利用变化是影响区域水土流失的重要因素，据此可以通过优化土地利用结构及其布局来减少小流域水土资源流失。王浩等[29]建立了小流域次降雨径流预报模型，对黄土高原地区不同小流域的综合治理，特别是小流域水土保育工程措施的设计具有重要意义。

黄土高原地区是退耕还林还草工程实施的重点区域。该工程的实施极大地促进了黄土高原地区生态恢复和水土资源保育，产生了积极的生态、社会和经济效益。因此，长期以来退耕还林还草作为一种区域可持续发展模式成为学术界研究的热点。如齐拓野[30]将能值分析法引入黄土高原丘陵区退耕还林还草工程效益评估之中，排除了价格波动因素对工程效益核算的影响，打破了退耕还林还草工程实施过程中不同类别投入与产出之间难以比较的壁垒，提高了退耕还林还草工程效益评估的科学性和可信度，为完善退耕还林还草补偿政策提供了理论参考。王超等[31]分析了黄土高原典型区退耕还林还草工程实施前后的土地利用、种植养殖结构和农户经济收入的变化情况，评估了退耕还林还草工程对黄土高原典型区农户生产生活的影响，研究结果为新一轮退耕还林还草政策的实施和生态系统的可持续管理提供了决策依据。与此同时，关于是否继续实施退耕还林还草工程也是当前学术界讨论的焦点[32]。陈怡平等[33]认为黄土高原植被恢复应该进入了自然演替阶段，如果继续大规模实施退耕还林还草工程，将是弊大于利，需要谨慎为之。并指出未来黄土高原植被恢复原则应是自然演替，而不是继续人工扩大面积。傅伯杰等[34]通过构建自然—社会—经济水资源可持续利用耦合框架，提出了当前和未来气候变化情景下黄土高原的退耕还林阈值，认为进一步调整退耕还林还草政策，提高还林还草质量，维持一个可持续的植被生态系统对于保持水土流失治理成果和减少黄河泥沙都具有重要作用。相关成果对指导退耕还林还草工程实施等具有重要意义。

淤地坝工程作为黄土高原治理小流域水土流失的关键举措，多年的实践证明已经取得了明显的水土资源保育成效，成为黄土高原水土流失治理的亮点工程。近年来，我国学者在研究方法、淤积机理、淤地坝拦沙效益评估等方面取得了重要进展[35]，并开始关注淤地坝拦沙功能失效的判断标准、淤地坝坝体分期加高的生态风险、淤地坝土壤水分对地下水补给的水文效应等问题。目前，在淤地坝拦沙功能效益评判、坝体加高修复等方面依然存在许多争议性难题亟待解决。刘强等[36]认为修建淤地坝在黄土高原已经有 400 多年历史，但并未从根本上解决黄土高原的水土资源流失问题。因此，黄土高原治理需要转变思路，在黄土高原适宜地方实施填沟造田，降低水土资源流失，缓解粮食安全问题，减少地质灾害，进而维持黄土高原地区的可持续发展。这些研究成果为深度开展黄土高原地区淤地坝研究奠定了基础，拓展了黄土高原地区水土资源流失的防治思路。

梯田建设在黄土高原地区的发展历史悠久，一直是水土保育的重要措施，受到学术界的长期关注。高海东等[37]建立了包含梯田、坡耕地、陡坡草地和坝地在内的黄土高原丘陵沟壑区流域简化模型，分析了不同时期的流域土壤侵蚀模数，对探究梯田建设和淤地坝淤积对流域土壤侵蚀的影响具有重要作用；马红斌等[38]分析了黄土高原地区梯田建设规模、分布、质量、利用方式等基本现状，重点研究了黄土高原不同区域梯田的减沙作用，认为未来黄土高原梯田建设应以旧梯田改造提升为主。研究结果为黄土高原农业人口密集地区的坡耕地改造明确了方向和重点。

生态移民对解决区域生态环境问题和贫困问题，促进人口、资源、环境、经济协调发展发挥了重要作用。实施生态移民工程是推动黄土高原地区水土资源保育、生态修复和贫困人口脱贫致富的有效途径。近年来，学术界集中研究了黄土高原地区的生态移民水土保持效应[39]、生态移民效益[40]、生态移民区划[41]、生态移民适应性[42]等问题，这些研究成果对完善生态移民模式，推动移民开发区水土资源综合利用、保障移民安置过渡期贫困人口脱贫致富，巩固黄土高原地区生态保育成果具有重要的理论和现实意义。

4. 水土资源保育监测评估研究

监测与评估是黄土高原地区水土保育工作的重要环节。积极开展水土流失的实时监测和水土保育效益的综合评估，及时掌握黄土高原地区水土资源流失、植被覆盖、生态效益的变化，不仅能准确评估治理策略和方法的适用性、治理措施的有效性和可靠性，同时也能为治理者科学决策提供重要依据。

目前，关于水土保育监测的研究以信息数据的数字化为主，主要集中在优化技术方法与建设数据模型方面。如汤国安等[43]提出了基于 DEM 的黄土高原数字地形分析的新理论与新方法；蔡凌雁等[44]应用分形理论与方法，结合陕北黄土高原 1∶5 万 DEM 数据，通过计算河网分形维数和稳定性系数，研究了陕北黄土地貌空间分布特征，为水土保育监测工作奠定了基础；翟然等[45]通过对黄土高原水土保育不同内容（包括梯田、植被、人工草地等）的遥感监测，分析了其对遥感影像空间分辨率、波谱特性、时相的需求，讨论了不小于 30m 空间分辨率的多光谱遥感影像水土保持遥感监测的技术可行性；康悦等[46]通过卫星搭载中等分辨率成像光谱仪分析了黄土高原地区 LST-NDVI 空间的基本特征，提出可以利用卫星遥感数据估算时空尺度上地表参量的优势，开展陆地环境状况监测与评估工作。

关于水土保育评估的研究，主要以黄土高原地区生态效益评估与土壤保持功能价值评估为主。如孙文义等[47]评估了黄土高原水土保育生态系统服务功能，分析了近 20 年来黄土高原地区土壤保持量的空间分布及其动态变化，对于揭示全球气候变化背景下黄土高原林草植被建设的生态成效具有重要的科学价值和现实意义；任志远等[48]采用通用水土流失方程与年尺度风蚀预报方程，估算了西北五省区植被土壤保持物质量与价值量，并将其应用于土壤保持生态效益分级当中，研究结果为生态脆弱区的生态安全区划提供了理论依据；李苒[49]基于生态系统服务和交易的综合评估模型（InVEST），评估了榆林市土壤保持的生态效益。此外，傅伯杰研究组联合吴炳方课题组[50]，将生态系统模型模拟和遥感监测相结合，定量评估了退耕还林还草前后黄土高原地区生态系统固碳服务的变化规律，认为随着退耕还林还草年限的增加，土壤固碳能力将发挥出巨大潜力，并提出在生态建设过程中，应根据当地的降水条件选择适宜的植被恢复类型，以提高黄土高原地区生态恢复的投入产出效益。

5. 水土资源保育与产业发展研究

近年来，黄土高原地区依托水土资源保育工程，将水土流失治理与调整产业结构、发展优势特色产业相结合，在保证水土流失治理效益持续发挥的同时，为区域经济发展做出了突出贡献。水土保育与生态农业发展相结合，推动实行商品型生态农业是黄土高原未来发展的较佳模式[51]。李奇睿等[52]研究了位于黄土高原腹地的安塞县的商品型生态农业系统耦合关系，认为退耕还林（草）工程的实施极大地改善了区域生态环境，但生态环境的改善所增加的农业资源量并未得到相关产业的有效利用，商品型生态农业系统亟待优化。刘平贵[53]结合退耕还林发展特色林果业的成功经验，分析了在黄土高原地区推行水土资源保育产业化的必要性与可行性，提出适合不同水土流失区发展的产业模式。吴启蒙等[54]分析了不同生态环境基础和产业条件下的水土流失成因，同时评价了产业结构对宁夏水土资源保育生态系统服务功能的影响。梅花等[55]针对水土资源保育工程实施后农业资源－产业系统的变化情况，运用耦合度模型分析了水土资源保育与农业产业之间的耦合关系。

6. 水土资源保育的政策机制研究

水土资源保育政策和制度是指导和促进水土保育工作开展的主要社会驱动力之一。近年来，我国水土保育政策思路清晰、制度明确、措施多样。各级政府在严格执行《中华人民共和国水土保持法》的同时，积极探索土地使用、投资方式、利益分配等多种机制和管理形式，深入落实退耕还林还草、生态补偿等政策措施，相继出台了水土资源保育相关管理办法。与此同时，学术界也开展了许多关于水土资源保育政策机制的研究工作。如鲁春霞等[56]以实施退耕还林还草的黄土高原丘陵沟壑水土保持生态功能区为研究区，分析了自1999年退耕还林工程实施以来，黄土高原地区生态系统变化特征，认为生态补偿机制对生态系统服务功能的影响是积极而显著的。杨波等[57]选择陕西省榆林市为研究区，分析了退耕还林后植被覆盖变化对黄土高原地区土壤侵蚀的影响，认为退耕还林还草政策取得了明显的水土保育效益；刘景发等[58]通过评价新中国成立以来黄土高原水土保育投资政策及其效果，分析了现有投资政策与机制存在的问题，提出了构建投资管理协调、市场激励、投资监督约束、融资、生态补偿等方面的良性机制和加强黄土高原地区水土资源保育和生态建设的政策建议。郭永乐[59]从黄河流域地区水土资源保育生态建设管理体制现状出发，分析了当前水土资源保育组织体制、投资机制等方面存在的问题，提出了新的水土资源保育生态建设管理体制。以上研究成果为完善黄土高原地区水土资源保育政策机制提供了理论参考。

（二）黄土高原地区水土资源保育研究战略需求

水土资源保育直接关系到区域生态安全和经济社会的可持续发展。开展黄土高原地区水土资源保育研究是区域经济、社会可持续发展和资源、生态、环境安全保障的重大现实需求。

1. 应对全球气候变化，保障区域生态安全的需要

在全球环境和气候变化背景下，植被格局、土壤属性、耕作方式、农业产出和生态系统服务都会受到影响，逐渐发生一系列的适应性改变，从而对现有水土保育策略与生物资源保育理念和实践提出挑战[60]。黄土高原地处半干旱半湿润气候带，是全球气候变化的敏感区，承载着重要的生物多样性保护、水源涵养和荒漠化控制等生态功能。随着全球气候变化的加剧，持续干旱、强降雨、高低温等自然突发或极端事件发生的强度和频率明显加大。退耕（牧）还林（草）等工程措施在控制水土资源流失、改善区域生态环境的同时，也引起了区域局部气候变化，这与全球气候变化相叠加，势必对区域自然生态系统和社会经济发展产生影响。另外，黄河年均输沙量的大幅度减小也会引起土壤环境的系列变

化，进而影响区域自然环境和社会经济结构。总之，在全球气候变化背景下，未来黄土高原地区水土资源问题将面临更大的不确定性，水土资源的可持续利用和管理，以及区域生态安全将面临更大挑战。因此，积极开展气候变化对区域水资源、土地资源、农业生产和生态环境等的影响评估，探究黄土高原各流域水沙变化及土壤环境变化对气候变化和土地利用变化的响应是主动应对气候变化，保障区域生态安全的必然选择。

2. 落实主体功能区战略，推进生态文明建设的需要

实施主体功能区战略，推进主体功能区建设，是落实科学发展观，推进生态文明建设的重大战略决策，是新时期我国国土空间管理手段和区域发展战略的重大创新[61]。生态文明建设的首要任务是优化国土空间开发格局，而优化国土空间开发格局的重点是实施主体功能区战略，推进形成主体功能区布局。黄土高原地区是我国“两屏三带”为主体的生态安全战略格局的重要组成部分，在保障黄河中下游地区生态安全方面具有极其重要的作用。按照国家主体功能区定位，加强水土流失防治和天然林保护，发挥保障区域生态安全的作用，积极推进区域生态保育和修复，是新时期黄土高原地区发展的主要方向。在推进生态文明建设过程中，黄土高原地区水土资源流失及其衍生的一系列资源环境和社会经济问题亟待解决，这对黄土高原地区水土资源保育和生态建设提出了新要求。面对新的战略需求，深入开展黄土高原地区水土资源保育理论研究和关键技术研发，为区域水土流失治理和天然林保护与管理等提供理论和技术支撑，成为水土资源保育研究的重要内容。

3. 实施区域开发，实现国民经济可持续发展的需要

西部大开发战略实施以来，高速推进的城镇化进程和高强度的城乡建设对黄土高原地区本已十分脆弱的生态环境产生了巨大压力。目前，黄土高原地区绝大部分城市面临着水资源不足、地表水质下降、地下水过量开采、建设用地紧张等一系列影响城市可持续发展和人居生活质量的城市环境危机。矿产资源开发和城市开发建设引起的植被破坏、环境污染等问题已成为黄土高原地区水土资源保育过程中面临的新情况。“十三五”时期是全面建成小康社会、实现第一个百年奋斗目标的决胜阶段，也是打赢脱贫攻坚战的决胜阶段。黄土高原地区作为我国贫困人口的主要集中区之一，是建成全面小康社会，实施精准扶贫、精准脱贫的难点地区。而要破解这些难题，必须处理好区域水土资源开发和经济社会发展之间的关系，将水土资源保育与经济发展和民生改善紧密结合起来，协同推进扶贫开发与生态建设。因此，加强矿产资源开发区、城镇化地区和生态脆弱贫困地区水土资源保护和开发利用的理论研究和技术研发，为区域社会经济发展和生态环境保护与建设提供理论和技术指导，是水土资源保育研究的重要方向。

4. 强化基础理论研究，促进资源科学发展的需要

“十三五”时期是我国经济社会转型发展的关键时期，面对新情况、新问题和新需求，以自然资源为研究对象的资源科学迎来了更大的机遇和挑战。黄土高原地区水土资源保育基础理论研究能否满足区域发展的实践需求，是区域研究面临的重大课题。《国家

"十三五"科技创新规划》[62]中提出，"要围绕国家'两屏三带'生态安全屏障建设，以森林、草原、湿地、荒漠等生态系统为对象，研究关键区域主要生态问题演变规律、生态退化机理、生态稳定维持等理论，研究生态保护与修复、监测与预警技术；开发黄土高原、农牧交错带和矿产开采区等典型生态脆弱区治理技术"。这明确了水土资源保护和开发利用及区域生态修复和环境治理的未来研究方向和重点。因此，积极探索黄土高原地区水土资源及其综合开发利用途径，深入揭示土壤侵蚀作用机理，不断提高水土保育监测、预警技术，创新水土流失治理模式，充分发挥基础研究在国家和区域生态、社会、经济发展中的支撑作用，既是国家的战略需求，也是资源科学发展面临的迫切任务。

三、黄土高原地区水土资源保育研究成果与学科发展

（一）黄土高原地区水土资源保育研究重大研究课题

1. 国家科技支撑项目

国家科技支撑计划是面向国民经济和社会发展需求，重点解决经济社会发展中的重大科技问题的国家科技计划。支撑计划以重大公益技术及产业共性技术研究开发与应用示范为重点，结合重大工程建设和重大装备开发，加强集成创新与引进消化吸收再创新，重点解决涉及全局性、跨行业、跨地区的重大技术问题，为我国经济社会发展提供支撑[63]。2016年，由中国科学院水利部水土保持研究所主持完成的国家科技支撑计划项目"黄土丘陵沟壑区农田水土保持与高效农业关键技术集成与示范"通过科技部验收。该项目针对黄土丘陵沟壑区生态环境脆弱、农田基础设施差、水土资源流失与农田水资源短缺并存的问题，通过研制、集成、创新与现代农业发展相适应的农田水土资源流失治理与田间工程综合配套技术、水资源高效利用与高标准农田防护技术，建立了农田防护与流域资源高效利用的技术体系。为改善黄土丘陵区农田生态系统、发展现代农业提供了技术保障。

2. 国家重点研发计划项目

国家重点研发计划是面向事关国计民生需要长期研究的重大社会公益性研究，以及事关产业核心竞争力、整体自主创新能力和国家安全的重大科学问题、重大共性关键技术和产业、重大国际科技合作，为国民经济和社会发展主要领域提供持续支撑和引领的研发计划。该计划以重点专项的组织实施为载体，聚焦国家重大战略任务，重点解决当前国家发展过程中面临的瓶颈和突出问题，攻克一批关键技术，为国民经济和社会发展提供技术支撑。2016年，国家重点研发计划"典型脆弱生态修复与保护研究"重点专项"黄土高原区域生态系统演变规律和维持机制研究"和"黄土高原水土流失综合治理技术及示范"获批。

其中，由中国科学院生态环境研究中心牵头的"黄土高原区域生态系统演变规律和维持机制研究"专项，旨在阐明生态系统演变规律与驱动机制，揭示生态修复对生态系统结

构—功能的影响机理，解析生态系统变化与水土资源效应的定量关系，发展生态系统承载力定量评价和管理模型，阐明生态系统承载力空间格局与优化途径，定量评估不同生态修复模式的功能效应和可持续性，完成生态系统承载力和植被适宜性综合评估及系列制图，为新时期黄土高原分区、分类的生态综合治理提供科学依据。该项目的实施将为黄土高原地区水土资源保育、生态修复和可持续发展提供理论基础和决策支持。

由西北农林科技大学牵头的“黄土高原水土流失综合治理技术及示范”专项针对黄土高原地区生态恢复存在的植被结构不尽合理、水土保育功能较低的现实，阐明水土资源流失治理措施、资源配置与生态产业耦合机制，研发并集成主要类型区以群落合理构建为核心的水土资源保育技术、特色生态产业技术，形成生态产业发展模式和优化布局方案，设计水土保育—经济协调发展模式，并通过示范推广，为黄土高原生态脆弱区生态修复与功能提升提供科学依据与关键技术支撑。

3. 国家自然科学基金项目

2012—2016 年，获得国家自然科学基金资助的黄土高原地区水土保育研究领域的项目逾 92 项，主要集中在土壤侵蚀与调控、水文现象及过程、保育技术及模式等 4 个方面。其中，面上项目 52 项，优秀青年科学基金和青年科学基金共计 38 项，重点项目 2 项。2012 年获得国家自然科学基金资助的相关研究项目最多，达到 25 项；2013 年获得国家自然科学基金资助的相关研究项目数量较少，仅有 12 项，低于每年 18 项的平均水平。从中可以看出，土壤侵蚀规律与机理、水土资源保育的关键技术、水土资源保育模式等仍然是黄土高原地区水土资源保育研究的热点。

4. 国家科技基础性工作专项

科技基础性工作专项是面向国民经济社会发展和科学研究的需求而开展的获取自然本底情况和基础科学数据、系统编研或共享科技资料和科学数据、采集保存自然科技资源、制定科学标准规范、研制标准物质，以推进基础学科发展、支撑科技创新活动、服务国家宏观决策的工作专项。2014 年，由中科院水利部水土保持研究所、陕西师范大学、中科院地理科学与资源研究所联合申报的国家科技基础性工作专项“黄土高原生态系统与环境变化考察”获准立项。该专项的目标是在黄土高原地区，尤其是重点区域、重点县范围内，采用野外调查、样地观测、数据集成、测试分析等方法，对主要生态系统资源分布与生源要素、重大生态工程与黄河水沙变化、能源开发区生态系统与环境变化、城镇化与新农村建设中生态系统与环境变化，以及黄土高原地区典型县的资源环境变化进行格网化调研，获得系统、全面、权威的黄土高原地区主要生态系统和环境变化的科学数据，编制黄土高原生态系统与环境变化系列图件，编撰系列考察报告，为黄土高原地区生态修复、环境治理、资源开发等国家重大需求提供全面、系统的基础科学数据。

5. 国际（地区）合作研究项目

科学基金国际（地区）合作研究与交流项目用于资助科学技术人员立足国际科学前

沿，有效利用国际科技资源，本着平等合作、互利互惠、成果共享的原则开展实质性国际（地区）合作研究与学术交流，以提高我国科学研究水平和国际竞争能力。包括国际（地区）合作研究项目、国际（地区）合作交流项目和外国青年学者研究基金项目。2012年以来，兰州大学、中国科学院水利部水土保持研究所、北京大学、中科院地理科学与资源研究所、中科院大气物理研究所等科研单位在涉及黄土高原地区水土资源的国际合作（地区）研究与交流项目申报中取得重要进展。这些项目的实施对提升我国黄土高原地区水土保育研究水平、推进国际合作交流、提高国际学术影响力等具有重要意义。

（二）黄土高原地区水土资源保育研究主要科研成果

近年来，我国黄土高原地区水土资源保育相关部门和水土保育科技界根据国家经济建设、社会发展和生态建设的实际需要，在水土资源情况普查、水土保持规划、水土资源保育研究等方面取得了丰富的成果。

1. 水土保持普查成果

2010年，在第一次全国水利普查中，同步开展了全国水土保持情况普查，并于2012年完成《全国水土保持普查成果》。该项成果采用先进的科学技术手段，综合运用我国近年来资源环境领域的最新调查成果，在严密的组织体系、技术支撑体系和质量控制体系下，通过系统开展野外调查和室内工作的基础上完成。该成果明确了黄土高原地区等水土流失严重区域的水土资源流失现状和水土资源保育成效，为国家今后宏观调控、开展水土资源保育工作提供了科学依据。

2. 水土保持规划成果

近年来，我国在水土保持规划领域产出了一批重要的成果。2015年，我国首部《全国水土保持规划（2015—2030年）》获得国务院正式批复，这是我国水土保育进程中的一个重要里程碑。在此基础上，黄土高原地区各省区相继编制完成了省级水土保持规划，如《宁夏回族自治区水土保持规划（2016—2030年）》《青海省水土保持规划（2016—2030年）》《内蒙古自治区水土保持监测规划（2016—2030年）》《河南省水土保持规划（2016—2030年）》等，已相继出台并颁布实施。

3. 水土资源保育研究论文

2012—2016年，黄土高原地区水土资源保育研究成果丰硕。截至2016年12月31日，以黄土高原水土保持为主题词在中国知网数据库中检索，共筛选出592篇相关研究成果。2012年以来，黄土高原水土资源保育研究保持了较为稳定的发展态势。土壤侵蚀与水土保育规律和机理的相关研究不断增加，典型区（如矿区）水土资源保育研究不断深入，气候变化与黄土高原水土资源保育研究备受关注。

4. 水土资源保育研究专著

近5年来，黄土高原地区水土资源保育研究内容不断深入、研究领域逐渐拓展，产出了一批有价值的研究成果。据不完全统计，2012年以来相关领域学者共出版著作25部，内容涵盖土壤侵蚀与调控、水土资源保育技术及模式、水土资源保育监测评价、水土资源保育与产业发展4个方面。这些成果的取得是黄土高原地区水土资源保育事业发展的充分体现，为区域水土资源保育研究的深入开展奠定了理论和方法基础，一定程度上推动了资源环境科学与其他学科的交叉融合发展。

（三）黄土高原地区水土资源保育研究队伍建设

长期的科学研究和生产实践，推动了黄土高原地区水土资源保育研究机构不断壮大，培养和造就了一大批从事水土资源保育及其相关研究的专业化人才。目前，我国从事黄土高原地区水土资源保育相关研究的科研机构主要包括3大类型：一是国家相关部委直属的科研机构；二是教育部下属的有关高等院校；三是各省水利厅、环保厅、国土资源厅、建设厅及科技厅等部门下属的地方性科研机构。这些科研机构不仅有数量众多的科研人员通过理论研究和技术研发等对黄土高原地区水土资源流失防治和生态保育与修复提供科技支撑，而且大部分开设有水土资源保育相关专业，为我国培养了一大批水土资源保育研究领域的科研人才。

其中，国家相关部委直属的科研机构包括中国科学院下属的地理科学与资源研究所、水利部水土保持研究所、生态环境研究中心、地球环境研究所、西北生态环境资源研究院等，中国农业科学研究院下属的农业环境与可持续发展研究所、农业资源与农业区划研究所、农业信息研究所等，水利部下属的中国水利水电科学研究院、黄河水利委员会黄河水利科学研究院、黄河水文水资源科学研究院等，以及国土资源部、环境保护部、国家林业局、中国气象局等部委下属的相关科研机构。近年来，中科院水利部水土保持研究所依托黄土高原土壤侵蚀与旱地农业国家重点实验室等科研平台，在黄土高原土壤侵蚀及旱地农业、植被恢复与环境调控等领域研究成果丰硕，研究队伍壮大，受到学术界的广泛关注；中国科学院生态环境研究中心城市与区域生态国家重点实验室在黄土丘陵沟壑区景观格局变化与土壤侵蚀、小流域综合治理、退耕还林可持续性研究等方面成果卓著，科研队伍建设和人才培养成绩突出，在国内外学术界产生了强烈反响；中国气象局兰州气象干旱研究所通过整合优势资源，推进科研队伍建设，在黄土高原干旱气象监测与试验、干旱气候规律及其预测、干旱气象灾害、干旱区生态环境与水资源研究领域的科研成果突出，为区域经济社会发展做出了重要贡献。

教育部直属的相关高校和部分地方高校，包括北京大学、北京师范大学、中国农业大学、西北农林科技大学、兰州大学、北京林业大学、西北大学、陕西师范大学、长安大学、宁夏大学、西北师范大学和山西大学等。这些高等院校设有资源环境相关院系（所）、实验室和水土资源保育相关专业，近年来培养了大批水土资源领域的学术型、实践型人才，为黄土高原地区水土保育事业提供了大量后备力量。其中，西北农林科技大学资源与环境学院、兰州大学西部环境与气候研究院、陕西师范大学地理科学与旅游学院等，在黄土高原生态修复、水土保持与荒漠化防治、水土资源开发利用等领域研究成果突出，研究队伍日渐壮大，人才培养初具规模，是近年来黄土高原地区水土资源保育研究的重要力量。

地方性科研机构包括甘肃省农业科学院、甘肃省治沙研究所、甘肃省水土保持科学研究所、内蒙古自治区地质环境监测院、宁夏农林科学研究院、宁夏水利科学研究院、山西省林业科学研究院、山西省水土保持科学研究所、陕西省水土保持勘测规划研究所、陕西省水土保持生态环境监测中心、陕西省治沙研究所等机构。这些科研机构为黄土高原地区水土资源保育工作提供服务的同时，也参与相关科学研究，部分研究成果获得省级以上科技奖励，在区域水土资源保育实践中得到广泛应用，取得了良好的生态、社会和经济效益。

此外，相关学会的发展壮大，为水土资源保育研究领域的科研机构和科研人员之间的合作交流搭建了广阔的平台。如中国自然资源学会、中国地理学会、中国水土保持学会、中国土壤学会、中国环境学会、中国水利学会、中国土地学会、国际水土保持青年论坛等。

（四）黄土高原地区水土资源保育研究获奖情况

通过对国家科学技术奖励工作办公室公布的年度国家、各省部科技奖励授奖项目名单进行统计，2012—2016年间，共有16项有关黄土高原地区水土资源保育研究的成果荣获国家或省级科技奖励。其中“西部干旱半干旱煤矿区土地复垦的微生物修复技术与应用”和“黄土区土壤—植物系统水动力学与调控机制”项目分别获得国家科学技术奖二等奖和国家自然科学奖二等奖，其余14项科研成果获得省级科学技术奖励。

四、黄土高原地区水土资源保育未来研究方向和重点领域

（一）黄土高原地区水土资源保育研究发展趋势

综合分析黄土高原地区水土资源保育研究现状和新时期黄土高原地区水土资源保育研究的战略需求，今后3~5年黄土高原地区水土资源保育研究将呈现以下4个发展趋势。

1. 传统研究领域不断深化，使水土资源保育研究向纵深发展

随着黄土高原地区水土资源保育研究不断发展，水土资源普查、水土保持规划、土壤侵蚀规律与机理、水土资源保育模式、水土资源保育效益评估等传统研究领域将进一步发展。如水土资源保育规划过程中不断吸收新理念、应用新方法；区域水土资源保育模式进一步创新；水土资源保育效益和区域生态安全综合评估框架、指标体系和评价方法不断完善；水土资源保育政策的科学性、可操作性逐渐提高；水土资源保育新方法和新技术不断涌现等，将推动黄土高原地区水土资源保育研究向纵深发展。

2. 新兴研究领域不断扩展，使水土资源保育研究向广度发展

面对全球变化及与区域经济社会发展相伴而生的资源环境问题，黄土高原地区水土资源保育研究领域将不断拓展。水土资源保育与生态清洁小流域治理、水土资源保育生态修复、黄土丘陵沟壑区土壤侵蚀与灾害防治、水土资源保育生态系统服务功能评价、水土资源保育生态补偿、水土资源保育与 $PM_{2.5}$ 防治、矿产资源开发区及城市建设区水土资源保育与生态建设、水土资源保育与区域生态安全、水土资源保育与精准扶贫等[64]诸多新兴研究领域将得到重视和发展。同时在区域生态、社会、经济发展过程中还将出现新的水土资源问题，促使水土资源保育研究者根据国家或区域需求开展水土资源保育相关专题研究。因此，在新的发展阶段，黄土高原地区水土资源保育研究领域将进一步拓展，研究内容更加丰富。

3. 新方法和新技术的应用，使水土资源保育研究水平显著提高

新方法和新技术是支撑黄土高原地区水土资源保育传统研究领域和新兴研究领域持续发展的重要手段。新方法特别是试验、监测、模拟等方法的引入和应用，使水土资源保育研究的科学性显著提高，进而推动水土资源保育研究创新水平不断提升；新技术尤其是3S 技术的应用使水土资源保育研究工作从传统的定性分析发展为定性、定量和定位相结合的分析，从单一要素的分析过渡到多要素、多变量的综合分析，从静态分析发展到动态分析，极大地提高了水土资源保育研究的工作效率。同时随着 3S 技术在水土资源保育研究领域的进一步发展，水土流失与灾害防治的信息化管理和科学化决策发展将成为可能。

4. 多学科交叉融合发展，使水土资源保育及其交叉领域理论研究日益丰富

学科之间的相互交叉和相互渗透是现代科学发展的重要趋势。黄土高原地区水土资源保育涉及自然科学、社会科学和工程技术科学的内容，跨学科属性使水土资源保育研究内容、研究方法、研究手段和解决的问题不断拓展，基础理论日益丰富。同时，水土资源的保护与利用研究也是资源科学的重要研究内容，具体涉及水资源学、土地资源学、资源地理学、资源生态学、资源经济学、资源信息学、资源工程学和资源管理学等多学科及其交叉领域的内容[65]。因此，多学科的交叉融合发展，在支撑区域水土资源保育研究的同时，将极大地丰富资源科学及其交叉领域的基础理论。

（二）黄土高原地区水土资源保育未来研究方向和重点

根据黄土高原地区水土资源保育研究现状、战略需求和发展趋势，结合国家“十三五”重大发展规划和科研布局[66-69]，确定今后五年水土资源保育研究的主要方向、科学目标和近期研究的重点。

1. 黄土高原地区土壤侵蚀过程、机制及模型研究

（1）土壤侵蚀动力学机制及其过程：①科学目标：应用力学与能量学经典理论与研究方法，研究土壤侵蚀过程及其侵蚀力、抗蚀力的演变、能量传递与作用机制，全面揭示土壤侵蚀过程与机理；②近期研究的重点：水力侵蚀过程与动力学机理，风力侵蚀过程与动力学机制，重力侵蚀，如滑坡、泥石流与崩塌等发生机制，人为侵蚀与特殊侵蚀过程及机制。

（2）土壤侵蚀预测预报及模型：①科学目标：用数学方法定量揭示各个因子对土壤侵蚀及其过程的影响，构建土壤侵蚀预测预报及评价模型；②近期研究的重点：土壤侵蚀因子定量评价，坡面水蚀预测预报模型，小流域分布式水蚀预测预报模型，风蚀预测预报模型，区域土壤侵蚀预测评价模型，农业非点源污染模型，滑坡、泥石流预警预报模型，多尺度土壤侵蚀预测预报及评价模型以及各类预报模型的适用范围及效果评价。

（3）大尺度土壤侵蚀规律及其过程：①科学目标：在坡面侵蚀过程与河流泥沙运动研究的基础上，将坡面侵蚀产沙、沟道汇沙、河流输沙等过程纳入一个系统进行整体研究，揭示区域尺度土壤侵蚀的基本规律；②近期研究的重点：全球变化下土壤侵蚀过程、类型及影响因子，不同时空尺度下土壤侵蚀过程的主要特征和临界阈值，土壤侵蚀退化过程及生态恢复等。

2. 黄土高原地区水土资源保育的环境效应研究

（1）土壤侵蚀对土壤质量的作用机理：①科学目标：研究侵蚀引起的土壤退化等对土壤质量、土地生产力的影响机制及效应，揭示不同侵蚀环境下土壤营养物质迁移特征及环境效应，为改善土壤环境质量、确保农产品质量安全提供决策依据和关键技术；②近期研究的重点：土壤侵蚀影响土壤理化性质关键因子识别和土地生产力的机理；土壤侵蚀过程中坡面营养物质迁移过程；流域主要营养物质迁移的空间分异；土壤侵蚀过程中营养物质迁移的环境效应。

（2）水土资源流失及保育对径流泥沙变化的影响：①科学目标：探讨大规模水土流失综合治理条件下流域侵蚀特征和土壤侵蚀模数的变化规律，揭示水土保育措施对入河水沙的作用机制，分析流域产流产沙与河流水沙过程的响应关系，阐明水土保育措施对河流泥沙演变的作用机理；②近期研究的重点：黄土高原地区水土流失及其治理影响径流泥沙的过程、机理及效应；河流水沙变化对降雨、下垫面、人类活动等多元因子耦合作用的响应关系，包括水土流失的水文泥沙变化影响因子识别、水土保育关键措施的水沙效应和流域治理的水沙效应；流域水沙变化的主要影响因素及其未来变化趋势。

（3）水土资源流失与保育效益、环境影响评价：①科学目标：基于对水土资源流失与保育环境效应的研究，分析揭示水土流失、水土资源保育对本地、异地区域环境过程和环境要素的影响；②近期研究的重点：水土流失与水土保育对环境要素和环境过程影响；复杂侵蚀环境下的水土流失综合评价模型，水土保育效益、环境影响评价指标与模型；土壤侵蚀—面源污染过程耦合模型、土壤侵蚀—生态—经济多元耦合模型研究；淤地坝工程、治沟造地工程实施的环境效应及生态风险评估等。

（4）水土资源保育与全球气候变化耦合关系研究：①科学目标：揭示黄土高原地区水

土资源流失与气候变化之间的耦合关系，为应对气候变化带来的极端天气、气候事件等提供决策依据；②近期研究的重点：水土流失、水土保育与全球气候变化的内在联系、评价指标与标准；全球气候变化对区域水土流失、水土保育造成的影响；水土保育与全球气候变化的耦合关系及评价模型。

3. 黄土高原地区水土资源保育的关键技术研究

（1）水土流失试验方法与动态监测技术：①科学目标：加强土壤侵蚀实地试验观测和动态监测，完善水土流失试验监测体系，推动水土流失监测内容、技术和方法统一，增强观测资料的统一性和可比性，建立完善的黄土高原水土资源保育与生态建设数据库；②近期研究的重点：区域水土流失快速调查技术，坡面和小流域水土流失观测设施设备，沟蚀过程与流失量测验技术，风蚀测验技术，滑坡和泥石流预测方法，水土流失测验数据整编与数据库建设，黄土高原小流域划分及其数据库建设，水土保育生态项目管理数据库建设等。

（2）水土资源高效利用关键技术：①科学目标：研究黄土高原地区水土资源高效利用技术，深入开展关键技术集成和典型区域示范，为黄土高原地区水土资源高效利用、生态灾害防控，以及生态文明建设提供技术支撑；②近期研究的重点：以水土资源保育和区域生态建设为核心，结合旱地农业产业发展和治沟造地重大工程的实施，研发和推广农业水土资源高效利用技术与模式；揭示黄土丘陵沟壑区沟道及坡面治理工程的生态安全机制，开展坝系安全运行与水土资源高效利用技术研发、生态灾害阻控技术研发，沟道及坡面治理工程的生态安全保障技术体系研究制订等。

（3）水土保育生态清洁型流域治理技术：①科学目标：在传统小流域综合治理的基础上，将水资源保护、面源污染防治、农村生活垃圾及污水处理等相结合，形成一套完整的黄土高原地区生态清洁下流域治理技术体系；②近期研究的重点：流域内非点源污染物质的迁移过程与模拟技术研发；水土保育对流域非点源污染的调控机制；农业面源污染综合调控技术、农村生活垃圾分级处理技术、水土流失综合治理技术、小型水利径流调控技术集成；不同类型的生态清洁型流域治理技术体系研发。

（4）水土保育与 $PM_{2.5}$ 防治技术研究：①科学目标：加强能源开发区和城市化地区环境污染监测，开展植被与 $PM_{2.5}$、$PM_{2.5}$ 对植被和农作物产量的影响研究，厘清植被调控 $PM_{2.5}$ 等颗粒物的影响因素，为制订城市基础设施建设过程中的水土保育措施提供理论技术支撑；②近期研究的重点：植被（森林）对 $PM_{2.5}$ 等颗粒物调控的基础性研究；森林削减大气颗粒物的主要作用机理及过程；典型植被生态系统阻滞吸收 $PM_{2.5}$ 等颗粒物的功能和调控技术；水土保育对 $PM_{2.5}$ 防治能力的评估。

4. 黄土高原地区水土资源保育的生态服务研究

（1）生态系统服务功能评估：①科学目标：探讨水土保育生态系统服务理论基础、评价指标体系、各类水土资源保育措施生态服务功能分析与计算方法、生态系统服务价值量估算方法，构建完善的水土资源保育生态系统服务功能评价体系，为客观评价黄土高原地区水土资源保育措施的生态功能提供理论依据；②近期研究的重点：黄土高原地区生态系统服务功能评价指标体系和评价方法，各项水土资源保育措施（工程措施、林草措施、农业措施、生产建设水保措施）生态系统服务功能核算。

（2）生态系统服务权衡与协同：①科学目标：研究黄土高原地区生态系统服务之间的权衡与协同关系，为制订区域生态补偿等政策，开展区域水土保育生态系统服务管理提供支撑[70]；②近期研究的重点：辨识各种生态系统服务的空间尺度大小，厘清服务的供给过程和调节过程的相互作用关系；揭示在自然因素和人为因素作用下黄土高原各类生态系统服务之间的权衡/协同关系；通过模型模拟与情景分析等方法对权衡或协同的空间结构及影响因素进行综合分析；探索生态系统服务流空间制图及特征分析的理论方法；揭示生态系统服务流的动态变化及其相互作用。

（3）生态系统服务集成和优化：①科学目标：通过权衡黄土高原地区不同生态系统服务功能项，科学地集成服务项以实现生态系统服务的优化，为与黄土高原地区水土保育生态系统服务相关的管理决策提供科学依据；②近期研究的重点：综合集成计算机技术、GIS技术和应用统计学方法等，建立符合黄土高原水土保育实际及决策需求的生态系统服务制图模型库[71]；综合分析各类水土保育工程，特别是退耕还林（草）工程实施以来，黄土高原度地区生态系统服务的变化趋势及面临问题，综合考虑不同利益相关者的偏好，权衡生态系统服务的侧重点和优先级，建立生态系统服务管理及优化方案，设计实现不同尺度区域生态系统服务惠益最大化的基本路径。

5. 黄土高原地区水土资源保育与生态建设研究

（1）水土资源保育与生态建设模式：①科学目标：以现有的水土资源保育与生态建设模式为重点，探讨各类模式的优劣和适用范围，发展不同类型区不同小流域的综合治理模式，为水土资源保育和生态建设提供理论指导；②近期研究的重点：典型生态建设模式的土地利用结构及在生态建设、区域经济发展中的地位与作用，不同水土资源保育与生态建设模式的主要限制因子与克服途径，小流域综合治理与全流域整体关系的协调研究。

（2）水土资源保育生态效益补偿机制：①科学目标：以水土资源保育和生态建设为核心，开展黄土高原地区生态补偿研究，为建立和完善水土资源保育生态补偿制度提供理论依据；②近期研究的重点：水土资源保育生态补偿的原理与方法研究，水土资源保育生态补偿标准体系研究，水土资源保育生态补偿相关制度研究。

（3）水土资源保育与社会经济发展：①科学目标：开展水土资源保育与社会经济、法律、道德伦理、文化、管理体制等人文和社会经济学方面的研究，为黄土高原地区产业发展和水土资源保育政策制订提供科学依据；②近期研究的重点：水土资源保育与扶贫开发互动研究，水土资源保育与社会经济发展关系研究，水土资源保育政策管理机制研究。

（三）黄土高原地区水土资源保育研究前景展望

黄土高原地区水土资源保育研究在应对全球气候变化、落实国家战略、推进区域生态文明建设、实现经济社会健康发展中的重要支撑作用，决定了其具有非常广阔的发展前景。因此，未来黄土高原地区水土资源保育在基础理论研究、学科设置、研究队伍建设、人才培养及国际交流与合作等方面的发展前景良好。

1. 研究需求长期存在，研究目标更加明确

黄土高原地区生态地位重要，区位条件突出，是我国能源资源的富集区，也是水土资源流失问题的集中区。气候变化和人类活动引起的新旧环境问题将长期困扰区域生态、社会、经济的可持续发展。而水土资源流失问题作为黄土高原地区的首要资源环境问题，是区域发展亟待解决的问题。围绕国家战略需求和区域生态安全问题，以水土资源保育为重点，在水土资源的保护、开发、利用和管理方面开展基础性、战略性和前瞻性研究，为黄土高原地区水土资源的可持续利用和生态—社会—经济复合系统协调发展提供理论和技术支撑是区域研究的目标。

2. 基础理论逐步深化，关键技术日渐成熟

通过开展水土资源保育基础性研究，特别是土壤侵蚀过程与演变、土壤质量与资源效应、流域水文过程及其生态效应、区域水土资源耦合与可持续利用、土壤生物的生态功能与环境效应、生态水文过程与生态服务、水土资源保育关键技术等研究，区域水土资源保育和生态环境建设的基础理论将进一步深化。典型区域（矿区、城市开发建设区等）水土资源保育、水土资源保育生态系统服务、黄土丘陵沟壑区沟道及坡面治理工程等方面的基础理论与关键技术有望取得突破性进展。

3. 学科体系日益完善，研究队伍不断壮大

随着黄土高原地区水土资源保育与生态建设研究深入开展，将会带动以可持续发展为核心的大综合、大交叉的资源与环境科学的快速发展，进而丰富、强化、拓展和更新传统研究领域，推动资源科学学科体系不断完善。同时在国家需求和重大水土资源问题驱使下，与区域水土资源保育相关的研究机构将会迎来更大的发展机遇和发展空间，研究平台更加广阔，科研环境进一步优化，研究队伍不断壮大，面向政府部门、科研机构、企业需求的水土资源保护与综合利用的人才培养规模进一步扩大，资源科学服务国家和社会发展的实践能力得到极大提升。

4. 国际交流合作加强，国际影响力显著提升

开展国际交流与合作，既是资源科学发展的需求，也是解决全球性资源环境问题不可缺少的重要途径。黄土高原地区水土资源保育研究取得的基础性、前瞻性、创新性、战略性研究成果和水土资源流失治理经验，对我国乃至世界同类地区治理水土流失问题具有重要的借鉴意义。同样我国水土资源保育领域的相关研究机构和科学家为适应国际合作环境与形势，也根据学科特点和研究成果，积极参与国际合作，与国外水土资源保育领域的相关机构建立广泛的合作关系，吸收借鉴国际水土资源保育研究领域的先进科学技术。通过广泛深入的国际交流与合作，我国水土资源保育研究水平和国际影响力将会显著提高，在国际学术舞台上的话语权将得到全面提升。

参考文献

［1］余新晓，毕华光．水土保持学（第3版）［M］．北京：科学出版社，2013：16-17.

［2］水利部，中国科学院，中国工程院．中国水土流失防治与生态安全（西北黄土高原区卷）［M］．北京：科学出版社，2010：28-59.

［3］彭珂珊．黄土高原地区水土流失特点和治理阶段及其思路研究［J］．首都师范大学学报（自然科学版），2013，34（5）：82-90.

［4］李相儒，金钊，张信宝，等．黄土高原近60年生态治理分析及未来发展建议［J］．地球环境学报，2015，6（4）：248-254.

［5］王万忠，焦菊英，马丽梅，等．黄土高原不同侵蚀类型区侵蚀产沙强度变化及其治理目标［J］．水土保持通报，2012，32（5）：1-7.

［6］李浩宏，王占礼，申楠，等．黄土坡面片蚀水流含沙量变化过程试验研究［J］．中国水土保持，2015（3）：46-49+69.

［7］盛贺伟，孙莉英，蔡强国．黄土坡面片蚀过程稳定含沙量及其影响因素［J］．地理科学进展，2016，35（8）：1008-1016.

［8］于国强，张霞，张茂省．植被对黄土高原坡沟系统重力侵蚀调控机理研究［J］．自然资源学报，2012，27（6）：922-932.

［9］马小玲，张宽地，董旭，等．黄土坡面细沟流土壤侵蚀机理研究［J］．农业机械学报，2016，47（9）：134-140.

［10］姚文艺．土壤侵蚀模型及工程应用［M］．北京：科学出版社，2014：97-141.

［11］Tang Qing，Xu Yong，S J Bennett，et al. Assessment of soil erosion using RUSLE and GIS a case study of the Yangou watershed in the Loess Plateau，China［J］．Environmental Earth Sciences，2015，73（4）：1715-1724.

［12］李强，许明祥，赵允格，等．黄土高原坡耕地沟蚀土壤质量评价［J］．自然资源学报，2012，27（6）：1001-1012.

［13］高海东，李占斌，李鹏，等．基于土壤侵蚀控制度的黄土高原水土流失治理潜力研究［J］．地理学报，2015，70（9）：1503-1515.

［14］王伟，王玲玲，范东明．黄土丘陵沟壑区典型治理小流域水沙输移的尺度效应［J］．干旱区资源与环境，2016，30（8）：108-112.

［15］张乐涛．基于侵蚀能量的径流输沙尺度效应研究——以黄土高原丘陵沟壑区为例［D］．杨凌：中国科学院研究生院（教育部水土保持与生态环境研究中心），2016.

［16］Wang Shuai，Fu Bojie，Piao Shilong，et al. Reduced sediment transport in the Yellow River due to anthropogenic changes［J］．Nature Geoscience，2016，9（1）：38-41.

［17］王改玲，石生新，王青杵，等．晋北黄土丘陵区不同林草措施的蓄水保土和土壤水分效应研究［J］．干旱区资源与环境，2012，26（11）：172-177.

［18］李国会．晋西黄土区农田水土流失防治措施水土保持效应研究［D］．北京：中国林业科学研究院，2013.

[19] 高海东. 黄土高原丘陵沟壑区沟道治理工程的生态水文效应研究［D］. 杨凌：中国科学院研究生院（教育部水土保持与生态环境研究中心），2013.

[20] Zhang Fengliang，Feng Xingping. Exploration of water and soil conservation's function in construction of eco-environment［J］. Agricultural Science & Technology，2015，16（5）：1544–1551.

[21] 贺春雄. 延安治沟造地工程的现状、特点及作用［J］. 地球环境学报，2015，6（4）：255–260.

[22] 郭贝贝，杨绪红，金晓斌，等. 基于多目标整形规划的黄土台塬区水资源空间优化配置研究［J］. 资源科学，2014，36（9）：1789–1798.

[23] 肖培青，姚文艺，申震洲，等. 黄河中游砒砂岩区抗蚀促生技术研究［J］. 中国水土保持，2016（9）：73–75.

[24] 王国. 宁南山区生产建设项目水土流失防治技术体系研究［D］. 北京：北京林业大学，2013.

[25] 高建荣. 小流域综合治理项目措施配置初探——以甘肃省皋兰县大砂沟水土保持综合治理工程为例［J］. 甘肃水利水电技术，2014，50（2）：47–49.

[26] 刘彦随. 土地综合研究与土地资源工程［J］. 资源科学，2015，37（1）：1–8.

[27] 陈见影. 陕西渭北旱塬秦庄沟流域综合治理模式研究［D］. 西安：陕西师范大学，2014.

[28] 刘德林，郝仕龙，李壁成. 黄土高原上黄小流域土地利用动态变化及驱动力分析［J］. 水土保持通报，2012，32（3）：211–216.

[29] 王浩，张光辉，张永萱，等. 黄土高原小流域次降雨径流深预报模型［J］. 中国水土保持科学，2015，13（5）：31–36.

[30] 齐拓野. 基于能值分析的黄土高原丘陵区退耕还林还草效益研究——以宁夏彭阳县［D］. 银川：宁夏大学，2014.

[31] 王超，甄霖，杜秉贞，等. 黄土高原典型区退耕还林还草工程实施效果实证分析［J］. 中国生态农业学报，2014，22（7）：850–858.

[32] 赵晓妮. 黄土高原继续实施退耕还林还草，弊大于利？［N］. 中国气象报，2015–11–18（01）.

[33] Chen Yiping，Wang Kaibo，Lin Yishan，et al. Balancing green and grain trade［J］. Nature Geoscience，2015，8（10）：739–741.

[34] Feng Xiaoming，Fu Bojie，Piao Shilong，et al. Revegetation in China's Loess Plateau is approaching sustainable water resource limits［J］. Nature Climate Change，2016，6（11）：1019–1022.

[35] 曲婵，刘万青，刘春春，等. 黄土高原淤地坝研究进展［J］. 水土保持通报，2016，36（6）：339–342.

[36] Liu Qiang，Wang Yunqiang，Zhang Jing，et al. Filling Gullies to Create Farmland on the Loess Plateau［J］. Environmental Science & Technology，2013，47（14）：7589–7590.

[37] 高海东，李占斌，李鹏，等. 梯田建设和淤地坝淤积对土壤侵蚀影响的定量分析［J］. 地理学报，2012，67（5）：599–608.

[38] 马红斌，李晶晶，何兴照，等. 黄土高原水平梯田现状及减沙作用分析［J］. 人民黄河，2015，37（2）：89–93.

[39] 孟宪玲，张爱国，尹惠敏. 吉县生态移民水土保持效应的价值评估［J］. 中国水土保持，2013（7）：34–36.

[40] 杨显明，米文宝，齐拓野，等. 宁夏生态移民效益评价研究［J］. 干旱区资源与环境，2013，27（4）：16–23.

[41] 万炜，张爱国. 基于生态环境敏感性的山西吉县生态移民区划研究［J］. 云南地理环境研究，2014，26（1）：40–47.

[42] 黎洁. 陕西安康移民搬迁农户的生计适应策略与适应力感知［J］. 中国人口·资源与环境，2016，26（9）：44–52.

[43] 汤国安. 黄土高原数字地形分析：探索与实践［M］. 北京：科学出版社，2015：273–460.

[44] 蔡凌雁，汤国安，熊礼阳，等．基于 DEM 的陕北黄土高原典型地貌分形特征研究［J］．水土保持通报，2014，34（3）：141-144+329.
[45] 翟然，马宁，赵帮元，等．黄土高原水土保持遥感监测影像配置方案研究［J］．人民黄河，2014，36（6）：97-99+103.
[46] 康悦，文军，张堂堂，等．卫星遥感数据评估黄土高原陆面干湿程度研究［J］．地球物理学报，2014，57（8）：2473-2483.
[47] 孙文义，邵全琴，刘纪远．黄土高原不同生态系统水土保持服务功能评价［J］．自然资源学报，2014，29（3）：365-376.
[48] 任志远，刘焱序．西北地区植被保持土壤效应评估［J］．资源科学，2013，35（3）：610-617.
[49] 李苒．基于 InVEST 模型的榆林市土壤保持生态效益研究［J］．干旱区研究，2015，32（5）：882-889.
[50] Feng Xiaoming，Fu Bojie，Lu Nan，et al. How ecological restoration alters ecosystem services：an analysis of carbon sequestration in China's Loess Plateau［J］. Scientific Reports，2013（3）：1-4.
[51] 谢永生．中国黄土高原水土保持与农业可持续发展［M］．北京：科学出版社，2014.
[52] 李奇睿，王继军，郭满才．基于结构方程模型的安塞县商品型生态农业系统耦合关系［J］．农业工程学报，2012，28（16）：240-247.
[53] 刘平贵．陕西黄土高原退耕还林发展林果业的启示——探讨水土保持产业化的必要性与可行性［J］．水利发展研究，2013（12）：72-74+83.
[54] 吴启蒙，朱志玲，吴咏梅，等．宁夏水土保持的产业结构影响评价［J］．水土保持研究，2012，19（4）：116-121+295.
[55] 梅花，王继军，高亮，等．安塞县水土保持对农业资源——产业耦合系统的影响［J］．水土保持研究，2013，20（2）：243-249.
[56] Lu Chunxia，Yu Fuqin，Liu Xiaojie，et al. Responses of ecosystems to ecological compensation in a key ecological function area of the Loess Plateau［J］. Journal of Resources and Ecology，2015，6（6）：369-374.
[57] 杨波，王全九．退耕还林后榆林市土壤侵蚀和养分流失功效研究［J］．水土保持学报，2016，30（4）：57-63.
[58] 刘景发，孙浩，常国庆，等．黄土高原生态安全国家投资政策与机制研究［J］．中国水土保持，2014，30（4）：23-27.
[59] 郭永乐．黄河流域水土保持生态建设管理体制研究［D］. 杨凌：西北农林科技大学，2012.
[60] 卫伟．水土资源保持的科学与政策：全球视野及其应用——第 66 届美国水土保持学会国际学术年会述评［J］．生态学报，2011，31（15）：4485-4488.
[61] 樊杰．主体功能区战略与优化国土空间开发格局［J］．中国科学院院刊，2013，28（2）：193-205.
[62] 中华人民共和国国务院．“十三五”国家科技创新规划［EB/OL］. http：//www.gov.cn/zhengce/content/2016-08/08/content_5098072.htm.
[63] 中国科学技术协会，中国自然资源学会．资源科学学科发展报告（2011—2012）［M］．北京：中国科学技术出版社，2012：96-97.
[64] 余新晓．水土保持学前沿［M］．北京：科学出版社，2015：128-129.
[65] 陈新建，濮励杰．中国资源地理学学科地位与近期研究热点［J］．资源科学，2015，37（3）：425-435.
[66] 中华人民共和国水利部．全国水土保持科技发展规划纲要（2008—2020）［EB/OL］. http：//www.china.com.cn/policy/txt/2008-09/22/content_16514578.htm.
[67] 国家自然基金委员会，中国科学院．未来 10 年中国学科发展战略——资源与环境科学［M］．北京：科学出版社，2012：133-194.
[68] 中华人民共和国国务院．国家中长期科学和技术发展规划纲要（2006—2020 年）［EB/OL］. http：//www.most.gov.cn/mostinfo/xinxifenlei/gjkjgh/200811/t20081129_65774.htm.

［69］国家自然基金委员会. 国家自然科学基金“十三五”发展规划［EB/OL］. http：//www.china.com.cn/zhibo/zhuanti/ch-xinwen/2016-06/14/content_38662624.htm.
［70］彭建，胡晓旭，赵明月，等. 生态系统服务权衡研究进展：从认知到决策［J］. 地理学报，2017，72（6）：960-973.
［71］傅伯杰，于丹丹. 生态系统服务权衡与集成方法［J］. 资源科学，2016，38（1）：1-9.

撰稿人：薛东前　宋永永　万斯斯　顾　凯　孟繁丽

西北地区水土资源研究

一、引言

中国西北地区是亚洲中部干旱区的重要组成部分，地理位置东以贺兰山为界，南至昆仑山—阿尔金山—祁连山脉，北侧和西侧直抵国界，区域范围大致介于 73° E~107° E 和 35° N~50° N 之间，总面积为 235.2 万平方千米，占我国国土面积的 24.5%。西北干旱平原区光照充足，气温日较差大，其外围有高山环绕，山区有较大而稳定的降水，每年通过 428 条大小内陆河流，为山前平原提供约 787 亿立方米的出山径流，形成许多串珠状的灌溉绿洲。甘肃河西走廊与新疆天山南北的绿洲，是著名的商品粮基地和重要的糖、油、肉、瓜果的集中产区，河西走廊每年给甘肃提供的商品粮占这个省的 70%以上。西北地区也是国家实施西部大开发战略的重要区域和“一带一路”战略的核心区域，是维护国家生态安全的重要屏障，也是东西方文化和物质交流的重要通道。近年来在全球气候变化驱动下，旱灾频发和环境恶化正在不断地威胁着西北地区的和谐稳定与发展，导致东西部发展差距逐步扩大。由水资源短缺和利用不当以及不合理的农业耕作制度等引发了一系列的农业生产和生态问题，随着人口压力的增加，耕地面积的锐减，粮食安全面临巨大挑战，沙漠化继续扩张将阻断新疆与内地的沟通与交流，严重制约区域的生存环境、经济发展、社会稳定和国家安全。因此，研究西北地区水土资源利用的动态过程和机制，提出节水与资源高效利用模式，完善干旱农业生态系统的结构与功能，对适应气候变化，实现西北地区可持续发展具有重要意义。近年来在西北地区水土资源各个研究领域取得了突出进展，本章旨在对水资源和土地资源研究现状与成果总结的基础上，对水土资源研究的发展趋势做一概要阐述。

二、西北地区水资源研究现状与发展趋势

（一）水资源研究现状

1. 大气降水

（1）降水时空分布特征。随着全球气候变化研究的不断深入，特别是20世纪80年代后期以来，我国西北地区西部和中部的气候转为暖湿型，而西北地区东部的气候却呈现持续干旱化的特征，这引起了学界的广泛关注，很多研究表明西北地区表现出明显的暖湿化趋势，Zhou等利用中国西北地区16个站点的月降水资料揭示了西北地区1987年降水发生突变[1]；任国玉等指出西北干燥区进入21世纪以来，其前10年平均降水量比1961年以来任何年份都高[2]；商沙沙利用西北地区1961—2014年191个台站的逐月气温和降水资料，通过线性倾向估计、滑动平均、累积距平、IDW（反距离空间插值）等方法，研究了我国西北地区气温和降水的时空变化特征[3]，结果表明西北地区近54年来降水量在190~370mm之间变化，年均降水量为299mm，2008—2014年降水量距平值全部为正值，进入21世纪以来西北地区降水量相对20世纪90年代及以前有明显的上升，且与年均温变化趋势一致。西北地区年降水量5年滑动平均曲线表明，20世纪60年代中期至80年代中期降水量呈缓慢上升趋势，20世纪80年代中期至21世纪呈缓慢下降趋势，21世纪后降水量一直呈上升趋势，且在2013年上升尤其迅速。

也有研究表明整个西北地区向暖干化发展，暖湿化现象只发生在局部地区[4, 5]，马新平等指出西北地区东部的大气可降水与实际降水的空间分布和变化趋势一致，大气可降水量减少可能是东部地区降水减少的贡献因素之一[6]；徐利岗等对西北地区降水的未来变化趋势进行了探究，结果表明其未来的总体变化趋势与过去变化一致[7]。西北地区多年平均气温较高区域集中在南疆地区、祁连山东南部，其中升温较明显区域集中在准噶尔盆地和天山地区西南部分地区。降水量表现出东多西少的特征，降水量较多区域集中在祁连山东南部，降水量较少区域集中在南疆地区，其中降水增加较明显区域集中在北疆地区、塔里木盆地的西部地区[3]。

在降水的周期性方面，Chen等利用树轮数据得出河西走廊降水具有显著的11年和2~7年准周期变化，其原因可能与太阳黑子活动和ENSO周期变化一致[8]；并通过对典型干湿年份大气环流的特征分析，发现西北地区东部干湿变化与亚洲夏季风活动存在明显关联。徐利岗指出西北地区年降水存在9年及12年周期[7]；郭慧等提出西北地区的年降水量变化存在显著的8~9年和4~5年的周期震荡[9]，姚俊强认为西北地区降水量存在4年、8年、12年和22年振荡周期，其中22年尺度振荡周期最强，其次是12年尺度。以上降水周期研究结论的，不一致大概与研究数据质量长度以及周期性检测方法不同有关[10]。

（2）降水异常与极端降水。西北地区气候由暖干向暖湿转型的同时伴随着频繁的气象

灾害，受人类活动和全球气候变暖的影响，西北干旱极端水文事件无论在范围和频率上都呈现显著增加趋势[11, 12]。20 世纪 80 年代以来，与暖相关的气温极值（暖夜日数、暖昼日数、热日持续指数）显著增加[13]，而降水极值（日降水强度、强降水事件、大雨日数、强降水量）也表现为增加趋势[14]。王月华等以河西走廊的疏勒河为例指出疏勒河流域年降水总量和最大一天降水量均呈现波动上升趋势[15]；有研究发现近 51 年来西北地区降水日数呈减少趋势，而强降水发生频次、湿日数平均长度均呈现出增多增长的趋势[16]；同时西北地区的年降水总量与多个极端降水指标具有很好的相关性[17]。赵丽等认为极端降水量存在明显的区域差异，北疆天山地区增加趋势明显[18]；王少平等结合传统的绝对阈值法和百分位法提出了适用于西北地区的极端降水指数[19]，并指出西北地区夏季极端降水事件显著增加，而其他季节增加不明显；另有研究表明西北地区的持续干旱日指数与夏季北极涛动具有很好的相关性[14]。

黄晨然利用中国 756 个地面观测站 1979—2008 年逐日降水资料、NCEP\NCAR 再分析资料、环流指数、甘肃省区域站逐时降水资料、风云 2E 卫星云图及产品，分析了西北地区极端降水的时空分布和演变特征，发现西北地区极端降水阂值远低于东南地区，高值区位于甘肃东南部、宁夏东部及南部、陕西南部，低值区位于准噶尔盆地、吐鲁番盆地至柴达木盆地。极端降水量占总降水量的比例为 22%~44%[20]。西北地区极端降水存在多重时间尺度变化，主要控制周期是 2 年。ENSO 暖 / 冷信号对西北地区极端降水多寡的影响具有不对称性，厄尔尼诺年与极端降水偏少年有较好的对应关系。

（3）大气降水化学组成特征。大气降水化学是以地球化学、大气化学及水化学为基础而建立的一门新兴学科，是研究降水的化学组成，和在降水过程中化学特征及其化学变化规律的学科，是大气化学的重要组成部分。它涉及大气降水中各成分的性质和变化，源和汇，化学循环，以及发生在大气与陆地及海洋间的化学过程。就学科发展而言，大气降水化学的发展还处于初始发展阶段，还有许多未知的领域等待着研究和探索，尤其是关于降水化学成分的来源、去向、迁移、输送、全球循环及时空分布等问题。其中，大气降水化学组成及特征是研究和评估大气中物质输送、转化以及沉降过程的有效途径，也可以在一定程度上反映大气环境的变化，而且不同的水汽来源也会影响着区域的大气降水化学特征[21-23]。

Ma 等通过长期对石羊河流域降水的观测分析表明降水离子浓度与季节相关[23]。李宗杰等研究了石羊河流域降水化学特征的时空变化及来源，认为石羊河流域的主要降水类型为 SO_4^{2-}—NO_3^-—Ca^{2+}，降水水化学受人为和地壳影响，并且通过后向轨迹法分析发现混合降水是当地的主要降水来源[24]。贾文雄等分析了祁连山东段降水的水化学特征，阐述了各离子的不同来源，以及降水中各离子含量多少会受各天气系统的强弱变化影响[25]。Zhao 等以疏勒河流域为研究对象，综合应用同位素、水化学技术和气象学方法，对疏勒河流域大气降水的水化学和稳定同位素的时空分布进行了研究，疏勒河流域大气降水阳离

子以 Ca^{2+} 和 Na^{+} 为主，阴离子以 SO_4^{2-} 为主，平原区大气降水离子浓度要高于山区，各主要离子的来源不尽相同，Cl^{-} 和 Na^{+} 以海源输入为主；SO_4^{2-} 和 NO_3^{-} 以人为活动输入为主；K^{+}、Mg^{2+} 和 Ca^{2+} 主要以陆源输入为主；但是在冬季有 58.35% 的 Na^{+} 来源于陆地，含盐矿物的输入为 Na^{+} 提供充足的来源[26]。

（4）大气降水同位素组成与水汽来源。大气降水是区域水资源的主要输入因子，稳定同位素作为自然水体中的重要组成，对环境变化的响应十分敏感，并记录着水循环演化过程中的历史信息。作为一种天然示踪剂，稳定同位素在追踪水汽来源、记录水体迁移过程、确定水体年龄以及反映全球和区域水循环机制与大气环流模式提供重要依据。精确地掌握区域水汽来源与调查地下水及大气水相互转化关系、地下水补给过程，最重要的前提就是了解大气降水同位素特征及其来源。大量研究表明，西北干旱区地处于欧亚大陆腹地，远离海洋，地理条件和气候条件较为复杂，夏季来自海洋的暖湿气团对该区域影响有限，而冬季盛行西北风，降水较少，造就了西北地区干旱少雨的气候特征，正因为这样的气候特征导致西北干旱区降水线的斜率以及截距要低于全球大气降水线[23, 26]。Guo 等通过对河西走廊降水稳定同位素特征的研究发现该地区存在着明显的季节效应和温度效应，而且受到气温和相对湿度影响，氘盈余在冬半年偏正，夏半年偏负[27]。Zhao 等通过 3 年降水资料监测表明疏勒河流域稳定同位素整体变化区间 $\delta^{18}O$ 平均值为 –6.78‰；$\delta^{2}H$ 平均值为 –50.07‰。从低海拔到高海拔、从北向南疏勒河流域大气降水稳定同位素越来越贫化，$\delta^{2}H$ 和 $\delta^{18}O$ 的年际变化表现出季节性，夏季稳定同位素富集，冬季稳定同位素贫化[26]。

多年来强降水天气（暴雨、暴雪）过程已经被作为气象业务和科研的重点进行了诸多的研究并且取得累累硕果，认识也在不断地加深。孔祥伟等对河西走廊 2012 年 6 月初的强降水天气过程的影响系统配置、水汽输送通道、不稳定能量等方面进行了诊断分析[28]。陶健红等通过对河西走廊西部两次极端暴雨事件的水汽通量、水汽来源以及净收支情况的研究，发现甘肃中西部上空对流层形成的异常偏东气流是形成暴雨的关键[29]。徐栋等利用 NCEP 资料分析并计算了 1961—2010 年共 50 年间西北干旱区的水汽输送及水汽辐合辐散特征，并探讨了它们与降水之间的关系[30]。赵玮通过对降水 d（氘盈余）的变化规律分析，结合应用同位素技术与 HYSPLIT 模型对疏勒河流域大气降水的水汽来源进行分析，研究不同水汽来源对同位素的影响，通过 NCEP/NCAR 再分析数据计算分析疏勒河流域的水汽含量和水汽的输入、输出以及净收支的变化趋势和特征。结果表明，疏勒河流域全年降水以西风水汽为主，局地再循环水汽占据较大比重，西南季风水汽和北部极地水汽也有部分贡献[26]。疏勒河流域纬向水汽输送量远大于经向水汽输送量，大部分降水水汽来源于西风；夏季为主要的水汽输入期，冬季为水汽输出期。西风为强降水事件提供大量的水汽，其他方向的水汽与西风水汽辐合才会形成强降水，西南水汽引起的强降水事件最多，其次是北部水汽，最少的是混合水汽和局地水汽。

（5）遥感降水产品及再分析资料的评估与应用。随着卫星遥感技术和大气环流模型的不断发展，卫星降水产品和再分析降水资料在西北地区大气降水研究中的应用越发广泛。热带降水卫星（TRMM）数据在西北降水分析研究中得到了广泛应用[31-39]。结果表明：TRMM 降水数据与气象台站点实测数据具有较好的一致性，且月尺度降水数据准确度明显好于日尺度，其在时间和空间上具有一定的偏差，使用中需要进一步纠正。石玉立等对青藏高原地区的降水数据进行了纠正研究，有效提高了局地降水估算精度[40]；部分学者针对 TRMM 的低空间分辨率不适用于小区域尺度研究的缺陷进行了降尺度研究[41,42]。此外，MERRA 等再分析资料也在西北地区降水估算中得到应用[43]。

（6）降水利用与农业发展。降水是西北地区灌溉农业和旱地农业重要的水分补给源，但作物对降水的利用却受到自然和人为等诸多因素的影响。在西北干旱缺水环境下，降水的高效利用成为一个新的关注点。陈豫英等对西北地区东部的可利用降水的时空分布变化特征进行了研究，发现西北地区东部可利用降水总体呈现东部减少西部增加的趋势[44]；申晓晶等系统阐述了降水高效利用的研究现状及研究趋势[45]；赖先齐等结合绿洲降水年内分配特点分析如何有效提高水资源利用率服务于现代节水农业发展[46]。

2. 地表水

（1）冰雪融水。冰雪融水是西北地区径流的重要补给来源，是我国西北地区绿洲农业赖以生存和发展的生命线。随着气候变暖的加剧，诸多学者在冰雪融水时空变化、冰雪径流模拟与预估等方面展开了大量研究。近年来，西北地区冰川总体表现为后退和萎缩，冰川、永久积雪、冻土等固态水体呈明显减少态势[47, 48]。部分学者基于长时间观测数据和同位素等手段对冰川融水径流和水化学特征进行了研究，结果表明西北地区的冰川大多处于加速消融时期，其消融过程会水资源分布格局、农业可持续发展以及生态系统稳定产生一系列的影响[49-52]。张九天等分析了冰川加剧消融对西北地区农业生产的影响，并提出了相应的对策[53]；也有许多关于冰川变化对河川径流、洪水灾害及湿地分布产生的影响的成果[54, 55]。

在气候变化与冰雪融水的关系方面，例如新疆冰川、积雪对气候变化响应的水文效应和灾害效应[56, 57]，以及昆仑山地区冰川、积雪下降对气候变化的影响等[58]，庄晓翠研究了阿勒泰地区冬季大到暴雪的气候变化特征，发现全区大到暴雪特征量呈显著增多趋势，且有准 7a 的年际变化周期[59]；白松竹发现阿勒泰地区各级降雪日数均呈显著增加趋势[60]；赵正波等发现阿勒泰地区 20 世纪 80 年代末到 90 年代初大到暴雪日数发生了由少到多的转型[61]。相关学者在干旱区不同地区的冰川流域径流模拟和融雪径流模拟方面进行了大量研究。罗毅等[47]提出了动态冰川水文响应单元（HRU）的概念和方法，显著改善了西北地区内陆河枯水期河川径流过程的模拟效果；怀保娟等将 SRM 经验融雪径流模型应用于乌鲁木齐河源融雪径流的模拟应用中[62]；李晶等分别在塔里木河源、天山托木尔峰冰川流域进行了融雪径流和冰川径流的模拟研究[63, 64]；闫玉娜等利用遥感积雪面积数据改善春季融雪径流的模拟精度[65]。

（2）地表径流。我国西北干旱区的水资源形成、时空分布、水源补给转化等方面的特点十分鲜明，在世界干旱区都具有很强的代表性。西北干旱区的河流大都发源于山区，主要有高山区的冰（川）雪融水、中山带的森林降水和低山带的基岩裂隙水等，多元构成，组分复杂，它们在山区汇流，共同构成了干旱区地表水资源。Liu 等通过对八宝河流域河水的分析得出，河水的主要化学类型是 SO_4^{2}—Mg^{2+}—Ca^{2+}，河水化学组成的主要来源是陆源物质[66]。He 等系统研究了疏勒河流域地表水化学特征，表明在气象气候、水文地质条件影响下，呈现出明显的分带现象，上游河水主要表现为 HCO_3^-—Ca^{2+} 型，玉门—踏实盆地地表水在此基础上矿化度有所增加，演化为 HCO_3^-—SO_4^{2-}—Ca^{2+} 型，相反，下游州盆地地表水含盐量降低，阴离子以 SO_4^{2-} 为主。上述特征很好地指示了下游地表水与中游地表水微弱的联系，而与地下水的补给关系密切[67]。

曹弘选取黑河上游红泥沟小流域为典型研究区，基于环境同位素和反应溶质示踪剂，分析红泥沟河道径流补给来源的季节变化特征，并选取夏季典型降雨 - 径流事件，定量识别河道径流水分来源和流动路径的动态变化[68]。在此基础上，构建了基于物理过程的分布式降雨 - 径流模型。皮锴鸿根据黑河干流入渗段水文 - 水文地质剖析，分析了河流入渗段水文地质特征及河流与地下水相关转化关系，并通过 G312 黑河大桥处两个水文年的河水径流量实时监测，采用基流切割方法获得大桥以上河段的地下水溢出量及河水入渗 - 地下水溢出转换断面的地表径流量，利用河流全线闭口（无引水）期的河道径流过程和径流量，研究了河流入渗特征，确定了河流全线闭口期的河流入渗规律。最后采用随机模拟分析方法，研究了河流流量、河水入渗量与地下水水位之间的相关关系，建立了线性时不变系统理论模型，在模型识别的基础上，预测了地下水位监测孔 2011—2013 年水位变化曲线[69]。李宗杰等人运用相关分析、因子分析和富集因子等对布哈河流域 2014 年丰水期河水样品主要离子浓度特征及来源进行了分析，得出布哈河全流域的水化学类型为 SO_4^{2-}—Ca^{2+}—Cl^-—Mg^{2+}，布哈河流域的水化学主要受控于蒸发岩和碳酸盐岩风化产物的影响[70]。何天丽等运用水文地球化学常用分析方法对柴达木盆地西北部库拉木勒克萨伊河—阿拉尔河流域进行了系统研究，分析了河水中主要离子特征、控制机制及其来源。该流域河水中主要离子的化学特征受控于岩石风化作用，河水中主要离子来自于岩盐、钾盐、硬石膏、白云石和方解石的风化溶解，并且受到少量溶解于河水中硅酸盐矿物的影响[71]。吴丽娜等利用水化学分析方法和 SPSS 统计软件分析了乌鲁木齐河流域地表水化学时空变化特征、地表水各离子间相关性以及流域水化学特征的控制因素[72]。何正强等从氢氧同位素关系、Gibbs 图分析、水化学 Pipper 图分析以及相关分析，定量分析了由冰川、降水补给源到出山口的径流不同离子的变化特征和影响因素[73]。

王甜等对主要离子（K^+、Na^+、Ca^{2+}、Mg^{2+}、Cl^-、HCO_3^-、SO_4^{2-}）浓度及 pH、DO、TDS、CODMn、TN、TP、NH_3—N 进行了监测分析，探讨了水化学组成的时空差异及影响因素，研究了乌鲁木齐河的水环境质量状况[74]。肖捷颖等通过对塔里木河流域地表水主要离子浓度及矿化度（TDS）的检测，分析其水化学空间特征及控制因素[75]。刘光生等基于2009年风火山流域降水和河水 δD 和 $\delta^{18}O$ 数据，结合水文气象资料，分析多年冻土区季节性河流氢、氧同位素组成[76]。王彩霞等基于2012—2013年两个消融期在祁连山老虎沟冰川区连续两年采集的冰川融水径流、雪冰以及降水样品，分析探讨了冰川区水体介质中氢氧同位素和水化学要素在消融期的变化过程及特征[77]。彭红明等通过现场调查并结合水文地球化学、环境同位素分析方法，研究了布哈河河水、地下水的补给来源以及各水体之间的关联程度[78]。吴华武等基于青海湖流域2012年夏季所收集的河水和逐次大气降水中 $\delta^{18}O$ 和 δD 及实测的气象数据，分析了它们的氢氧稳定同位素时空变化特征[79]。

3. 地下水

（1）地下水水化学与水质特征。地下水水化学分布和地下水演化过程的认识是分析地下水环境问题成因、解释地下水溶解物质组成结构、深入追寻地下水补给演化历史的基础。地下水的演化过程是含水层系统自组织过程和地球化学场内自相关性的表现，区域地下水演化主要研究地下水的时空变化规律，其过程既受地质特征和水文地质条件、地球化学系统及流动系统等因素的控制，也受人类活动的影响。水文地球化学方法是研究地下水地演化最为直接有效的技术，对于识别地下水组分的来源，解释或预测未来或过去某时刻地下水水化学状态，刻画围岩环境与水相间的作用关系，探索地球内部的演化规律都具有重要意义。常用的研究方法包括矿物饱和指数法、离子组合及比值法、同位素水文学方法和反向水文地球化学模拟法等。

Xu等基于塔里木河下游地下水的水化学特征，揭示了塔里木河的水化学类型及其影响因素[80]。Wei等利用同位素和水化学手段研究了吉兰泰盆地地下水的补给特征和演化过程[81]。Wang等利用水化学和同位素数据研究了疏勒河流域中上游流域地下水的演化和补给特征[82]。He等在疏勒河流域的研究表明，疏勒河流域地下水以碱性为主，总体来看，承压水水质优于潜水，矿化度从约250 mg/L增加到2560mg/L。水化学类型演化较为简单，阳离子从无明显特征向碱金属离子过渡，阴离子从 HCO_3^- 向无明显特征演化，最后成为 SO_4^{2-} 型水。水化学类型基本上为 SO_4^{2-}—Na^+ 型。潜水和承压水趋势一致，反映了蒸发浓缩作用和地下水与环境的相互作用。影响疏勒河流域地下水化学演化的因素包括补给水源、蒸发浓缩作用、溶滤作用、阳离子交换吸附、混合作用等[67]。Guo等的研究指出疏勒河流域地下水各主要离子含量沿着地下水水流路径呈现增加趋势，增加幅度最大的为 Mg^{2+}、Na^+、SO_4^{2-} 和 Cl^-、Ca^{2+} 和 HCO_3^- 含量基本保持不变。疏勒河流域地下水水化学组成主要受到岩盐和石膏等矿物溶解的影响，地下水的演化属于自然过程，受人类活动的干扰较小。控制疏勒河流域地下水自然演化的主要因素包括岩石风化作用、蒸发结晶作用和混合作用，其中岩石风化作用占主导[83]。刘亮等人的研究表明吐鲁番盆地西部和北部山区的水化学类型随海拔高度的变化在垂向上有着明显的分带规律。吐鲁番盆地平原区地下水化学类型具带状分布规律。由于在人类活动的影响下，吐鲁番盆地内的地下水资源开采量不断增加，致使该盆地的水化学类型在多年及年内均相应发生了变化，尤以盆地内平原区的地下潜水变化最为明显[84]。吴霞等人的研究表明汉水泉地区地下水化学类型、TDS 与主要离子浓度存在明显的分带规律，水化学特征的形成主要受溶滤作用、阳离子交换吸附作用、浓缩作用与混合作用影响[85]。

（2）地下水补给与演化。地下水是人类社会得以延续的重要资源，世界上有数十亿的人口依赖于地下水，在农业灌溉区和很多生态系统的维持保育中，地下水都扮演着核心作用。目前，全球有亿人口依靠地下水生活，由于地下水的补充速度远远不及其攫取速度，这些地区面临着巨大的水资源压力。Wang 等[86]利用稳定同位素和水化学方法分析了银川地区地下水的径补特征，发现地下水主要来源于降水、基岩裂隙水和灌溉回归水，主要去向包括蒸发、人为抽提和对地表水体的补给。Zhang 等[87]研究了塔里木河流域地表水体和地下水稳定同位素的空间分布特征，结果显示，地下水受河水的补给，而且河水入渗补给地下水以后受到了蒸发的影响，该研究对于理解干旱区水文过程有很大的帮助。有研究表明玛纳斯河流域平原区潜水和承压水水力联系紧密，从上游、中游到下游，潜水、承压水的 $\delta^{18}O$、δD 值逐渐增大[88]。地下水形成主要受蒸发浓缩、大气降水及碳酸盐岩和硫酸盐岩的溶滤作用。而小昌马河流域地下水与冰雪融水 $\delta^{18}O$ 的季节变化基本一致，地下水来源于冰雪融水的补给[89]，呼图壁河流域地下水中氘盈余整体变化幅度较小，并且没有表现出明显的季节性变化规律[90]。Guo 等的研究表明玉门—踏实盆地地下水主要受降水、祁连山前侧向地下水和中游河水补给；瓜州盆地地下水主要受到玉门—踏实盆地地下侧向地下水和灌溉回归水补给[83]。降水、融水和上游河水对祁连山前泉水的贡献率分别为 9%、61% 和 30%；降水、祁连山前侧向地下水和中游河水对玉门—踏实盆地地下水的贡献率分别为 1%、37% 和 62%；灌溉回归水和玉门—踏实盆地侧向地下水对瓜州盆地地下水的贡献率为 81% 和 19%。He 等研究表明疏勒河流域第四系地下水均为降水补给成因，敦煌潜水蒸发线与大气降水截距为 -10.6‰，远远小于当地降水特征值，指示现代降水对地下水补给十分有限。地表水系对潜水具有直接的控制作用，山前洪积扇地带地表水补给地下水，细土平原下缘地下水补给地表水。深层地下水同位素偏负，为较冷气候环境下补给[67]。疏勒河流域地下水可分为两种典型的水流系统（图 1 和图 2）。以河道和灌区为中心的局部地下水流系统，主要沿北石河、党河、疏勒河河道分布，这一系统循环积极、深度浅。玉门—踏实盆地地下水稳定同位素在垂向无明显分异，潜水与承压水联系紧密，交换频繁。瓜州盆地地下水随着井深的增加，稳定同位素在潜水和承压水中呈现不同的变化规律，显示着某种程度上同位素分层性特点，指示各含水层岩组垂向水力联系较弱，地下水主要以侧向径流为主。敦煌盆地下游承压水同位素垂向变化与瓜州盆地相似，但是在 60m 深度处潜水与承压水出现重叠分布，指示了在含水层过渡地带上下含水层发生联系。

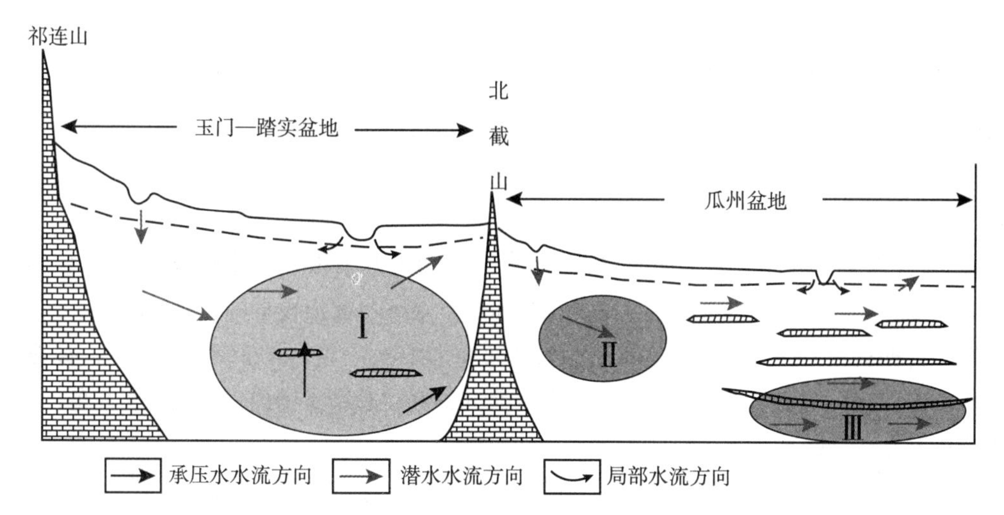

图 1　疏勒河流域玉门—踏实盆地、瓜州盆地地下水流概念模式图

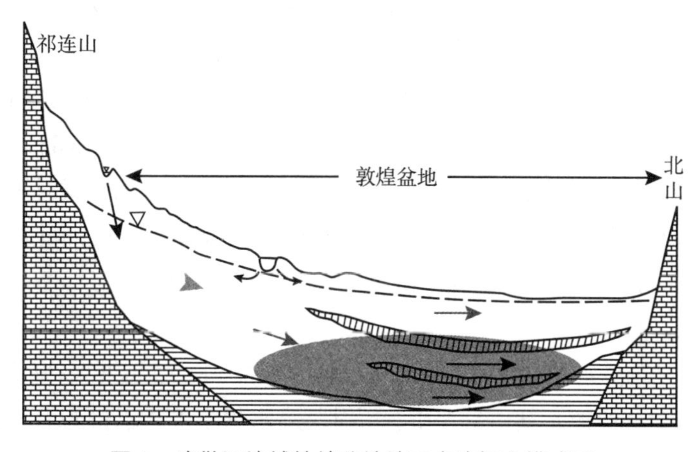

图 2　疏勒河流域敦煌盆地地下水流概念模式图

何建华通过 ^{14}C 年龄矫正表明疏勒河流域平原区第四纪地下水年龄分布范围较大[67]，从现代到数万年，大多数承压水年龄分布在 3000~7000 年间，反映了中全新世大暖期暖湿的气候对地下水补给的重要作用。瓜州盆地东部补给区潜水很年轻，循环速率为 16.2~17.5 m/a。各盆地细土平原区深层潜水从现代到 2000 年不等，说明深部地下水循环交替也比较迟缓。研究区承压水普遍年龄很老，从 3000 年到 1.6 万年，地下水的循环速度介于 2.4~3.7m/a，更新能力较差。

（3）地下水模型与模拟。近年来针对西北地区降水－产流－耗散过程认识的薄弱环节，重点开展了区域降水、降水－地表水－地下水转化、绿洲和荒漠耗散等关键过程研究，加深了对西北地区水循环过程的认识和理解。Huang 等利用不同模型对西北资料缺乏地区的地表水径流过程进行了研究[91]，提出了基于流域含水层释水特性的“快”“慢”双线性库组合的含水层出流公式；胡立堂在耦合一维明渠汇流模型和三维地下水流数值模型的基础上对黑河流域地下水变化进行了研究[92]，发现地下水呈现下降趋势；孙琦等基于GMS模拟软件中的排水沟模块对多级储水洼地的地下水进行了数值模拟研究[93]。常振波等人采用蒙特卡洛方法，借助随机模型进行地下水污染风险评价，模型中随机变量利用灵敏度分析的方法确定，使地下水风险评价结果更为可靠，并借助一个假想例子来说明评价过程[94]。冯忠伦等人采用Kriging插值和地统计分析的方法对研究区现有的地下水监测网进行优化，分析了地下水监测站网优化前后所建立地下水数值模型的计算精度[95]。龚嘉临等人根据资料，探讨MODFLOW和MT3DMS的特点及应用，并总结了该软件模拟地下水－湖泊相互作用的4种方法。基于目前的研究情况，总结了国内模拟研究存在的问题，并分析了发展趋势[96]。

李江选取黑河中游绿洲为研究区，在监测资料和田间试验分析基础上，建立了具有不同景观单元的绿洲水文过程模型，开展了黑河中游绿洲水文过程模拟及情景预测研究[97]。艾尼瓦尔·苏来曼选取11种地下水安全影响指标构建地下水安全指标体系，通过构建新疆喀什地区地下水安全评价指标体系，结合熵权云模型对区域地下水供水安全进行定量评估[98]。梁建辉结合SWAT模型对新疆叶尔羌河某子流域的地下水埋深进行预测，定量分析气候变化环境下研究区域地下水动态响应变化[99]。闫金凤等人将GIS与专业计算地下水运动的FEFLOW模型结合，建立地下水模型预测不同土地利用模式对干旱区绿洲地下水资源的时空分布产生的影响[100]，模型模拟显示三工河流域绿洲上部主要城镇聚居区地下水位逐渐下降，下部地下水位呈现缓慢上升趋势。

4. 包气带水

（1）沙漠包气带降水入渗规律。西北干旱区因身居亚欧大陆内部，降水作为极端干旱区沙漠唯一的水分补给源，其雨量大小、历时与降水频率等降水格局因子直接影响区域水分平衡状况及影响区域对全球气候变化下水文循环响应特征。近年来包气带水分动态与多技术手段的引入成为沙漠水分研究的热点，主要以观测仪器的多元化、连续性、多环境适应性、与辅助观测（如遥感反演）的结合成为近年来研究趋势，并在我国西北干旱荒漠地区取得较好的结果[101]，其中以涡度相关、波文比观测、新型沙漠渗漏观测仪器开发应用、大型蒸渗仪平台的建设等为主的相关站点在沙漠及周边地区的建设与观测开展也成为近几年的工作的新突破。Sun等基于敦煌地区2014年的雨季不同深度土壤含水量观测探究极端干旱区蒸发环境与降水下沙土中包气带水分响应特征雨规律[102]；而在温度影响下的沙漠水分动态变化与冬季冻融作用对包气带水分的影响的相关研究也得到开展。

包气带水分入渗是水分通过全部或部分地表向下流动进入包气带、在包气带中运动和存储，形成包气带水的过程，是大气降水、地表水、包气带水和地下水相互转化的一个重要环节，其过程受地表状况及土壤性质如土壤颗粒结构、地面坡降、土壤理化性质、地下水埋深、降雨量与降雨形式、雨强和植被等各种因素的影响。而在相对均质的沙漠区，相对平缓地带与物质被覆盖情况下，降雨量大小、降雨强度和土壤前期含水量等要素都会影响水分的入渗过程。随着雨强的增加，降雨入渗和再分布湿润锋均随降雨历时延长而逐渐增加，沙丘土壤入渗速率受降雨强度的控制，强度大，入渗也大，入渗深度与降雨量和降雨强度之间存在线性关系。极端干旱区的最新研究表明，沙土表层 0~5 cm 为受降水影响最剧烈区域，3 mm 以上降水事件就会影响到表层 5 cm 处的含水量变化；40 cm 为常规降水事件、年内普通降水事件以及偶发降水事件的入渗影响深度下限，而 50~120 cm 等深度仅在强降水事件发生后产生含水量响应，且响应具有滞后性；入渗深度随着降水量的增大而加深，入渗深度与时间变化具有较好的指数拟合关系[102]。普通降水事件及以上降水会驱动 20 cm 以下水势变化，雨后沙土表层发散型零通量面的形成与下移是驱动包气带水分运移的根本动力。

（2）包气带水分运移模拟。包气带水作为连接地下水与地表水的纽带，在水资源的形成、转化与消耗过程中，具有不可或缺的作用，且包气带水作为四水转化中心环节，其水分运移状况，直接关系着大气降水的下渗、表层包气带水的蒸发，进而影响地气耦合交互带的水热平衡与局地水循环状况，同时包气带水又是植物利用和赖以生存的水分，是整个水分循环中最活跃的因素，是研究降水入渗规律的关键场所。但是由于包气带土壤的复杂性，相关的研究进展较为缓慢，直到 1907 年土壤毛管势理论的提出，包气带水研究由定性转化为定量分析阶段，由于土壤水分运动基本方程的非线性性、土壤的非均质性、初始边界条件的复杂性，特别是包气带各种参数的空间异质性以及获取上存在的难度，因此复杂情景下的土壤水分运动问题，往往是对 Richards 方程进行简化求解。数值计算模拟方法对土壤水流、溶质、温度动态变化规律和根系吸水等过程进行了成功地模拟并取得了较好的结果，是目前解决复杂条件土壤水分运动问题的有效方法，主要包括有限差分法和有限元法，例如 SWMS-2D/3D 和 Hydrus 2D/3D 等模型，但是在荒漠地带，降雨稀少且蒸发强烈导致降雨对地下水的补给量较小，土壤水分长期处于较低值，传统的水动力学模型和数值模拟的应用受到参数化和真实性的挑战，Richards 方程在描述低含水量条件下毛管水、薄膜水和水汽三种形式的水分运动特征也可能存在不确定性[103]。

包气带水分的监测是开展包气带水运动机理研究和定量分析的前提，随着包气带水研究范围与深度的扩大，继田间观测的普及，沙漠地区的包气带水分动态监测也逐渐得到开展[104，105]。沙漠水分观测从最初的土钻法（烘干法）测量土壤含水量到中子仪法、时域发射仪等仪器的使用，和近年来的遥感反演的使用都成为国内外不同环境下广泛使用的土壤含水量监测方法，但是存在不能连续观测、观测精确性性低、数据收集时差有限等问题，需要更多地考虑因时因地制宜的问题。其次包气带水的动态转化方法是探究量化降水入渗规律的主要手段，主要有包气带水动力学的数字模拟方法、基于水量平衡包气带水量化研究方法和宏观尺度的量化等。近年来基于 Richards 方程的 Hydrus-1D 数学模型被广泛应用于模拟降雨、灌溉条件下的包气带水蒸发、渗漏、补给等水文过程[106, 107]，该模型将蒸发与降雨、包气带水运移、地下水位变化等过程进行完整的模拟，且边界条件灵活，为实际田间的水循环模拟提供了可能。目前主要应用于室内和田间实验中水分和灌溉制度及溶质的运移模拟等方面，且模型在探究降雨在非饱和土壤中入渗特征的研究对定量地评价浅层地下水补给、包气带水通量具有的重要意义。Sun 等通过对敦煌 1954—2013 年尺度降水入渗模拟结果发现，在极端干旱区沙漠包气带年水平衡为由水分补给和没有水分补给共存，且没有水分补给发生的年份为主[102]。模拟的年均蒸发量与实际降水量分别为 38.03 mm 和 38.87 mm，年均入渗量为 0.84 mm，极端干旱沙漠环境下的年入渗量要占年均降水量的 2.16% 以下，难以形成有效补给。兰州大学水文学团队在腾格里沙漠经过长期的野外监测试验研究[103]，结合室内模拟与计算分析，建立了具有物理意义且数学表达简捷的新的表征薄膜力的土壤水力模型，与传统的毛管流模型相耦合，建立了描述整个液态水分范围（从饱和到含水量为 0）下的土壤水力模型，并将一个现有的水汽运移方程耦合到表征液态水运移的毛管 - 薄膜模型中，得到描述从饱和到完全干旱条件下的全土壤水分运移方程。基于室内的一个土柱实验数据，利用模型定量区分不同水分运移形式的发生阶段和对蒸发量以及土壤水分剖面的影响。结果表明，仅仅表征毛管力的土壤水力模型会严重低估土柱的水分蒸发损失，模型仅能模拟大约总蒸发量的 89.4%。考虑薄膜流后，99.9% 的蒸发量被模拟出来，而水汽运移大约只占到总蒸发量的 0.1%[108]。

5. 生态水文过程

（1）内陆河流域水文生态关键过程研究。干旱半干旱地区由于受特殊的地理环境和气候条件的影响，生态环境脆弱。因此，生态水文过程的相关研究异常重要，并取得了一系列重要成果。西北干旱区下垫面复杂、水资源紧缺，研究干旱生态系统蒸散过程机制，不仅对区域水资源合理利用，而且对提高区域大气环流模式的预报能力，具有十分重要的意义。在该区，不同生态蒸散耗水遇到的一些关键问题包括：非均匀下垫面，荒漠 - 绿洲水平平流输送发生的高度及其对典型生态系统蒸散过程的影响是什么？如何提高现有模型对该区蒸散的模拟精度？

针对这些问题，众多研究机构和学者开展了大量的野外观测和基础性研究。其中，国家自然科学基金重大研究计划"黑河流域生态—水文过程集成研究"（简称黑河计划），针对我国内陆河地区严峻的水 - 生态问题，探索流域尺度提高水利用效益的理论和方法，建立了遥感 - 监测 - 实验一体的流域生态水文观测系统及其相应的数据平台；初步揭示了流域冰川、森林、绿洲等重要生态水文过程耦合机理，认识了流域一级生态水文单元的水系统特征，奠定了流域水循环、水平衡的科学基础；计算了黑河下游生态需水量，为黑河流域水资源优化管理厘定了重要的约束条件[109]。兰州大学西部环境教育部重点实验室在我国西部疏勒河流域建立了敦煌科学综合观测台站，以系统观测内陆河流域水资源演化过程和生态系统演替规律。朱高峰等通过对高寒森林、高寒草地、绿洲农田和荒漠河岸林等生态系统长序列蒸散发及其组分（土壤蒸发、植被蒸腾）动态特征及控制机制进行了研究[110-112]，发现了高寒森林（青海云杉）生态系统冠层蒸腾量与水汽压的负指数关系，即随着大气水汽压差升高冠层蒸腾量呈现指数下降趋势。这为理解近年来全球变暖背景下高寒森林生态系统林线上升的现象提供了理论基础；研究了平原绿洲农田生态系统（张掖玉米）地表蒸散发的基本规律，分割了植物蒸腾与土壤蒸发之间的比例，并发现荒漠－绿洲大气水平平流输送形成的逆温层（8~18 m）对农田蒸散发的影响。因此，在西北干旱区高度异质性地表条件下，精确模拟蒸散发过程需要考虑大气水平平流效应的影响。

植被冠层导度是生态系统与大气之间水、碳交换的重要变量，对全球的碳循环和水循环过程具有重要的调节作用。因此，关于植被冠层导度对环境因子响应机制的研究一直是生态水文领域的热点问题。长期以来，人们对植被冠层导度与环境因子之间关系的认识大都是建立在正午时段数据基础上，对冠层导度完整的日变化特征尚未得到统一的认识。基于兰州大学西部环境教育部重点实验室敦煌野外试验站的长期、连续野外监测，发现干旱绿洲典型农作物葡萄的冠层导度日变化与主要环境因子之间存在明显的滞后回环特征[113]。通过将白天划分为三个时间段，研究发现：第一阶段（7:00~11:00），随着太阳辐射、水汽压亏缺及温度的上升，葡萄气孔迅速开启，因而葡萄冠层导度与这 3 个主要气象因子正相关；第二阶段（11:00~17:00），随着午间气孔关闭，葡萄冠层导度与主要气象因子负相关；第三阶段（17:00~21:00），由于气孔开度进一步减小，葡萄冠层导度随着主要气象因子的减小而降为零。该研究成果对认识干旱农业生态系统植物生理生态过程与环境因子之间相互作用关系具有重要的指导意义，对干旱生态系统生态水文过程的理解以及冠层导度模型的发展提供了理论支撑。

另外，在植被结构与功能变化对水文过程变化的响应、土地利用 / 覆被变化对水文过程变化的响应、植被与地下水的相互作用等方面也取得了一定进展。王多尧借助 SWAT 水文模型阐述了石羊河上游土地利用 / 森林覆被变化和降水变化对径流过程的影响[114]；王顺利等[115]针对水源涵养林的特殊功能阐述了祁连山水源涵养林在西北干旱山地生态屏障中的功能地位；王超花分析了半干旱黄土区不同土地利用方式对土壤生态水文性质的影响[116]；卫三平等应用土壤－植被－大气传输模型分析了黄土丘陵沟壑区不同植被覆盖条件下土壤干化程度、气候干旱和植被耗水对土壤干化的水文生态效应[117]。

（2）水文生态过程模拟。模型是生态水文学研究的重要手段。但是，不同科研者的自身目的和研究对象的不同，所构建模型的侧重点及对现实的近似程度亦不相同。这些模型在我国西北干旱内陆河流域的适用性如何？相关学者也做了大量的研究工作。朱高峰等系统评价了 4 个常用的蒸散发模型和集合预报方法在中国北方不同生态系统（12 个通量站）的模拟性能，发现具有多源结构的模型在干旱区的模拟性能最优，其次是多模型集合预报方法[118]。该研究为选择合适的蒸散发模型以获得可靠的区域 / 全球尺度的蒸散发产品提供了理论指导。Luo 等研制了适应西北地区山地－绿洲水循环过程特点的分布式水文模型[119]，识别出西北地区内陆河流域雨、雪、冰“三元”产流随高程分布特征和总产流随高程分布特征。陈喜等提出了动态表达植被因子对土壤水力参数影响的生态水文模型，提高了植被变化下水文效应模拟的可靠性[120]；刘登峰等基于生态水文耦合模型分析了塔里木河下游人工输水对下游地下水和植被影响，并提出了最优输水方案[121]；周剑等基于模块化的建模环境 CRHM 构建了描述寒区水文过程的模块化模型[122]。胡胜基于 SWAT 水文模型对北洛河流域 2006—2010 年的径流变化进行模拟，探讨了气候变化与人类活动耦合下的生态水文过程响应[123]。

此外，如何有效、充分融合多源观测数据进行模型参数的合理估计，是水文学领域一个亟须解决的重要问题。朱高峰等基于现代统计计算方法（贝叶斯定理、马尔科夫蒙特卡洛、顺序贝叶斯等）提出融合多源数据进行模型参数估计的新方法[124，125]。

全球气候变化背景下，人口数量急剧增长、土地的不合理开发和水资源的过度利用，产生了一系列的生态环境和灾害问题。由于地理位置、生态状况和社会经济发展阶段的不同，全球变化对不同区域的影响也不同，气候变化在流域尺度上对水循环过程的影响引起了广泛关注。当前，气候、水文、生态模型的耦合和联合模拟是流域科学重要的研究方法，因模型结构及参数识别的不确定性，上述方法在干旱区无资料流域的应用困难重重，是当前流域科学十分突出的科学难题；值得注意的是，气候模型与水文模型的耦合已不局限于自上而下的单向强迫，二者之间的双向联接及反馈成为新的研究重点；此外，定量气候变化和人类活动对河川径流乃至流域范围内各种资源的影响仍是流域科学研究领域的科学难题。流域尺度生态水文过程机理是干旱区生态环境保护和重建中必须面对的基础科学问题。覆被格局是生态 - 水文过程产生的基础，其动态是生态 - 水文过程演变的重要诱因。干旱区流域水文过程与生态格局变化、生态保育需水量以及相应的生态补偿机制等研究，不仅可以为天然生态系统的健康有序提供重要的基础参考数据，还可为退化生态系统的恢复重建提供科学依据。

6. 水资源管理与水安全

在全球气候变暖背景下，西北地区水资源系统将更为脆弱，主要表现在：极端水文事件和水资源不确定性增加、水循环过程改变、生态需水规律发生变化等方面。随着人口增长和经济社会发展对水资源需求的进一步增加，西北地区水资源问题将会更加突出。同时，西北地区也是多条国际河流的发源地，气候变化导致的水资源不稳定性正在引发中亚邻国间新的矛盾，跨界河流水冲突正成为国际关注的新焦点。

（1）水资源高效与可持续利用。随着西北地区水资源利用矛盾的不断凸显，学者们对水资源的储量、质量现状、可持续利用和科学管理方面做了大量的研究。Shen 等利用分布式水资源模型，模拟了西北地区农业灌溉需水量的时空分布特征，发现近 30 年西北地区农业灌溉需水量呈现增加趋势[126]；陈亚宁等系统分析西北地区气候变化对水循环过程和水资源安全的影响[127]；文斌等认为旅游活动对新疆天池生态环境产生了消极影响，污染了表面水，使水质量下降[128]；赵晖在分析干旱区水资源形成机理的基础上，对水资源综合开发应用中存在的问题及现状进行了探究[129]。许杰玉等提出了在维系良好生态系统基础上，适合干旱区城市发展的水资源合理利用方式[130]；左文龙等从水资源开发利用的现状出发，制订了符合干旱区特点的、科学合理的水资源开发利用措施[131]。

（2）水资源承载力。最近几年，西北地区水资源承载力研究的成果不断，对水资源承载力概念取得了一定的共识，强调水资源承载力必须以可持续发展为原则，以维护生态系统良性循环为目标，经合理配置后水资源对社会、经济的最大支撑能力；同时，针对水资源系统本身的复杂性、随机性、模糊性以及影响水资源承载力因素多等问题，提出许多水资源承载能力定量化方法。常玉婷等结合水足迹模型和区域水资源承载力评价指标，对西北地区水资源承载力状况进行了评价[132]；段新光和栾芳芳从新疆经济－社会－环境复合系统自身特点出发，构建水资源承载力综合评价指标体系和模糊综合评判模型[133]；宋丹丹和郭辉从水资源、经济、社会和生态四个子系统构建了新疆水资源承载力指标体系[134]；屈小娥运用TOPSIS综合评价方法测算了陕西省及各城市水资源承载力的动态变化及区域差异[135]。

（3）水资源利用与城市、经济、生态发展的耦合性。近几年，水资源与城市、经济和生态发展相耦合方面的研究成果众多。主要包含两个方面：一是从经济发展角度研究水资源高效可持续利用、水资源对经济发展的制约作用，二是从生态角度评价水资源利用。高翔探讨了陇海兰新经济带甘肃段水资源对其城市化发展约束强度的时空变化[136]；唐志强等探讨黑河流域社会经济生态复合系统中水资源对城市化格局和过程的响应关系，对区域城市化发展与水资源利用变化的响应关系进行量化研究，揭示干旱区城市化过程与区域水资源配置的内在反馈机制[137]；金淑婷基于STIRPAT模型定量分析了武威市水资源消费总量与人口、富裕度、城市化水平以及技术进步之间的关系，指出当经济保持高速增长、城市化进程加快、节水技术取得较大进步且人口实行高控制时，最有利于武威市降低水资源消费总量；王强等[138]以新疆为例针对干旱区水资源耗散特点，提出了基于绿洲的地均可利用水资源潜力指标，评价了新疆可利用水资源潜力；李淑霞和王炳亮[139]建立了新的生态水文分区指标体系，并以宁夏为研究区对其生态水文分区提出对应的水资源开发建议；文彦君总结了西北地区生态安全保障的思路、基本原则，以及相应的节水措施、水资源开发利用措施、水资源管理与调配措施和流域生态安全保障措施[140]。

（4）气候变化对水资源响应及适应性对策。中国西北地区地处中纬度地带的欧亚大陆腹地，是对全球气候变化响应最敏感的地区之一。在全球变暖的大背景下，西北地区以冰雪融水为基础的水资源系统非常脆弱。气候变化引起的水资源量及其时空分布的改变，将会使干旱区水资源与生产力分布空间不匹配的特性进一步突出，加之人口压力的增加和不合理的水土资源开发活动的不断扩大，西北地区绿洲经济与荒漠生态两大系统的水资源供需矛盾也将更加尖锐，气候变化对西北地区水系统脆弱性以及水资源安全影响的研究成为社会各界关注的热点。陈亚宁以全球变化背景下的西北地区气候 – 水文过程、水循环机理、水资源形成与转化以及未来变化趋势为主线，分析了气候变化对水循环关键过程和水系统的影响[141]。

（5）水资源安全与水资源管理。高效、可持续的水资源利用方式是解决当前水危机、实现区域社会经济可持续发展的基础。大量学者针对西北地区的水资源管理问题开展了相关的研究。姚俊强等[142]提出了实施水资源管理的关键技术框架，包括结合3S技术的“天地一体化”监测技术、“自然 – 社会”水循环模式和综合模拟技术、水资源优化配置方法、水资源综合评价模型和评价体系等；孟现勇和刘志辉以内陆干旱区水资源与生态问题现状为出发点，探讨了水资源有效管理亟须解决的问题[143]；王强提出了基于生态水文学理论的西北地区水资源管理方法，为西北地区水资源管理提供了理论依据[144]。邓铭江和石泉阐述了在社会水循环影响下的内陆河流水循环演变的格局、趋势和面临的挑战，提出了西北内陆河流水资源合理配置的管理模式[145]。

（二）水资源研究成果

1. 西北地区水资源研究的重大课题

（1）重大研究计划。“黑河流域生态 – 水文过程集成研究”重大研究计划以我国黑河流域为典型研究区，从系统思路出发，通过建立我国内陆河流域科学观测 – 试验、数据 – 模拟研究平台，认识内陆河流域生态系统与水文系统相互作用的过程和机理，建立流域生态 – 水文过程模型和水资源管理决策支持系统，提高内陆河流域水 – 生态 – 经济系统演变的综合分析与预测预报能力，为国家内陆河流域水安全、生态安全以及经济的可持续发展提供基础理论和科技支撑。通过建立联结观测、实验、模拟、情景分析以及决策支持等环节的“以水为中心的生态 – 水文过程集成研究平台”，揭示植物个体、群落、生态系统、景观、流域等尺度的生态 – 水文过程相互作用规律，刻画气候变化和人类活动影响下内陆河流域生态 – 水文过程机理，发展生态 – 水文过程尺度转换方法，建立耦合生态、水文和社会经济的流域集成模型，提升对内陆河流域水资源形成及其转化机制的认知水平和可持续性的调控能力，使我国流域生态水文研究进入国际先进行列。

（2）重大项目。在开展黑河计划的基础上，国家基金委还支持了有关西北水资源研究的众多重大项目，有代表性的重大项目为北京大学主持完成的黑河流域中下游生态水文过程的系统行为与调控研究项目（批准号：91225301）、黄河水利委员会黄河水利科学研究院主持的基于水库群多目标调度的黑河流域复杂水资源系统配置研究（批准号：91325201）、中国科学院地理科学与资源研究所主持的黑河流域水资源综合管理决策支持系统集成研究项目（批准号：91225302）、中国科学院寒区旱区环境与工程研究所主持的黑河流域水 – 生态 – 经济系统的集成模拟与预测项目（批准号：91425303）、中国农业大学主持的黑河流域绿洲农业水转化多过程耦合与高效用水调控项目（批准号：91425302）、青海大学主持的天河动力学研究项目（批准号：91547204）、中国科学院寒区旱区环境与工程研究所主持的流域水资源管理中长期决策方法研究项目（批准号：91625103）以及中国农业大学主持的变化环境下黑河流域绿洲农业水效率演变研究项目（批准号：91625103）等。

（3）国际合作项目和国家自然科学基金项目。2012 年到 2016 年，共获得国家自然科学基金资助的有关水资源研究的项目以及国际合作的项目约 78 项，其中水文过程研究 20 项，重点项目 1 项。在受国家自然科学基金资助的同时，有关水资源的相关研究工作还得到了国家其他有关部分、组织的大力支持。

2. 西北地区水资源研究的主要科研成果

（1）代表性成果专著。近五年来，西北地区水资源研究的内容不断深入，研究领域不断拓展，产出了一大批有价值的研究成果。有代表性的专著有《水与区域可持续发展》《荒漠生物土壤结皮生态与水文学研究》《环境变化条件下地表水资源评价方法及应用》《干旱半干旱地区水文生态与水安全研究文集（四）》《水文过程复杂非平稳变化特性识别研究》《黄河宁蒙段河道洪峰过程洪 – 床 – 岸相互作用机理》《气候变化对北方农业区水文水资源的影响》《气候变化影响下的流域水循环》《水文科学创新研究进展》《中国重大气象水文灾害风险格局与防范》《新疆地区自然环境演变、气候变化及人类活动影响》《中国水资源安全报告》《流域水文模型参数不确定性量化理论方法与应用》《现代水文学》《气候变化对河湖水环境生态影响及其对策》、*River Morphodynamics and Stream Ecology of the Qinghai - Tibet Plateau*、*Terrestrial Water Cycle and Climate Change*：*Natural and Human - Induced Impacts*、*Water Resources Research in Northwest China*。

（2）代表性科研奖励。"干旱内陆河流域生态恢复的水调控机理、关键技术及应用"获得国家科学技术进步奖二等奖，该成果主要阐明了干旱内陆河流域水资源形成特征、系统组成、相互转化规律，揭示了内陆河流域山地 – 平原 – 荒漠组成的不同景观的水文循环过程和与之相联的生态系统时空特征，奠定了流域水资源调控的理论基础；通过对水、土、气、生等要素的长期观测，系统研究了山区水文、绿洲生态水文、荒漠生态水文，拓展了水文学研究领域，精确量化了不同生态系统的生态需水量，奠定了内陆河流域山地 – 绿洲 – 荒漠系统的生态水文学理论基础；首次对干旱内陆河流域上、中、下游土壤 – 植被 – 大气系统水热传输过程进行系统观测，建立了土壤 – 植被 – 大气模拟模型，创建了干旱内陆河流域水热耦合基础理论。

"寒区水文过程及机理研究"获得甘肃省自然科学奖一等奖，该成果以高寒区冰川动态、寒区水文要素第一手资料的获取为基础，获取了满足寒区水文机理模拟与过程研究所需的全要素信息，在冰川面积遥感信息自动提取方法上有突破，降水观测与同位素化学方法应用取得认识上的进展，基于冰面消融过程和气候因子的各种冰川水文模拟方法趋于成熟。从观测、试验到机理、过程、模拟开展了系统性研究，为定量认识冰川水资源分布规律、冰川消融过程与径流影响、冰川水文作用等提供了可靠的科学依据，并极大地丰富了相关研究积累，推动了我国冰川水文学迈向了学科体系化高度。对多年冻土变化影响径流机理有了清楚的认识：多年冻土的存在改变了流域产汇流过程，多年冻土覆盖率不同的流域，其年内径流过程即年内径流分配有显著差异。冻土年代际变化对径流的影响主要出现在高覆盖率多年冻土流域，多年冻土变化后导致下垫面和储水条件的变化，进而导致冬季径流增加。阐释了融雪径流变化对流域水文过程的影响，提高了融雪径流预报的预见期。通过中国西部冰川融水评估平台的构建，系统计算了中国西部冰川水资源在1961—2006年的变化序列，实现了对中国西部流域冰川水资源变化的动态评估，并针对不同流域提出了应对冰川融水变化的适应性对策。构建了地面–遥感监测一体的冰川洪水预警平台，成功预警了洪水。

“祁连山涵养水源生态系统恢复技术集成及应用”获得甘肃省科学进步奖一等奖，该成果基于多年定位监测，在祁连山地区首次建立了水源涵养增贮潜力的评价体系，开展了水源涵养功能的动态评估，对祁连山区的水文过程模拟的误差＜20%；研发了祁连山水源涵养林树种配置技术、水源涵养林结构优化配置技术、退化涵养林修复技术，确定了祁连山区最佳水源涵养功能的林地面积不超过15%，建立了祁连山森林生态系统水源涵养潜能提升技术体系；研发了“鼠害防治+禁牧封育+施肥+补播+牧草地改建”的退化草地修复技术，建立了“施肥+草地鼠害防治+生长季适度利用”的退化草地保护模式，牧草产量成倍增加；研发了低密度宽林带林草间作优化配置技术，建立了“低密建植+高密锁边+人工辅植”的退耕地修复模式、“保墒整地+集水补灌+造林配置”的浅山区造林模式、“灌木造林+草本间作”的水土保持模式，集成了浅山区造林与水土保持技术体系，减少水土流失量40%；研发了“洪水疏流–渗滤–拦蓄”技术、“黏土压沙–石堤阻沙–生物生态保护”技术、水热耦合的高效农业技术，构建了集防沙治沙–洪水资源利用–生态农业为一体的山前农业综合技术体系。

“塔里木河流域生态用水调控与管理技术及应用”获得新疆科技进步奖一等奖，该成果提出了干旱区内陆河生态用水调控的创新性理论和技术，综合集成了生态与环境、水文与水资源、地理信息系统与遥感等多学科技术，研究了内陆河流域生态用水管理与调控的监测、评价、调度和集成等关键技术，建成了我国最大内陆河“塔里木河流域的生态用水调度系统”。通过本系统的运行，保证了塔里木河下游断流近30年的363千米河道恢复的生态水量调度，拯救了两岸濒临死亡的胡杨林近27万亩。该成果研发的关键技术和理论方法，已成功应用于国内最大的内陆河水资源管理系统——塔里木河流域水量调度管理信息系统中，该系统被UNDP推荐为河流治理技术典范之一。并被联合国教科文组织“国际千年生态系统评估计划（MA）”项目、欧盟比利时“塔里木盆地干旱半干旱生态系统综合水资源管理支持研究”项目和联合国UNDP“干旱半干旱地区流域水资源管理与生态恢复示范区建设”项目所采用。

“西北干旱区水资源形成、转化与未来趋势研究”获得新疆科技进步奖一等奖，该成果以西北干旱区典型流域为代表，通过现代观测手段和数值模拟方法研究干旱区径流构成及其时空变化规律，揭示了水资源构成组分变化与气候变化间的关系；建立了分布式水资源模型，模拟复演过去50年水资源供需情况，并通过情景分析模拟研究气候变化与人类活动对水资源的影响；根据未来气候变化情景和社会经济发展情景预估未来水资源需求及变化趋势，预估未来50年水资源供需的可能变化，提出了应对气候变化的水资源管理对策。“中国天山北坡冰川积雪及其气候变化响应研究”获得新疆科技进步奖，该成果以两个野外台站为依托，揭示中国天山冰川积雪特征和变化规律，围绕冰川积雪对气候变化的响应过程、机理和影响这一科学问题的系统成果，深化了对冰川、积雪及水资源的科学认识，产生了重要的国际影响。项目查明和预估了新疆不同地区冰川、积雪水资源的时空变化及其对水文、水资源的影响，为国家重大决策，西北地区的水资源管理与高效利用，区域经济社会可持续发展战略规划提供了重要的科学依据。并为强化新疆冰雪监测和冰雪科普教育，发展冰川特色旅游，以及天山世界自然遗产申报等做出了重要贡献。

3. 西北地区水资源研究的机构设置及人才培养

目前，从事干旱区水资源学研究的科研机构主要包括三大机构。

一是国家相关部委直属的科研机构。如中国科学院西北生态环境资源研究院、中国科学院新疆生态与地理研究所、中国科学院地理科学与资源研究所等；水利部下属的水利水电科学研究院、水利水电规划设计院；国土资源部、国家环保总局、地质矿产部等下属的相关科研机构。

二是教育下属以及省属的有关大学，武汉大学、清华大学、河海大学，华北水利水电学院、兰州大学、新疆大学、青海大学、石河子大学、甘肃农业大学、西北师范大学、青海师范大学、新疆农业大学等。

三是各省市水利厅、环保局及科技厅等部门下属的相关科研机构，如新疆水利厅下属的流域管理局、水利水电勘测设计院、水文与水资源局等，甘肃水利厅下属的石羊河流域管理局及地方上的水务局和水利局。

干旱区的水资源问题已经成为制约西北地区经济发展的关键因素，各高等院校和相关的科研机构也在干旱区水资源的研究方面增加招生数量，为干旱区经济的发展提供强有力的技术支持和人才保障。

（三）水资源发展趋势

随着研究成果的不断累积，西北地区降水的时空分布特征基本清晰。大气降水与冰雪融水相关研究将主要集中在如何解决资料缺乏地区的遥感监测研究；气候变暖加剧了西北地区极端气候水文事件，增加了水资源的不确定性，如何定量评价气候变暖背景下水资源不确定性问题是今后研究的重要领域；此外，发展基于物理机制的流域尺度冰川产流模型是未来水文模型关注的重点，由于西北地区地下水过度开发利用矛盾日益尖锐，而目前地下水时空分布、地下水水质探测等方面研究相对较少，未来该方面的研究有待进一步深化；利用遥感数据进行西北地区的地下水资源分布特征及其变化的研究相对薄弱，需要进一步加强。地下水准确年龄的获取一直是水文地质学研究的热点和难点，受埋藏条件限制，水文地质参数获取困难，使得传统方法获取的地下水运移信息十分有限。环境同位素作为水体本身组成或溶解成分自始至终都随水体演化，从而成为追踪水文过程有力的工具，其中，放射性同位素 ^{14}C 就是估计地下水年龄最重要的手段，然而地下水演化研究目前研究局限是绝大多数时间尺度局限于地下水 ^{14}C 测年范围以内，更长时间尺度的地下水演化主要是依据第四纪地质记录，缺少相应时间尺度的地下水年龄数据佐证，因此寻找更古老的地下水并建立更长时间尺度的地下水古水文 / 气候记录成为目前该研究领域的热点与趋势，放射性核素 ^{81}Kr 测年方法取得成功，并被证明是极具前景的方法，为古气候和地下水演化研究提供年代学标尺，同时地下水的同位素和惰性气体是古补给条件的最好指示剂，将得到广泛应用；加强古水文环境，植被演变信息方面的研究，获取更为精确的模型参数；综合运用多种同位素指标，进行水文地球化学模拟模型中非可行解的排除。

同时，目前对我国内陆河流域地下水循环演化过程的基础研究还较薄弱，尚不能提出指导地下水开发与保护的有深度、有远见的科学结论，加之土地利用变化等人类活动引起地下水补给循环过程的复杂性、预测的不确定性和影响的滞后性，使得这种影响往往难于直接被认知。随着社会经济发展与生态建设的不断深入推进，对干旱区地下水资源的合理与持续利用提出了更加迫切的需求。因此，如何正确理解人类活动影响下地下水循环的变化规律及其水资源效应是干旱区持续、科学发展的关键问题之一。

包气带土壤水分运移过程决定着雨养和灌溉条件下降水和灌溉水的入渗及对地下水的补给，也影响着地下水通过毛管上升后被植物吸收利用的程度。因此，研究荒漠绿洲包气带土壤水分运移过程及对地下水补给作用不仅对认识地下水与地表水转化规律、维持地下水平衡和保证生态系统健康具有重要的现实意义，也对干旱区土壤水文学的发展具有科学意义。近年来，溶剂示踪法、数值模型法、温度示踪 + 数值模拟等方法的出现，为地表水与地下水相互作用的定量化研究提供了新的途径，特别是为包气带土壤水分运移及其对地下水补给的研究提供了新的技术。但总体上，受观测试验数据不足，干旱区包气带土壤水分运移及其对地下水补给的影响，其模拟估算结果的不确定性验证存在困难。因此，基于观测试验参数化方案的数值模拟是深入理解荒漠绿洲包气带水分运移及对地下水补给的重要途径和趋势。

西北地区流域气象站点稀少，水文过程复杂，准确地进行气象水文资料稀缺地区的河径流过程的模拟是一个挑战；干旱区流域水文系统与生态系统相互作用、相互影响，水

文 - 生态过程的耦合分析与模拟是干旱区亟待开展的核心研究。水资源是制约西北地区社会经济发展、影响生态安全的关键要素，对区域经济社会可持续发展起着至关重要的作用。在全球气候变化背景下，西北地区极端水文事件的频度和强度都在增加，水系统安全受到影响，水资源脆弱性和不确定性研究需要进一步加强；在西北地区，河川径流对冰川的依赖性强，加强冰川水文过程的研究需进一步深化；此外，自然 - 社会耦合水文循环研究及水资源合理配置需进一步量化研究。

三、西北地区土地资源研究现状与发展趋势

（一）土地资源研究现状

1. 土地利用与生态安全

土地是人类一切生产活动和生活行为的空间载体，具有经济效益和自然资源的双重属性。工业化以来，土地自然环境受到人类活动的严峻挑战，水土流失严重，土壤污染加剧，土地生态环境恶化。20 世纪 90 年代开始，土地生态安全研究成为生态环境研究的重要一环，对于人类合理开发和有效利用土地资源，环境人地矛盾，促进人地关系协调可持续发展具有重要指导意义。

（1）土地荒漠化。荒漠化已成为当今全球最为严重的生态环境问题之一，成为制约人类社会生存和发展的关键因素。近年来，西北地区内部不同区域荒漠化程度、演化速度不同，但整体上处于转好态势。王占军等通过分析宁夏土地荒漠化的演变趋势，发现在 1999—2009 年间，宁夏荒漠化土地面积呈递减态势[146]。齐雁冰等以 Landsat 影像为数据基础，借助 GIS 技术对 26 年来陕西长城沿线的荒漠化进行时空变异的研究，结果表明研究区荒漠化程度明显降低[147]；王新军等研究了新疆古尔班通古特沙漠南源近 40 年来荒漠化过程演变，结果表明其总体上呈逆转趋势，重度荒漠化面积减少[148]；郑伟等研究了新疆草地荒漠化过程，揭示新疆草地与耕地、沙地、林地、湿地和社区系统在荒漠化过程中可进行相互转化[149]；闫峰等对近 40 年来毛乌素沙地荒漠化过程进行了研究，结果表明其处于正逆向交替的演替过程[150]。

荒漠化过程驱动机制是荒漠化研究的基础与重点。近年来，很多学者采用定性与定量化相结合的方法对西北土地荒漠驱动机制进行了探索。王新军等通过计算沙漠边缘地区降水量与荒漠化指标之间的相关系数，发现年降水量对荒漠化具有显著作用[148]；孙建国等提出了一个集成时序和空间两方面特征的植被 - 气候时空关系统计模型，定量区分荒漠化动态中气候变化和人类活动的相对作用[110]；郑伟等发现不同环境背景下荒漠化主导因素不同，而人类活动对荒漠化的作用不只是负面的，通过有效的政策实施，也可将人类活动变换为积极因子[149]。

（2）土地盐碱化。西北地区不同地质条件下土壤水盐动态与土地盐碱化的成因是近年

来大家关注的重点领域。土壤是构成水循环重要的纽带，西北干旱区降水少、蒸发强，地下水埋藏较深，使得土壤包气带的盐分运移研究更为重要。有关土壤包气带水盐运移的研究，主要有田间观测、实验室模拟与数值模拟这几种方法。过去 5 年，在我国西北干旱半干旱区，众多学者利用多种方法对水盐运移进行了相关研究，对认识土地盐碱化与指导农业生产具有重要意义。Wang 等使用 SWAP 模型了灌溉水的盐浓度与水的产量和水分利用效率之间的关系，表明在多年的盐水灌溉之后，盐在土壤中的积累需要通过适当的灌溉计划来解决，以确保咸水灌溉的可持续性[151]。Zhou 等集合了空间自回归（SAR）模型、多属性决策（MADM）和层次分析法（AHP）对我国半干旱地区土壤盐渍化的研究，提出了我国土壤盐渍化的研究方法，结果表明，在风险因素识别方面，SAR 模型优于 OLS 模型[152]。Zhang 等在中国西北的新疆进行了 3 年的实验，在实验期间收集了 15000 多份土壤样本，研究了沿水平方向和垂直方向的土壤盐度分布模式[153]，发现土壤颗粒粒度分布对土壤盐迁移和分布有较大影响。

乔江飞选取新疆玛纳斯河流域莫索湾灌区盐渍化土壤为研究对象，采用传统田间采样测定结合 EM38 测量获取研究区不同土地利用类型和不同土壤质地的土壤盐分数据。通过数据分析建立了适合当地不同土地利用类型的土壤盐分表观电导率的预测模型，通过了模型比较与精度检验，实现了利用 EM38 对研究区土壤剖面盐分进行了快速测定[154]。李会杰结合两年野外监测数据 Hydrus-1D 模型，探讨了浅层地下水存在条件下旱区河滩湿地水盐动态及其对根系吸水的影响[155]。魏光辉等对节水灌溉下的土壤次生盐渍化问题，以新疆孔雀河流域为例，开展了地面灌溉与膜下滴灌条件下水盐调控组合灌溉试验，研究结果为实现棉田土壤次生盐渍化调控以及干旱区水土资源的可持续利用提供了重要参考[156]。麦麦提吐尔逊·艾则孜等运用灰色关联分析法，对伊犁河流域 3、6、9 与 11 月的土壤盐分与地下水埋深、矿化度、电导率、pH 值与主要离子进行了关联分析[157]。黄翠华等通过野外试验和室内分析相结合的方法，研究了民勤绿洲农田不同矿化度地下水灌溉对土壤环境的影响[158]。发现随着灌溉水矿化度的增加，生长季水分消耗量逐渐降低，土壤总孔隙度和土壤有机质含量逐渐下降，而土壤有效水含量和土壤电导率则逐渐增加。吴雪梅等采用常规统计学和典范对应分析法，分析于田绿洲 2012 年春季土壤剖面的含盐量、电导率、pH 值、矿化度、七大盐分离子的空间分布特征[159]，发现春季土壤含盐量、电导率、pH 值和矿化度都随着土壤深度的增加而逐渐减小。周和平等运用柯布 - 道格拉斯模型，构建膜下滴灌环境土壤层次、灌水定额、土壤水分、气温、蒸发综合因素与土壤水盐关系及影响效应分析模型[160]。张凤华等利用 SWAGMAN-Destiny 数值模拟的方法对干旱区新疆玛纳斯河流域典型灌区大面积膜下滴灌条件下水盐运移进行模拟与验证[161]，旨在利用数值模拟的方法分析干旱区农业采取膜下滴灌技术的水盐运移规律，以期为科学合理的利用干旱区水资源提供理论依据及参考。何玉琛等认为干旱荒漠扬水灌区盐碱地形成的直接诱因是大面积的粗放灌溉和低降雨高蒸发的气象条件[162]。毛海涛等从土壤机理出发，分析了新疆典型土壤岩性组成、毛细管作用及土壤表层积盐之间的内在关系[163]。

为了治理西北地区土地盐碱化问题，学者们从宏观和微观层面都提出了许多方案，例如工程、农艺、化学、生物等措施的相互配套的综合治理方案[162, 164]；徐向中等从干旱盐碱地造林立地考察、选种、土地改良、灌水到栽植技术环节方面出发，介绍了干旱盐碱化退耕造林技术[165]；邵建荣等提出控制灌溉水总盐分和降低 Na^+ 占比的方案，防治土壤持续碱化[166]。

（3）土地生态安全。土地生态安全是指土地生态系统在外界因素的影响下，通过系统自身调节和恢复能力能够使其不受或少受损害的状态，保持系统结构和功能的完整健康，同时能够提供满足人类发展需要的服务。西北地区土地荒漠化、盐碱化等问题严峻，为防止其进一步恶化，最重要的是要对西北地区土地生态安全和健康情况有一个客观的评价。因此，针对西北地区生态安全评价，学者利用不同研究方法对其进行了积极探讨。王宏卫等采用物元分析法对新疆渭干河－库车绿洲土地生态安全进行评价，研究表明在 1995—2010 年研究区土地生态安全水平有所下降[167]；黄晓东等基于 PSR 框架及突变理论，对乌鲁木齐 2009—2013 年土地生态安全程度进行了评价，发现乌鲁木齐经历了临界安全－较安全－临界安全的发展历程；叶达等将正态云模型与熵权法引入西北半干旱区农业开发土地资源生态安全评价，对农业开发前后的土地资源生态安全做定性评价[168]。

2. 土地保护与利用研究

随着城市化进程和经济发展的加快，农业污染以及自然灾害的加剧，导致部分土地开发利用与土地保护之间的矛盾愈演愈烈。近年来，学者对西北地区土地资源保护与利用在土地可持续利用和土地保护补偿机制两方面做出很多贡献。何明花等[169]以西宁市为研究区域，建立了城市土地集约利用水平评价指标体系，提出从土地利用强度上寻找解决办法，以提高城市土地集约利用水平；杨红娟[170]以土地集约利用理论和可拓理论为基础，建立土地集约利用多级评价指标体系，客观反映出陕西县级城镇土地集约利用的状况；刘莎等通过分析甘肃省土地利用现状，认为土地整治是提高耕地资源利用率、发展农业、促进农村经济的必要措施[171]；吕婷探究新疆耕地数量、质量变化的主要驱动因素以及内在联系，提出确定合理耕地保有量，提高耕地开发深度，综合运用多种手段保护耕地[172]；孙九胜等基于新疆耕地长时间特征分析，利用 SWOT 分析方法对耕地保护进行了系统分析，认为水资源是新疆耕地保护的主要障碍因素[173]。

土地用途管制制度有利于土地资源与耕地保护、生态环境之间的协调发展。为维持土地用途管制的可持续发展，学者从土地利用的补偿机制出发做出了很多探讨。李阳认为退耕还林可有效缓解西北部分荒漠边缘区生态环境恶化压力，而做好退耕还林的关键与核心是完善经济补偿政策[174]；方珊媛等认为新疆必须根据区域经济发展和土地生态环境状况，实施有差别的生态补偿政策，确定生态补偿优先序，探索分类补偿政策[175]；王世靓则通过问卷调查方式研究青海省“退耕还林”和“退耕还牧”等生态建设工程的执行状况，从中找出我国地方政府在土地利用与补偿政策执行过程中存在的偏差[176]。

3. 草地资源

草原是我国面积最大的陆地生态系统，具有防风固沙、保持水土、涵养水源、固氮储碳、净化空气、调节气候、维护生物多样性等生态功能。草地生态系统的平衡在全球生态问题中占有重要的地位，草地资源的保护与发展对于调节气候变化、涵养水源、保护中东部环境起到重要的作用，对人类社会的可持续发展也有至关重要的作用。西北地区草地资源占全国草地资源的 40% 以上，西北地区大部分少数民族历代以游牧作为主要的生活方式，草原成为他们赖以生存的物质保障。因此，对西北地区草地研究具有重要的理论意义与现实意义。

（1）草地退化。在全球气候变化和人类活动的影响下，对全球变化敏感的草地生态系统不断退化，土壤有机质含量逐渐减少，草蓄产量大幅度降低，形成裸地。在此背景下，许多学者在草地退化危害、退化成因、退化机理及退化治理、恢复和退化评价等方面进行了大量研究。新疆、内蒙古、西藏、甘肃、青海五大省份的荒漠化面积达到 249.78 万平方千米，占全国荒漠化土地总面积的 95.64%，其中内蒙古草地面积从 1965 年到 1989 年就减少了 620 万公顷（《中国荒漠化和沙化状况公报》《2014 年全国草原监测报告》）。据《2011 年草原监测报告》显示，陕西省草原减产量近 10%，青海省草地资源减产量超过 10%，新疆维吾尔自治区草地资源减产量超过 6%，全国草原综合指数覆盖率仅为 51%[177]。长江黄河源区 1969—2013 年间 5 个时期的航片数据与遥感影像资料进行解译分析发现：自 1969 年起研究区的高寒草地退化格局已基本形成，20 世纪 80 年代后期退化速率大幅上升，自 2000 年以后，草地的退化速率逐渐下降[178]。

草地退化可能产生的生态危害也引起了国内外学者的广泛关注。温军[179]研究了三江源区不同退化程度的高寒草原对土壤呼吸的影响，发现随着退化程度的增加生长季平均土壤呼吸表现出先增加后降低的趋势；王斌等利用涡度相关技术，研究了青海省高寒草甸退化对生态系统碳通量的影响[180]，结果发现与未退化的高寒草甸生态系统相比，退化草地的生态系统由原来的碳汇转变为碳源。

为避免上述草地退化所带来的危害，实现西北地区草地的可持续发展，探讨草地退化的驱动因素十分必要。近年来，学者大多从环境环境因素和人为因素两个方面对西北地区草地退化的驱动因素进行了分析。杜际增等利用主成分分析与灰色关联度法分析驱动长江黄河源区高寒草地生态系统演化的环境因素，结果表明气温上升所引起的源区气候暖干化和过度放牧是高寒草地退化的主要原因[178]；吕志邦研究了影响甘肃玛曲草地退化的主要驱动因子及其贡献率，发现草地退化的人为因素中第一驱动力是农业总产值，贡献率高于 64.28%，自然因素中第一驱动力是降水量，其次是温度；朱美玲等运用灰色相关分析方法，得出新疆草地退化的最重要因素是牧民的超载放牧行为[181]；姚幸等[182]利用环境库茨涅兹曲线（EKC）模型分析西北地区草地资源与经济发展之间的相应联系，发现甘肃草地资源退化率随着经济增长呈上升态势，青海经济发展与草地资源退化率达到拐点，而新疆草地资源退化率随经济发展呈下降态势。

（2）草地生物量与碳汇。植被净初级生产力（NPP）是指绿色植物在单位面积、单位时间内通过光合作用所固定的有机碳量扣除自养呼吸消耗碳量后的剩余部分。NPP作为生态碳循环的关键参数，一直是研究陆地碳循环过程的核心内容之一。

传统的草地生物量评估方法主要是基于全球生物量数据库、草地资源清查资料以及样地调查数据等。近年来，将遥感数据引入草地NPP估算已成为一个重要的发展方向[183]。郑中等[184]利用WRF模式模拟的近地表气象数据和CASA模型，对青海湖流域2000—2010年的草地NPP的变化进行了模拟；任志远等[149]分析各模型在西北地区NPP估算的适用性。

为了探讨西北地区草地NPP变化的原因，近年许多学者从气候与地形等因素出发对其进行分析。郑中等[184]将青海湖流域的两个气象观测站点2000—2010年每年的平均气温、年降雨量、年太阳辐射和草地年NPP作了相关性分析，分析结果表明NPP和气温的相关系数是最高的，影响青海湖流域草地NPP变化的主要驱动力是气温；魏靖琼等[185]通过分析甘肃省2005年草地植被NPP与地形因子之间的关系，发现草地NPP随着海拔先升高后降低呈正态分布；邓蕾等[186]在分析陕西省草地生物量空间分布的影响因素时，发现地上生物量和凋落物生物量随海拔高度的增加而极显著减少，草地生物量随生长期降雨量的增加而增加；杨红飞[187]利用MODIS-NDVI数据、土地覆盖分类数据、气象数据等，基于改进的基于光能利用率的净初级生产力（NPP）遥感估算模型对新疆植被2001—2010年的NPP进行估算，并计算基于像元的NPP与降水、温度之间的相关系数，发现降水对于新疆地区植被生长具有主导性的作用，气温的升高对新疆地区植被的生长表现为负作用。

4. 土地生态系统服务研究

生态系统服务功能是指生态系统与生态过程所形成及所维持的人类赖以生存的自然环境条件和效用，包括对人类生存及生活质量有贡献的生态系统产品和生态系统功能[188]。它是人类生存和发展的物质基础和基本条件，是人类所拥有的关键自然资本，是区域可持续发展的基础之一[189]。人类当前面临的多种生态问题的本质是由于生态系统服务功能受到破坏与退化的后果。西北地区的生态系统在中国具有重要地位，其土地利用结构的变化，对生态服务价值有一定的影响。

近年来，一些学者引用Costanza等的估算方法和谢高地等人的中国陆地生态系统单位面积生态服务价值表对西北地区生态系统服务价值进行了评估。在对生态系统服务价值进行评估后，学者们研究在土地利用变化下生态系统服务价值的变化，从而为区域土地资源的可持续化发展和生态环境保护决策提供依据。谢余初等以甘肃省金塔县为例，研究了西北地区绿洲土地利用变化背景下的生态系统服务价值响应，其研究发现在1990—2008年间，区域内生态系统服务总价值呈现上升趋势，其中水域在生态系统服务总价值中所占份额最大，草地生态服务功能的下降对生态系统服务总价值有明显的负贡献；王宏卫等揭示渭干河－库车河绿洲生态系统总服务价值在1989—2007年间增加了4.2647×10^8元，在生态系统单项服务功能价值变化中，气体调节、气候调节、土壤形成与保护、食物生产和原材料的单项服务功能价值比例上升，水源涵养、废物处理、生物多样性保护和娱乐休闲价值的单项服务功能比例下降[190]；魏艳敏等的研究成果表明[191]，奎屯河流域在1975—2000年间，流域内耕地、城乡建设用地、盐碱地和沙地有所增加，其他林地、草地、水域和沼泽的面积均减少，区域内的生态系统服务价值则减少了154.77×10^6元，减少了近5%，这说明奎屯河流域的生态环境趋于恶化，需要在区域内加强生态环境保护力度；白元等对塔里木河流域土地利用与生态系统服务价值的研究中发现由上游至下游生态系统服务价值存在着明显的由高到低的梯度分布规律，生态环境逐渐退化[192]。

在西北地区城市化的发展背景下，城市土地利用类型和土地利用结构正在发生着巨大的变化，这些变化对生态系统服务价值存在着显著影响。以西安市为例，其在城市建设用地面积大量增加的同时，林地面积也逐渐增加。由于林地增加面积大，生态价值系数高，从而使得西安市的生态系统服务价值由2001年的255.02亿元上升到2011年的261.17亿元，总体生态系统服务价值不降反升。在西安市提供的各项生态系统服务中，水文调节产生的价值最大，其次是生物多样性保护、保持土壤、气候调节和气体调节功能，而废物处理、原材料生产、娱乐文化功能相对较弱，食物生产则为最弱的生态服务功能。而且区域生态系统服务价值的变化与土地利用变化密切相关，在2001—2006年间，西安市的单一土地利用变化和土地利用程度综合指数较小，而2006—2011年间的土地利用变化动态度较大，与之对应的是，前五年的生态系统服务价值平稳运行略有增加，而后五年的价值则提高较快[193]。西宁市在2003—2008年间，耕地、园地、牧草地和未利用地面积减少，耕地面积减少最多，林地、居民点及工矿用地、交通运输用地和水利设施用地面积增加，林地增加最多；西宁市的生态系统服务价值增加了51.43×10^6元，年变化率为0.21%，价值系统较高的林地面积大幅增加是造成这一结果的主要原因；在各项生态系统服务功能中，土壤形成与保护对生态系统服务价值的贡献最大[194]。

根据以上西北地区土地利用对生态系统服务价值研究成果的分析，土地利用生态服务价值与土地利用数量、土地利用结构的相关性表明：增加林地、园地等生态用地数量、加大土地利用科技投入、集约（节约）利用土地和土地利用机构优化，促使土地利用多样化和均匀化，有利于提高生态系统的稳定性和增加土地利用生态服务价值的经济价值[195]。

（二）土地资源研究成果

1. 西北地区土地资源研究的重大课题

近年来西北地区土地资源研究的具有代表性的重大项目主要有：2012年中科院西北

生态环境资源研究院主持的“973”项目“青藏高原沙漠化对全球变化的响应”，该项目拟解决的关键科学问题一是青藏高原沙漠化的指征体系，在已有沙漠化指征体系研究的基础上，提出适用于青藏高原高寒环境的沙漠化指征体系；二是冻土退化对沙漠化的影响，研究沙漠化的物理过程和生态过程与冻土退化的关系，冻土退化过程中沙漠化的演替模式；三是气候变化和人类活动对沙漠化的贡献率，定量分辨气候变化和人类活动对青藏高原沙漠化的影响作用，准确评估气候变化对沙漠化的影响，认识沙漠化对气候变化的响应过程和机理。通过阐明青藏高原沙漠化格局及其变化规律，揭示沙漠化的生态过程与物理过程，实现气候变化和人类活动对沙漠化贡献的量化区分，揭示驱动因子的驱动机制，阐明气候变化驱动下从冻土退化到沙漠化的过程机制，模拟未来不同气候变化情境下沙漠化的发展趋势。参加单位有中科院西北生态环境资源研究院、青藏高原研究所、北京师范大学、北京大学和南京信息工程大学等。

2. 西北地区土地资源研究的主要科研成果

近年来针对西北地区土地资源的研究取得了一系列成果，主要有代表性的是《中亚干旱区土地利用与土地覆被变化》《黄土中石油污染物的迁移转化与土壤修复研究》《土壤水分植被承载力的理论与实践》《交替灌溉间作节水理论与实践》《土地集约利用背景下的甘肃省耕地利用研究》《中国西部环境演变过程研究》《地理格网 STQIE 模型及原型系统》《土壤科学三十年》《土壤学若干前沿领域研究进展》《土壤科学三十年——从经典到前沿》《中国北方及其毗邻地区土地利用 / 土地覆被科学考察报告》《中国北方及其毗邻地区地理环境背景科学考察报告》《区域土壤环境质量》《土地利用覆被变化时空信息分析方法及应用》《黄土丘陵区土地利用与水土流失的尺度效应研究》、*Land Degradation and Desertification–a Global Crisis*、*Digital Soil Mapping Across Paradigms*、*Scales and Boundaries*、*Landscape and ecosystem diversity*、*dynamics and management in the Yellow River Source Zone*、*Arid and Semi-arid Environments*：*Biogeodiversity*，*Impacts and Environmental Challenges*、*Simulation of River Flow for Downstream Water Allocation in the Heihe River Watershed*，*Northwest China*、*Water Security*：*Concept*，*Measurement*，*and Operationalization*、*Vulnerability of Land Systems in Asia*、*Digital Soil Mapping Across Paradigms*，*Scales and Boundaries*、*Biocultural Landscapes*：*Diversity*，*Functions and Values*。

具有代表性的科研获奖主要有：“黄土区石油类污染物在水土环境中的迁移转化规律与生物修复技术”获得甘肃省科技进步奖二等奖；“半干旱典型黄土区与沙地退化土地持续恢复技术”获得甘肃省科技进步奖一等奖；“西北绿洲农田循环生产关键技术研究与集成示范”获得甘肃省科技进步奖二等奖；“半干旱地区退耕还草植被 - 土壤界面恢复过程与机制”获得杨凌示范区科学技术奖一等奖；“毛乌素沙地砒砂岩与沙复配成土核心技术及工程示范”获得陕西省科学技术奖一等奖。

3. 西北地区土地资源研究的研究队伍

目前，从事干旱区土地资源学研究的科研机构主要包括国家相关部委直属的科研机构，如中国科学院西北生态环境资源研究院、中国科学院新疆生态与地理研究所、中国科学院地理科学与资源研究所等；国土资源部、国家环保总局、地质矿产部等下属的相关科研机构；教育下属以及省属的有关大学，如兰州大学、新疆大学、青海大学、宁夏大学、石河子大学、甘肃农业大学、陕西师范大学、西北师范大学、青海师范大学、新疆农业大学等。

（三）土地资源研究发展趋势

土地利用和生态安全评价成为当前土地资源可持续利用研究的前沿课题。但目前关于生态脆弱区土地资源生态安全评价的研究主要集中在县域尺度上，而对西北地区的整体研究还比较少。因此，加强西北地区土地生态安全评价的时空格局、微观机制和风险调控研究将是今后重要的发展方向。此外，在土地利用和生态安全评价，没有形成一个被广泛接受的统一的评价体系，评价结果的准确性也只能基于不同方法的相互验证。因此，在未来对土地利用和生态安全的研究中，需深入了解土地荒漠化、盐碱化发生发展的机制，利用遥感监测和其他监测手段，基于土壤植被信息、气候因子以及人类活动等指标，建立区域尺度的统一量化的土地生态安全评价指标体系。

在城市化快速发展过程中，土地资源使用结构、城市垃圾排放等问题，对耕地、粮食造成了过度的侵蚀效应。因此，未来更应继续重视快速城市化环境下我国耕地资源和粮食实际产量的动态变化状况研究，并且努力推动我国土地资源和粮食安全的妥善性维护策略的制定和实施。此外，目前土地损毁、土地滥用、土壤污染等安全问题的仍缺乏相关的法律制度。因此，在未来土地保护和治理的研究中，必须考虑如何制定科学合理有效的法律法规，实现制度保障。

目前，西北草地的变化趋势研究结果仍存在一些分歧，没有得到一致的结论；而对草地 NPP 的计算因数据源、模型方法等的不同，即使是相同的研究区，其所得到的结果也各不相同。因此，需要对着两方面进行更加深入的研究，寻求一种统一计量方式，以使结果具有可比性。对草地退化的人为影响因素中，通常只考虑放牧、农业等对草地的破坏。但随着社会发展，人类对土地需求也在多样化，比如建设在荒漠草原区的油气管道，新修铁路，等等，但新型土地利用工程对草地资源的影响少有研究。因此，需加强对草地退化多样化原因的探究。我国在西北草原沙化治理技术主要有围栏丰育、补播改良和鼠类以及病虫害防治等，相对单一，仍需对草地沙化治理技术进行更深入的探讨。此外，应加强对人工草地建植方法的研究，使其更加适应西北地区的独特环境。同时，荒漠草原地区由于特殊的气候和下垫面条件，水源间的动态联系更为紧密，受限于观测体系与基础资料的缺乏，多要素影响下的多水源定量识别及演化机理研究相对较少，未来还需在现有荒漠化草原天然植被水源分析研究的基础上，将现在的单水源、单时段、单方面的研究方式进行改进，将水文循环过程中多水源联合分析，将稳定同位素技术与多水源相联系，确定多水源的转换关系与转换机理，为保证区域生态系统健康可持续发展打下良好的基础。

针对土地利用变化对生态系统服务价值的影响研究，目前所采用的方法都是极为相似的，一般分为三个步骤，先是分析研究区域在研究期内土地利用变化趋势，之后再计算区域内生态系统服务价值，建立生态系统服务价值与土地利用变化趋势之间的关系，最后再通过敏感性分析来评价生态系统服务价值的可信度。但这一研究方法对不同生态系统之间服务价值的线性可加性及生态系统服务价值的空间差异未作充分考虑。因此，需要进一步研究西北地区荒漠－绿洲、绿洲－城市等不同生态系统的服务价值，考虑研究区域的社会发展程度、区域内空间异质性及生态系统差异性等，从而比较准确地反映生态系统服务价值的空间状况。此外，土地生态系统服务价值研究偏重于生态效益和经济效益的核算，如何将生态系统服务价值的“无形性”和人类的经济价值取向和谐统一起来，将是今后生态系统服务价值研究的重点和难点之一。

根据国内外土地资源研究现状和我国土地资源学科的战略需求，预计未来土地资源学科将呈现以下 3 个主要的发展趋势。

（1）基础理论研究逐步深化和扩展。随着土地资源学科总体上的不断发展，土地资源调查、分类与评价、土地资源整治、土地资源保护、土地利用规划等传统研究领域将进一步深化和拓展。例如，土地资源调查中大比例尺调查的加强、土地利用分类系统逐步完善，土地资源评价中土地质量指标体系的完善和评价方法的进一步发展，土地资源整治工程措施，等等，土地资源保护与生态建设政策的进一步实用化、可操作化和保护措施体系的建设，土地利用规划中新理念、新原理、新技术、新方法的应用等，将有力地促使我国土地资源学科的深化发展。

（2）面向需求的土地资源应用性研究将进一步拓展。基于我国经济建设和社会协调发展对土地资源学科的迫切需求，土地资源优化配置与宏观调控、节约与集约利用、城乡土地分等定级、土地资源可持续利用战略、土地退化过程、防治措施、监测及其效果评估、土地资源安全与生态友好型土地利用模式、土地利用转型及生态环境建设等诸多新兴研究领域将得到进一步的扩展。

（3）新技术和新方法在土地资源学科中强化和广泛应用。新技术和新方法将在资源科学研究中得到进一步的应用，如 3S 技术在土地资源调查中高分辨率遥感技术的应用和 3S 技术的系统集成等。此外，各种土地利用试验、定点定位监测等方法与手段将进一步发展，使研究工作能够获得更多的试验与监测等第一手原始数据，进而提高土地资源学科研究的绩效和水平。

参考文献

[1] Zhou L，Wu R. Interdecadal variability of winter precipitation in Northwest China and its association with the North Atlantic SST change [J]. International Journal of Climatology，2015，35（6）：1172–1179.

[2] 任国玉，袁玉江，柳艳菊，等. 我国西北干燥区降水变化规律 [J]. 干旱区研究，2016，33（1）：1–19.

[3] 商沙沙. 中国西北地区近 54 年来气温和降水的时空变化特征 [D]. 曲阜：曲阜师范大学，2016.

[4] Peng D，Zhou T. Why was the arid and semiarid Northwest China getting wetter in the recent decades? [J]. Journal of Geophysical Research Atmospheres，2017.

[5] 王晖，隆霄，马旭林，等. 近 50a 中国西北地区东部降水特征 [J]. 干旱区研究，2013，30（4）：712–718.

[6] 马新平，尚可政，李佳耘，等. 1981—2010 年中国西北地区东部大气可降水量的时空变化特征 [J]. 中国沙漠，2015，35（2）：448–455.

[7] 徐利岗，周宏飞，杜历，等. 1951—2008 年中国西北干旱区降水时空变化及其趋势 [J]. 中国沙漠，2015，35（3）：724–734.

[8] Chen F，Yuan Y，Wei W，et al. Tree - ring - based annual precipitation reconstruction for the Hexi Corridor，NW China：consequences for climate history on and beyond the mid - latitude Asian continent[J]. Boreas，2013，42(4)：1008–1021.

[9] 郭慧，李栋梁，林纾，等. 近 50 多年来我国西部地区降水的时空变化特征 [J]. 冰川冻土，2013，35（5）：1165–1175.

[10] 姚俊强，杨青，刘志辉，等. 中国西北干旱区降水时空分布特征 [J]. 生态学报，2015，35（17）：5846–5855.

[11] Sun G，Chen Y，Li W，et al. Spatial distribution of the extreme hydrological events in Xinjiang，north–west of China [J]. Natural hazards，2013，67（2）：483–495.

[12] Sun G，Chen Y，Li W，et al. Intra–annual distribution and decadal change in extreme hydrological events in Xinjiang，Northwestern China [J]. Natural hazards，2014，70（1）：119–133.

[13] Wang H，Chen Y，Chen Z，et al. Changes in annual and seasonal temperature extremes in the arid region of China，1960—2010 [J]. Natural hazards，2013，65（3）：1913–1930.

[14] 董蕾，张明军，王圣杰，等. 基于格点数据的西北干旱区极端降水事件分析 [J]. 自然资源学报，2014，29（12）：2048–2057.

[15] 王月华，李占玲，赵韦. 疏勒河流域极端降水特征分析 [J]. 水资源研究，2015（6）：537–545.

[16] 李奇虎，马庆勋. 1960—2010 年西北干旱区极端降水特征研究 [J]. 地理科学，2014，34（9）：1134–1138.

[17] 汪宝龙，张明军，魏军林，等. 西北地区近 50a 气温和降水极端事件的变化特征 [J]. 自然资源学报，2012（10）：1720–1733.

[18] 赵丽，韩雪云，杨青. 近 50a 西北干旱区极端降水的时空变化特征 [J]. 沙漠与绿洲气象，2016（1）：19–26.

[19] 王少平，姜逢清，吴小波，等. 1961—2010 年西北干旱区极端降水指数的时空变化分析 [J]. 冰川冻土，2014，36（2）：318–326.

[20] 黄晨然. 中国西北地区极端降水研究和风云卫星资料在短时强降水中的应用 [D]. 兰州：兰州大学，2015.

[21] 王鑫彤，鞠法帅，韩德文，等. 大气颗粒物中生物质燃烧示踪化合物的研究进展［J］. 环境化学，2015，34（10）：1885-1894.

[22] 肖致美，李鹏，陈魁，等. 天津市大气降水化学组成特征及来源分析［J］. 环境科学研究，2015，28（7）：1025-1030.

[23] Ma J Z，Zhang P，Zhu G F，et al. The composition and distribution of chemicals and isotopes in precipitation in the Shiyang River system，northwestern China［J］. Journal of Hydrology，2012，436 - 437：92 - 101.

[24] 李宗杰，宋玲玲，田青，等. 石羊河流域降水化学特征时空变化及来源浅析［J］. 地球与环境，2016，44（6）：637-646.

[25] 贾文雄，李宗省. 祁连山东段降水的水化学特征及离子来源研究［J］. 环境科学，2016，37（9）：3322-3332.

[26] Zhao W，Ma J Z，Gu C J，et al. Distribution of isotopes and chemicals in precipitation in Shule River Basin，northwestern China：an implication for water cycle and groundwater recharge［J］. Journal of Arid Land，2016，8（6）：973-985.

[27] Guo X，Qi F，Wei Y，et al. An overview of precipitation isotopes over the Extensive Hexi Region in NW China［J］. Arabian Journal of Geosciences，2015，8（7）：4365-4378.

[28] 孔祥伟，陶健红，刘治国，等. 河西走廊中西部干旱区极端暴雨个例分析［J］. 高原气象，2015，34（1）：70-81.

[29] 陶健红，孔祥伟，刘新伟. 河西走廊西部两次极端暴雨事件水汽特征分析［J］. 高原气象，2016，35（1）：107-117.

[30] 徐栋，孔莹，王澄海. 西北干旱区水汽收支变化及其与降水的关系［J］. 干旱气象，2016，34（3）：431-439.

[31] 赵军，刘原峰，朱国锋，等. 热带测雨卫星数据在黑河流域的精度及应用［J］. 水土保持通报，2016，36（3）：309-315.

[32] 王晓杰，刘海隆，包安明. TRMM 降水产品在天山及周边地区的适用性研究［J］. 水文，2014，34（1）：58-64.

[33] 季漩，罗毅. TRMM 降水数据在中天山区域的精度评估分析［J］. 干旱区地理（汉文版），2013，36（2）：253-262.

[34] 沈彬，李新功. 塔里木河流域 TRMM 降水数据精度评估［J］. 干旱区地理（汉文版），2015，38（4）：703-712.

[35] 卢新玉，魏鸣，王秀琴，等. TRMM-3B43 降水产品在新疆地区的适用性研究［J］. 国土资源遥感，2016，28（3）：166-173.

[36] 杨艳芬，罗毅. 中国西北干旱区 TRMM 遥感降水探测能力初步评价［J］. 干旱区地理（汉文版），2013，36（3）：371-382.

[37] 潘虹，邱新法，高婷，等. 基于 TRMM 和 NCEP-FNL 数据的降水估算研究［J］. 水土保持研究，2014，21（2）：116-122.

[38] 张涛，李宝林，赵娜，等. 结合 TRMM 数据的区域降水高精度曲面建模研究［J］. 地球信息科学学报，2015，17（8）：895-901.

[39] 张强，姚玉璧，李耀辉，等. 中国西北地区干旱气象灾害监测预警与减灾技术研究进展及其展望［J］. 地球科学进展，2015，30（2）：196-211.

[40] 石玉立，宋蕾. 1998—2012 年青藏高原 TRMM 3B43 降水数据的校准［J］. 干旱区地理（汉文版），2015，38（5）：900-911.

[41] 马金辉，屈创，张海筱，等. 2001-2010 年石羊河流域上游 TRMM 降水资料的降尺度研究［J］. 地理科学进展，2013，9（9）：1423-1432.

[42] 李净，张晓. TRMM 降水数据的空间降尺度方法研究［J］. 地理科学，2015，35（9）：1164–1169.
[43] 周寅，龚绍琦，史建桥，等. 基于 MERRA 资料的西北地区夏季降水估算［J］. 南水北调与水利科技，2014，12（6）：149–152.
[44] 陈豫英，冯建民，陈楠，等. 西北地区东部可利用降水的时空变化特征［J］. 干旱区地理（汉文版），2012，35（1）：56–66.
[45] 申晓晶，李王成，田军仓. 西北干旱地区降水高效利用的研究进展［J］. 节水灌溉，2014（2）：26–28.
[46] 赖先齐，李万明，张伟，等. 中国西北及中亚干旱区绿洲降水年内分配特点与现代节水农业［J］. 农业资源与环境学报，2014（4）：328–334.
[47] Luo Y，Arnold J，Liu S，et al. Inclusion of glacier processes for distributed hydrological modeling at basin scale with application to a watershed in Tianshan Mountains，northwest China［J］. Journal of Hydrology，2013，477（477）：72–85.
[48] Wang P，Li Z，Li H，et al. Glacier No. 4 of Sigong River over Mt. Bogda of eastern Tianshan，central Asia：thinning and retreat during the period 1962—2009［J］. Environmental Earth Sciences，2012，66（1）：265–273.
[49] 骆书飞. 1959—2008 年新疆布尔津河上游河源区冰川储量变化［D］. 兰州：西北师范大学，2014.
[50] 王林. 天山艾比湖流域近 40 年冰川变化研究［D］. 北京：中国科学院大学，2014.
[51] 侯浩，侯书贵，庞洪喜. 阿尔泰山蒙赫海尔汗冰川不同水体稳定同位素空间分布特征及水汽来源［J］. 冰川冻土，2014，36（5）：1271–1279.
[52] 王彩霞，张杰，董志文，等. 基于氢氧同位素和水化学的祁连山老虎沟冰川区径流过程分析［J］. 干旱区地理（汉文版），2015，38（5）：927–935.
[53] 张九天，何霄嘉，上官冬辉，等. 冰川加剧消融对我国西北干旱区的影响及其适应对策［J］. 冰川冻土，2012，34（4）：848–854.
[54] 阿不力米提江·阿布力克木，陈春艳，玉素甫·阿不都拉，等. 2001–2012 年新疆融雪型洪水时空分布特征［J］. 冰川冻土，2015，37（1）：226–232.
[55] 崔瀚文. 中国西部冰川变化与湿地响应研究［D］. 长春：吉林大学，2013.
[56] 沈永平，苏宏超，王国亚，等. 新疆冰川、积雪对气候变化的响应（Ⅰ）：水文效应［J］. 冰川冻土，2013，35（3）：513–527.
[57] 沈永平，苏宏超，王国亚，等. 新疆冰川、积雪对气候变化的响应（Ⅱ）：灾害效应［J］. 冰川冻土，2013，35（6）：1355–1370.
[58] 邓亚丽. 新疆昆仑山冰川、积雪下降对和田对气候变化的响应［J］. 自然科学，2016，6：208.
[59] 庄晓翠，李博渊，张林梅，等. 新疆阿勒泰地区冬季大到暴雪气候变化特征［J］. 干旱区地理（汉文版），2013，36（6）：1013–1022.
[60] 白松竹，胡磊，庄晓翠，等. 新疆阿勒泰地区冬季各级降雪的气候变化特征［J］. 干旱区资源与环境，2014，28（8）：99–104.
[61] 赵正波，林永波，李博渊. 新疆阿勒泰地区大到暴雪日数气候变化特征［J］. 沙漠与绿洲气象，2013，7（5）：14–18.
[62] 怀保娟，李忠勤，孙美平，等. SRM 融雪径流模型在乌鲁木齐河源区的应用研究［J］. 干旱区地理（汉文版），2013，36（1）：41–48.
[63] 李晶，刘时银，魏俊锋，等. 塔里木河源区托什干河流域积雪动态及融雪径流模拟与预估［J］. 冰川冻土，2014，36（6）：1508–1516.
[64] 李晶，刘时银，韩海东，等. 天山托木尔峰南坡科其喀尔冰川流域径流模拟［J］. 气候变化研究进展，2012，08（5）：350–356.
[65] 闫玉娜，车涛，李弘毅，等. 使用积雪遥感面积数据改善山区春季融雪径流模拟精度［J］. 冰川冻土，

2016，38（1）：211–221.

［66］Liu W，Li Z，Song L. The evolution of hydrochemistry at a cold alpine basin in the Qilian Mountains［J］. Arabian Journal of Geosciences，2016，9（4）：301.

［67］He J H，Ma J ZH，Zhao W，et al. Groundwater evolution and recharge determination of the Quaternary aquifer in the Shule River basin，Northwest China［J］. Hydrogeology Journal，2015，23（8）：1–15.

［68］曹弘. 高寒山区河道径流形成过程的同位素示踪及模拟研究［D］. 武汉：中国地质大学，2016.

［69］皮锴鸿. 黑河干流河流入渗规律及河水与地下水随机模拟研究［D］. 西安：西北大学，2015.

［70］李宗杰，宋玲玲，田青. 青海布哈河丰水期水化学特征［J］. 生态学杂志，2017，36（3）：766–773.

［71］何天丽，许建新，韩积斌，等. 柴达木盆地西北部库拉木勒克萨伊河—阿拉尔河流域水化学特征分析［J］. 盐湖研究，2017（2）：21–27.

［72］吴丽娜，孙从建，贺强，等. 中天山典型内陆河流域水化学时空特征分析［J］. 水土保持研究，2017，24（5）：149–156.

［73］何正强，李忠勤，陈天乐，等. 天山冰川区山溪河水化学成分变化过程分析［J］. 干旱区研究，2017，34（4）：881–888.

［74］王甜，蔡林钢，牛建功，等. 乌鲁木齐河地表水化学组成及时空分布特征［J］. 干旱环境监测，2017，31（3）102–109.

［75］肖捷颖，赵品，李卫红. 塔里木河流域地表水水化学空间特征及控制因素研究［J］. 干旱区地理（汉文版），2016，39（1）：33–40.

［76］刘光生，王根绪，高洋，等. 长江源多年冻土区季节性河流氢、氧同位素组成［J］. 生态学杂志，2015，34（6）：1622–1629.

［77］王彩霞，张杰，董志文，等. 基于氢氧同位素和水化学的祁连山老虎沟冰川区径流过程分析［J］. 干旱区地理（汉文版），2015，38（5）：927–935.

［78］彭红明，许伟林，何青，等. 布哈河流域中上游地区水文地球化学与同位素特征［J］. 干旱区研究，2015，32（5）：1032–1038.

［79］吴华武，李小雁，赵国琴，等. 青海湖流域降水和河水中 $\delta^{18}O$ 和 δD 变化特征［J］. 自然资源学报，2014（9）：1552–1564.

［80］Xu J，Chen Y，Li W，et al. Statistical analysis of groundwater chemistry of the Tarim River lower reaches，Northwest China［J］. Environmental Earth Sciences，2012，65（6）：1807–1820.

［81］Wei G，Chen F，Ma J，et al. Groundwater recharge and evolution of water quality in China’s Jilantai Basin based on hydrogeochemical and isotopic evidence［J］. Environmental earth sciences，2014，72（9）：3491–3506.

［82］Wang L，Li G，Dong Y，et al. Using hydrochemical and isotopic data to determine sources of recharge and groundwater evolution in an arid region：a case study in the upper - middle reaches of the Shule River basin，northwestern China［J］. Environmental Earth Sciences，2015，73（4）：1901–1915.

［83］Guo X，Feng Q，Liu W，et al. Stable isotopic and geochemical identification of groundwater evolution and recharge sources in the arid Shule River Basin of Northwestern China［J］. Hydrological Processes，2015，29（22）：4703–4718.

［84］刘亮，褚宏宽，刘振荣. 吐鲁番盆地地下水水化学特征及其演化规律［J］. 中国水运月刊，2015，15（1）：187–188.

［85］吴霞，吴津蓉，周金龙，等. 新疆汉水泉地区地下水水化学特征及形成机理［J］. 南水北调与水利科技，2015（5）：953–958.

［86］Wang L，Hu F，Yin L，et al. Hydrochemical and isotopic study of groundwater in the Yinchuan plain，China［J］. Environmental Earth Sciences，2013，69（6）：2037–2057.

［87］Zhang Y，Shen Y，Chen Y，et al. Spatial characteristics of surface water and groundwater using stable isotope

method in Tarim River Basin, Northwestern China [J]. Ecohydrology, 2013, 6 (6): 1031–1039.
[88] 李巧，周金龙，高业新，等. 新疆玛纳斯河流域平原区地下水水文地球化学特征研究 [J]. 现代地质，2015 (2): 238–244.
[89] 侯典炯，秦翔，吴锦奎，等. 小昌马河流域地表水地下水同位素与水化学特征及转化关系 [J]. 冰川冻土，2012，34 (3): 698–705.
[90] 郭小云. 呼图壁河流域不同水体的水化学和稳定同位素特征分析 [D]. 乌鲁木齐：新疆大学，2016.
[91] Huang Chen, Yong Ping, et al. A simulation–based two–stase interval–stochastic prosramming model for water resources manasement in Kaidu–Konqi watershed, China [J]. Journal of Arid Research, 2012, 4 (4): 390–398.
[92] 胡立堂. 黑河干流中游地区地表水和地下水集成模拟与应用 [J]. 北京师范大学学报 (自然科学版)，2014 (5): 563–569.
[93] 孙琦，高为超，陈剑杰，等. 西北某干旱区多级储水洼地地下水数值模拟 [J]. 地下水，2012 (1): 38–41.
[94] 常振波，卢文喜，辛欣，等. 基于灵敏度分析和替代模型的地下水污染风险评价方法 [J]. 中国环境科学，2017，37 (1): 167–173.
[95] 冯忠伦，刁维杰，焦裕飞，等. 基于 Kriging 插值方法改善地下水数值模型的精度 [J]. 灌溉排水学报，2017，36 (4): 83–87.
[96] 龚嘉临，朱松，李非里，等. 基于有限差分模型模拟地下水 – 湖泊相互作用的研究 [J]. 环境科技，2017，30 (3): 64–69.
[97] 李江. 基于景观单元的黑河中游绿洲水文过程模拟研究 [D]. 北京：中国农业大学，2017.
[98] 艾尼瓦尔·苏来曼. 熵权云模型组合在新疆喀什地区地下水供水安全评估中的应用 [J]. 地下水，2017，39 (4).
[99] 梁建辉. 基于 SWAT 模型的新疆叶尔羌河流域气候变化对区域地下水动态影响研究 [J]. 地下水，2017，39 (4).
[100] 闫金凤，郭全军，陈曦. 不同土地利用模式下绿洲地下水响应预测模拟 [J]. 水资源与水工程学报，2009，20 (6): 42–46.
[101] Liu X, He Y, Zhang T, et al. The response of infiltration depth, evaporation, and soil water replenishment to rainfall in mobile dunes in the Horqin Sandy Land, Northern China [J]. Environmental Earth Sciences, 2015, 73 (12): 8699–8708.
[102] Sun P, Ma JZ, Qi S, Zhao W, Zhu GF. 2016. The effects of a dry sand layer on groundwater recharge in extremely arid areas: field study in the western Hexi Corridor of northwestern China [J]. Hydrogeology Journal , 2016. 24: 1515 - 1529.
[103] Wang Y, Ma J, Zhang Y, et al. A new theoretical model accounting for film flow in unsaturated porous media [J]. Water Resources Research, 2013, 49 (8): 5021 - 5028.
[104] Hou LZ, Wang XS, Hu BX, et al. Experimental and numerical investigations of soil water balance at the hinterland of the Badain Jaran Desert for groundwater recharge estimation [J]. Journal of Hydrology, 2016, 540: 386–396.
[105] Ma N, Wang N, Zhao L, et al. Observation of mega–dune evaporation after various rain events in the hinterland of Badain Jaran Desert, China [J]. Science Bulletin, 2014, 59 (2): 162–170.
[106] Li Y, Jirka Simůnek , Zhang ZT, et al. Evaluation of nitrogen balance in a direct–seeded–rice field experiment using Hydrus–1D [J]. Agricultural Water Management. 2015, 148: 213 - 222.
[107] Li Y, Šimůnek J, Jing L, et al. Evaluation of water movement and water losses in a direct–seeded–rice field experiment using Hydrus–1D [J]. Agricultural Water Management, 2014, 142 (C): 38–46.

[108] Wang Y，Ma J，Guan H. A mathematically continuous model for describing the hydraulic properties of unsaturated porous media over the entire range of matric suctions [J]. Journal of Hydrology，2016，541：873–888.
[109] 程国栋，肖洪浪，傅伯杰，等. 黑河流域生态——水文过程集成研究进展 [J]. 地球科学进展，2014，29（4）：431–437.
[110] Zhu GF，Lu Ling，Su Yonghong，et al. Energy flux partitioning and evapotranspiration in a sub–alpine spruce forest ecosystem. Hydrological Processes，2014，28，5093–5104.
[111] Zhu GF，Su Yonghong，Li Xin，Zhang Kun，Li Changbin. Estimating actual evapotranspiration from an alpine grassland on Qinghai–Tibetan plateau using a two–source model and parameter uncertainty analysis by Bayesian approach. Journal of Hydrology，2013，476，42–51.
[112] Zhu GF，Su Yonghong，Li Xin，Zhang Kun，Li Changbin，Ning Na. Modelling evapotranspiration in an alpine grassland ecosystem on Qinghai–Tibetan plateau. Hydrological Processes，2014，28（3），610–619.
[113] Bai Y，Zhu GF，Su YH，et al. Hysteresis loops between canopy conductance of grapevines and meteorological variables in an oasis ecosystem. Agricultural and Forest Meteorology，2015，214–215，319–327.
[114] 王多尧. 石羊河典型流域土地利用 / 覆被变化的水文生态响应研究 [D]. 北京：北京林业大学，2013.
[115] 王顺利，石晓萍，金铭，等. 祁连山水源涵养林生态水文作用分析 [J]. 农业与技术，2016，36（16）：192–193.
[116] 王超花. 半干旱黄土区不同土地利用方式对土壤生态水文性质的影响 [D]. 兰州：兰州大学，2016.
[117] 卫三平，王力，吴发启. 土壤干化的水文生态效应 [J]. 水土保持学报，2007，21（5）：123–127.
[118] Zhu GF，Li X，Zhang K，et al. Multi–model ensemble prediction of terrestrial evapotranspiration across north China using Bayesian model averaging [J]. Hydrol. Process，2016.
[119] Luo Y，Arnold J，Allen P，et al. Baseflow simulation using SWAT model in an inland river basin in Tianshan Mountains，Northwest China [J]. Hydrology & Earth System Sciences，2012，16（4）：1259–1267.
[120] 陈喜，宋琪峰，高满，等. 植被 – 土壤 – 水文相互作用及生态水文模型参数的动态表述 [J]. 北京师范大学学报（自然科学版），2016，52（3）：362–368.
[121] 刘登峰，田富强，林木，等. 基于生态水文耦合模型的塔里木河下游人工输水优化方案研究 [J]. 水力发电学报，2014，33（4）：51–59.
[122] 周剑，张伟，John W Pomeroy，等. 基于模块化建模方法的寒区水文过程模拟——在中国西北寒区的应用 [J]. 冰川冻土，2013，35（2）：389–400.
[123] 胡胜. 基于 SWAT 模型的北洛河流域生态水文过程模拟与预测研究 [D]. 西安：西北大学，2015.
[124] Zhu GF，Li X，Su YH，et al. Simultaneous parameterization of the two–source evapotranspiration model by Bayesian approach：application to spring maize in an arid region of northwest China. Geoscientific Model Development Discussions，2014，7，741–775.
[125] Zhang K，Ma J，Zhu G，et al. Parameter sensitivity analysis and optimization for a satellite–based evapotranspiration model across multiple sites using Moderate Resolution Imaging Spectroradiometer and flux data [J]. Journal of Geophysical Research Atmospheres，2017.
[126] Shen Y，Li S，Chen Y，et al. Estimation of regional irrigation water requirement and water supply risk in the arid region of Northwestern China 1989 – 2010 [J]. Agricultural Water Management，2013，128（10）：55–64.
[127] 陈亚宁，杨青，罗毅，等. 西北干旱区水资源问题研究思考 [J]. 干旱区地理（汉文版），2012，35（1）：1–9.
[128] Wen B，Zhang X，Yang Z，et al. Influence of tourist disturbance on soil properties，plant communities，and surface water quality in the Tianchi scenic area of Xinjiang，China [J]. 干旱区科学：英文版，2016，8（2）：304–313.
[129] 赵晖. 新疆水资源战略问题及相关阐述 [J]. 河南水利与南水北调，2016（5）：39–40.

[130] 许杰玉，蒋蕾，毛磊，等. 典型西北干旱区水资源开发利用及保护对策研究——以武威市为例 [J]. 水利发展研究，2016，16（5）：34–37.
[131] 左文龙，汪寿阳，陈曦，等. 新疆水资源开发利用现状及其应对跨越式发展的战略对策 [J]. 新疆社会科学（汉文版），2013（1）：33–39.
[132] 常玉婷，刘海隆，包安明，等. 基于水足迹理论的西北干旱区水资源承载力的研究 [J]. 石河子大学学报（自科版），2015，33（1）：116–121.
[133] 段新光，栾芳芳. 基于模糊综合评判的新疆水资源承载力评价 [J]. 中国人口·资源与环境，2014，163（24）：119–122.
[134] 宋丹丹，郭辉. 新疆水资源承载力综合评价研究 [J]. 新疆师范大学学报：自然科学版，2014（4）：1–8.
[135] 屈小娥. 陕西省水资源承载力综合评价研究 [J]. 干旱区资源与环境，2017，31（2）：91–97.
[136] 高翔. 西北地区城市化过程中水资源约束时空变化——以西陇海兰新经济带甘肃段为例 [J]. 兰州大学学报（自科版），2013（3）：299–305.
[137] 唐志强，曹瑾，党婕. 水资源约束下西北干旱区生态环境与城市化的响应关系研究——以张掖市为例 [J]. 干旱区地理（汉文版），2014，37（3）：520–531.
[138] 王强，包安明，易秋香. 基于绿洲的新疆主体功能区划可利用水资源指标探讨 [J]. 资源科学，2012，34（4）：613–619.
[139] 李淑霞，王炳亮. 宁夏生态水文分区及水资源开发利用策略 [J]. 人民黄河，2013（12）：68–70.
[140] 文彦君. 西北地区水资源生态安全保障研究进展 [J]. 陕西农业科学，2012，58（5）：105–108.
[141] 陈亚宁. 气候变化对西北干旱区水循环影响机理与水资源安全研究 [J]. 中国基础科学，2015（2）：1018.
[142] 姚俊强，刘志辉，郑江华，等. 内陆干旱区最严格水资源管理关键技术体系研究 [J]. 中国水利，2014（17）：5–7.
[143] 孟现勇，刘志辉. 内陆干旱区实施最严格水资源管理技术探讨 [J]. 中国水利，2014（5）：3–5.
[144] 王强. 基于生态水文学理论的西北旱区水资源管理初探 [J]. 价值工程，2016，35（18）：199–201.
[145] 邓铭江，石泉. 内陆干旱区水资源管理调控模式 [J]. 地球科学进展，2014，29（9）：1046–1054.
[146] 王占军，邱新华，唐志海，等. 宁夏 1999—2009 年土地荒漠化演变影响因素分析 [J]. 中国沙漠，2013，33（2）：325–333.
[147] 齐雁冰，陈洋，于艺鹏. 基于 GIS 与 RS 的陕北长城沿线荒漠化时空变异 [J]. 内蒙古农业大学学报（自然科学版），2016（3）：51–59.
[148] 王新军，赵成义，杨瑞红，等. 古尔班通古特沙漠南缘荒漠化过程演变的景观格局特征分析 [J]. 干旱区地理（汉文版），2015，38（6）：1213–1225.
[149] 郑伟，朱进忠. 新疆草地荒漠化过程及驱动因素分析 [J]. 草业科学，2012，29（9）：1340–1351.
[150] 闫峰，吴波. 近 40a 毛乌素沙地荒漠化过程研究 [J]. 干旱区地理（汉文版），2013，36（6）：987–996.
[151] Wang Q，Z Huo，L Zhang，et al. Impact of saline water irrigation on water use efficiency and soil salt accumulation for spring maize in arid regions of China [J]. Agricultural Water Management，2016，163：125–138.
[152] Zhou D，J Xu，L Wang，Z Lin，L Liu. Identifying and managing risk factors for salt-affected soils：a case study in a semi-arid region in China [J]. Environmental Monitoring & Assessment，2015，187（7）：421.
[153] Zhang Z，H Hu，F Tian，H Hu，X Yao，et al. Soil salt distribution under mulched drip irrigation in an arid area of northwestern China [J]. Journal of Arid Environments，2014，104（4）：23–33.
[154] 乔江飞. 基于 EM38 的盐渍化土壤剖面盐分监测研究 [D]. 石河子：石河子大学，2016.
[155] 李会杰. 旱区河滩湿地水盐运移与根系吸水的模型模拟 [D]. 杨凌：西北农林科技大学，2015.

[156] 魏光辉，杨鹏年. 干旱区不同灌溉方式下棉田土壤水盐调控研究 [J]. 节水灌溉，2015(6)：26-30.

[157] 麦麦提吐尔逊·艾则孜，海米提·依米提，孙慧兰，等. 伊犁河流域土壤盐分与地下水关系的关联分析 [J]. 土壤通报，2013，44(3)：561-565.

[158] 黄翠华，薛娴，彭飞，等. 不同矿化度地下水灌溉对民勤土壤环境的影响 [J]. 中国沙漠，2013，33(2)：590-596.

[159] 吴雪梅，塔西甫拉提·特依拜，姜红涛，等. 基于 CCA 方法的于田绿洲土壤盐分特征研究 [J]. 中国沙漠，2014，34(6)：1568-1575.

[160] 周和平，王少丽，吴旭春. 膜下滴灌微区环境对土壤水盐运移的影响 [J]. 水科学进展，2014，25(6)：816-824.

[161] 张凤华，王东方，罗玉峰，塔瑞克·茹纳. 基于 SWAGMAN-Destiny 的干旱区滴灌条件下农田水盐运移数值模拟 [J]. 节水灌溉，2013(9)：10-13.

[162] 何玉琛，聂俊坤，徐存东. 干旱扬水灌区盐碱化成因及综合治理对策研究 [J]. 中国水利，2015(10)：9-11.

[163] 毛海涛，黄庆豪，吴恒滨. 干旱区农田不同类型土壤盐碱化发生规律 [J]. 农业工程学报，2016(s1)：112-117.

[164] 缑倩倩，韩致文，王国华. 中国西北干旱区灌区土壤盐渍化问题研究进展 [J]. 中国农学通报，2011，27(29)：246-250.

[165] 徐向中，柴成武，邱作金. 干旱盐碱化退耕地造林技术研究——以民勤盐碱地造林为例 [J]. 甘肃科技，2014，30(2)：131-132.

[166] 邵建荣，张凤华，董艳，等. 干旱区微咸水滴灌条件下典型土壤盐碱化影响因素研究 [J]. 干旱地区农业研究，2015，33(6)：216-221.

[167] 王宏卫，刘勤，柴春梅. 渭干河-库车河绿洲土地生态安全物元分析评价 [J]. 安全与环境学报，2015，15(6)：358-363.

[168] 叶达，吴克宁，刘霈珈. 半干旱区农业开发土地资源生态安全评价——以宁夏孙家滩国家农业科技园区为例 [J]. 环境科学学报，2016，36(3)：1099-1105.

[169] 何明花，刘峰贵，唐仲霞，等. 西宁市城市土地集约利用研究 [J]. 干旱区资源与环境，2014，28(3)：44-49.

[170] 杨红娟. 陕北地区城镇化土地集约利用的可拓研究 [D]. 西安：西安建筑科技大学，2014.

[171] 刘莎，孙鹏举，毛翔南. 土地整理是甘肃省土地资源可持续发展的必然选择 [J]. 农业科技与信息，2015(1)：60-61.

[172] 吕婷. 新疆耕地保护问题研究 [D]. 乌鲁木齐：新疆大学，2013.

[173] 孙九胜，单娜娜，王新勇，等. 新疆耕地变化的时间特征及耕地保护的 SWOT 分析 [J]. 新疆农业科学，2012，49(6)：1127-1134.

[174] 李阳. 准噶尔盆地南缘荒漠区退耕还林生态补偿机制研究——以莫索湾农八师一五〇团为例 [D]. 北京：北京师范大学，2011.

[175] 方珊媛，王勤. 进一步建立健全新疆生态补偿机制 [J]. 新疆社科论坛，2014(1)：41-46.

[176] 王世靓，久毛措. 青海藏区土地征用与补偿政策执行情况调查——基于泽库县 5 乡 194 户牧民家庭的数据 [J]. 人民论坛，2013(a11)：222-223.

[177] 缪冬梅，张院萍. 2011 年全国草原监测报告 [J]. 中国畜牧业，2012(9)：18-32.

[178] 杜际增，王根绪，李元寿. 近 45 年长江黄河源区高寒草地退化特征及成因分析 [J]. 草业学报，2015，24(6)：5-15.

[179] 温军. 三江源区草地退化及人工草地建植对土壤呼吸的影响 [D]. 北京：中国科学院研究生院，2012.

[180] 王斌，李洁，姜微微，等. 草地退化对三江源区高寒草甸生态系统 CO_2 通量的影响及其原因 [J]. 中国

环境科学，2012，32（10）：1764–1771.
［181］朱美玲，蒋志清．新疆牧区超载过牧对草地退化影响分析［J］．青海草业，2012，21（1）：44–46.
［182］姚幸，韩建民．西北牧区经济发展与草地退化的关系［J］．草业科学，2015，32（4）：628-634.
［183］张继平，刘春兰，郝海广，等．基于 MODIS GPP/NPP 数据的三江源地区草地生态系统碳储量及碳汇量时空变化研究［J］．生态环境学报，2015（1）：8–13.
［184］郑中，祁元，潘小多，等．基于 WRF 模式数据和 CASA 模型的青海湖流域草地 NPP 估算研究［J］．冰川冻土，2013，35（2）：465–474.
［185］魏靖琼，柳小妮，任正超，等．基于 CASA 模型的甘肃省草地净初级生产力研究［J］．草原与草坪，2012，32（4）：8–14.
［186］邓蕾，上官周平．陕西省天然草地生物量空间分布格局及其影响因素［J］．草地学报，2012，20（5）：825–835.
［187］杨红飞．新疆草地生产力及碳源汇分布特征与机制研究［D］．南京：南京大学，2013.
［188］王昱，丁四保，卢艳丽．建设用地利用效率的区域差异及空间配置——基于 2003-2008 年中国省域面板数据［J］．地域研究与开发，2012，31（6）：132–138.
［189］杨静兰，孟优．兵团土地利用变化及其生态系统服务价值分析［J］．新疆环境保护，2013，35（2）：24–28.
［190］王宏卫，丁建丽，谢霞．基于土地利用变化的渭干河 – 库车河绿洲生态系统服务价值分析［J］．新疆农业科学，2014，51（10）：1886–1892.
［191］魏艳敏，马勤学，董兰芳，等．奎屯河流域土地利用 / 覆被及生态系统服务功能变化［J］．新疆农业科学，2010，47（4）：786–790.
［192］白元，徐海量，凌红波，等．塔里木河干流区土地利用与生态系统服务价值的变化［J］．中国沙漠，2013，33（6）：1912–1920.
［193］钟媛，赵敏娟．城市土地利用变化对生态系统服务的影响——以西安市为例［J］．水土保持研究，2015，22（1）：274–279.
［194］赵锦程．西宁市土地利用变化对区域生态系统服务价值的影响［J］．西部资源，2012（3）：178–183.
［195］刘春雨，董晓峰，刘英英．西北干旱区土地利用结构变化及生态服务价值的响应——以民乐县为例［J］．兰州大学学报（自科版），2013（5）：675–681.

撰稿人：朱高峰　包安明　马金珠　秦富仓

东南丘陵自然资源研究

一、引言

东南丘陵区是指我国云贵高原以东、长江以南的丘陵山地区，地理位置介于20° N~28° N，110° E~120° E，丘陵地貌分布最广泛、最集中，主要含江南丘陵、浙闽丘陵和两广丘陵等，包括安徽省、江苏省、江西省、浙江省、湖南省、福建省、广东省、广西壮族自治区的部分或全部，面积约为115万平方千米。海拔多在200~600 m，其中主要的山峰超过1500 m，丘陵多呈东北—西南走向，是我国水热资源和生物资源最为丰富的区域。

2012—2016年东南丘陵区的资源研究取得了长足进展，通过开展资源调查、资源评价等工作，摸清了该区域资源的优势和特色以及存在的主要问题；在资源高效利用和保护、森林资源及森林生态系统恢复、资源流动与资源优化配置等领域研究取得了重要进展；探索建立资源监测体系，为该区域资源利用和生态建设提供了重要支撑，也为资源学科发展提供了重要研究平台。同时，在2012—2016年，从事资源研究的高等院校和科研院所的研究队伍不断壮大，科研投入持续增加，人才培养质量显著提高，资源学科发展水平明显提升。

二、东南丘陵区的资源现状

（一）东南丘陵区资源的主要特色

1. 水热资源丰富，利用率高

东南丘陵区以季风气候为主，雨热同期，光水热资源丰富。总的来说，南岭以北的地区，气候为冬冷夏热四季分明型；南岭以南的地区，气候为长夏无冬秋去春来型。本区地形南高北低，降水充沛，有利于水源汇聚，水网稠密，水系发达，湖泊众多，水资源丰富，但河流流量的季节变化较大，对航运略有影响，在河口三角洲处河网密布，灌溉农业发达。沿海地区经济较为发达，可利用水资源相对短缺，水资源的开发利用程度较高，水资源的可持续开发利用面临较大压力。本区淡水资源丰富，饮用天然矿泉水类型多、分布广、有益组分含量高、储量丰富、补给条件好。城市水资源开发利用潜力较大，且已具有相当规模。地下水资源丰富，补给来源主要为大气降水，地下水的径流方向在天然状态下与地表水基本相同，排泄方式平原区以垂向蒸发为主，山区以水平渗流方式排入沟谷，汇于江河。

2. 生物资源品种多，更新换代能力强

东南丘陵区植物区系成分较复杂，植物资源开发潜力巨大。该区地带性植被为常绿阔叶林，主要由壳斗科，其次为樟科、山茶科、杜英科、金缕梅科、冬青科、桑科、灰木科和木兰科的常绿阔叶树组成，大致在北纬 27° 30′ 以南，常绿阔叶林混杂较多的热带成分，在南岭以南的华南丘陵自然植被为具有热带色彩的南亚热带季雨林，植物种类复杂，林内攀缘、附生植物甚多。其中广东省森林资源树种结构主要分为 3 种类型：针叶林、阔叶林和针阔混交林，近年来森林资源总量总体呈上升趋势，森林资源质量逐渐提高，阔叶林逐渐成为优势森林类型，森林生态状况良好，但森林自然度、森林景观等级仍处于较低水平[1]。浙江省森林资源蓄积量、质量指标均有一定幅度的增长，龄组结构、树种结构逐步趋向合理，森林生态状况进一步得到改善，森林生态服务功能得到进一步发挥，浙江森林正由“数量持续增加”向“数量增加、质量提高与结构改善并进”的方向发展[2]。总的来看，东南丘陵区的森林资源数量和质量都有一定程度的提升。

3. 钨矿、有色金属和稀土矿等矿产资源较为丰富

有色金属类、黏土类、建材和稀有金属类、特种非金属类矿产是东南丘陵区矿产资源的特色和优势。主要优势矿产资源有钨、钽、叶蜡石、萤石、石英砂、高岭土、花岗石和重晶石。它们在国民经济建设中发挥重要作用，已被大量开发利用。具有明显经济优势的矿产有铁、锰、石灰岩、地下热水和砖瓦黏土等，金、银、铜、铅、锌、锡、稀土等矿产具有潜在的优势。磷、石膏以及陆地上的石油、天然气等为短缺的矿产。“有色金属之乡”“非金属之乡”“中国水晶之都”均位于本区。锑的储量居世界首位，钨、铋、铷、锰、钒、铅、锌以及非金属雄黄、萤石、海泡石、独居石、金刚石等储量丰富，锡、石煤、普通萤石、海泡石黏土、石榴子石、玻璃用白云岩，以及钒、重晶石、隐晶质石墨、陶粒页岩等矿种也很高。

4. 新能源资源类型多，开发有潜力

河流众多且落差较大，水能和水电资源丰富。东南丘陵区由于山地河流众多，部分地区山势高峻，巍峨险峻，多数河流落差大且水流湍急，水能和水电资源丰富。广大山区蕴藏着相当丰富的小水电资源。风能资源在东南丘陵区的应用也相当广泛。江西省高海拔

地区是以沿山脉走向的线状式分布或孤立山峰的点状式分布的风能资源丰富区，风能资源一般夏季较少，冬春季较多[3]。福建省福州至漳州沿海一带风能资源丰富，而且地形较为平坦，适宜开发风力资源[4]。江苏省东台市沿海地带风速普遍较大，风能资源较丰富，风速与风能等值线大致呈南北延伸，其走向与海岸线呈平行状。沿海风能资源地域差异明显，由东部海上向西部内陆递减。在近海有一条狭长的风速急变带，风速向海剧增，向内陆锐减[5]。广东省风能资源较丰富的地方主要分布在沿海地区和粤北、粤西海拔较高的山区，70m 高度上年平均风速达到 6.0m/s 以上，年平均风功率密度达到 300W/m^2 以上，冬半年的风能资源优于夏半年，风能主要由出现频率相对较低的大风速过程产生。东南丘陵区太阳能资源的利用率也较高，开发利用日数逐年递增，开发利用前景广阔。在本区已部署的核能基地均已正常使用，可直接供应本地区庞大的电力需求。

5. 地热资源丰富，开发潜力大

地热资源丰富且分带较为明显，开发利用前景良好。东南丘陵区位于环太平洋地震带上，地质活动强烈，温泉资源丰富，温泉出露密集，含大量微量元素，矿化度低，pH 值适中。例如浙江省，以江山—绍兴深大断裂为界，浙西北地区地热资源以沉积盆地型为主，热储岩性主要为灰岩、砂岩，热储类型为上部孔隙型下部岩溶型层状，其褶皱山区则为隆起山地型，热储类型为岩溶型层状兼带状；浙东南地区主要为大面积的丘陵山区，地热资源类型以隆起山地型为主，热储岩性主要为岩浆岩、火山岩，热储类型为裂隙型带状。浙江省热水主要为偏硅酸－氟热矿水，受赋存环境影响，浙东南地热水偏硅酸、氟、氡等含量普遍高于浙西北[6]。本区的地热资源丰富，开发利用潜力巨大，地热资源的开发利用发展迅速，温泉旅游资源的重要性正逐步上升。

（二）东南丘陵区资源的主要问题

东南丘陵区虽然有一定的特色资源及其开发利用优势，但由于受先天条件以及后天人为活动的影响，使得该区的资源问题日益突出，主要表现如下。

1. 土壤侵蚀严重，恢复力较弱

东南丘陵区的土壤侵蚀类型主要是水蚀、风蚀、重力侵蚀、冻融侵蚀和人为侵蚀，以水蚀为主。本区地层类型主要有花岗岩、片麻岩、砂岩、石灰岩、第四纪红土和红砂岩，还有少量紫砂岩。这些岩石，除石灰岩和第四纪红土外，其风化层非常深厚，其上发育的土壤都具有较强的砂性，容易发生土壤侵蚀。第四纪红土上形成的红壤，由于表层有机质含量低，在植被破坏条件下，极易引起侵蚀。石灰岩的物质组成几乎都是 $CaCO_3$，在南方高温多雨、生物活动旺盛的条件下，风化主要以化学风化即溶解的形式出现，因而残留的物质很少。 在这种情况下，一旦土壤严重侵蚀，则难以恢复。本区内的地形以丘陵山地为主，山地上的坡度一般较大，多在 20° 以上；丘陵岗地的坡度虽然较小，但绝大多数被开垦为坡耕地，成为土壤侵蚀的主要地区。本区降水具有降雨量大、降雨集中、降雨强度大的特点，为土壤侵蚀的形成和发展提供了重要的外界条件，加之长期的乱砍滥伐、顺坡种植等不合理的土地利用，使得东南丘陵红壤区的土壤极易发生侵蚀，且恢复力弱。

2. 矿产资源相对匮乏，开采质量不高

东南丘陵区的矿产资源以钨矿、稀土矿为主，煤矿为辅，同时分布着铁、锰、钼、铌、钽、铅、锌等资源。短缺的矿产主要为磷、石膏以及陆地上的石油、天然气等资源。但该区的矿产资源总量相对全国其他地区而言较为匮乏，开采质量不高，矿产资源的综合利用效率低。该区的矿产资源在开采方面存在着一些问题，主要表现为开采无序、消耗过快、利用率低浪费大；环境破坏较大；产品结构不合理，深加工产品太少；行业管理薄弱。另一方面，矿业活动对矿区的地质环境产生较大的影响。大量的植被和山体遭到破坏和占用，严重破坏了当地地貌景观及生态环境，水土流失严重，造成环境破坏。

3. 生物资源开发利用单一，效益较低

东南丘陵区由于是季风气候区，雨热同期，特别适合生物的生长，因而生物多样性丰富。但是在其开发利用上出现开发利用单一，浪费严重，效益低下，总体上林业资源的质量并不尽如人意。主要表现为：①用材林多而防护林过少；②树种结构单一；③成、过熟林较少，有枯竭的趋势，可采林面积递减，前景堪忧；④林相景观上有待提高，森林的自然度处于较低水平。造成森林质量不高的原因有：①南方低山丘陵区森林林相支离破碎，成片林不多；②人口密集，需求量大，采伐过度，尤其是部分地区分山到户后，采伐计划较难控制，滥伐盗伐严重，致使成、过熟林明显减少，大径木罕见，从而大大降低了森林质量；③历史开发利用不当，造成树种分布较为单一，受人为干扰较大。

4. 水资源利用效率较低，污染、浪费较严重

东南丘陵区虽位于季风气候区，降水充沛，水资源总量较为丰富，但降水量地域分布差异较大且降水量年内分布不均，水资源总体分布特征表现为受降水影响明显，水资源年内分配不均，年际变化较大及地域分布不均。随着社会经济的发展，该区水资源问题日益突出，出现水质型缺水现象。主要表现为：①污染日益严重，劣Ⅴ类水质水体面积增加，饮用水水源保护力度不足，出现水质型缺水现象；②对水资源的管理滞后，水资源利用率较低，资源的浪费严重；③人口增长，导致水资源的需求量增加，区域性缺水问题突出，部分地区出现经济发展迅速与水资源条件互相制约现象；④水资源年内年际分布不均，旱涝灾害频繁，造成不同程度的人员财产损失；⑤地下水过度开采，出现地面沉降、海水倒灌等问题；⑥农用水资源利用率偏低，管理制度不完善。其主要原因为：①工业和生活废污水量的增加，污水处理厂较少，处理能力较低，污水处理费用较高，城市污水处理设施建设步伐缓慢；②部分企业废污水采用闸坝拦蓄，集中到降雨或汛期排放，造成水体突发性污染；③地区水价偏低，人民节水意识薄弱，节水器具使用率普遍偏低，造成水资源浪费严重；④水权分配不明晰，水资源收益权能低下，国家对特定地区治理的大量投入得不到有效回收，国家征收的费用也无法补偿因水资源环境污染所造成的损失；⑤有些城镇所

处的河流来水量较小，排放污水超过水体的纳污能力；⑥农田施用化肥、农药等面源的污染等；⑦再生水利用水平较低。

5. 水利资源开发影响水生动植物生长

东南丘陵区属于热带亚热带季风气候区，降水丰富，水资源充足，并且属于山地丘陵区，可建立中小型水利工程。但其弊端亦显而易见，主要表现在：①建立水坝，使得部分坝后河流出现流量减少，枯水期甚至断流现象，从而影响河道生态系统的结构与完整性，甚至造成濒危珍稀水生动物的灭绝；②阻隔洄游鱼类水生生物的生命通道，洄游鱼类可能因此而灭绝，水电站中的输水管道和水轮机则会给水生生物带来致命的打击。

三、主要研究进展及成果应用

2012—2016 年，各地学者针对东南丘陵区的资源研究内容广泛，既有资源的基础性研究，又有面向国民经济建设主战场的应用研究，取得了长足进展。主要包括以下几个主要方面。

（一）东南丘陵区资源开发利用与保护研究

1. 水资源的开发利用与保护

随着东南丘陵区工农业生产和城市建设的发展，用水量不断增加，产生了一些重大的水资源问题，有关学者开展了东南丘陵区水资源合理开发利用研究。东南丘陵地区水资源虽然总量丰富，但仍存在供不应求的现象，区域空间上水资源不相匹配，在时间上又存在一定的年际变化，导致东南丘陵在空间和时间尺度上对水资源的开发利用存在分配不均、主宰功能不合理以及水资源利用效率有待提高等问题。郑佳重、朱梅研究认为安徽省合肥市地表水主要来自大气降水，地表水水资源量年内分配不均且主要集中在汛期，其水利工程中供水主要依赖于董铺水库、大房郢水库以及合肥市境内的小型水库、塘坝和淠史杭灌区的引水工程，巢湖作为备用水源。但随着城市化的进程，现有的供水规模不能满足用水需求[7]。李志萌、喻中文从生态的角度对江西省东江源流域内的水资源进行研究，其水资源具有重要的生态功能，而水资源目前主要用于流域内居民生活用水和生态用水，平均水资源总量为 30.13 亿立方米，地下水全部为山丘区降水入渗，水利工程小型工程较多。目前存在的主要问题是水质总体较弱，存在一定水污染现象[8]。唐海力研究指出浙江的经济发展对于水资源的需求度正日益扩大，浙江的水资源量丰富，但是由于降雨特点及地形特征的影响，导致可利用量有限。全省水资源的地区差异显著，与耕地、人口分布、生产力布局以及经济发展状况不相匹配，工农业用水占比大，用水效率在不断地提高过程中[9]。刘洁等以江苏省为例，运用熵权法构建江苏省城镇化综合发展水平和水资源开发利用综合潜力评价指标体系，并进行响应度关系模型构建和相关性分析，研究了丰水区城镇化发展与水资源开发利用的主要影响因素、变化特征以及两者响应关系，以实现城镇化发展与水资源利用的协调[10]。

2. 土地资源的开发利用与保护

土地是人类赖以生存与发展的重要资源和物质基础，土地资源是国民经济最基本的要素之一，而社会经济稳定发展的基础又在于土地资源的合理开发与利用。东南丘陵区由于区内多为山地丘陵，受地形条件的影响，再加上地区人口数量多，经济发展迅速等因素，土地资源紧张，出现人多地少、用地需求急速增加、土地利用不合理等问题。为促进土地资源的合理利用和保护，许多学者在土地资源开发、利用、整治和保护等方面开展了系列研究。庞纯萍分析了当前广西土地资源开发与管理情况，耕地面积及人均耕地面积在新形势下表现出逐步减少的趋势，人地矛盾将越来越突出；土地利用粗放低效；建设用地需求增加，加剧了用地保障压力；土地利用与生态矛盾突出[11]。韦俊敏等以广西农垦国有金光等 4 个农场为例，从土地整治项目投入、土地整治实施强度、土地利用结构及土地整治效益输出 4 个方面选取 16 个评价指标建立项目区土地整治合理度评价体系，采用改进的 TOPSIS 法和障碍度模型，评价其合理度并诊断障碍因子[12]。周翔等基于遥感影像、社会经济统计数据及地理空间数据，以耕地流失显著的江苏省苏锡常地区为例，在分析耕地流失时空特征的基础上，不仅剖析了驱动耕地数量减少的宏观政策与社会经济因素，还重点研究了影响耕地流失格局的微观空间因子[13]。

3. 动植物资源的开发利用与保护

东南丘陵区生物资源品种多，生长快，更新换代能力强，且产出较大，生物多样性丰富，主要包括植物资源和动物资源。植物资源是东南丘陵区的重要资源，既是人类所需食物的主要来源，还能为人类提供各种纤维素和药品，在人类生活、工业、农业和医药上具有广泛的用途。叶飞林等分析了浙江省森林资源保护现状，探讨了当前存在的问题，并提出了相应的对策与建议[14]。吴红通过对梅花山自然保护区福建柏野生资源现状调查，发现现存天然福建柏群落面积小，呈斑块或群状分布，群落结构单一，特别是受周边毛竹林发展威胁影响较大，表现出森林质量较差，并且由于森林保护区的设置造成区域附近居民生活活动区域和建造区域受到重要影响，提出应该对现有的群落分布进行具体的设定，划清保护区的范围，开展科学研究，设立标准地，定期观察，严格保护[15]。吴沙沙等对位于福建省漳州市、厦门市、泉州市、福州市及宁德市的 7 个海岸样带的海岸植物组成、生活型及生态适应性进行了调查和分析，采用层次分析法构建了海岸植物园林应用综合评价体系，并据此筛选出适于福建海岸园林建设的原生植物种类[16]。陈起阳以福建省泰宁县为例，分析了泰宁县发展森林生态旅游的条件和优势，提出优化森林旅游项目，建设人才队伍，加强宣传、提高游客保护森林、亲近森林的意识等建议，以实现森林生态旅游事业的可持续发展[17]。

东南丘陵区的动物资源丰富，既是人类所需的优良蛋白质的来源，还能为人类提供皮毛、畜力、纤维素和特种药品。阮桂文等对广西天堂山自然保护区的两栖和爬行动物资源进行了调查研究[18]。贾银涛等基于2009年11—12月和2010年3—4月对增江流域13个样点进行的鱼类资源调查，并结合20世纪80年代的历史资料，分析了增江鱼类群落特征现状及历史变化，调查结果表明增江地区鱼类组成发生了较大变化，而这些变化可能是由该地区大规模挖沙、水坝建设、不合理捕捞、外来鱼类入侵、水域污染等因素导致[19]。

4. 能源资源的开发利用与保护

虽然东南丘陵区传统能源相对于我国其他地区较为贫乏，但其独特的地理优势使其沿海地区拥有丰富的风能、太阳能等可再生清洁能源。为缓解东南丘陵区能源紧张状况，许多学者开展了东南丘陵区风能、太阳能等可再生清洁能源的分布、储量及开发利用研究。孙艳伟等采用福建省23个气象观测站点的气象数据，应用GIS手段建立了一套简单有效的评估区域陆地风能资源的方法，采用混合插值方法，模拟得到了福建省年平均风速的空间分布数据；进而结合区域地形、土地利用等地理因子和经济因子，从风能的技术潜力和经济潜力两个层面上综合评估了福建省陆地风能资源的开发潜力[20]。吴琼等利用数值模拟GIS空间分析法以及实测与野外勘察调研两种方法，规划了江西省山地风能资源的具体分布并定量估算了其储量，此外，还利用山地2座测风塔资料，详细分析了山地风能资源特性[21]。姜波等利用1997—2007年浙江省观测站的气象要素，计算了浙江省沿海风能资源状况，发现浙江省沿海和海岛风能资源丰富，可成为未来风能开发的重点区域，并初步掌握浙江沿海的风能资源的分布规律[22]。杜东升等基于湖南省3个辐射观测站的太阳总辐射资料和97个站的日照时数资料，按照中国气象局发布的太阳能资源评估方法，分析了湖南省太阳能资源时空分布特征、太阳能丰富程度、稳定程度及可利用状况[23]。刘邓凯从浙江省能源资源开发利用出发，通过构建ARMA时间序列模型对浙江省资源需求进行预测，对海上风力发电进行了具体研究，提出浙江的地形结构决定了土地资源的稀缺，陆域大规模的风电场开发建设的空间已经不多，浙江应该对已经投产和正在建设的项目加强管理，整合风能资源来提高风电的生产集中度和有效利用率。对于新建的风电场要尽量避免多头引进和建设，要在统筹规划下合理布局，严格审批和监管；对小型发电站应完善区域规模化的小水电并网，进一步引导和规范小水电资源费的收取，建立开发小水电开发使用权出让和开发利用补偿机制[24]。

5. 矿产资源的开发利用与保护

东南丘陵区的矿产资源以钨矿、有色金属、稀土矿等为主，是促进经济发展的物质基础，对矿产资源的开发利用是学者们的研究热点。吴伟宏等研究认为广西在矿产资源节约与综合利用制度建设以及示范基地和工程建设等重大行动方面做了大量工作，矿产资源节约与综合利用成效明显，并提出了进一步促进和完善广西矿产资源节约与综合利用管理的对策建议[25]。叶张煌等分析了江西作为矿产资源大省的特点和存在的问题，阐述了江西省矿产资源可持续开发与综合利用的对策，建立以矿产资源综合利用为核心的矿业循环经济模式[26]。庄颖等指出江苏在矿产资源节约与综合利用中，应落实节约优先战略，加强资源综合开发利用；依靠科技创新，积极探索新技术、新工艺；依托专项资金项目，强化政策引导作用；完善科学管理制度，构建监管长效机制。但依然存在着采选技术和工艺水平有待进一步提高，科技创新能力仍需加强，监管长效机制仍需不断完善等问题[27]。

东南丘陵区矿产资源的开发利用，对区域环境造成了一定的影响，矿产资源的生态补偿可促进生态环境保护和矿产资源开发的协调度。因此，生态补偿成为东南丘陵区矿产资源的另一研究热点。田英翠在分析湖南生态补偿机制问题的基础上，提出了完善湖南矿产资源开发生态补偿机制的建议[28]。杨惠菊分析了福建省矿产资源开发生态补偿中存在的补偿主体范围过窄、资金来源有限以及监管主体不明确等问题，从完善生态补偿的基本原则、完善矿产资源开发生态补偿的主体、标准和资金来源、完善福建省矿产资源开发生态补偿的实施和完善福建矿产资源开发生态补偿的监管制度 4 个方面提出了建议[29]。

6. 地热资源的开发利用和保护

地热资源是一种十分宝贵的综合性矿产资源，东南丘陵区地热资源的开发利用处于初级阶段，学者们的研究多集中于地热资源的成因、分布特征和开发利用及前景上。地热资源的综合开发利用，其社会、经济和环境效益均很显著，在发展东南丘陵区经济中已显示出越来越重要的作用。吴海权等对安徽省地热资源调查评价与区划示范研究，将安徽地热资源划分为隆起山地对流型和沉积盆地传导型两大类型，其中隆起山地对流型地热资源主要分布于大别山区、巢湖—和县一带及皖南山区，沉积盆地传导型地热资源主要分布在亳阜断陷盆地、淮南陷褶断带及合肥断陷盆地。安徽省已发现的地热流体大多为温热水或温水，少数为热水[30]。田春艳研究认为广东省境内已发现的中温地热资源主要以水热型为主。从地热发电角度看，水温较高（大于 90℃）、储量较大、具有发电潜力的地热田有新洲地热田、东山湖地热田、虎池围地热田、邓屋地热田和丰良地热田[31]。余敏等在江西干热岩地热资源潜力评估中，通过对大地热流基本特征、岩浆岩分布规律、江西地热资源形成规律、盖层特征进行研究，初步划分了泰和南康、贵溪乐安、南丰会昌、万载宜春、全南龙南 5 个干热岩勘查远景区；再运用体积法，对江西 5 个干热岩勘查远景区资源潜力进行了评价[32]。蔡旭梅等在浙江省湖州地区地热资源储存特征及开发利用方向分析中，根据地热赋存状态、盖层条件等，结合当前地热开发现状，将湖州地区划分为四个地热分区，认为Ⅲ区地热开发条件为最好，是首选区域，以控制层状热储（石炭、二叠系灰岩）为主；Ⅱ区次之；Ⅰ区断裂发育，缺乏有效盖层条件，若开发地热资源，则应以寻找深层对流型热储（深大断裂）为主；Ⅳ区因盖层厚度偏大，地质情况不明，现阶段开发地热资源需慎重[33]。

（二）森林资源与森林生态系统恢复研究

森林生态系统是东南丘陵区生态系统中面积最多、最重要的自然生态系统，在涵养水源，保持水土方面起着重要作用。由于人类资源利用过程中的不合理活动，森林生态系统受到了严重威胁。东南丘陵区森林资源的调查、森林资源的生产能力、森林资源的生态效益和森林生态系统恢复受到学者们的广泛关注。

1. 森林资源调查

东南丘陵区森林资源受自然条件影响，情况复杂多变，调查难度较大。对森林资源开展调查研究，不仅可以清晰地掌握和了解森林资源的分布情况，还可以提高森林资源的利用潜力。莫雪根通过对广西壮族自治区森林调查规划现阶段状况进行分析，发现存在的问题，提出解决方案，为该区的林业发展提供借鉴[34]。毛佳园等以浙中淳安、富阳、诸暨、余姚、舟山等 5 个城市为研究区，对城市森林树种应用状况及群落类型作了系统调研和梳理，在群落评价选优的基础上，分地区分类型获得了城市森林树种的重要值排序结果[35]。周小成等以福建省厦门市为例，选用 2011 年 Rapid Eye 卫星影像和 2007 年森林小班图层进行森林覆盖变化信息提取。结果表明，所提出的方法在确保精度的同时，时间效率提高 1~2 倍，满足林业部门对森林覆盖变化信息快速准确获取的要求[36]。刘友多通过对福建省森林旅游区调查、规划、设计和工作经验的总结，结合制订《福建省森林旅游资源调查与评价技术规程》，开展了福建省森林旅游资源调查和评价技术研究，为全省范围内各类型森林旅游区（点）的森林旅游资源普查、规划设计调查、森林旅游资源管理调查和开发利用调查做一些必要的技术探索[37]。

2. 森林资源生产能力研究

森林资源的生产能力体现了区域森林资源可持续发展能力。吴国训以江西省森林生态系统为研究对象，利用遥感数据、气象数据及生理生态模型（Boreal Ecosystem Productivity Simulator，BEPS），估测了森林 LAI 及 NPP 的时空变化特征，分析了其变化的影响因素；利用森林资源清查统计数据，估算了江西省森林 1998 — 2011 年碳储量变化及江西省森林碳汇潜力；利用森林资源清查样地数据，分析了江西省森林植被 NPP 及其与林龄之间的关系；利用 GWR 模型、森林清查样地碳储量数据，模拟了江西省 2006 年森林植被碳密度空间分布[38]。刘双以广东和广西为例，搜集两广地区的 167 个样地实测数据，运用林龄与生物量及 NPP 之间的关系方程，计算 2010 年的样地生物量和 NPP；基于植被图应用 ARCGIS 地统计分析和插值方法，研究区域森林生物量和 NPP 分布格局，并探讨森林各组成部分生物量的空间分异特征[39]。

3. 森林生态系统效益研究

森林生态系统具有较高的生态服务价值，对森林资源的生态服务价值的研究，是科学评价森林资源的重要组成部分。近些年来，学者对东南丘陵区森林生态系统的生态服务价值开展了大量研究。吴霜等利用全球温度和降水数据以及森林样地主要森林类型数据作为基础数据，应用能值理论和生态系统服务功能理论，建立了中国森林能值与服务功能价值之间的函数关系，并指出湖南、江西和浙江平均森林生态系统服务功能价值密度下降[40]。

张灿等在研究福建省长汀县2001—2013年植被覆盖度变化的基础上，重点对其产生的生态效应进行评估，并研究植被覆盖度与生态变化之间的定量关系[41]。曾祥谓等以江西省的森林资料为研究对象，在分析森林社会效益内涵的基础上，采用调研的一手资料和文献检索二手资料，对江西省森林社会效益进行分类，采用旅行费用法、条件价值法（CVM）、市场价值法以及人力资本法等进行森林社会效益的定量核算[42]。

4. 森林生态系统恢复研究

森林生态系统恢复体现了森林自我修复的能力。学者对东南丘陵区森林生态系统恢复开展了大量研究，为森林生态系统保护和森林资源的合理利用提供重要参考依据。战金艳等以江西省莲花县为案例区，分析了森林生态系统恢复力的影响因素，从生境条件和生态存储两方面遴选出26个指标，建立了森林生态系统恢复力评价指标体系，并采用组合赋权法确定了指标权重，通过空间叠加计算了莲花县森林生态系统恢复力[43]。王芸等在我国南方红壤区，研究了3种典型森林恢复方式（自然恢复的天然次生林、人工恢复的本地种马尾松人工林和引进种湿地松人工林）对林地土壤质量的影响，结果表明在我国南方红壤区，自然恢复的天然次生林土壤质量优于人工恢复的马尾松林和湿地松林[44]。吕莹莹等使用1987—2011年Landsat TM/ETM+稠密时间序列数据，以南京市老山林场和紫金山森林为研究对象，通过Ledaps预处理系统生成地表反射率数据集，采用植被变化追踪模型（VCT）得到南京城市森林的干扰及恢复历史数据库产品，并对产品进行了验证[45]。

（三）东南丘陵区的资源流动研究

在资源流动研究逐渐成为新的研究视角和学科增长点的时代背景下，资源流动研究主要从资源开发利用过程出发，以不同地区或者不同产业链的角度阐述资源流动在自然－经济－社会复合生态系统内流动的效率以及所产生的生态环境效益。东南丘陵区的资源流动问题日益受到学者的广泛关注。

1. 资源流动特征研究

资源流动是现代经济的重要特征，是衡量一个经济机制优劣与否、成熟与否的重要标志。由此衍生出的区域资源流动是指不同区域的优势资源在地区贸易和地域分工规律作用下，跨区域交流互补的过程，东南丘陵区的资源流动即是区域资源流动。东南丘陵区水热资源和生物资源丰富，是优势资源，为了达到区域间资源优势互补，其资源流动的本质是发挥东南丘陵区资源优势，不仅在全国的范围系统中实现优势互补而且在该区域自身的地域范围内实现合理的资源配置，将自然的转化为社会经济的，提高资源利用效率，使资源在流动过程中创造更大的生态环境效益和社会经济效益。

资源流动按照资源流动的形式可以分为区域之间的"横向资源流动"和产业链之间的"纵向资源流动"。东南丘陵区水热资源和生物资源丰富，在资源流动的过程中占据着重要的作用。在对东南丘陵区资源流动研究问题上，既存在"横向资源流动"也存在"纵向资源流动”。东南丘陵区域间的资源流动，诸如“南水北调”工程水资源的输送，药材资源的输送以及人力资源的流动，通过区域间自然资源和社会经济资源间相辅相成的流动关系，在一定程度上互补了不同地区经济发展的需求。在纵向资源流动方面，侧重于资源在流动过程的利用效率，以及资源流动过程相应带来的环境和生态效应。东南丘陵地区诸如浙江省和广东省在渔业生产、纺织业以及东南丘陵相关沿海城市造船业产业链，资源在生产消费过程中的流动就被称之为资源的纵向流动，傅银银、袁增伟等以安徽省的磷矿物质流作为研究对象，湖泊水域中由于工业污染所导致的磷物质过剩进而影响到湖泊水域系统，由此刻画社会经济系统中磷代谢问题[46]。

近些年来东南丘陵区在全国范围内，其资源流动数量明显增加，而且空间范围也在不断增加。在东南丘陵区各省之间资源流动趋势较为明显，但各省之间流动特征为资源丰富区流向资源匮乏区，经济发展程度低区流向经济发展程度高的区域。孙晓山指出江西省的水资源丰富，通过对江西省水资源的开发利用，不仅可以保障江西省自身的农业和城市用水，同时在一定程度上为相邻省份带来用水便利，为实现全国范围内的水资源“空间均衡”做贡献[47]。东南丘陵区在资源流动过程中，不同资源的流动程度不同。由于不同区域具有不同的资源优势也有相对应的资源劣势，根据区域的需求，不同资源的流动量也是不一样的。东南丘陵区石油资源多依赖于外部输入，但是水资源和森林资源则多是对外输出。苑蓓在江苏省的石油资源流动研究中揭示了江苏省是沿海经济大省，原有资源相对匮乏，依赖于省外输入，且石油资源输入量逐年增加[48]。沈镭提出原油省际流动范围较小，主要表现为北油南运，天然气流动范围较小，主要表现为西气东输[49]。

东南丘陵区资源流动在不同产业或者行业间的流动不相同。和夏冰、王媛等人则针对行业间对水资源的需求量进行研究，不同行业的水资源直接消耗量与满足自身需求所需的水资源量有所差异，但是对于经济系统而言，所有行业水资源的直接消耗总量等于为满足最终需求所需的水资源总量，即水资源在经济系统的不同行业之间发生了转移[50]。

2. 分类资源流动研究

（1）水资源流动。对东南丘陵区水资源流动研究包括水资源的区域流动，资源的产业流动，水资源利用与流动过程中对其他资源的响应；还包括像“南水北调”等大型工程的效应；水资源流动过程的时空量化模拟，水资源流动的环境效应与经济社会效应等。东南丘陵地区水资源丰富，区域内涵盖长江、珠江和闽江流域的大部分。邹军和李红伟等人通过时空量化的模拟，探究区域虚拟水流动适宜性与流动现状之间的匹配度中，根据各省农畜产品虚拟水流动适宜性以及流动现状，指出福建、浙江及广东应减少其虚拟水输入量，其水流动基本合理[51]。

（2）能源资源的流动。对能源资源流动的研究，目前主要有重点研究煤炭资源流动过程及其效应，兼顾“西电东送”“西气东输”等大型能源工程的资源流动及其效应；研究问题包括煤炭资源流动过程的定量模拟；水能资源流动的环境与经济效应；煤炭资源流动过程对其他资源的响应。东南丘陵区的能源资源主要包括太阳能、风能、水能和核能，但天然气、石油和煤炭资源相对匮乏。倪永强从区域分布的角度分析表明，我国东部地区，其石油资源量为363.4亿吨，约占全国石油总量39.1%，并指出我国涉煤、石油、天然气的各省份2006—2009年能源资源调入、调出状况，输出区域向西北方向偏移，输入区域向东南方向偏移，在地理空间上表现为集中输出和分散输入的特征[52]。煤炭资源输入地主要分布在东南部的经济发达省份，尤其广东、浙江、山东及江苏等省是煤炭的消费大省，年输入量都超过1亿吨。而华东地区的浙江是煤炭消费的核心，陆上煤炭主要来源于安徽、山东、山西、江苏等8个省份，分布较均匀；华北区虽然煤炭产量相当大，但是华北地区内部煤炭的消耗量同样相当大。我国煤炭资源输入地主要分布在东南部的经济发达省份。尤其广东、浙江、山东及江苏等省是煤炭的消费大省，而安徽省和江苏省则承担陆地煤炭资源供应的身份。

（3）生物资源的流动。生物资源是在目前的社会经济技术条件下人类可以利用与可能利用的生物，包括动植物资源和微生物资源等。东南丘陵区内的森林资源、水产资源以及海洋资源非常丰富。对东南丘陵区生物资源的流动主要是从资源流动的时空演化、流动过程效应影响等方面展开。褚晓琳对南海的渔业资源流动进行了研究，她从海峡两岸的南海渔业资源利用现状着手，分析各自经济发展的需求对渔业资源流动促进作用，提出两岸合作开发南海渔业资源应结合两岸渔业优势，在互惠互利合作的基础上开展资源的利用[53]。杨洋和刘志国等人则针对浙江省海洋资源流动问题并建立资源承载力模型，结果表明浙江省海洋渔业资源承载力状况均处于超载状态，资源流动处于超载，需求过大导致海洋资源在流动过程中处于供不应求的状态[54]。

3. 资源流动影响因素研究

东南丘陵区资源流动的影响因素多种多样，涉及丘陵地区本身的自然环境条件和地区内各省市之间社会经济发展情况。

（1）自然环境对资源流动的影响。山地丘陵地区的农业资源在其流动过程中受到地形条件的影响，丘陵地区的土地资源十分宝贵，在农业生产中占据的重要的地位。面对土地资源流动"不畅"和乡村地域空间整合"受阻"，山地丘陵区应从宏观人地关系调控入手，以乡村地域空间结构优化与功能整合为导向，将人地协调的土地整治模式作为土地利用调控的理性选择。资源本身的稀缺性也在一定程度上影响到资源的流动，王宜强认为碳基能源资源本身的稀缺、资源总量少的现实情况在其流动中必定由资源丰富地区流向资源稀缺地区，根据互补原理并由于市场需求，这种规律普遍存在的，并以江苏省为例解析了其碳能资源流动发展受其资源总量和人均需求的影响，依赖于外省的输入[55]。

（2）社会经济条件对资源流动的影响。王玉宝和吴普特选取节水量、水资源压力指数和人均国内生产总值3个指标，定量研究了我国区域间粮食虚拟水流动对区域经济和水资源的影响，并指出流动的主要规律是从水资源效率高的地区流向效率低的地区，从缺水地区流向丰水地区，从经济欠发达的地区流向经济相对发达的地区[56]。车亮亮结合我国国情，传统虚拟水战略与区际虚拟水流动现状相悖，一方面虚拟水是从贫水的北方地区流向富水的南方地区，另一方面水资源分布为南多北少，按目前虚拟水流动趋势，将进一步加剧北方地区水资源危机。通过构建 BP-DEMATEL 模型，从人口、农业资源、农业生态环境、经济、技术及交通和物流 6 个方面对我国主要农产品虚拟水流动格局的影响因素进行分析。结果表明人口、农业资源和技术是最主要影响因素[57]。王宜强以江苏省为例，运用 LMDI 模型，从规模效应、结构效应和技术效应 3 个层面考察了经济发展对江苏省能源输入的效应影响，研究结果表明：从经济效应影响的整体变化趋势来看，在整个研究时段中，经济规模效应对江苏省能源输入量的增长起到稳定的正向促进作用，但这一效应呈现不断下降的趋势；结构效应对江苏省能源输入量的增长由正向促进作用转变为抑制作用，且这一作用呈现缓慢增长的趋势；技术效应对江苏省能源输入量增长影响的波动性较大，对江苏省能源输入量的增长主要发挥抑制作用[55]。

4. 资源流动效应研究

21 世纪中国人口和经济的持续增长面临着资源短缺和生态脆弱的限制，提高资源利用效率和消减资源利用引起的环境影响是学术界和决策者面临的新课题。在对资源开发利用的同时，学术界也更关注资源开发利用后所产生的一系列问题和所带来的生态环境效应以及社会经济效应。通过资源流动过程的梳理明确资源在区域、企业的流动特征及其环境效应，为减排措施提供依据，对于实现区域资源利用与经济、社会和生态的协调发展具有重要意义。

（1）东南丘陵区资源流动生态环境效应。随着经济水平提高，城市化进程的加快，对资源的需求持续增加。由于资源分布的不均衡，资源流动规模和频率都明显增大和加强。资源由资源输出地区向资源输入地区流动。同时，由于资源开发产生的生态环境负担由资源输入地区向资源输出地区转移。苑蓓在宏观区域选取江苏省为例，微观企业选取江苏省某石油炼化企业为研究对象，分析石油资源在微观企业的流动特征及环境效应，认为石油资源投入量加大，上升趋势明显，其中区内隐流所占比重逐年降低，而输入隐流呈增加趋势，接近于区内过程总排放情况，与增长趋势很相似。而企业废气排放各环节中催化裂化过程的单排量最大，其次是催化重整以及石油蒸馆过程。废水排放量以及吨石油废水排放量呈下降趋势，说明江苏省在对石油的开发利用中认识到环境保护问题，在不断改善[58]。赵梅芳以湖南省为例通过对湖南省的森林资源进行研究，模拟在单位时间和单位面积上的碳循环和森林与大气之间碳交换的净通量的流动，得出湖南省森林资源生态系统对保护湖南省生物资源以及调节气候条件具有重要的作用[59]。肖野提出能源生态系统应遵循能源资源开发、市场发育扩展和生态环境保护的有机结合[60]。目前，我国煤炭产业的资源利用效率低、资源循环利用程度有限、三废排放仍然很大，煤炭经济生态系统远不完善。

（2）东南丘陵地区资源流动的社会经济效应。资源流动对资源富集地区发展的影响，表现在将资源优势转变为经济优势，使之成为当地一个新的经济增长点，引入大量投资，推动当地产业结构、能源结构的调整；推动相关产业及附加产业向深加工、高附加值的方向发展，并有效推动社会经济的全面发展。而资源流动对资源贫乏地区发展的影响，通过发挥资源贫乏地区的经济、技术优势，推动相关产业的发展和基础设施建设，促进经济发展；缓解资源贫乏地区能源紧缺的状况，发挥经济优势，拉动相关产业的发展，优化消费结构。以沿海地区的福建为例，虽然经济发展程度高，但其能源资源依赖外界。能源资源的流动不仅满足了东部沿海地区电力、天然气等资源的需要，而且从根本上加快东部地区后工业化建设，加快了东部沿海地区的发展；资源的流动为沿途各地区的发展创造了良好的契机，激活沿途地区钢铁、建筑、建材、运输、商业、水泥、土建安装和机械电子等产业的发展潜力[52]。杨涟漪以安徽省为例，探讨研究了在城镇化背景下安徽省资源流动所带来的影响，指出在城镇化的背景下如何更加有效地实现城乡资源的流动，不仅影响着城镇化的速度，更加影响着国民经济的发展和社会的进步。通过城镇化的发展，带动了安徽省资源的开发利用，如煤炭资源的二次利用，土地资源的合理布局，通过对省内自然资源的挖掘带动资源开发所产生的附加产品，进而对经济发展、产业结构升级、市场新开发以及人民群众生活产生影响。同时也指出提高安徽省城乡资源流动效率、缩小与发达省份差距、构建提高城乡资源流动效率机制迫在眉睫，并存在一定的资源流动问题[61]。

（四）东南丘陵区的资源优化配置研究

不同资源之间是相互联系、相互影响的，区域不同资源应进行合理配置，才能发挥资源的最大效益。水土资源相互关联关系紧密，土地资源上蕴含着水资源的储备，而水资源对土地资源的属性有着直接的作用影响。土地资源中蕴含着地表的河流以及相应的地下水储备，而水资源需要在土地资源上进行运动，水土之间相互影响。东南丘陵地区内的河流水域需要借助丘陵地形地势因素进行流动，在东南丘陵区域内完成循环，惠泽丘陵区内各省市人类生活所需。不仅水土资源相互关联，水资源、土地资源以及各类生物资源都会相互影响，形成完整的资源链，任何一个环节出问题都将对区域发展造成一定的损失。刘艳和蔡德所在研究广西水土流失问题中，提出广西属于以水力侵蚀为主的南方红壤区和西南岩溶区，由于广西地形地貌的问题导致陆地表面水土资源少，生态承受能力低，并且由于20 世纪五六十年代森林植被破坏严重，原始森林几乎砍伐殆尽，因此该区域的水源涵养能力比较低。该区域作为广西的主要产粮区域，对土地资源的索取强度非常大，如何提高土地生产力和蓄水保土能力是这里面临的最大问题[62]。

由于资源之间相互关系紧密，因此资源配置合理与否，对资源和利益的再分配具有决定意义，关系着经济增长和国民生计。李辉、王良健以湖南省为例通过构建土地资源配置效率损失模型探讨土地资源配置过程中的效率损失测算与优化途径选择，为加强与改善土地宏观调控提供参考。研究结果表明：2004 年以后土地资源部门收益差距比规模配置欠优导致的配置效率损失更大；部门收益差距效率损失增大导致了土地资源部门配置效率损失增大；中、西部建设用地边际收益小于东部导致了建设用地空间效率损失。研究认为通过测算土地资源配置效率损失能够找到最佳的优化配置途径；当前提升农用地边际收益和重点提升中、西部建设用地边际收益是优化土地资源配置的最佳途径[63]。胡建忠从生态文明的角度出发，以马克思主义自然生态观等理论为指导，以高效水土保持植物资源配置与开发为例，提出水土保持植物资源配置是生态文明建设的一个“源”，它能起到绿化环境、控制水土流失的作用；而只有科学、有序开发利用植物资源，才能使群众和企业共同增加经济收入，发展地方经济[64]。

（五）东南丘陵区的资源监测体系建设

资源监测是在一定时期内对影响资源因素的代表值进行重复测定，确定资源及其变化趋势的过程，目的是为了及时、准确、全面地反映资源利用与保护现状及发展趋势，为资源的合理开发利用提供依据。同时，资源监测体系建设也为东南丘陵区乃至全国资源科学的发展提供了重要研究平台，对促进资源学科的发展起了重要作用。2012—2016年，东南丘陵区的资源监测体系建设研究取得了重要进展，主要包括生物资源监测体系、森林资源监测体系、水资源监测体系、农业资源监测体系和国土资源监测体系建设等方面。

1. 生物资源监测体系

东南丘陵区地处亚热带与热带，生物资源十分丰富，保护生物资源十分关键。生物物种资源监测应遵循科学性原则、可操作性原则和持续性原则；监测计划应充分考虑所具有的人力、资金和后勤保障等条件，并进行定期评估；监测样地要有较好的代表性，能在有限的监测面积中较好地反映监测区域内群落种类组成与数量特征，应关注生物物种资源监测的尺度和标准化问题[65]。监测网络的设计框架包括监测目标、监测对象、监测指标、取样策略、数据采集和处理、网络维护以及组织工作等。监测指标体系应以生物多样性核心指标为主，并结合我国传统森林群落调查方法进行拓展。建成国家水平上的森林生物多样性监测网络，可阐明森林生物多样性维持机制和生物多样性变化的效应，同时对重大生态保护工程的生物多样性保护效果进行有效性监测和验证型监测[66]。

2. 森林资源监测体系

东南丘陵区气候温和，雨量充沛，适合森林的生长，对森林资源开展监测十分必要。建设森林资源一体化监测体系，首先要完善森林资源监测指标体系，开展多目标的资源调查和环境监测，增加森林健康与生态方面的调查因子。其次要建立全国统一的抽样体系框架，创新技术方法，充分利用遥感等高新技术，建立全国统一的抽样体系框架，统一规范调查方法和时间，从体系结构上保障监测结果的一致。并且要完善抽样调查方法，根据遥感影像进行抽样调查，可以为地面抽样调查提供详细的抽样框和分层信息，提高抽样调查效率；抽样技术则可为遥感提供充分的地面数据和验证依据。还应利用地理信息系统等手段，更新调查手段与设备，提高信息化水平，形成一个覆盖全国的网络管理信息系统，数据采集、检验、处理、传输和存储等作业高效集成，提高工作效率。由于现在的森林监测体系有着监测目标单一、管理体系分散、综合评价较低、技术标准各异等缺点，应进行以下几方面的整改：① 建立综合监测体系，整合监测机构；②森林生态全面监测，整合监测内容要从森林资源、湿地资源等提升到相应的生态系统；③信息采集综合监测，整合监测方法。

3. 水资源的监测体系

对于水资源的监测，充分利用地面和卫星遥感监测的优势，通过国家、省、市、县 4 级监测部门密切配合，以星地信息同步采集、传输和汇集，天地一体化水资源保护信息快速集成、处理和分析，监测成果快速输出并展示为基础，建立了一整套完善的水资源保护监测预警体系，主要的监测对象为重点水体、省界河湖等，以及水污染排放信息、重点水功能区以及入河排污口等。GIS 技术提高了我国水资源管理水平和利用率，但是结合环境、空间、水质、序列等方面的实际情况，还需要不断加强与改进。一方面是要注重对 GIS 系统空间相关数据功能利用，不断完善水文水资源模型与 GIS 间的融合，最大化地发挥出系统优势。解决当前存在的一些不足和矛盾，使 GIS 专业模型信息管理及存储功能不断提高，在决策支持、地理空间表达上更加科学合理。另一方面是要制订和完善统一的 GIS 规范标准，现实中，GIS 技术标准是不统一的，不同的数据模式占用不同的开发平台，多样化的产品组合，阻碍了大范围水文信息交流。

4. 农业资源的监测体系

东南丘陵区水热条件相对较好，对于农业的发展具有得天独厚的优势，我国学者对东南丘陵区农业资源的监测体系建设开展了一系列有益的探索。广东省农业信息监测体系的构建，首先将“行情－品牌－科技－经营”的横向数据与监测产业纵向管理数据从产业分析方面进行整合衔接，通过数据标准化协同从技术上实现多产业、分条块和多终端的数据统一采集，建立农产品信息资源目录。其次，生产流通协同，建立农业信息监测体系理清农产品流通与价格形成路线图。再次，建立微信群，以产业热点驱动，然后高效信息发布，实现部省数据支撑服务。同时通过数据深入解剖各产业发展趋势，实现数据分析与专家观点相融合。通过广东农业信息监测体系构建，逐步实现“数据统一采集、生产流通协同、产业专家会商、信息动态发布、体系业务化运行、服务专业化管理”[67]。农业资源是动态变化的，在摸清资源底数的基础上，需要进一步了解农业资源变化情况，并分析其原因。农业资源监测要利用好科学的技术手段，一是卫星遥感监测，二是互联网大数据监测。要推动建立国家农业遥感应用体系，进一步加强农业遥感应用和研究，力争水土气生等农业资源数据可以通过卫星不间断监测，实时获取并实现共享。

5. 国土资源监测体系

为准确掌握国土资源管理动态及各项宏观调控政策落实情况，真实评判国土资源管理成效，合理开发利用和有效保护国土资源，对国土资源进行有效的监测十分有必要。国土资源部提出了集土地、矿产、地质环境一体化的国土资源管理“一张图”工程建设，综合已有各类监测工作，进行国土资源综合监测网络建设，搭建国土资源综合监管服务平台：①结合“国土资源综合监测”的新理念，首次提出了国土资源综合监测需求程度区划的基本思路以及前瞻性、现势性、客观性和动态性 4 条区划的主要原则；②探索性地给出了国土资源综合监测需求程度评价的指标体系，以及评价因子的分级标准，并首次提出了全国国土资源综合监测需求程度区划方案；③作为一个区域的国土资源综合监测网络优化的基础依据，国土资源综合监测需求程度区划方案，可以在确定监测内容与监测指标、监测手段与方法、监测频率（周期）、监测精度等方面提供具体的部署依据。为健全福建省国土资源评价机制，提升科学决策水平，提高各级国土部门的绩效管理和履职能力，福建省国土资源厅按照“量化指标、精确管理、定向指导、差别政策”的总体要求，以国土资源大数据为基础，建设完成了集国土资源全要素监测、重要因素自动化评价、智能化辅助决策分析等功能于一体的国土资源管理监测评价和辅助决策系统，实现了国土资源管理工作从传统的手工、定期、定性评价向自动、实时和定量评价转变[68]。常州市国土资源中心结合常州市国土资源动态监测综合监管平台的建设实践，对新常态下国土资源事业发展的新特征、平台建设基础进行了分析，研究和设计了将手持测量型 PDA、小型旋翼机、无人机和“国土卫士”视频摄像头等多种巡查和监测手段相结合的“空地一体化”动态监测模型，结果表明：平台模型及流程设计恰当，软件结构和功能设置合理，能有效地开展国土资源动态监测和综合监管工作[69]。

四、研究项目和研究队伍状况

2012 年以来，针对东南丘陵区的科研投入不断加大，资助项目类型多样，有国家自然科学基金项目、国家社会科学基金项目、国家“973”项目、国家科技重大专项、国家重点基础研究发展计划、国家科技支撑计划项目、国家科技部科技基础性工作专项、教育部哲学社会科学研究重大课题攻关项目，还有本区各省（直辖市、自治区）的自然科学基金和社会科学基金，以及各种科学研究专项基金，重点资助东南丘陵区开展资源综合考察、土地质量变化过程及生态安全响应、循环经济发展模式研究、风能资源综合评估、能源植物种植的环境效应研究、资源经济价值评价与影响机理研究、高集约化农区土地利用系统过程模拟及其环境风险控制、土地利用时空演变及其环境效应研究、国土空间优化配置关键技术研究与示范等。

东南丘陵区范围内分布有众多的高等院校及科研院所，是开展该区域资源研究的重要力量，同时也是培养资源研究高级人才的重要基地，研究队伍不断发展壮大。

五、未来发展趋势和重点研究领域

纵观东南丘陵区 2012—2016 年期间的资源研究进展，展望未来，东南丘陵区的资源研究将呈以下主要趋势。

（1）面向需求的资源应用性研究将进一步拓展。东南丘陵区经济建设和社会协调发展对资源研究的需求日益迫切，资源调查、资源资产评估、资源节约集约利用评价、资源优化配置、资源安全与生态环境建设等研究领域将进一步拓展。

（2）研究将朝定量化和模型化方向发展。未来的资源研究将越来越追求定量化和模型化，以求使研究结果更接近实际情况。在今后的研究中，应加大对新模型、新软件的开发。

（3）新技术和新方法的应用更加广泛。新技术、新方法将在区域资源研究中得到进一步应用，如 3S 技术在资源调查和监测中的应用和 3S 的系统集成，各种定点定位监测等方法和手段将进一步发展，使研究工作获得更丰富的第一手数据，提高资源科学的研究水平。

东南丘陵区资源研究未来应以国家重大战略需求为导向，以水资源、土地资源、生物资源、能源及矿产资源等关键资源为主要对象，重点关注以下主要研究领域，推动资源学科的建设与发展。

（1）东南丘陵区资源环境承载力研究。人口、资源与环境是当今世界面临的重大问题，随着区域经济社会快速发展，人类整体面临着资源约束趋紧、环境污染严重、生态系统退化的严峻形势。资源环境承载力作为连接社会系统、环境系统与经济系统之间的纽带，是协调人口、资源与环境这一相互联系、又彼此相对独立的矛盾统一体的关键所在，可以为经济与环境协调发展提供理论依据。东南丘陵区资源环境承载力有限，应进一步发展区域资源环境承载力理论，对资源环境承载力关键要素进行识别、监测，进而分析资源环境承载力关键要素时空变化特征，研究多要素的相互作用与耦合效应，揭示关键要素变化的驱动机制。探索适用于不同空间尺度的、综合的、动态的评价技术，发展适合目前国情的资源环境承载力评价指标体系与方法模式，建立区域资源承载力评估的技术方法，并对资源环境承载力开展动态监测与预警，探索重点区域的资源环境承载力恢复与提升途径。

（2）自然资源资产负债表的编制研究。通过编制自然资源资产负债表，反映自然资源规模的变化，以及自然资源的质量状况。采用质量指标和数量指标的结合，更加全面系统地反映自然资源的变化及其对生态环境的影响，摸清区域自然资源资产的家底及其变动情况，为推进东南丘陵区生态文明建设、有效保护和永续利用自然资源提供信息基础、监测预警和决策支持。

（3）区域资源开发利用的生态环境效应研究。东南丘陵区地形高低起伏，降水强度大，人类活动强度大，生态环境潜在脆弱性强，应针对资源开发利用对生态环境的影响，开展环境影响评价和生态效应评价，协调资源开发利用与生态环境保护之间的关系，为区域生态建设提供科学依据。

（4）区域资源流动与优化配置研究。自然资源流动过程及其动力学机制研究是资源科学研究的前沿领域，东南丘陵区面积广阔，人口数量多，经济发展较快，对各类资源的需求量大，应开展区域资源流动与优化配置研究，以水土资源、能矿资源、农产品资源为主要研究对象，瞄准资源流动空间规律、环境胁迫过程、区域与全球响应以及流动过程调控机理等科学问题，揭示自然资源流动的科学机理与生态环境效应，提出自然资源流动和优化配置的策略及对策建议，将区域资源优势转化为经济发展优势，解决区域资源短缺问题，为区域经济可持续发展服务。

参考文献

［1］劳小平，金国东，罗勇，等．广东省森林资源与生态状况动态变化分析与评价［J］．林业与环境科学，2016，32（3）：84-88.

［2］浙江省林业厅．浙江省森林资源及其生态功能价值公告［N］．浙江日报，2016-01-24.

［3］吴琼，聂秋生，周荣卫，等．江西省山地风场风能资源储量及特征分析［J］．自然资源学报，2013，28（9）：1605-1614.

［4］孙艳伟，王润，刘健，等．基于GIS的福建省陆地风能资源开发潜力评估［J］．资源科学，2012，34（6）：1167-1174.

［5］刘波，凌申，成长春．江苏沿海地区沿海风能资源开发利用研究——以东台市为例［J］．国土与自然资源研究，2013（5）：48-50.

［6］张萌，杨豪，彭振宇，等．浙江省区域地质背景及地热资源赋存特征［J］．科学技术与工程，2016，16（19）：30-36.

［7］郑佳重，朱梅．安徽合肥市水资源开发潜力分析［J］．研究探讨，2016，26（6）：59-63.

［8］李志萌，喻中文．保护区生态系统功能及其产品开发利用——以江西东江源区水资源为例［J］．鄱阳湖学刊，2015，6：85-98.

［9］唐海力．浙江省水资源的利用状况研究［D］．杭州：浙江农林大学，2012.

［10］刘洁，谢丽芳，杨国英，等．丰水区城镇化进程与水资源利用的关系——以江苏省为例［J］．水土保持通报，2016，36（3）：193-199.

［11］庞纯萍．广西土地资源开发与管理现状研究［J］．经营管理者，2016（7）：320.

［12］韦俊敏，胡宝清．基于改进TOPSIS法的土地整治合理度评价——以广西农垦国有金光等4个农场为例［J］.资源科学，2013，35（7）：1407-1414.

［13］周翔，韩骥，孟醒，等．快速城市化地区耕地流失的时空特征及其驱动机制综合分析——以江苏省苏锡常地区为例［J］．资源科学，2014，36（6）：1191-1202.

［14］叶飞林，叶春根．浙江省森林资源保护的现状和措施［J］．绿色科技，2014（5）：112-114.

［15］吴红．梅花山福建柏野生资源现状与保护对策研究［J］．农业开发与装备，2015（9）：27-31.

[16] 吴沙沙，兰思仁，闫淑君，等. 福建省海岸植物资源调查及园林应用综合评价 [J]. 植物资源与环境学报，2014，23（2）：100–106.

[17] 陈起阳. 森林旅游开发与森林资源保护关系的探讨——以福建省泰宁县为例 [J]. 中国城市林业，2012，10（4）：20–23.

[18] 阮桂文，贝永建. 广西天堂山自然保护区两栖爬行动物资源调查 [J]. 湖北农业科学，2014，53（5）：1113–1116.

[19] 贾银涛，陈毅峰，陶捐，等. 增江鱼类群落特征及其历史变化 [J]. 资源科学，2013，35（7）：1490–1498.

[20] 孙艳伟，王润，刘健，等. 基于 GIS 的福建省陆地风能资源开发潜力评估 [J]. 资源科学，2012，34（6）：1167–1174.

[21] 吴琼，聂秋生，周荣卫，等. 江西省山地风场风能资源储量及特征分析 [J]. 自然资源学报，2013，28（9）：1605–1614.

[22] 姜波，刘富铀，徐辉奋，等. 浙江省沿海海洋风能资源评估 [J]. 海洋技术，2012，31（4）：91–95.

[23] 杜东升，张剑明，张建军. 湖南省太阳能资源时空分布特征及评估 [J]. 中国农学通报，2015，31（36）：170–175.

[24] 刘邓凯. 浙江省可再生资源开发利用研究 [D]. 杭州：浙江理工大学，2013.

[25] 吴伟宏，于银杰，姜琳，等. 广西矿产资源综合利用现状及对策 [J]. 中国国土资源经济，2016（1）：24–27.

[26] 叶张煌，尹国胜，邹晓明. 江西省矿产资源可持续开发和综合利用的思考与对策 [J]. 东华理工大学学报（社会科学版），2012，31（2）：109–112.

[27] 庄颖，李宏毅，华建伟. 重要矿产资源节约与综合利用分析研究——以江苏省为例 [J]. 中国国土资源经济，2015，31（6）：45–48.

[28] 田英翠. 湖南矿产资源开发的生态补偿机制研究 [J]. 生态建设，2014（6）：82–83.

[29] 杨惠菊. 福建省矿产资源开发生态补偿法律制度研究 [J]. 内蒙古煤炭经济，2016（20）：44–46.

[30] 吴海权，杨则东，疏浅，等. 安徽省地热资源分布特征及开发利用建议 [J]. 地质学刊，2016，40（1）：171–177.

[31] 田春艳. 广东省中高温地热资源勘查与开发利用建议 [J]. 地下水，2012，34（4）：61–63.

[32] 余敏，祝爱明，黄修保. 江西干热岩地热资源潜力评估 [J]. 矿产与地质，2015，29（6）：766–800.

[33] 蔡旭梅，朱华雄，严金叙. 浙江省湖州地区地热资源储存特征及开发利用方向分析 [J]. 中国煤炭地质，2013，25（7）：37–41.

[34] 莫雪根. 广西壮族自治区森林调查规划现状及发展趋势 [J]. 林业勘查设计，2016（1）：1–2.

[35] 毛佳园，黄成林，史久西，等. 浙中城市森林主要群落分析及优化 [J]. 浙江农林大学学报，2016，33（6）：1000–1008.

[36] 周小成，庄海东，陈铭潮，等. 面向小班对象的森林资源变化遥感监测方法——以福建省厦门市为例 [J]. 资源科学，2013，35（8）：1710–1718.

[37] 刘友多. 福建省森林旅游资源调查与评价技术研究 [J]. 防护林科技，2016（11）：48–51.

[38] 吴国训. 江西省森林植被净初级生产力及碳储量估算 [D]. 南京：南京农业大学，2015.

[39] 刘双. 基于 GIS 地统计分析的森林生产力空间格局分析 [D]. 南京：南京林业大学，2013.

[40] 吴霜，延晓冬，张丽娟. 中国森林生态系统能值与服务功能价值的关系 [J]. 地理学报，2014，69（6）：334–342.

[41] 张灿，徐涵秋，张好，等. 南方红壤典型水土流失区植被覆盖度变化——以福建省长汀县为例 [J]. 自然资源学报，2015，30（6）：917–928.

[42] 曾祥谓，王昌海. 江西省森林社会效益核算 [J]. 林业科学，2012，48（6）：112–117.

[43] 战金艳，闫海明，邓祥征，等. 森林生态系统恢复力评价——以江西省莲花县为例 [J]. 资源科学，2012，27（8）：1304-1315.
[44] 王芸，欧阳志云，郑华，等. 不同森林恢复方式对我国南方红壤区土壤质量的影响 [J]. 应用生态学报，2013，24（5）：1335-1340.
[45] 吕莹莹，庄义琳，任芯雨，等. 南京城市森林干扰及恢复自动制图 [J]. 应用生态学报，2016，27（2）：429-435.
[46] 傅银银，袁增伟，武慧君，等. 社会经济系统磷物质流分析——以安徽省含山县为例 [J]. 生态学报，2012，32（5）：1578-1586.
[47] 孙晓山. 充分发挥江西发展的水资源优势 [J]. 中国水利，2014，（12）：9-12.
[48] 苑蓓. 石油资源流动特征与环境效应分析——以江苏省为例 [D]. 南京：南京师范大学，2013.
[49] 沈镭，刘立清，高天明，等. 中国能源资源的数量、流动与功能分区 [J]. 资源科学，2012，34（9）：1611-1621.
[50] 和夏冰，王媛. 我国行业水资源消耗的关联度分析 [J]. 中国环境科学，2012，32（4）：762-768.
[51] 邹军，李红伟. 中国省际间农畜产品虚拟水流动合理性评价与调控研究 [J]. 中国生态农业学报，2013，21（10）：1299-1306.
[52] 倪永强. 资源富集区与贫乏区之间能源流动的经济效应 [J]. 经营与管理，2012（9）：77-79.
[53] 褚晓琳. 两岸合作开发南海渔业资源法律机制构建 [J]. 台湾研究集刊，2013（2）：42-48.
[54] 杨洋，刘志国. 基于非平衡产量模型的海洋渔业资源承载力评估——以浙江省为例 [J]. 海洋环境科学，2016，35（04）：534-539.
[55] 王宜强. 碳基能源资源流动过程解析的方法研究 [D]. 南京：南京师范大学，2015.
[56] 王玉宝，吴普特. 我国粮食虚拟水流动对水资源和区域经济的影响 [J]. 农业机械学报，2015，46（10）：208-215.
[57] 车亮亮，韩雪. 基于 BP-DEMATEL 模型的农产品虚拟水流动影响因素分析 [J]. 冰川冻土，2015，37（4）：1112-1119.
[58] 苑蓓. 石油资源流动特征与环境效应分析——江苏省为例 [D]. 南京：南京师范大学，2013.
[59] 赵梅芳. 湖南省森林碳平衡空间分异及对气候响应的模拟预测 [D]. 长沙：中南林业科技大学，2013.
[60] 肖野. 石油资源流动特征与环境效应分析 [J]. 化工管理，2014（8）：282.
[61] 杨涟漪. 城镇化背景下的城乡资源流动研究——以安徽省为例 [D]. 合肥：安徽大学，2012.
[62] 刘艳，蔡德所. 广西水土流失特点及治理对策 [J]. 中国水土保持，2016（4）：19-21.
[63] 李辉，王良健. 土地资源配置的效率损失与优化途径 [J]. 中国土地科学，2015，29（7）：63-72.
[64] 胡建忠. 我国生态文明建设的辩证思考——以高效水土保持植物资源配置与开发为例 [J]. 中国水土保持，2015（5）：23-27.
[65] 徐海根，丁晖，吴军，等. 生物物种资源监测原则与指标及抽样设计方法 [J]. 生态学报，2013，33（7）：2013-2022.
[66] 米湘成，郭静，郝占庆，等. 中国森林生物多样性监测：科学基础与执行计划 [J]. 生物多样性，2016，24（11）：1203-1219.
[67] 广东省农业信息处. 广东省农业信息监测体系建设 [J]. 农业工程技术，2016（6）：54-56.
[68] 陈欣，陈玲，曹铁军，等. 福建省国土资源监测评价及辅助决策平台建设与应用 [J]. 国土资源信息化，2016（6）：11-17.
[69] 胡伟，周国锋. 常州市国土资源动态监测综合监管平台设计与实现 [J]. 国土资源信息化，2015（5）：18-23.

撰稿人：陈松林　廖善刚

西南山区自然资源研究

一、引言

西南山区是我国自然资源、能源富集的区域，也是景观资源和人文资源丰富的地区，其资源开发的历史久远，如水资源、煤炭资源和有色金属资源、岩盐资源的开发等。其中以都江堰水利工程为标志，成为世界水利史上水资源开发利用与管理的科学典范。西南山区还是自然与文化遗产的富集地，据统计，该地区至今共有世界遗产 15 处。此外，资源型城市也是这一地区特有的人文现象，深受政府和学界的关注。

伴随改革开放和区域发展，尤其是西部大开发与新型城镇化推进，资源开发的广度、深度和强度是空前的，例如水能资源的开发，这些也极大地促进了区域资源与环境的研究，在水土资源开发、生态保育和生物发掘利用、区域城镇化的资源配置、旅游资源挖掘与产业发展，以及人文资源的合理利用等研究都取得了新的重要进展。

在大力倡导生态文明建设和绿色发展的思想引导下，以及长江经济带“要搞大保护，不搞大开发”的战略导向，西南山区以资源高效利用和循环经济、低碳绿色发展的产业勃然兴起，更加聚焦区域可持续发展，相关研究伴随其中，极大地带动了资源领域研究的创新发展，相关研究机构的壮大、学科上的进展和人才的成长都呈现新的态势。

在国家发展战略版图上，成渝城市群在西南城市建设与发展中的地位凸显，特别是重庆、成都作为国家中心城市，在带动区域发展，跟随“一带一路”倡议部署，统筹城乡发展等方面都具有重要牵引作用，将会进一步引导山区发展中资源的集聚与流动，集约国土资源开发，成为生态文明建设中国土空间开发格局优化的导向。

当前，相继开展的资源环境承载力监测预警工作，是学科发展支撑区域发展的具体体现，表明了资源科学的发展更加契合国家发展的科技支撑需求，也表明了学科的创新发展和引领作用。

二、山区水资源研究

（一）变化环境下的水资源演变

中国西南山地面积占比超过85%，高山林立，多有冰川分布，纵向岭谷是重要的水汽通道，河流密布。气候受西南季风和东南季风共同影响，区内降水丰富，总体上从东南向西北递减，少雨区和多雨区交叉分布，川西高原年均降水量接近800 mm，云南南部降水量可高达2000 mm以上[1]。受气候变化和人类活动影响，极端天气导致的旱涝过程、新型城镇化建设布局与水资源保障等，促使西南山区水文过程与水资源利用研究得到进一步关注，包括围绕“一带一路”倡议的南亚跨境河流研究。

1. 气候影响下的山区水文循环与径流变化

围绕气候变化带来的不确定性，通过长时间序列温度和降水变化趋势分析，揭示区域性干旱和洪涝特征。研究证实西南地区年降水变化存在着明显的东西分异，且与海拔高度关系密切。降水增加以海拔高地区为主，降水减少大多呈现在低海拔地区（如丘陵地带的多年春旱）；冬季风期的降水也呈不断地减少趋势，阐明了极端天气影响的空间差异[2]，对气候影响下山区水文特征与径流变化机理层面的认知加强了多梯度观测，分析了气温变化对植被不同演替阶段的流域总径流和总蒸散发，以及与植被、土壤蒸发的关联机制[3]，为山区水资源规划、开发、旱涝灾害防治以及综合管理提供了科学依据，并促进理论的深化。

2. 土地覆被变化对流域河川径流的影响

近年来，在LUCC对流域水文过程影响研究基础上，围绕土地覆被变化对河川径流的影响机制、尺度差异、遥感监测、过程模型构建等方面的科学问题，开展大尺度流域产水量的影响研究[4]，基于径流形成机制及水循环过程的影响，选取特征变量做时序分析，并从特征参数的变化趋势上量化土地覆被变化的水文效应。

当前更多的是开展水文模型法和遥感、地理信息驱动的中、大尺度水文过程演变进行机理研究，并为水土资源配置、水土资源的可持续利用决策、为经济、社会和生态综合效益优化途径提供科学依据。同时该方向研究关注的重要方面还包括国家生态屏障带建设、退耕还林还草以及坡耕地开垦、经济林种植等对山区水热过程与产流的影响，促进了山区水文与水循环研究理论与方法的创新。

3. 水资源动态过程与影响因素

西南山区的经济社会发展与水资源时空不匹配（水资源分布与集中用水的地区和时间不匹配）[5]的矛盾成为水资源动态变化、管理与区域发展研究的关注点。主要是从丘陵山地水土流失、水土保持与水源涵养，特别是农业生产用水保障方面，从节水、保水过程研究水分动态、利用效率及机制，着力解决实际问题，促进研发成果的实用性。

在资源环境承载力评价方法创新方面，研究者也更加注意到水资源动态性问题，在指标定量化表征方面，考虑了其动态性特征，使其评价方法由静态向动态发展[6, 7]。

（二）水资源可持续利用

西南地区是全国水资源最丰富的地区，总量约 12735.2 亿立方米，占全国水资源总量的 45%，在人均水资源方面，西南地区也远远超出全国平均水平，人均水资源量约 5317 m^3，耕地亩均水资源占有量 5652 m^3，但各省水资源差异较为显著（表 1）。

表 1　西南各省水资源概况

地区 降水量	全国	西南地区	四川	云南	贵州	重庆
年均降水量 / 亿立方米	62000	28460.55	4861	4820	2094	1028
年均总降水量 / 亿立方米	28124	12735.2	2547.5	2221	1035	586.3
人均水资源量 / 立方米	2200	5317	3058.5	5179.5	2936	1897

1. 用水结构与水足迹研究

随着区域工业化和城镇化的进程加快，用水量不仅明显增加，而且用水结构变化也很大。主要围绕用水结构的状态、影响因素、变化趋势、协调度判定及应对决策等问题开展探索，在方法上，多运用因素分解法、用水系数法、信息熵法、系统动力学建模等定量讨论影响因素和驱动力[8]，研究尺度以行政单元为主。西南地区由于不同省（市）的经济、资源、人口、产业结构和水资源条件不同，导致不同行业用水平均分配额差异较大，以农业用水评价分配定额为例，云南省约在 200 立方米 / 亩，显著高于重庆的 122 立方米 / 亩和贵州的 130 立方米 / 亩。应用水足迹方法开展水匮乏度、水依赖度的定量评价，并从调整产业结构、优化配置水资源、提高水资源利用率、加强虚拟水的贸易和改变消费方式等方面取得了实质性研究成果。

新型城镇化建设布局急需水资源配置支撑，有关研究着重从山区地质结构、地表水系关系，对城镇发展的水资源支撑性进行了分析与评价，并根据多情景预测，阐述了水资源供需平衡的时空特征[9]。

2. 社会水循环问题与影响分析

基于社会水循环研究原理、理论和方法，针对城市水资源利用与保障、水生态文明建设及水生态系统服务研究，标志着社会水资源学对经济系统用水行为作用于自然水循环过程的认识开始进入定量化与系统化阶段。在我国，以王浩院士带领的团队开展的自然 – 社会二元水循环研究引领着该研究的方向[10]，相关研究主要在城市水平衡方面作深化研究，一个明显趋势就是注重协调社会水循环与自然水循环两大系统之间的耦合、平衡关系，定量解析水资源开发利用情景，并落实到服务于区域经济社会可持续发展。

3. 海绵城市与城市生态水文

“海绵城市”是结合城市生态水文，从生态系统服务出发，构建跨尺度水生态基础设施的规划。海绵城市的概念和理论仍在发展阶段，现阶段多用来比喻城市或土地的雨洪调蓄能力[11]，关键在于将内涝水“化整为零、变害为利”，在城市水文单元上实现自然积存、自然渗透、自然净化。推动海绵城市相关研究成为热点和建设应用的热点。主要是借鉴西方国家的相关研究，多围绕以低冲击开发（low impact development，LID）技术、水敏感性、城市规划与设计等为代表的先进的生态雨洪管理技术而展开，其科学问题多聚焦于城市内部排水系统和雨水利用、管理。从城市生态水文的角度来看，过于依赖“工程性措施”，不利于城市水资源综合问题（如地下水锐减、水生生物栖息地收缩）的解决。海绵城市及城市生态水文研究，应更加注重生态防洪、水质净化、地下水补充、湿地修复、生物栖息地的营造、公园绿地营造以及城市微气候调节等[12]。目前西南地区的重庆、遂宁、贵安新区 3 个城区为国家海绵城市建设试点，已围绕渗透、调蓄、净化、利用四个方面开展雨水管理机制的探讨与实践。

（三）水能资源开发利用

西南地区地表径流水量丰富，水能蕴藏居全国之首，总蕴藏量约 2.7 亿千瓦，占全国总量的 40%。目前区内可开发的中小型水电站装机容量约 3530.9 万千瓦，年均发电量 1861.9 亿千瓦·时，该地区大型水电开发利用程度约 9%，中小型水电为 13%，远远低于全国平均 19%、全世界平均 22% 的水平。

1. 水能开发与河道生态保护

水能开发对河道生态健康及周边环境的影响具有长期性、潜在性，需要借助长期的监测、观察、分析，才能找到兴利与保护的平衡点、发展完善调控与调度能力。借鉴西方发达国家河流管理进入河流生态修复的理论与方法[13]，相继开展了大量河流生态调度研究与实践，把河道生态健康与防洪、兴利作为同等重要的管理目标，并通过河流的自然变化来动态保持河流生态系统的健康。主要研究包括水电开发对河流生态的影响、河流生态阈值以及动态监测与评价，并从政策、技术及经济等角度探讨决策方案，涉及生态补偿、生态环境基金、移民安置及生态调度等，围绕水环境、水生生物、植物枯落物分解和景观格局对梯级水电开发的响应研究，侧重从个体到系统层次，在中、大尺度上研究梯级水电开发的生态影响[14]，重点阐明了水能开发对河流形态、土地覆被与利用变化、水文情势、生物及生境多样性、生态需水等的影响机制，并量化生态阈值，通过严密监测物种或关键生态过程，预防不可逆转形势的发生，从而落实水能资源合理、可持续的开发利用。

2. 梯级开发的水库群调度

河流的梯级开发，形成了一组水库群格局，如何促进河流水能资源梯级开发的协调度，兼顾好其多个目标，多个水库群调度成为研究的热点。近些年来的研究表明，水库优化调度研究到达了有效改善水资源短缺状况、防治洪涝灾害、增加电力产能，达到水资源合理配置的效果[15]。研究理论和方法也由传统转向新技术应用、向多技术综合方向发展，并加强了水库群调度规则研究，包括多目标优化调度、确定性优化调度以及随机优化调度等。其中作为解决“总”决策问题的调度规则的调度图和调度函数研究是水资源优化配置理论的重要实践。优化调度研究开拓了水资源管理的思路，还考虑了生态供水的沙河水系水库群优化调度解决方案，对西南地区水库群调度具有重要的指导价值[16, 17]。

（四）西南山区水资源学科领域科研院所概况

据有关统计，西南地区涉及水资源研究有关的大学、研究所等机构 19 个，专业涵盖水利水电、水文、水资源、环境工程、水土保持、节水技术、水信息等，拥有较大规模的专业技术队伍和拔尖人才（院士、杰青、国家级科技领军人才、省级学术带头人），建有国家重点实验室、行业重点实验室和野外观测平台，以承担国家“973”“863”和重大研发专项、国家重点基金和行业专项任务等为标志，彰显水资源领域综合创新研究能力，发挥了重要的骨干引领作用。

三、山区土地资源研究

（一）耕地资源与农业利用

1. 中国山区土地利用及山地农业

中国山地面积约占国土面积的 68.64%（含丘陵山地），特别是西部山地（含高原和丘陵）占总面积 90% 以上（见表 2）；山区县 901 个，丘陵县 1422 个，山区耕地面积占全国耕地总面积的 43.8%，有 1/3 的人口生活在山区；近全国 84% 的木材蓄积量、98% 的水能、77% 的草地资源以及其他各种木本粮食、油料作物、果品、林副产品、土特产品、药材、野生动植物资源和大部分的矿产资源也都分布在这些区域内。山区和丘陵县的粮食生产占全国的 35.2%，肉类产量占全国的 53.9%，是我国经济构成的重要支柱之一。山区的粮食、油料、肉类、茶叶、水果等产量都各自占全国总产量的一半以上，是国计民生的物质基础。可见，从自然环境对农业活动的制约作用讲，山地农业为全球农业［山地（山区）农业、平原农业、水域（海洋）农业］的三大类型之一。

表 2　中国地貌区各地形类型面积统计表　（万平方千米）

地形类型 / 地貌区	平地（%）	丘陵（%）	山地（%）	合计
平原区	147.01（79.5）	23.77（12.8）	14.17（7.7）	184.95
高原区	91.28（31.7）	74.37（25.9）	121.95（42.4）	287.60
丘陵区	18.48（22.8）	18.39（22.7）	44.16（54.5）	81.02
山地区	62.64（15.8）	73.09（18.4）	261.52（65.8）	397.25

2. 山区耕地资源的分布特征

2016 年《中国国土资源公报》显示，截至 2015 年年末，全国共有农用地 64545.68 万公顷，其中耕地 13499.87 万公顷（20.25 亿亩），园地 1432.33 万公顷，林地 25299.20 万公顷，牧草地 21942.06 万公顷；建设用地 3859.33 万公顷，含城镇村及工矿用地 3142.98 万公顷[18]。全国因建设占用、灾毁、生态退耕、农业结构调整等原因减少耕地面积 30.17 万公顷，通过土地整治等增加耕地面积 24.23 万公顷。而上述这些耕地中约一半分布在山区和丘陵，据统计约有 4400 万公顷，约占全国耕地面积的 46%，其中约 10% 的耕地资源分布在中低山区。中低山区耕地资源具有面积小、质量低、分布散、不易保护等资源禀赋较差的特点。

我国旱地面积占耕地面积的 73.22%，其中约 20% 的旱地分布在山地丘陵，约 1854 万公顷，主要分布于黄土高原、西北干旱和西南山区（见表3）。若将坡耕地的特殊类型——梯田计算在内，其比例高达 38%。而受地貌因素制约，山区地形坡度大，土层薄、灌溉困难，地力不高的耕地占比例较大。就全国耕地的变化而言，北方耕地呈增加、南方呈减少趋势；东、中部地区耕地面积减少、西部地区耕地面积增加；平原丘陵区耕地面积多为减少、山地高原区耕地面积普遍增加；其中内蒙古高原区、东北平原区和滇西高原区等是耕地面积增加最多的地区；粤闽沿海区、长江中下游区和山东半岛丘陵区是耕地面积减少比例最大的地区[19]。比如四川省典型的山区雅安市。耕地约占土地总面积的 24.7%，其中以坡耕地的面积最大，坡度大于 6° 的约占 72.7%，人均耕地只有 0.05 ha，低于同期全国和四川省平均水平，耕地资源相对缺乏[20, 21]。

表 3　地貌因素制约下的低质耕地及特点

耕地类型	坡度	面积（万公顷）	占耕地比例（%）	分布	特点
坡耕地	＞25	607	4.70	川、滇、贵、甘、陕	5 省耕地占全国的 23%，而粮产量仅占 9%
	15~25	1247	9.56		
	梯田	840	3.84	黄土高原、华北、西南	
涝洼耕地		753	5.60	东北、华北、长江中下游	

3. 山区耕地资源与农业利用特征

山区耕地约占全国耕地面积的 46%，旱地比重约占 60%~90%，且坡耕地、中低产田占山区耕地面积的 43% 以上，生态脆弱的山区耕地易受利用方式、开发强度、道路通达度、降水、地形因子等人为因素和自然条件的影响，呈现出不同的演变方向、速率和面貌。山区土地的农业利用模式是自然地理因素、生产条件、市场因素和土地制度等因素综合作用的产物[22]。山区耕地通常存在“七山二田一分水”或“八山一田一分水”等地类分布格局，加之地貌限制，耕地利用呈现出与其他地域显著不同的特征，主要表现为：坡耕地比重较大，生产力相对较低；分布零散，集约化利用程度低；道路通达度低，机械化程度低。

近年来，山区耕地因地形起伏、地块零碎、交通不便等限制性因素导致农业利用弱化或“退农”现象，从而被“边际化”[23]。尤其在城乡统筹发展背景下，受劳动力、城镇化和务农成本提升的影响，大量劳动力从农村“析出”，由此导致的耕地荒废和闲置现象严重[24]，特别是当前劳动力短缺和区域城镇化基础下，山区弃耕和撂荒现象普遍[25]。在技术进步、使用权流转和适度规模经营驱使下，优质耕地更加集约，两者挤压促使劣质耕地边际化的发生，研究显示，河谷区和半山区在耕地利用集约度上存在显著差异。无论是资本集约度还是劳动集约度，河谷区均高于半山区。虽然边际耕地类似发达国家“森林转型”拥有“双赢”效应，但对覆盖中国 2/3 幅员的山区来说，须在“粮食与生态”间建立适度平衡。

山区耕地资源可持续利用的关键在于如何提高耕地资源的生物生产能力以满足其日益增强的生物产品消费需求。随着我国工业化和城镇化的不断推进，面对耕地资源逐渐减少和人们对耕地产出消费快速增加的矛盾，山区耕地资源的挖掘与可持续利用便成为解决这一矛盾的重要途径之一。通过技术改造、土地整理、规模管理等土地利用方式的优化实现耕地资源生产能力的不断提高。此外，还要关注山区耕地资源的生态服务功能，要在实现地区耕地资源生产能力不断提升的同时，实现耕地资源生态服务价值的最大化[26–28]。

山区耕地开发的未来变化趋势可表现在几个方面。

（1）创新山区耕地的生态友好型开发模式。山区耕地已是我国耕地重要组成部分，山区耕地利用不当已是全国性的生态问题，应用多种方法对比研究，选择最佳利用模式是当前研究内容。

（2）我国土地详查中没有关于山区耕地的地类指标，由此导致山区耕地数量不清、地域分布不详、质量等级不明。为此开展山区耕地详查、条件调查以及后备资源调查与制图是必要的，并以此开展山区耕地质量分等定级及适宜性研究，划分主体功能区以确保合理开发利用。

（3）综合研究自然条件与区域社会经济发展状况，从整体上把握影响山区耕地利用的因子，统筹考虑利用策略，充分发挥山区耕地的生产潜力，妥善保护山区生态环境。

（二）城镇发展与土地利用

1. 山区城镇分布特征

山地城镇即依托山地，利用山间复杂地形来组织城镇各项功能，形成独特的山区空间聚落。山地城镇具有长期无法克服的复杂的山地垂直地貌特征，由此形成独特的分台聚居和垂直分异的人居空间环境特征[23]。

我国正处于快速城镇化过程，但不同地理条件下城镇化水平与模式都存在极大差异。山区面积约占陆地国土面积的70%，据《中国县市社会经济统计年鉴2011》（国家统计局农村社会经济调查司编著）统计，全国共有2856个县级行政区划单位（未包括台湾地区），其中山区县级行政区划单位1429个。2016年国家统计公报显示（见图1）[19]，常住人口城镇化率为57.35%，比5年前提高16.15个百分点，平均每年递增3.38%。户籍人口城镇化率为41.2%，比上年末提高1.3个百分点。然而全国共有8个省份的城镇化率低于50%，其中七个省份来于西部地区，一个来自中部地区，且主要分布在西南山区的四川、云南、贵州、广西和西藏（图1），可见山区城镇化水平远低于平原地区。因山区生态环境的脆弱性，山区城镇的边缘性和封闭性，以及我国相关山区城镇发展法规和政策的单一性，造就我国山区城镇化水平低，城镇化多处于无序化发展状态，且以中小城市和小城镇为主，规模较小、功能单一的特点突出[23]。

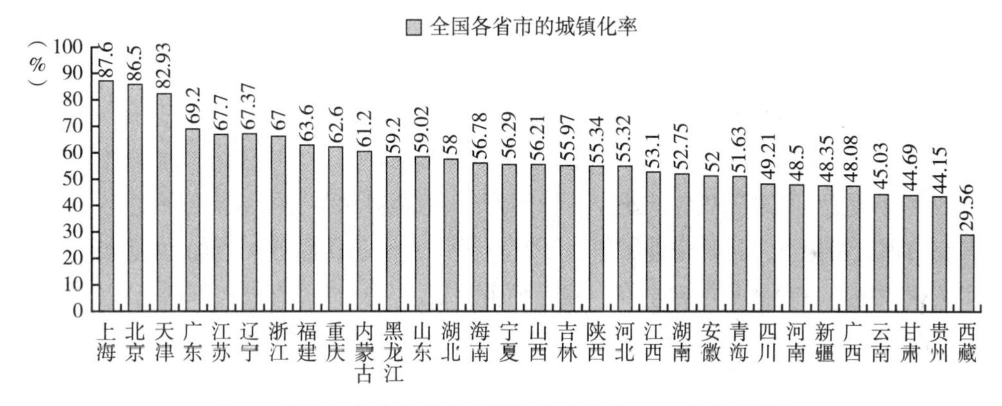

图1 全国省市（自治区）城镇化水平（2016年）比较图

2. 城镇化趋势下的山地土地利用变化

城镇化是人类经济社会发展的客观要求和必然产物，土地利用则为人类经济社会发展提供了物质基础和承载空间，两者相互促进和相互作用的结果便形成了城镇土地利用。城镇土地利用因城镇化进程而产生和演进，并且因城镇化发展历程打上不同阶段的烙印，呈现出不同特点和问题[29]。自20世纪后期以来，我国受自给自足的粮食安全战略和耕地保护政策、快速发展的城镇化以及国家或区域生态保护工程实施等三方面的影响[12]，对土地的需求冲突愈演愈烈，土地利用方式也在耕地、建设用地和生态用地之间快速转换，带来土地利用空间格局的显著变化，尤其是我国西部生态脆弱区，快速发展的城镇化和以退耕还林还草工程为主的生态建设都对原有土地利用格局带来巨大冲击，对耕地面积、质量和布局也都有显著影响[13]。

快速发展的城镇化必然带来耕地的萎缩以及建设用地、交通运输用地的扩大，且伴随城镇化水平增加。贵州山区1992—2012年间，耕地与未利用地的面积呈下降趋势，林地、草地、建设用地和水域呈增加趋势，20年间，耕地向林地和草地的转化最为突出，此外，耕地、林地和草地转为建设用地的面积也较大；济南南部山区的土地利用覆被变化时空格局也是城乡工矿居民用地面积增加，耕地面积减少；城乡居民用地面积主要由耕地面积转移而来。由于山区自然条件的限制以及城市化阶段的制约，在大量用地无规可依的情况下，山区大部分区县建设用地扩展呈不均匀的点状扩张现象[29]。研究同时还表明，山区建设用地外延扩张、布局混乱，缺乏规模效益。2009—2014年间，全国城镇土地面积增加165.0万公顷，增幅为22.8%，年均增长4.2%。增长速度总体呈逐渐放缓趋势，年度增幅由2010年的4.7%下降至2014年的3.7%[30]。但在此期间，中部、西部地区城镇土地增幅分别达到27.8%和32.6%，均明显高于全国总增幅，而这些城镇用地的增加并未换来山区对应的城镇化率增加，说明这些城镇土地主要发生在平原地区，如成都平原的双流县，因大量平原耕地逐渐成为建设用地，其后备耕地通过置换甚至到了凉山州，而类似的情况往往非常普遍。目前城镇化的扩张往往占用了良田沃土，势必对我国粮食安全造成很大的冲击。

3. 山区城乡统筹发展

在广袤的国土中，我们对山地价值有了新的诠释和理解，可以说，山地城镇化是中西部地区因地制宜发展的新思路和新途径。山地与平原地势相结合的城镇拓展现状，在可持续发展的理念指导下，科学合理保护、开发、利用、顺应山地自然，使其成为特色城镇、组团城镇、卫星城镇的发展新空间，成为妥善降低大城市病、有效控制城市人口集聚规模、促进人居环境不断改善和优化的重要手段[23]。

山地城镇化涵盖了土地城镇化、人口城镇化和空间城镇化的优化组合与拓展特征，在本质上是基于山地资源差异化的空间利用形态，引导人口与用地等城市发展资源在空间和布局上非常规的特色城镇化推进方式，是一种顺应资源、环境和自然的有效尝试机制[31]。农村聚落依然是中国山区人口的主要聚居形式，而山地农村聚落普遍存在着数量多、规模小、布局无序、土地利用低效以及农村“荒废与空心化”趋势加剧等现象，成为新型山地城镇化建设、农村转型与城乡协调发展的障碍因素[32]。山地城镇化是有效改善和优化城镇空间“摊大饼惯性”的重要手段之一。其特点在于山地城镇的平面布局不再是布局成败的关键，山地城镇规划与建设所形成的山地城镇空间及其周边视域和山水宜居环境往往成为判断山地城镇建设优劣的重要衡量机制[33]。因此，积极稳妥推进山地城镇化发展，是促进城乡经济社会发展方式的重大转变，是区域城乡规划指导思想的重大调整机制，是地区土地利用方法的重大变革机制，也是平原良田沃土保护的重要机制，更是地区人口空间集聚的重大优化机制，是推进特定区域科学发展的迫切需要。

为了拓展城市发展空间、同时保护平原或平地（平坝地、沟谷地）的优质耕地资源，保障粮食安全和可持续发展，国土资源部确定的对策之一是坡地开发，实施城镇和工业用地“上山”，并于2011年确定甘肃、广西、湖北、云南等省（市）作为全国低丘缓坡综合开发利用试点省（区）[33]。云南省大理白族自治州大胆探索“保护坝区良田、保护田园风光，工业项目上山、城镇建设上山”的“两保两上”城乡发展新思路，向山地要空间、向山地要生态、向山地要发展，在大力保护坝区良田好地、严守耕地保护红线的基础上，开发利用山地推进城镇建设，占用坝子、占用耕地搞开发建设的不良发展模式得到有力扭转[34]。初步走出了一条具有山区特色的保护坝区耕地、建设山地城镇的新路子。

（三）山区土地资源安全

1. 土地资源安全的内涵

土地资源作为国民经济发展的载体，其安全关乎粮食安全、生态安全、经济社会安全，因此土地资源安全评价既有利于落实国家土地保护政策，也可为区域生态友好型土地利用模式提供现实参考[30]。我国土地资源安全的目标导向应是优先保障国家粮食安全、经济安全、生态安全和社会安全。粮食安全是我国社会经济安全的根本，要保障粮食安全，耕地是最根本的自然资源基础，对粮食有效供给能力起着最根本的约束作用。耕地资源安全是土地资源安全评价最重要的内涵，是其评价的核心。国内外学者从不同角度对耕地安全问题进行讨论，主要是涉及耕地保护问题、粮食问题、建设用地与农业发展争地等问题展开[21]。鉴于我国人多地少的矛盾，耕地资源安全形势与安全研究引起我国学者特别广泛的关注。张凤荣等通过预测全国主要生态功能区内的未来非农建设占用耕地、后备土地资源开垦、土地整理复垦、生态退耕等各方面的耕地资源变化，深入研究了我国耕地的未来形势；赵其国等人则把研究对象由耕地的数量与质量扩大到耕地资源系统自身的安全，并由此探索中国耕地安全的诱发机制，针对性地提出了耕地安全的相关政策。吴文盛等提出了耕地资源安全评价指标体系和安全标准，并对我国耕地安全进行评价与预警[36]。其中，《国家粮食安全中长期规划纲要（2008—2020年）》指出，今后受全球气候变暖影响，我国旱涝灾害特别是干旱缺水状况呈加重趋势，可能会给农业生产带来诸多不利影响。对决策者而言，更加希望了解当前与未来哪些地区的粮食安全问题最突出，哪些地区是粮食生产适应气候变化的脆弱地区。在现有耕地安全，粮食安全评价基础上引入气候变化因素，对评价体系及结果更具合理性和指示意义。

2. 山区土地资源安全评价

山区土地资源安全是基于山区资源环境承载力出发土地资源评价，狭义的山区土地资源安全（广义上的山区土地资源安全还要考虑土地生态安全等内容）主要由两方面组成：① 山区城镇建设用地安全状况，表现在地形、灾害等条件限制下的山区能否进行较大规模的城镇化开发，其定量化描述可称之为建设用地安全指数；② 山区粮食安全状况，表现在山区土地生产能力能够供养多少人口，其定量化描述可称之为粮食安全指数。基于这种考虑，大多数山区土地资源安全评价主要针对山区建设用地安全和粮食安全进行评价，并通过一定的权重将建设用地安全指数和粮食安全指数合成为土地资源安全指数[37]。

土地资源安全明显受到地形条件的制约，呈现出沿高程升高、坡度增加，土地资源安全指数降低的趋势。地形条件对土地资源安全的制约作用主要表现在 3 个方面：① 地形直接决定了有多少土地能够进行开发建设，有多少土地适宜耕作；② 随高程升高、坡度增加土地质量明显降低，研究表明，相应二半山区、高山区耕地亩产一般在 150~250 kg 左右，分别为凉山州平均水平的 52.8%~88.0%。同样满足人均 400 kg/a 的水平，西昌需要 0.71 亩，会理需要 0.72 亩，而木里需要 1.70 亩、金阳需要 1.54 亩、美姑需要 1.31 亩，随高程增加，保障一定粮食供给，所需要的耕地面积越大；③ 地形起伏越大，受自然灾害威胁也在明显增加，生态脆弱性在明显增强，这也限制了土地资源的安全。

3. 山区土地资源安全评价方法

随着信息技术，对地观测技术的发展以及国家对气候变化、土地资源安全的关注与重视，当前土地资源安全评价方法还主要以实证研究为主，通过收集大量第一手资料对现状进行分析，在此基础上利用信息技术、空间分析等方法进行归纳和集成[38]。评价模型大致可分为单项评价法和综合评价法，具有代表性的单项评价方法有计分法、因子分析法、相关分析法、模糊隶属度分析法等；综合评价法有加权计分评价法、模糊综合评价法、层次分析法、主成分分析法、灰色系统分析法等。刘斌涛等人从狭义的土地资源安全方面入手，选取建设用地安全指数和粮食安全指数作为土地资源安全的评价指标，采用安全指数指标及其动态权重，构建土地资源安全评价模型，并在 ArcGIS 软件技术支持下，对四川省凉山洲的土地资源安全指数进行了计算[20, 37]。但山区的实证研究方法往往因地形限制存在较大困难，如何更好地利用“天、空、地”综合信息获取开展评估有待进一步拓展。

四、西南山区生物资源研究

（一）森林资源保护与利用

森林资源学是研究森林资源的发生、发展，森林生态系统的结构和功能及其合理开发、利用、更新、保护的多种学科的总称。主要以林学为基础，并融合了生态学、航空遥感系统分析及经济学等多门学科。目前，对森林资源保护与利用的研究主要关注于气候变化下森林演替过程、格局变化和功能评估[39]；碳氮循环收支平衡对生态系统的影响；人工林高效利用中土壤退化、品种适宜性和木材品质提升等方面。我国西南山区森林资源保护与利用主要取得了以下进展。

1. 森林资源时空分布

森林资源的时空变化存在地域差异性。世界森林总面积在减少，1961—1978 年间，覆盖率由 30.9% 下降到 30.3%，截至 2010 年总面积为 40 亿公顷。第八次全国森林资源清查表明，我国森林面积为 2.08 亿公顷，覆盖率为 21.63%，较 2009 年增加 1223 万公顷。

利用遥感监测和林业清查相结合的方法发现，近年来，辽东山区增加的森林以阔叶林为主，我国西南山区森林总面积达 4210 万公顷，占全国的 27.4%，其中 8% 的森林保持原始状态，多为老龄针叶林，并仍有约 2.6 亿亩宜林荒山荒地以及 1.6 亿多亩的灌木林地存在。

2. 森林生物量与碳储量

森林是陆地上最大的碳储库和碳汇，其生物量碳贮量为 2827 亿吨，占全球植被 77%，森林碳储量是森林生态系统碳循环的研究重点，森林立木蓄积量是其碳汇的决定性因素，生物量是森林固碳能力的重要标志。森林碳储量的估算通常利用森林生物量的样地调查结合森林面积进行估算[40]，预计到 2050 年，我国森林生物量碳库将由 58.6 亿吨增加到 102.3 亿吨。近年来，热带森林的碳储存能力有所下降，西南地区森林生物量约为每公顷 162.15 t，天然林和人工林的生物量每公顷为 210.58 t 和 110.65 t[41]。西南高山地区净生态系统生产力在 1954—2010 年间整体呈下降趋势，年均减少 18.7 万吨，其中常绿针叶林下降趋势显著[42]。

3. 森林水文效应

森林的水文效应主要表现为通过影响冠层蒸散和大气降水的分配而改变森林的水量平衡。森林自身较强的蒸腾作用会影响蒸发和径流[43]，杉木人工林的林冠蒸散量占总蒸散量的 89.3%。一般认为，森林的砍伐会降低植被层的蒸散发，森林覆盖率增加导致径流产水量的减少。长江上游林地总蒸发量较小，各类森林植被林冠单次最大截留量为 0.97 mm，我国各类森林生态系统林冠层截留量范围为 134.0~626.7 mm，截留率约为 11.4%~36.5%。另外，林下植被层、枯枝落叶层和林地土壤层影响降水截留，其各部分持水能力因林分结构的不同存在差异性，川西滇北的垂直带森林综合持水能力超过 80 mm，而亚热带针叶林为 57.94 mm，当森林郁闭度增加，其涵养指数、削洪指数等都将增加。

4. 森林生物多样性

森林生物多样是森林生态系统具备复杂结构和生态过程的基础[44]，包括遗传、物种和生态系统多样性。其中遗传多样性多用分子生物学技术测定，多采用就地和迁地方式进行森林遗传资源的保护。物种多样性测度方法包括物种丰富度、物种数目或密度、特有物种比例、物种多样性的区系成分分析等，可以反映森林群落的结构和功能，揭示与环境的关系。西南山区森林物种多样性丰富，在横断山脉地区的川西、滇西北和西藏东南部以云杉、冷杉为主；金沙江以南分布有云南松、思茅松等针叶林，栎、栲类、红桦等阔叶林树种；在云南西双版纳和西藏东南部察隅河下游等地分布有热带、亚热带常绿阔叶林、雨林。生态系统多样性一般用 α 多样性指数、β 指数、γ 多样性指数表示，代表一个地区生态多样化程度，西南山区森林植被类型涵盖了从寒带针叶林到热带雨林的所有森林植被类型。

5. 森林生态系统对气候变化响应

水热条件差异是引起森林生态系统地带性分异的主要原因。研究表明，森林资源系统与大气环境系统的协调度大于 0.96[45]，气候是影响森林类型分布的主要因素。我国从北向南纬度带分布着寒温带针叶林、温带针阔混交林、暖温带落叶阔叶林、亚热带常绿阔叶林、季雨林和热带雨林。在模拟气候变化对森林生产力影响试验中，温度升高 0.037 ℃/a，降水不变时，森林生产力无明显变化；当温度增加 2℃，降水增加 20% 情况下，常绿阔叶林、落叶阔叶林及针阔混交林生产力分别增大 24.34%、22.50% 和 15.98%，而常绿针叶林生产力减少 5.55%[46]。氮沉降是通过改变土壤氮素含量和组成来影响植被的生理生化过程，在富氮地区，氮沉降可导致森林营养失调、土壤酸化等，增加森林对寒冷、霜冻等极端条件的敏感度。

6. 人工林

天然林日益减少，人工林是满足木材供需的重要途径。截至 2008 年，我国天然林占森林总面积 61%，较 1962 年下降了 35%。基于国家林业局 2002 数据，我国人工林面积为 4670 万公顷，占森林总面积的 30%。西南山区天然林面积为 2587 万公顷，退化面积达到 2272 万公顷，其中川西天然林面积在 1985—1995 年间减少 35.1%，大多数幼龄针叶林，部分针阔混交林为人工林。

对人工林经济效益评估和适宜区域限制条件分析有利于协调人工林健康发展。如落叶松人工林的单位净收益和效益成本均低于冷杉天然林，投入成本高 3.24 元 / 立方米；对于滇西南尾叶桉人工林，坡向、海拔和坡位是影响其生长分布的主要因子[47]，杨树、桉树、思茅松、马尾松和落叶松等多个高产高效的阔叶、针叶速生用材树种已用于工业人工林培育。

（二）草地资源保护与利用

草地资源学是研究草地资源的构成要素，分析其相互影响的过程和规律，依此高效利用草地资源保持可持续发展的学科。我国草地资源科学在近 20 年发展较快，积累了大量草地资源调查资料，在草地时空监测、生产力模拟估算、牧草品种选育等方面取得显著进展。

1. 草地资源时空特征

我国天然草地资源主要分布区域为北方温带草地、青藏高原高寒草地、南方和东部次生草地，时空格局变化存在差异性。近年来，我国草地总面积增加 13.2 万公顷，成片草地减少 7%，2000—2005 年间草地减少了 119 万公顷。西南山区天然草地面积约为 3558 万公顷[48]，占全国天然草地面积的 8.9%，一般分布在山地和丘陵，其中可利用草地面积约占天然草地的 83%，有效开发利用比例不足 50%，主要分布于藏东南和川西。西南山区草地资源空间变化具有差异性。近 15 年期间若尔盖草地减少了 7.35%，可利用草地面积为 50.47ha，西南岩溶天然草地在 2006—2012 年间生长情况基本稳定[49]。

2. 草地生产力对气候变化的响应

植被生产力决定于光、水、热，温度和降水是制约草地发展的主要自然条件。我国草地地上生物量的积累表现为东南高、西北低，和水热条件分布一致，草地较林地对气候变化的响应更为敏感[50]。降水是影响草地生产力的重要因素[51]，当草地集中区域温度升高 0.034 ℃/a，降水量明显增加时，草地生产力表现为上升趋势。近 50 年来，若尔盖地区温度以 0.028 ℃/a 升高，降水略有减少，草地沙化增速达 4.21%。气温变化对高寒草甸禾本科牧草产草量影响较大，莎草、杂草类均有影响[52]，温度升高会刺激高寒植物生长发育，多数研究结果表明，增温使高寒草甸初级生产力提高，高寒高原生产力降低[53]。

3. 草地资源与牧业发展

我国草地平均超载率为 20%[51]，加强天然草地保护，发展人工草地，保障草饲平衡是草地资源与畜牧业可持续发展的途径。研究表明，高寒草地实际超载率达 28.6%[51]，过度放牧使得草地群落结构发生逆向演替，造成高寒草原不同程度退化，截至 2000 年，川西北草地沙化面积占区域总面积 7.25%，草地资源退化与畜牧业发展已出现失衡现象[54]。

我国人工草地面积约 2090 万公顷[51]，其在相同气候环境下生产力比自然草地高 2.1~12.7 倍。西南山区天然草地产草量为 1500~2500kg DM/ha，而人工牧草饲料作物干草产量可达 15000~30000 kg/ha。如 2010 年紫花苜蓿干草量约 3.1~30.0 t/ha，而草地平均生产力为 11.5 t/ha[48]。另外草地除杂、草地混补播、施肥方法等技术的应用，提高了人工草地建设水平，如高寒地区禾禾和禾豆混播的人工草地产草量和牧草品质更高。

4. 西南山区资源森林草地资源研究机构

目前，从事西南山区森林和草地资源研究的科研机构主要包括两类：①国家相关部委直属的科研机构。例如中国科学院成都山地灾害与环境研究所、中国科学院成都生物研究所、中国科学院昆明研究所等，立足研究中国西南地区生物多样性保护与生物资源可持续利用发展等，并将研究领域具体进一步具体分类，如中国科学院昆明研究所系统包含了植物化学与西部植物资源持续利用国家重点实验室、中国科学院东亚植物多样性与生物地理学重点实验室、资源植物与生物技术重点实验室和中国西南野生生物种质资源库。②教育部下属的有关大学，如中国农业大学、北京林业大学、兰州大学、四川农业大学等。

（三）菌物资源保护与利用

我国菌物资源十分丰富，已知有 16046 种 297 变种，开发利用潜力巨大。菌物资源利用的研究起步较晚，从 20 世纪初期才开始进行系统全面的研究和调查[55, 56]。已取得的主要进展集中在物种多样性方面。但菌物学分类系统的构建、基因片段识别和生物内源性代谢等还缺乏深入研究[57]。地衣菌、藻共生的本质以及蛹虫草寄主的生物学机理尚不明确[20]。现就我国西南山区菌物资源保护与利用已取得的主要进展，综述如下。

1. 菌物资源多样性

菌物资源多样性研究包括物种多样性、遗传及生态系统多样性，目前多数研究集中在物种多样性。西南菌物资源物种多样性调查取得了初步成果。四川海螺沟大型真菌有 110 种，可食用的有 74 种，可药用的 45 种[59]。云南化佛山自然保护区的大型真菌共 233 种，隶属于 48 科 94 属，优势科有 7 科，可食用的真菌 97 种，可药用的 59 种，毒菌 35 种[60]。贵州省毕节地区大型真菌 187 种，隶属于 44 科 86 属，可食用的有 141 种，可药用的 46 种。西藏高寒地区的大型真菌 239 种，以世界分布种和北温带分布种为主[56]。

影响菌物资源物种多样性因素主要是：植物群落组成差异和生境要素（气候、土壤、海拔和地形等）[56]。在西藏东南以急尖长苞冷杉为主的针叶林、青冈树和落叶松为主的针阔混交林和以青冈树为主的阔叶林植物群落中大型真菌的研究表明，急尖长苞冷杉林的大型真菌物种较青冈树、落叶松混交林和青冈林更为多样和丰富[61]。四川巨桉林中大型真菌子实体随季节变化呈现出一定的规律，在 3—4 月份的春季产生很少，5—6 月的春末夏初开始产生，在夏季 7—8 月间大量产生，至 9—10 月，真菌的子实体逐渐减少，到 11 月很难找到其他真菌的子实体。林下大型真菌子实体的产生要求一定的温度，大多数真菌菌丝生长的最适温度为 22~28℃，而大型真菌子实体产生所需最适温度稍低。在西藏东部海拔 2500~4000 m 的高山松林和云冷杉林中蘑菇科、口蘑科、蜡伞科、鹅膏科和红菇科等大型真菌最丰富，而随海拔升高，在 4000~5000 m 的高山草场则种类急剧减少，仅有蘑菇科菌类资源分布[62]。大型真菌物种多样性随着海拔的升高减少。据色拉季山担子菌门、子囊菌门在不同时间段内种数研究表明，在气温较低，降雨较少的 5 月大型菌物种数较少，而随着温度升高，降水增加，大型菌物种数在 9 月达到最大值，到 10 月，气温回落，降水减少，大型菌物种数也开始减少。

有学者依据我国山区的山地生态类型、气候、森林植被特征和菌物资源分布特点，将我国山区菌物资源划分为 12 个区域，我国西南山区菌物资源主要隶属于北亚热带常绿阔叶与落叶阔叶混交林山地菌物区、中亚热带北部低山常绿阔叶林山地菌物区、中亚热带东部常绿阔叶林山地菌物区、热带季雨林、雨林山地菌物区、青藏高原寒带菌物区。有利于菌类资源多样性保护。

菌物资源利用存在森林砍伐和采集方法不当等问题，对菌物资源的多样性保护不利。以四川松茸为例，在菌物资源中松茸的食药价值非常高，但至今还无法完全人工培育。为能更好地开发利用松茸资源，研究了四川松茸的遗传多样性，结果显示四川松茸样品遗传相似度高，但在不同地区样品中 ITS 序列发生了碱基的缺失与替换，这表明松茸在不同地理生态环境和相似环境中都可发生遗传变异，因此松茸具有丰富的遗传信息[63]。甘孜松茸栖息地的动态变化研究发现松茸栖息地的斑块总密度在十年间由 0.03 上升至 0.06，说明栖息地破碎化趋势明显提高，栖息地破碎化将降低斑块内部小生境的稳定性不利于松茸长期稳定的生长和繁衍[64]。在现阶段四川松茸资源遗传多样性丰富，但由于栖息地的破碎化，松茸资源的保护刻不容缓。在现今松茸研究诸多还未解决的问题中首先必须弄清楚松茸发生的遗传机理，这样才能实现松茸的人工栽培。从而有效的利用松茸资源。

2. 影响菌物资源质量因素

重金属污染具有隐蔽性、长期性、不能被降解、易积累、毒性大以及影响后果严重等特点。现有资料显示，大型真菌生长的土壤、水源、空气以及相关生物体及其残体中的重金属种类和含量能直接影响大型真菌的生长、繁殖、产量和质量。在 0~2.5 mg/L 镉浓度范围内，姬松茸菌株菌丝的生长受到镉的促进作用，生长速度增加，当镉浓度≥ 2.5 mg/L 时，姬松茸菌株菌丝生长受到抑制，生长速度降低，说明镉对菌丝有了毒害作用[65]。姬松茸中富集水溶性镉为 67.1%，所占比例最高，且主要富集在菌体细胞壁上；在 pH 值从 2 增加为 6 时吸附率随 pH 值的升高而上升，当 pH 值大于 6 时，吸附率则随 pH 值升高而下降[66]。

在食用菌菌种制作、培养过程中，pH 值对菌丝的生长尤为重要。有研究显示，香菇在 pH 值为 5、6 时，菌丝萌发生长较快，而在 pH 值为 8、9 时菌丝的萌发和生长较慢，说明香菇在偏酸性环境中生长较快[67]。在 pH 值为 6.5~7.5 时，双孢菇菌丝表现最佳，菌丝浓密，白色，菌落边缘整齐，菌丝生长势强；当 pH 值达到 8.0 以上时菌丝颜色由奶白色变为灰色，菌丝稀薄，纤细，说明双孢菇菌丝生长整体上以中性为宜[68]。

3. 菌物资源领域研究机构设置、人才培养

菌物资源领域的研究机构主要有中国科学院微生物研究所、中国科学院昆明植物研究所、中国科学院沈阳应用生态研究所、中国医学科学院医药生物技术研究所、华中农业大学、贵州大学、吉林农业大学、西北农林科技大学、西南科技大学、东北师范大学、西藏大学、山东大学、北京林业大学以及其他一些设有相关专业院校。

（四）动物资源保护与利用

我国具有十分丰富的野生动物资源，有脊椎动物 6300 种，其中有 607 种哺乳类、1294 种鸟类、412 种爬行类、295 种两栖类、3400 种鱼类。在我国有 3 万多种昆虫已经被定名。据估计我国有无脊椎动物有 100 多万种。中国的动物基础科学研究集中于动物系统学、动物繁殖学、动物行为学、动物生态学、动物地理学以及野生动物物种濒危机制研究。

1. 哺乳动物

西南动物资源物种多样性调查取得了初步成果。贵州梵净山小型哺乳动物的调查研究共得到 54 种：鼩形目 2 科 13 种，啮齿目 7 科 26 种，翼手目 3 科 15 种[69]。南方喀斯特荔波地区的 69 个洞穴的调查和观察记录得到翼手目动物 10 万余只，隶属 5 科 15 种，之后结合文献记载及翼手目动物标本，确认该地区共有翼手目动物 7 科 24 种[70]。

自然环境对动物的生存、行为、进化产生极大的影响。云南剑川石龙地区的菜园地、耕地、灌丛和室内住家附近区域的 4 种生境中大绒鼠和高山姬鼠主要栖息于野外农田耕作区和灌木丛中，褐家鼠、黄胸鼠和小家鼠则主要分布在室内住家附近区域[71]。四川羚牛

利用的地形远离峭壁、山脊或陡坡、更倾向于坡度较缓、海拔较低、地形起伏程度较低的区域。中国陆生哺乳动物类群物种与面积呈显著线性相关（r=0.7894，$P < 0.0001$），在食肉目、偶蹄目、啮齿目、劳亚食虫目、翼手目这5个目级类群，除翼手目外都遵循岛屿效应物种—面积模型物种，物种与面积都显著相关（$P < 0.0001$）[72]。野生大熊猫目前分布于青藏高原东缘岷山、邛崃山、凉山、大相岭、小相岭和秦岭六大山系[73]。大熊猫在选择生境时，更喜好选择在竹子盖度大、灌木少、倒木多、幼竹资源丰富地区[74]。

遗传多样性是物种多样性和生态系统多样性的基础，也是生命进化和物种分化的前提，更是评价自然生物资源的重要依据。对贵州地方黄牛品种的遗传多样性研究结果显示，平均等位基因数在思南牛中最高（3.93），黎平牛中最低（3.40），关岭牛和思南牛则分别为3.75、3.66，思南牛、关岭牛、威宁牛、黎平牛平均杂合度分别为0.71、0.69、0.69、0.65，说明大部分地方黄牛的遗传多样性较高[75]。金沙江河谷地区岩羊种群共检测210个变异位点，单倍型多样性为0.68，核苷酸多样性为0.0242，显示种群整体遗传多样性水平较低[76]。

2. 鸟类

我国鸟类受威胁状况的全面评估表明，我国鸟类区域性灭绝3种，分别是白鹳、镰翅鸡和赤颈鹤，极危15种，濒危51种，易危80种，近危190种；无危876种，数据缺乏157种[77]。

生境不仅对菌物资源、哺乳动物产生影响，对鸟类多样性同样产生显著的影响。随着全球气温的上升，鸟类的地理分布范围向高纬度移动，产卵期提前，种群数量减小[78]。四川山鹧鸪分布在海拔1700~2550 m乔木数量多、高大和郁闭度大坡度集中在20°~40°的天然阔叶林中[79]。鸟类物种丰富度与各环境因子（包括纬度）及各环境因子之间的Spearman相关系数表明，与物种丰富度相关系数最高的是年降水量，为0.491，其次是年均温（0.458）和EVI（0.439），而与物种丰富度呈负相关的因子（纬度、海拔变幅、平均年气温较差和距离L）的相关系数则较低[80]。四川宁海自然保护区海拔梯度较为明显，随地形、海拔等变化，竹类生态系统逐步向森林生态系统过渡，人为干扰的强度迥异，加上保护区属于南、北方交错地区及四川盆地和云贵高原过渡地带，所以造就了区内鸟类多样性指数达到3.63，鸟类多样性非常丰富的特点[81]。

鸟类栖息地的破碎化体现为面积效应、隔离效应和边缘效应，通过影响鸟类的分布、基因交流、种间关系、种群动态、生活习性等最终影响鸟类生存[82]。有研究认为栖息地不足可能影响幼鸟的存活，而栖息地的斑块化造成鸟性比偏雄。栖息地选择在城市鸟类生态学的研究中也有所涉及[83]。城市鸟类对园林栖息地具有较强的选择性，杭州市47种鸟类中，平均密度与栖息地斑块面积呈正相关的有26种，随着形状指数的增大，园林的边界比增加，鹊鸲密度显著减少，而绝大多数鸟类与园林的形状关系不大，除园林面积和园林形状外，植被盖度、散栖息地类型、连通性、隔离度、周围用地以及人为干扰等多种因素共同决定了园林鸟类对栖息的选择。有研究表明某些鸟种对城市环境的适应过程中发生了行为、生理和基因组结构变化；乌鸫体受到基因调控使得体内具有更低的肾上腺酮水平，低水平的肾上腺酮使得城市乌鸫种群具有更短的惊飞距离，反映了城市乌鸫对人类干扰的适应性，并且这种适应性已经上升到进化层[84]。

3. 动物资源领域研究机构设置、人才培养和重大科研项目

动物资源领域的研究机构主要有中国科学院西北高原生物研究所、中国科学院动物研究所、中国科学院生态环境研究中心、中国科学院古脊椎动物与古人类研究所、中国科学院昆明动物研究所、中国农业科学院北京畜牧兽医研究所、华侨大学、广州大学、南京师范大学、华中师范大学、四川大学、北京大学、中国科学技术大学、吉林农业大学、郑州大学、广西大学、北京师范大学以及其他一些设有相关专业院校。

五、山区景观资源研究

我国西南山区面积广大，地理环境复杂，其独特的自然条件和人文环境孕育了丰富多彩的自然与人文景观，以此为依托的西南山区旅游发展也呈现出日新月异的景象。据统计，截至 2016 年底，四川、云南、贵州和重庆共拥有世界遗产 15 处、国家级 A 级景区 1013 处、风景名胜区 56 处、森林公园 102 处、自然保护区 61 处、地质公园 39 处和历史文化名城（镇、村）88 处，显示旅游资源不断被挖掘和利用。随着西南山区旅游业的不断发展，有关西南山区旅游资源开发的研究在理论研究和实证分析方面取得了一系列重要进展。

（一）风景旅游资源开发研究

利用 CNKI 数据库文献主题检索功能，以“景观旅游资源开发”“西南山区”或“四川”“云南”“贵州”“重庆”等关键词对 2010—2016 年间发表的期刊论文、硕士和博士论文及会议报告等相关内容进行检索，共计检索文献 289 篇。其中发文量最多的年份 2011 年为 52 篇，最少量 2015 年为 25 篇。同时，2010—2016 年国家自然科学基金委资助的西南地区旅游研究项目，综合考虑论文产出成果和项目资助研究方向，总的看，近几年国内关于西南山区旅游资源开发的研究主要集中在以下几个方面。

（1）景观资源评价仍然是旅游开发的关注点。概括起来主要研究内容包含以下几个方面：①景观旅游资源分类与定量评价[85]；②同类景观旅游区对比分析及本土旅游资源特色分析[86]；③旅游产品开发策略[87]。该类型研究持续深化景观旅游资源评价与产品开发，在评价方法方面结合新的旅游发展问题不断改进，理论研究水平趋于提高，并在实际应用中加以检验。

（2）注重景区旅游开发管理问题的研究。自然景观具有脆弱性，容易受各类自然因

素和人为因素的影响，如各类地质灾害、生态危机、人类过度开发和污染等问题，由此给景区旅游开发带来不良的影响，出现了类似云南风景名胜区“圈占”现象[88]，深刻指出这类行为会掏空旅游可持续发展的根基，究其原因则是自然资源产权制度设计不当、发展思路与模式缺乏科学性、机构管理效率低下和风景名胜区规划编制滞后等原因造成的，包括类似三江并流遗产地存在的问题，并从科学管理机制、分区保护、自然灾害监测系统、生物多样性保护、文化景观保护、管理人才培养、生态旅游规划等，提出了相关对策与建议。

（3）创新旅游空间发展研究。如何在新型城镇化进程中，进一步优化旅游空间格局，完善旅游发展体系，是当前旅游空间发展研究的重点内容。许多研究主要根据乡村旅游的发展现状，分析乡村旅游产品的开发问题，创新乡村旅游的空间发展思路，运用核心－边缘理论以及“点—轴”理论，解析省域乡村旅游在空间上的“圈、带、群”分布规律，并应用该规律对省域乡村旅游空间格局进行优化研究[89]。

（4）基于可持续发展研究生态旅游。生态旅游作为一种新兴的旅游模式，近年来展现出快速发展的势头。在此背景下，生态旅游开发的理论研究也逐渐增多，主要聚焦在：①生态旅游资源利用与管理；②生态旅游开发存在的问题与解决对策；③生态旅游可持续开发研究。同时，西南山区少数民族地区旅游与可持续发展研究也在基金项目的支持下不断深入。主要在省域审视生态旅游资源特点，总结目前旅游资源开发中存在的不足，加强了科学合理地利用生态旅游资源的探讨[90]，并从生态旅游资源调查和评价中，突出生态旅游教育性和保护性，提出严格开发程序、方式和强度，以期实现生态旅游的可持续开发，为西南山区生态旅游资源开发提供理论依据和实践经验。

（二）文化旅游资源开发研究

利用 CNKI 数据库文献主题检索功能，以“人文旅游资源开发”“西南山区”或“四川”“云南”“贵州”“重庆”等关键词对 2010—2016 年间发表的期刊论文、硕士和博士论文及会议报告等相关内容进行检索，共计检索文献 203 篇。近几年有关西南山区人文旅游资源开发的研究主要集中在以下几个方面。

（1）旅游开发中关注民族文化的保护研究。该类相关研究以实现少数民族村寨旅游开发与文化保护统一性及永续发展目标为导向，主要研究包括以下 3 方面：①民族地区文化旅游开发[91-93]；②民族文化旅游资源保护性开发的理论与实践[92]；③旅游与文化保护协同发展模式[94]。

（2）旅游发展对居民生计影响研究得到重视。旅游发展会促使当地居民传统的生计组合模式、生计方式产生变迁和重构，使传统单一的生计方式趋于多样化，这种情况在西南少数民族地区表现较为突出。在旅游的影响下，当地大量居民由传统生计农户向新型生计（旅游经营和务工结合）农户类型转化，形成不同理性偏好共存的生计模式。目前主要研究包括以下两方面：①旅游发展背景下民族地区农户生计变迁[95, 96]；②民族地区旅游发展对农户生计模式影响[97]。

（3）旅游城镇化研究成为新趋向。旅游与城镇化具有互促关系，旅游业发展也是新型城镇化的动力。相关研究的开展对西南山区旅游开发和城镇化建设提供了有效指导，避免一些城镇缺乏预见性和长远性而进行盲目无序开发，同时也可以为其他旅游村镇有效利用自身特色旅游资源、促进城镇化发展提供借鉴。目前主要研究包括以下 3 方面：①西南地区旅游发展与城镇化建设的互动发展[98]；②旅游村镇就地城镇化[99]；③旅游与城镇化耦合协调度及其发展模式[100]。

（4）加强了民族旅游扶贫研究。以发展旅游业来带动贫困地区以及经济欠发达地区达到脱贫致富为目的，是近年来旅游部门主动参与扶贫工作的创举，也是从实践中总结出来的推动旅游业深入发展的新思路。目前关于西南山区民族旅游扶贫研究主要集中在以下 3 方面：①民族旅游扶贫路径及效应[101]；②居民对旅游扶贫的感知和行为[102]；③民族旅游扶贫存在问题与对策[103, 104]。

（三）国内研究成果与主要研究机构

就 2010—2016 年风景旅游资源开发研究成果进行梳理显示，在文献类型方面，目前相关研究成果主要以期刊论文发表为主，约占总量的 67%，其次为硕士、博士论文，为 18.6%；在学科分布方面，经济与管理科学研究成果占总研究成果的 45.9%，基础科学与社会科学研究成果分别占总研究成果的 26.4% 和 13%。

通过 2010—2016 年文化旅游资源开发研究成果的梳理可知，目前相关研究成果主要以期刊论文发表为主，约占总量的 75.9%，其次为硕士和博士论文，为 14.8%。经济与管理科学研究成果占总研究成果的 48.5%，基础科学与社会科学研究成果分别占总研究成果的 16.3% 和 18.3%。

所属四川、云南、贵州三省份的部分高校，是旅游相关研究的主要依托单位，中国科学院水利部成都山地灾害与环境研究所和中国旅游研究院也承担了部分项目。整体来看，承担自然科学基金项目的数量和分布存在明显不均衡性，表明研究队伍的体量仍然偏小、区域创新与竞争能力还比较有限。

六、问题与研究趋向

（一）山区资源研究存在的问题与挑战

1. 水资源研究存在的问题与挑战

就水资源研究的问题看，气候变化和人类活动的加强，陆地水文过程与水循环演变存在诸多不确定性，为深化水资源研究带来更多的挑战。变化环境下水文水资源系统演变特征、规律和机理的阐释在现有观测基础和模型技术支撑下仍然存在很大的困难，特别是山区的地形复杂和空间高异质性，使得水文过程的解析存在不确定性，水文模型的构建和求解条件依然面临多种参数集的确定等问题。自然和社会二元水循环系统的复杂性伴随着气候变化和城镇化而更加凸显，给其问题认识和解决带来新挑战。随着冰冻圈的变化，高寒山区水文水循环将持续发生变化，将深刻影响河川径流，进而导致山区河流水资源的变化。

水文过程的数值模拟与无资料区的水文估算仍然需要创新方法，继续提高其模拟与估算的精度，山坡水文模型的改进仍面临很多难点。构建流域可持续水资源管理机制框架的科学基础亟待进一步加强，融合多元技术的水资源管理体系建立，政策、法规保障，特别是跨域跨行政区的水资源协调管理保障机制的探究与实践，应通过加强社会水文学的发展而提供全面支撑。

2. 土地资源研究存在的问题与挑战

就山区农业发展研究而言，其存在的问题是：①总体开发不够，开发也不尽合理，用养失调，加之农药、化肥过量使用，环境生态渐趋恶化等问题比较突出；②山区农业坡耕地地块破碎，交通条件差，机械化、集约化程度低，效率低，耕垦劳动强度大；③山地农业缺乏企业引导与带动，农村经济发展严重滞后，山区农村“空心化”“贫困化”态势明显，是我国扶贫攻坚的重点区域；④山区生态农业发展缺乏大尺度地调研和规划，生态农业的发展存在斑块分割，没有从山区的整体开发与发展来综合布局生态农业、生态林业、生态牧业、生态渔业、生态旅游及生态加工业；⑤现代农业转型压力巨大，同时绿色农业发展潜力亦很大。

就山区城镇化研究而言，长期以来，山区城镇化发展不仅缺少国家层面的科学统筹和引导，山区城镇规划体系不健全，致使目前山区城镇化基本处于无序状态，特别是随着人口的增加，人地矛盾日益凸显，现有城镇人口超载，城镇空间布局规模适宜性、人口适度性问题十分突出。

如何因地制宜形成山区点状组团更利于提升城镇生活质量、改善城镇生态环境，降低产生“大城市病”的可能成为新问题和重大挑战。

3. 生物资源研究存在的问题与挑战

在生物资源研究中过多偏重于物种多样性的保护，即生物多样性研究热点突出，而对资源的挖掘利用研究仍显薄弱，特别是森林资源利用与更新的科学基础仍需进一步加强，多情景、多尺度研究生物资源利用的影响和效应问题显得薄弱，生物资源保护与利用的辩证关系的理论阐释和技术示范比较缺乏，保护的约束性和利用的多目标性之间权衡亟待加强和深入研究。

气候变化对森林系统、草地系统的长期影响不明确，对其资源性影响与调控的理论与技术原理缺乏系统性研发，山区生物资源适应性保护、利用的管理面临新的挑战。

4. 旅游资源研究存在的问题与挑战

在发展旅游业的过程中，旅游资源开发的理论研究成果尚不能满足西南山地旅游资源开发和旅游业快速发展需求，存在的问题主要表现为：一是山地旅游资源学研究起步晚、相关研究滞后；二是旅游资源开发理论研究的实践指导性有待提高；三是研究队伍规模小、项目经费不足。

如何网络化发展西南山地旅游，形成长链条旅游业，不断培育和推出系列旅游产品将成为其可持续发展的重要挑战。

（二）山地资源研究发展趋向

根据国家重大需求和关键科学问题，瞄准国际科学前沿，未来将更加强调环境变化下山区水文水资源系统演变的集成研究，重点应关注气候变暖对高寒山区水文过程的极端影响；干湿急剧交替的生态水文过程及其对流域的影响；山区水文模型集成研究；喀斯特山区表层岩溶带的水土时空耦合及生态水文效应；流域水资源安全管理与可持续利用的科学基础深化；流域梯级开发的水安全调度；社会水文学的理论发展与流域水治理实践。

土地资源的研究始终是学术界关注的话题，特别是近年来，在可持续发展需求下，为更好地利用土地，协调日益紧张的人地关系，国内外对土地资源研究高度重视。目前对土地资源研究的主题大致可归纳为土地利用/覆被变化（LUCC）、土地整理及土地优化配置、土地评价和土地承载力四个方面。主要是关注人类与自然界相互影响和交互作用，为协调人地关系、优化配置、集约利用提供依据；促进土地承载力研究由静态分析走向动态预测，从定性分析走向定量模拟。

全球气候变化和人类活动对动植物影响机制以及演变趋势是目前生物资源研究关注的重点，主要是森林资源可持续管理、草地资源变化与功能协调、野生动物资源监测与种质资源保护。其发展趋势包括：在环境、经济、社会和文化四个层面构成了更宽泛的可持续发展框架内讨论森林问题，关注的重点是山地森林资源的规模、生物多样性、森林健康及活力、森林资源的生产功能、森林资源的防护功能、社会经济功能、法律与政策以及体制框架7个主题要素；从生态学的视角，促使草地资源研究具有更广泛的内涵，如物种组成、生物量和生产力、物质循环变化及其驱动是理解草地资源变化的关键所在；未来需要持续推进野生动物资源动态监测和种质资源保护共享平台建设等基础性工作，重点研究区域生物多样性格局形成和维持机制，以及重要濒危物种的综合保护理论及种群恢复技术，形成区域生物多样性理论－技术－示范－评价为一体的综合研究，支撑西南山地生物多样性保育。

（三）深化山地资源研究的重点

水资源安全与水危机防范是经济社会可持续发展保障的基础，其研究必须进一步强调多学科的综合与交叉，并紧密结合与运用现代信息科学技术。重点是研究自然与人文驱动下水资源系统演变机理和适应技术，阐释山区水文分量变化与水资源系统变化关系，深化过程研究，强化机理揭示；研发更适应不同山区气候特点、地质地貌特征的水文模型，发展机理模型，提高不同尺度的数字模拟精度；预估气候变化对高寒山区水文过程的影响与流域效应，研究冰冻圈要素变化的水文响应机理，阐释寒区水文过程、特征和效应；研发山区水资源可持续利用与管理的技术评估框架，流域水资源安全保障的技术、政策与制度/体制机制，发展社会水文学。

而当前中国山区面临城镇化、产业转型和粮食安全等紧迫需求，未来土地资源的研究将面向国家需求和国际前沿，进一步深化土地利用/覆盖变化及其驱动力的基础研究，揭示土地利用变化的时空格局与演化规律，剖析土地利用变化的驱动机制及其生态环境效应研究，为协调区域土地资源和人类活动的关系提供了科学依据。围绕山区城乡统筹发展与“绿色发展”的用地需求与土地供应的矛盾，尤其针对中国山区特殊背景下出现的大量“空心村”及土地撂荒现象和土地资源严重浪费、人居环境恶化与山区经济发展缓慢等问题，加强土地资源评价和土地资源“自然、经济、社会和生态环境”综合承载力的研究，并推动土地资源整理、土地质量提升和土地资源优化配置与供给机制的研究。为山区城乡统筹发展、粮食安全保障和绿色发展提供科技支撑。

生物资源的研究重点主要集中在以下几个方面。①生物资源形态结构和生理功能及其系统分类。基于形态结构、生理功能建立分类方法，通过 DNA 的比对确定物种分类。②生物资源的物种多样性、遗传多样性和生态系统多样性。基于物种种数、密度、特有种比例阐述生物多样性丰富程度，通过基因研究揭示物种进化和分化机理。③生物资源食用、药用价值开发的关键技术。分离鉴定生物资源次级代谢产物，揭示其抗肿瘤、抗菌、抗病毒和免疫调节的作用机制。④特色生物保护的基础理论与生态环境效应。建立特色、濒危物种的保护机制，明确其在生态系统中的地位和作用。⑤生物物种进化及其与人类、环境之间的关系。通过人类、环境与生物物种间的交互关系揭示生物物种进化机制。

综上所述，鉴于西南山地资源与环境的重要性，与国家和地区全局的紧密关联性与战略性，建议国家层面考虑设立西南山地资源综合考察研究专项，以期全面系统深入地了解和掌握西南山地资源本地，特别是科学研判变化环境下自然资源系统的演变，对服务“一带一路”的南线丝路具有重大的战略性意义。

参考文献

［1］张琪，李跃清. 近 48 年西南地区降水量和雨日的气候变化特征［J］. 高原气象，2014，33（2）：372-383.
［2］贺晋云. 中国西南地区极端干旱特征及其对区域气候变化的响应［D］. 兰州：西北师范大学，2012.

［3］邓慧平．气温变化对西南山区流域森林水文效应影响的模拟［J］．生态环境学报，2012，21（4）：601-605.
［4］董国强，杨志勇，于赢东．下垫面变化对流域产汇流影响研究进展［J］．南水北调与水利科技，2013（3）：111-117.
［5］刘飞，李正，张慧，等．西南地区水资源特性与农业节水措施［J］．北京农业，2015（27）：116-117.
［6］许明军，杨子生．西南山区资源环境承载力评价及协调发展分析［J］．自然资源学报，2016，31（10）：1726-1738.
［7］邓伟，戴尔阜，贾仰文，等．山地水土要素时空耦合特征、效应及其调控［J］．山地学报，2015，33（5）：513-520.
［8］罗巍，张阳，唐震．中国用水结构区域间协同度实证研究［J］．干旱区资源与环境，2015，29（12）：204-209.
［9］尹娟娟．云南城镇上山进程中水资源支撑能力研究［D］．昆明：云南师范大学，2016.
［10］王浩，贾仰文．变化中的流域“自然－社会”二元水循环理论与研究方法［J］．水力学报,2016,47（10）：1219-1226.
［11］俞孔坚，李迪华，袁弘，等．“海绵城市”理论与实践［J］．城市规划，2015，39（6）：26-36.
［12］蒋真．基于“海绵城市”理念的重庆南山雨水管理方法研究［J］．重庆建筑，2015（11）：16-19.
［13］郑江涛．水电开发对山区河流生态系统影响模型及应用研究［D］．北京：华北电力大学，2013.
［14］黄勇．西南山地河流梯级水电开发的生态影响研究——以宝兴河为例［D］．哈尔滨：东北林业大学，2016.
［15］方洪斌，王梁，李新杰．水库群调度规则相关研究进展［J］．水文，2017，37（1）：14-18.
［16］黄草，王忠静，鲁军，等．长江上游水库群多目标优化调度模型及应用研究Ⅱ：水库群调度规则及蓄放次序［J］．水利学报，2014，45（10）：1175-1183.
［17］王本德，周惠成，卢迪．我国水库（群）调度理论方法研究应用现状与展望．水利学报，2016，47（3）：337-345.
［18］中华人民共和国国土资源部．2016中国国土资源公报［EB/OL］．http：//www.mlr.gov.cn/sjpd/gtzygb/201704/P020170428532821702501．pdf.
［19］崔许锋．中低山区耕地数量安全：现状、问题与保护［J］．上海国土资源，2014，8：1329-1334.
［20］刘运伟．典型山区耕地面积与粮食产量时空格局分析——以四川省凉山州为例［J］．水土保持研究，2014，21（5）：198-203.
［21］花晓波，阎建忠，王琦，等．大渡河上游河谷与半山区耕地利用集约度及影响因素的对比分析［J］．农业工程学报，2013，20（10）：234-244.
［22］邓伟，方一平，唐伟．我国山区城镇化的战略影响及其发展导向［J］．中国科学院院刊，2013，28（1）：66-73.
［23］邵景安，张仕超，李秀彬．山区土地流转对缓解耕地撂荒的作用［J］．地理学报，2015，70（4）：636-649.
［24］李升发，李秀彬．耕地撂荒研究进展与展望［J］．地理学报，2016，71（3）：370-389.
［25］赵兴国，潘玉君，王爽，等．云南省耕地资源利用的可持续性及其动态预测——基于“国家公顷”的生态足迹新方法［J］．资源科学，2011，33（3）：542-548.
［26］侯艳晶．快速城市化进程中济南南部山区土地利用／覆被变化研究［D］．济南：山东师范大学，2013.
［27］刘春腊，王鹏，徐美，等．湘西多民族山区耕地利用效率空间差异分析［J］．冰川冻土，2013，35（5）：1308-1318.
［28］李颖．山地土地资源评估及土地利用的研究［D］．昆明：昆明理工大学，2015.
［29］邵景安，张仕超，李秀彬．山区耕地边际化特征及其动因与政策含义［J］．地理学报，2014，69（2）：

227–242.
[30] 张惠．我国城镇化与城市土地集约利用耦合发展探析［J］．华南师范大学学报（自然科学版），2015，47（3）：127–133.
[31] 蔺雪芹，王岱，任旺兵，等．中国城镇化对经济发展的作用机制［J］．地理研究，2013，32（4）：691–700.
[32] 于慧，刘邵权，王勇，等．川西南山区聚落宜居性的空间差异分析［J］．长江流域资源与环境，2014，23（9）：1236–1241.
[33] 郭凯峰，杨渝，吴先勇，等．山地城镇化的动力机制与支撑路径研究［J］．小城镇建设，2013，1：51–56.
[34] 杨子生．山区城镇建设用地适宜性评价方法及应用——以云南省德宏州为例［J］．自然资源学报，2016，31（1）：64–76.
[35] 兆武，肖黎姗，郭青海，等．城镇化过程中福建省山区县农村聚落景观格局变化特征［J］．生态学报，2016，36（10）：3021–3030.
[36] 何金平．向山地要发展——云南大理利用山地推进城镇建设的主要做法［J］．中国土地，2012，1：56–57.
[37] 刘斌涛，刘邵权，陶和平，等．基于GIS的山区土地资源安全定量评价模型——以四川省凉山州为例［J］．地理学报，2011，66（8）：1131–1140.
[38] 任家强，孙萍，于欢．基于PSR和熵值法的县域耕地资源安全评价——以辽宁省辽阳县为例［J］．国土资源科技管理，2014，31（3）：92–97.
[39] 高西宁，赵亮，尹云鹤．气候变化背景下森林动态模拟研究综述［J］．地理科学进展，2014，33（10）：1364–1374.
[40] 孙翀，刘琪璟．北京主要森林类型碳储量变化分析［J］．浙江农林大学学报，2013，30（1）：69–75.
[41] 吴鹏，丁访军，陈骏．中国西南地区森林生物量及生产力研究综述［J］．湖北农业科学，2012，51（8）：1513–1527.
[42] 庞瑞，顾峰雪，张远东，等．西南高山地区净生态系统生产力时空动态［J］．生态学报，2012，32（24）：7844–7856.
[43] 邓慧平．森林对流域蒸发和径流影响的动态模拟［J］．水资源与水工程学报，2012，23（4）：61–68.
[44] 彭萱亦，吴金卓，栾兆平，等．中国典型森林生态系统生物多样性评价综述［J］．森林工程，2013，29（6）：4–10.
[45] 许明军，杨子生．西南山区资源环境承载力评价及协调发展分析——以云南省德宏州为例［J］．自然资源学报，2016，31（10）：1726–1738.
[46] 潘磊，肖文发，唐万鹏，等．三峡库区森林植被气候生产力模拟［J］．生态学报，2014，34（11）：3064–3070.
[47] 赵筱青，王兴友．滇西南亚热带山地尾叶桉人工林与生境因子关系分析［J］．安徽农业科学，2014，42（7）：2018–2021.
[48] 皇甫江云，毛凤县，卢欣石．中国西南地区的草地资源分析［J］．草业学报，2012，21（1）：75–82.
[49] 雷会义，覃宗泉，娄秀伟，等．中国西南岩溶地区天然草地植被动态变化研究［J］．草地学报，2014，22（2）：261–265.
[50] 齐月．中国西南地区旱情分布及其土壤保水指数研究［D］．重庆：西南大学，2014.
[51] 沈海花，朱言冲，赵霞，等．中国草地资源的现状分析［J］．科学通报，2016，61（2）：139–154.
[52] 才尕．气温变化对高寒草甸草地生产力影响研究［J］．青海草业，2016，25（3）：9–11.
[53] 王常顺，孟凡栋，李新娥，等．青藏高原草地生态系统对气候变化的响应［J］．生态学杂志，2013，32（6）：1587–1595.
[54] 拉毛才让．高寒干旱地区自然因素和人为干扰对草地生产力的影响［J］．草业与畜牧，2012，33（1）：7–9.
[55] 柯振东．西藏色季拉山国家级自然保护区大型真菌多样性研究［D］．长春：吉林农业大学，2016.

[56] 王术荣. 西藏高寒森林地区大型真菌多样性研究 [D]. 长春：东北师范大学，2014.
[57] 魏江春. 菌物生物多样性及其资源研发前景 [J]. 菌物研究，2012，10 (3)：125-129.
[58] 文庭池，查岭生，康冀川，等. 蛹虫草研究和开发过程中的一些问题和展望 [J]. 菌物学报,2017,36(1)：14-27.
[59] 李付杰，张丹，沈飞，等. 四川海螺沟风景区大型真菌资源调查及评价 [J]. 应用与环境生物学报，2014，20 (2)：249-253.
[60] 张颖，许远钊，郑志兴，等. 云南化佛山自然保护区大型真菌多样性及分布特征分析 [J]. 植物资源与环境学报，2012，21 (1)：111-117.
[61] 王术荣，王德利，王琦，等. 西藏东南高寒森林大型真菌多样性与植被及环境的关系 [J]. 菌物学报，2016，35 (3)：279-289.
[62] 周均亮，李杉，苏胜宇，等. 西藏林芝和昌都地区不同植被下大型真菌生态分布 [J]. 南京林业大学学报 (自然科学版)，2014，38 (4)：91-96.
[63] 李强，李小林，黄文丽，等. 基于 rDNA ITS 和 ISSR 标记研究四川松茸遗传多样性 [J]. 应用与环境生物学报，2014，20 (4)：578-583.
[64] 王莉，彭培好，刘贤安，等. 四川省甘孜州松茸栖息地动态变化研究 [J]. 长江流域资源与环境，2013，22 (8)：1043-1048.
[65] 李波，刘朋虎，江枝和，等. 外源镉胁迫对姬松茸菌丝生长及其酶活性的影响 [J]. 热带作物学报，2016，37 (3)：456-460.
[66] 刘高翔. 姬松茸中镉的存在形态及其对镉吸附特性的研究 [D]. 昆明：昆明理工大学，2013.
[67] 杨顺强，罗家刚，桑正林，等. 不同pH值PDA培养基对平菇、香菇母种培养的影响 [J]. 现代农业科技，2016，卷缺失 (14)：67-68.
[68] 刘刚. 不同培养基和 pH 值对双孢菇母种菌丝生长的影响 [J]. 现代农业科技，2014 (16)：71-74.
[69] 何芳. 贵州梵净山小型哺乳动物物种多样性研究 [D]. 贵阳：贵州师范大学，2015.
[70] 杨天友，侯秀发，王应祥，等. 中国南方喀斯特荔波世界自然遗产地翼手目物种多样性与保护现状 [J]. 生物多样性，2014，22 (3)：385-391.
[71] 朱万龙，张浩，孟丽华，等. 云南剑川石龙地区小型哺乳动物群落组成和多样性研究 [J]. 生物学杂志，2016，33 (5)：1-4.
[72] 涂飞云，韩卫杰，孙志勇，等. 中国陆生哺乳动物物种数与面积关系的研究 [J]. 野生动物学报，2017，38 (1)：129-132.
[73] 师向云. 大熊猫保护的种群动力学机理研究 [D]. 北京：北京林业大学，2014.
[74] 康东伟. 大熊猫的生境选择研究 [D]. 北京：北京林业大学，2015.
[75] 杨红文，韩勇，刘镜，等. 微卫星标记对 4 个贵州地方牛品种遗传多样性研究 [J]. 贵州畜牧兽医，2016，40 (5)：5-9.
[76] 朱睦楠，周材权. 金沙江河谷地区岩羊种群遗传多样性分析 [J]. 四川动物，2014，33 (3)：342-346.
[77] 张雁云，张正旺，董路，等. 中国鸟类红色名录评估 [J]. 生物多样性，2016，24 (5)：568-577.
[78] 伍一宁，钟海秀，王继丰，等. 气候变化对野生鸟类的影响研究进展 [J]. 安徽农业科学,2014,42 (35)：12549-12551.
[79] 赵成，耿秋扎西，冉江洪，等. 四川麻咪泽自然保护区四川山鹧鸪繁殖期对栖息地的利用 [J]. 四川动物，2015，34 (4)：626-630.
[80] 刘澈，郑成洋，张腾，等. 中国鸟类物种丰富度的地理格局及其与环境因子的关系 [J]. 北京大学学报 (自然科学版)，2014，50 (3)：429-438.
[81] 徐网谷，梁健聪，钱者东，等. 四川长宁竹海国家级自然保护区鸟类多样性研究 [J]. 西华师范大学学报(自然科学版)，2016，37 (2)：144-152.

[82] 张博，李时，姜云垒. 栖息地破碎化对鸟类的影响［J］. 长春师范大学学报（自然科学版），2014，33（2）：67–69.
[83] 叶淑英，郭书林，路纪琪. 中国城市鸟类生态学研究进展与展望［J］. 河南教育学院学报（自然科学版），2015，24（3）：47–53.
[84] 谢世林，曹垒，逯非，等. 鸟类对城市化的适应［J］. 生态学报，2016，36（21）：6696–6707.
[85] 李宏伟. 四川瓦屋山国家森林公园景观旅游资源调查与单体定量评价［J］. 四川林业科技，2015，36（4）：139–141.
[86] 阿留林正. 乐山市黑竹沟风景区旅游地学资源特征与产品开发研究［D］. 成都：成都理工大学，2016.
[87] 曾玲. 彭祖山景区旅游资源特色及产品开发研究［D］. 成都：成都理工大学，2012.
[88] 叶轶，黄锡生. 论对自然资源"圈占"行为的规制——以云南风景名胜资源开发管理为例［J］. 中国园林，2012，28（9）：14–18.
[89] 王雪逸，胥兴安. 云南省乡村旅游空间格局发展研究［J］. 云南农业大学学报：社会科学版，2013，7（2）：22–27.
[90] 祥寒冰. 四川生态旅游资源可持续利用研究［J］. 旅游纵览月刊，2015（7）：206–208.
[91] 刘瑶瑶. 西部民族地区文化旅游开发问题刍议——以四川小凉山彝族为例［J］. 开发研究，2012（5）：123–126.
[92] 杨红英. 云南旅游的开发与民族文化资源的保护［J］. 云南民族大学学报（哲学社会科学版），2001，18（3）：21–24.
[93] 肖洪磊，张云松. 云南禄劝县民族文化旅游开发策略研究［J］. 云南农业大学学报：社会科学，2016，10（3）：67–71.
[94] 贺祥，顾永泽，郭莹. 民族村寨旅游开发与文化保护的协同发展研究——以西江千户苗寨为例［J］. 安徽农学通报，2014（Z2）：145–148.
[95] 李辅敏，赵春波. 旅游开发背景下民族地区生计方式的变迁——以贵州省黔东南苗族侗族自治州郎德上寨为例［J］. 贵州民族研究，2014（1）：125–128.
[96] 尚前浪. 民族地区乡村旅游发展对农户生计模式影响研究［J］. 中国管理信息化，2015，18（23）：220–222.
[97] 郑岚，李华胤. 西南喀斯特地区农户生计模式的历史演变［J］. 经济与社会发展，2014，12（1）：88–91.
[98] 程天旭，毛长义. 基于社区参与的旅游发展与城镇化建设互动研究——以重庆黄水镇为例［J］. 重庆第二师范学院学报，2016，29（3）：26–29.
[99] 潘雨红，孙起，孟卫军，等. 中国西南山区旅游村镇就地城镇化路径［J］. 规划师，2014（4）：101–107.
[100] 赵陈，宋雪茜，方一平. 四川省旅游与城镇化耦合协调度及其空间差异［J］. 山地学报，2017，35（3）：369–379.
[101] 董法尧，陈红玲，李如跃，等. 西南民族地区民族村寨旅游扶贫路径转向研究——以贵州西江苗寨为例［J］. 生态经济（中文版），2016，32（4）：139–142.
[102] 李佳，田里. 连片特困民族地区旅游扶贫效应差异研究——基于四川藏区调查的实证分析［J］. 云南民族大学学报（哲学社会科学版），2016，33（6）：96–102.
[103] 蒋焕洲. 贵州民族地区旅游扶贫实践：成效、问题与对策思考［J］. 广西财经学院学报，2014，27（1）：34–37.
[104] 李忠斌，李军明. 民族地区贫困人员参与旅游扶贫的障碍与对策研究［J］. 民族论坛，2015（6）：15–21.

撰稿人：邓　伟　朱　波　王小丹

青藏高原高寒草地资源研究

一、引言

草地是地球上最重要的陆地生态系统类型之一，一方面为草食动物提供牧草，为人类生产生活提供衣、食、药和工业原料；另一方面，具有培育土壤肥力、保持水土、改善环境等功能。草地不仅是农牧民赖以生存发展的物质基础，也是涵养水源、防风固沙、遏制荒漠化进程、维持生态平衡的绿色屏障，同时也是潜力巨大的生物资源基地。在长期的生产生活实践中，人们逐步掌握了草地资源的知识和经验，最终形成了独立的草地资源学。由于草地资源在人类日常生活中的重要作用决定了草地资源学在整个资源科学学科体系中的重要地位。

青藏高原是全球海拔最高、面积最大的高原，平均海拔 4000 m 以上，素有“世界屋脊”和“地球第三极”之称。我国境内部分西起帕米尔高原，东至横断山脉，横跨 31 个经度，东西长约 2945 km；南自喜马拉雅山脉南缘，北迄昆山—祁连山北侧，纵贯约 13 个纬度，南北宽达 1532 km，范围为 26° 00′ 12″ N~39° 46′ 50″ N，73° 18′ 52″ E~104° 46′ 59″ E，面积为 257.24 万平方千米，占我国陆地面积的 26.8%[1]。从行政区划上，它包括了西藏自治区和青海省的全部，新疆维吾尔自治区南部、甘肃省、四川省、云南省的部分地区。青藏高原是我国天然高寒草地分布面积最大的区域，从东向西依次分布有高寒草甸、高寒草原、高寒荒漠草原等多种类型，面积约为 152.5 万平方千米，占整个高原面积的 59.28%，是中国乃至亚洲最重要的草地之一[2]。青藏高原高寒草地不仅是重要的畜牧业基地，广大藏族农牧民同胞生产生活的物质基础，还是我国重要的生态安全屏障。

我国早期的青藏高原研究以综合科学考察为主，取得了举世瞩目的成就，作为其中重要内容之一的高寒草地研究也取得丰硕的成果。进入21世纪以来，高寒草地资源的研究越来越多地与可持续发展相结合，为合理开发利用、环境保护、生态建设、经济发展、社会进步提供更多的科学依据、技术支撑和咨询建议，服务于国家和地方的重大战略需求[3]。特别是作为全球气候变化的“敏感区”和“启动器”，气候变化对高原草地的影响也成为近期的研究热点。经过众多学者、科研机构的不懈努力，相继产出了大量的研究成果，提出了很多新的理论方法和观点，极大地丰富了青藏高原草地资源学的研究。本报告对2012—2016年间的最新研究进展和成果进行介绍，并对发展趋势和近期研究重点进行展望。

二、青藏高原高寒草地资源研究现状与战略需求

（一）青藏高原高寒草地资源研究现状

1. 青藏高原高寒草地资源基础理论

草地是重要的可更新资源，容易受到气候变化、放牧干扰、土地利用变化等多种因素的影响。多年来，关于青藏高原高寒草地的基础理论研究从未间断，也取得了相应的成果，包括生物多样性、生产力变化、牧草资源、草畜平衡、草地资源对气候变化的响应和适应等方面。摸清这些基本状况，对于我们开展草地资源合理利用和生态保护，实现资源的可持续利用有重要意义。

（1）草地资源生态：

①草地物种组成与多样性。草地物种组成和多样性是生态系统稳定健康的指标之一，是认识生态系统结构和功能的基础。青藏高原高寒草地生态系统所处环境严酷，草地植物在长期适应过程中形成了独特的物种多样性与形态多样性。近期的研究表明，青藏高原高寒草地生物多样性受降水、海拔、退化程度等多种因素影响。武建双等在藏北羌塘高寒草地样带上对40个围栏内草地群落物种多样性调查显示，由东向西，物种多样性呈递减趋势，并且群落物种丰富度、多样性和均匀度与生长季累积降水呈指数增加趋势[4]；贾文雄等对青藏高原东北缘祁连山草甸植物多样性进行调查发现，随着海拔高度的升高（2950 ~3250 m），草甸草原的物种丰富度和多样性逐渐降低，海拔2950米处物种多样性在7月份最大[5]；张有佳等对黄河上游地区玛曲高寒草原不同程度沙化草地植被进行多样性调查时发现，随着沙化程度的加剧，群落丰富度指数、多样性指数急剧下降，均匀度指数呈现先增加后减小的趋势，在中度沙化草地达到最大，而群落优势度逐渐增加，在重度沙化草地增加明显[6]。

②草地生产力。生产力估算是草地资源研究的一个基础性工作。近年来，随着遥感数据和模型模拟技术的发展，高原草地生产的估算也取得了很大的进步。根据NOAA/

AVHRR（National Oceanic and Atmospheric Administration / Advanced Very High Resolution Radiometer，美国国家海洋和大气管理局 / 高级甚高分辨率辐射计）卫星归一化植被指数（NDVI，Normalized Difference Vegetation Index）数据和 CASA（Carnegie-Ames-Stanford Approach）模型的计算结果，1982—2011 年间，高寒草地 NPP 的多年平均值为 226.4 Tg 碳（$1Tg = 10^{12}$ g），草地植被 NPP 呈总体上升态势，草地植被净初级生产力增加了 19.9%，现实 NPP 共增加了 40.9 Tg[7]。

③牧草种质资源。青藏高原高寒草地拥有十分丰富的野生牧草品种，优良的本土野生牧草是培育优质、高产、抗性强牧草品种的物质基础，能够提高草地畜牧业生产能力，是维系国家生态和食物安全的重要保证。此外，选育品质优良的牧草对于治理退化草地、恢复植被生态功能也具有重要意义。马玉宝等对川藏地区野生牧草种质资源进行了考察与搜集，收集到牧草 849 份，其中禾本科为 32 属，720 份，豆科为 13 属，87 份，其他科 42 份[8]。虽然当前对青藏高原牧草种质资源进行了较广泛的收集，但现有采集量仅占总种数的很少一部分，该工作还需要进一步地加深和延续，尤其是人类活动较少的高寒草地区域，如羌塘地区和可可西里地区。

④草畜平衡。如何确立合理的载畜量是高原草地资源科学的重要研究内容之一，关于载畜量的研究从未间断过，特别是近年来，学者们紧紧抓住草畜平衡这一核心，着重于探索草畜适应的动态，全面协调草地生产的生态、社会和经济功能，采用更全面、更精细、更先进的技术手段和研究方法，并取得了重要进展，主要集中在客观评估青藏高原高寒草地载畜量的现状，并提出合理的改善方法。

李刚等运用遥感模型结合气象、地形等数据对 2010 年青藏高原草产量和载畜量进行了研究，发现全区各县市超载过牧十分突出，通过秸秆补饲能改善，并认为需要根据草地资源及饲用秸秆的承载力严格控制牛羊的养殖数量[9]；郭雅婧等以甘肃省天祝藏族自治县为例，采用改进的草畜平衡研究方法，构建了该区牧区草畜供求的月际平衡模式，提出了改善该区目前补饲缺陷的方案[10]。张明等以青海省称多县高寒草甸为例分析了当地草畜生产现状，结合草畜平衡理论提出了保障草畜平衡的技术措施：优化生产结构、加快畜群周转，加强天然草地保护和改良，开展人工草地和饲料地建植，提高饲草饲料利用率[11]。

（2）气候变化对青藏高原草地的影响：

青藏高原的气候变化已是不争的事实，对整个青藏高原及周边 107 个站点 1965—2013 年间气温、降水和日照时数气象数据分析表明，过去近 50 年间青藏高原平均气温呈上升趋势，每十年升温幅度达 0.53 ℃，远高于我国的平原地区；降水量总体上升，但增加幅度较小，其每十年变化率为 7.81 mm；日照时数呈下降趋势，幅度为每十年 16.94 h[12]。藏北地区 2001—2010 年间的平均气温及春、夏、冬三个季节的平均气温均呈显著升高趋势，升温幅度在每十年 0.8~3.9 ℃，降水减少趋势不显著[13]。由于青藏高原对气候变化十分敏感，高寒草地生态系统对气候变化的响应已引起了学者们的众多关注。因此，近年来我国学者在高寒植被物候、模拟增温、围栏封育与放牧方面的研究中取得了丰富的成果。

①青藏高原高寒草地物候期变化。物候期是植物对温度条件变化的周期性响应，被称为监测气候对植被影响的最佳指示器，是陆面过程模拟及全球植被模型的重要参数，对于增进植被对气候变化响应的理解和提高大气 – 植被间物质与能量交换的模拟精度具有重要意义[14]。研究表明，整体上青藏高原草地表现为返青期、抽穗期及开花期均呈提前趋势，而枯黄期呈现推迟趋势，从而使得草地生长期延长；空间上由东南向西北返青期逐渐推迟[12]。局部地区也表现出相似的变化规律，如藏北高寒草地返青期提前（每 10 年 7.2~15.5 天），生长季延长（每 10 年 8.4~19.2 天）[13]；但是不同地区的高寒草地物候变化幅度不同，如 1999—2009 年间，青藏高原东部祁连山草地的变化幅度最高，而藏南山地灌丛草原变化幅度最低[14]。

②青藏高原高寒草地对模拟增温的响应。低温是影响青藏高原东部高寒草甸植物生长最主要的环境因子，高寒草地对温度升高具有敏感而迅速的响应。研究表明，温度变化已经显著影响了高寒草地植物群落物种组成和植物多样性[15]。汪诗平等对海北高寒草甸的短期红外增温实验表明，增温增加了禾本科和豆科植物的盖度但降低了其他非豆科杂草的盖度，还显著提高了地上生产力[16]。徐满厚在三江源地区高寒草甸开展的红外增温试验发现，增温能增加物种多样性，并趋向于增加地下生物量，促使地下生物量在不同土层的分配比例发生变化[17]。余欣超等利用 OTC 模拟增温，对比了长期增温对青藏高原矮嵩草草甸和金露梅灌丛群落地下生物量和有机碳含量的影响，发现矮嵩草草甸地下生物量显著减少，生物量分配明显向深层转移[18]。

③青藏高原高寒草地生产力变化的归因。在气候变化的同时，青藏高原区内人类活动也呈现加强态势，以西藏自治区为例，1951—2010 年间人口和牲畜数量增长明显[19]，给当地生态环境和经济社会发展带来了压力。而生态系统所呈现的生产力状况是气候变化和人类活动综合控制的结果，因此区分二者对草地生态系统变化的影响和贡献就成为一个重要的问题[20]。陈宝雄等对 1982—2011 年间高原生态系统生产力变化进行归因分析发现，高寒草地变化整体趋好，气候是生产力变化的主导因素，放牧等人类活动并未对高原草地构成根本威胁[21]。但对于区分两种因素各自影响结果的研究较薄弱，未来仍需要进一步深入研究。

2. 青藏高原退化草地恢复的方法与技术

受人口增长、牲畜数量增加以及气候暖干化等诸多因素影响，青藏高原草地出现沙化、毒杂草增加等一系列退化问题，因此，退化草地综合整治成为当前青藏高原高寒草地资源可持续利用与当地畜牧业发展的关键性问题[19]。各科研机构针对高原不同地区典型退化草地开展了相关恢复重建技术的研究与试点试验工作，形成了高寒草地退化修复的技术与方法。这些技术兼顾基础理论、技术突破、模式集成及生态衍生产业、技术模式评价与区域生态安全体系建设，不仅促进了高寒草地退化区的脆弱生态修复和环境保护，而且带动了当地产业结构调整和当地社会经济发展。

“十二五”期间，国家科技支撑计划“西南生态安全屏障（一期）构建与示范”项目中由中国科学院西北高原生物研究所赵兴全研究员领衔实施的“玉树地震灾区退化草地恢复与生态畜牧业技术与示范”和由中国科学院地理科学与资源研究所张宪洲研究员科研团队实施“藏北退化草地综合整治技术与示范”针对不同地区、不同类型退化草地恢复进行了科学研究。两项子课题的实施为探索青藏高原高寒地区退化草地恢复与重建的技术与模式和高寒草地畜牧业良性发展模式奠定了理论基础并提供了技术保障。前者先后实施了优质饲草基地建设、生态畜牧业技术集成与示范基地建设等研究与试验示范内容，为玉树地区畜牧业可持续发展提供了技术支撑和示范模式。后者针对藏北高寒草地退化严重、冬季草料严重缺乏、草场压力过大、鼠害和毒草严重等问题，开展了退化草地恢复技术的集成研究与示范，重点围绕“高寒退化天然草地恢复关键技术”“高寒退化人工植被恢复稳定技术”“农牧系统耦合技术与模式研究”和“鼠害和毒杂草控制技术”四个方面展开，为西藏高寒草地资源利用的良性发展提供了有力的技术保障。

3. 青藏高原草地药用植物开发

由于高寒草地藏药植物资源品种繁多、分布环境多样，且不同程度地存在着资源本底不清、家底不明、开发利用不合理等现状。针对这一问题，近五年来，科研人员开展了大量局地范围内的实地调查工作[22-25]，包括珍稀濒危藏药植物资源的种类与分布、生物量与蕴藏量、濒危程度与致危因素，如冬虫夏草、红景天等的研究。

冬虫夏草是青藏高原独特的传统名贵药材，也可食用，主要分布在青藏高原北起祁连山，南至滇西北高山，东自川西高原山地，西达喜马拉雅的大部分地区，其中，西藏和青海是主产区，每年产量占全国的 80% 以上。野生冬虫夏草是藏区的绝对优势资源，而且是可更新的自然资源，只要蝠蛾繁殖幼虫并且有其生存的环境条件，则可以永续利用[26]。

2012 年国家食品药品监督管理局启动冬虫夏草用于保健食品的试点工作，鼓励保健食品生产企业高效利用冬虫夏草资源研发高端科技含量的保健食品。近年来，以虫草为原料开发的产品更是日益增多，截至 2013 年年底，中国与冬虫夏草相关的发明专利有 2306 项，开发的产品主要有以冬虫夏草、蛹虫草为原料的含片、胶囊、口服液、保健酒等[27]，已形成了一个巨大的产业，实现了较高的经济价值和社会效益。

红景天是景天科多年生草本或亚灌木，生长在海拔 3500~5000 m 左右的高山流石或灌木丛林下。有 20 多种为亚洲传统医学的常用药，具有广阔的开发前景[28]。相关的科研机构对青藏高原各地的红景天属植物研究较多，涉及众多方向，主要集中体现在资源的分布、药用成分、鉴定等：李涛等对川西高原及其邻近地区的红景天属药用植物种质资源进行调查，概括了该地区 14 种主要植物的分布、生境和药用价值，编制了这 14 种主要红景天植物分种检索表[29]。孙包朋等对西藏色季拉山红景天属植物资源进行了调查，共发现了 12 个红景天种，认为该地区红景天资源丰富，储量较大，发展前景广阔[30]。袁雷等通过对西藏大花红景天的挥发油成分的分析鉴定，为该植物种的合理开发利用和品质鉴定提供了参考资料[31]。

4. 青藏高原草地野生动物保护

野牦牛、藏野驴、藏羚羊是青藏高原代表性的大型野生动物，是《中国国家重点保护野生动物名录》的Ⅰ级保护动物。其栖息地都建立了若干自然保护区，如阿尔金山、可可西里、羌塘、三江源等国家级自然保护区等[32]。近些年，由于国家和地方政府加大了高原野生动物的保护力度，青藏高原的野牦牛、藏羚羊和藏野驴的种群数量得到恢复。研究表明，目前青藏高原的野牦牛数量约 4 万头，比 2003 年的 1.5 万头明显增加，主要分布于西藏的羌塘和阿尔金两个保护区内。与本世纪初相比，藏羚羊的数量由 8 万头增加到约 15 万头，藏野驴由 5 万头增加到 9 万头，棕熊、狼、沙狐等大型野生动物的数量也明显增加。最新版《世界自然保护联盟濒危物种红色名录》显示，藏羚羊的濒危级别已从“濒危”降为“近危”[33]。

目前关于上述野生动物资源的研究尚处在初级阶段，如种群数目估算、栖息地、迁徙廊道的相关研究中。路飞英等于 2012 年和 2013 年对新疆阿尔金山国家级自然保护区内的藏羚羊、藏野驴和野牦牛的种群数量和分布进行了调查，得出区内藏羚羊约 16617 只，藏野驴约 11030 头，野牦牛约 14850 头。藏羚羊主要分布在保护区西部，藏野驴和野牦牛主要分布在保护区东部[34]。董世魁等应用遥感技术和地面调查相结合的方法，分析了阿尔金山自然保护区内野牦牛、藏野驴、藏羚羊的栖息地需求，并结合当地提供的可食植物量推算了适宜栖息地和整个保护区可以承载三类野生动物的生态容量。并进一步据此提出适当控制藏野驴种群数量、增加藏羚羊种群数量的建议，以促进野生动物种群数量的持续增长和栖息地的有效保护[35]。朱新书的研究结果表明，经过残酷的自然选择和特殊的闭锁繁育，野牦牛在体格大小、生长速度、生活力等方面远优于家牦牛，对青藏高原和各种自然条件有极强的抗逆性，是改良、复壮家牦牛的天然优良基因库[36]。

诸葛海锦等对青藏高原高寒荒漠区主要三种有蹄类动物生境及其廊道分布进行了模拟识别，认为总体保护状况相对较好，但日益增强的人为干扰对连接主要保护区间部分廊道生态功能的干扰和影响不容忽视；目前划片分区保护管理模式不利于对以藏羚羊为代表的濒危有蹄类迁徙廊道进行有效的整体性保护，未来需要建立基于生态完整性和廊道连通性，整合阿尔金、可可西里和羌塘三大保护区，建立青藏高原高寒荒漠保护区网络体系，打破保护区间的行政边界割裂和管理体系分割。通过建立保护区之间信息、资源共享以及保护措施的统一协调机制，实现整个高寒荒漠区生态系统、高原珍稀濒危物种的统一保护管理，提升高寒荒漠保护区的整体效率[37]。

5. 青藏高原草地资源管理

（1）青藏高原生态工程效应。

2003 年以来，得益于国家“退牧还草”“生态安全屏障建设”等诸多工程的实施，青藏高原开展了诸多的高寒草地生态建设工程，其中围栏封育是高寒草地大面积保护和恢复过程中最有效的常见管理措施之一，通过建设网围栏进行划区轮牧、休牧[38]。但其效果如何，是目前草地管理研究中的关键问题，已有从草地生物量、植被群落结构、土壤种子库调查等方面对高原草地围栏封育的效应进行了相关研究并取得了进展。

李媛媛等在青海省果洛藏族自治州玛沁县对不同退化程度的草地进行围栏内外群落结构和生物量比较时发现，围栏内的群落盖度、高度及多样性指数均大于围栏外；围栏封育有利于改善青藏高原退化高寒草地的植物群落结构，提高草地植物群落的盖度和生物量，促进其恢复演替[39]。

苏淑兰等对青藏高原高寒草甸、高寒草原等草地为对象比较了 5 年围封样地与放牧样地的生物量和群落结构，发现围封后地上与地下生物量显著增加；围封显著降低了高寒草甸的根冠比；围封增加了高寒草甸和高寒草原禾本科植物的生物量比例[40]。

邓斌等对黄河源区封育三年的高寒草地土壤种子库的规模、物种组成、空间分布及与地上植被的相关性进行研究认为围栏封育能够提高退化高寒草地土壤种子库数量，对退化草地的恢复有重要作用[38]。

青藏高原高寒草地作为工程实施的主要对象，在取得良好生态效应的同时，也增强了草地固碳能力，增加碳库容量。从根本上看，围栏封育对碳库的改变实质是草地管理措施引起的碳库变化。研究表明，围栏措施下，2003—2010 年间青藏高原高寒草地土壤碳库增加了 290.9 百万吨碳，单位面积固碳量为 22.04 t/ha。退牧还草工程区内草地土壤碳库增加了约 28.8%，总体而言，青藏高原退牧还草工程增加了整个青藏高原 3.0% 的碳汇[7]。

（2）青藏高原草地生态补偿。

青藏高原高寒草地生态系统，不仅是畜牧生产、农牧民生活水平的物质基础，更担负着水源涵养、生物多样性保护、固碳等诸多重要生态屏障功能。由于人口的持续增长以及人们对草地的过度或不合理开发，导致了天然草地退化，草地生态服务功能减弱，生产性能降低，给草地生态环境健康，畜牧业可持续发展带来巨大压力。草地生态补偿是一种恢复退化草地、协调区域经济发展、保护草地生态屏障的重要经济手段，建立草原生态保护奖励机制，是新的历史条件下国家推进草原生态环境保护、促进农牧民增收的重大举措。该政策的实施有助于提升青藏高原草地生态环境的保护能力，改善牧民生产生活水平，维护藏区稳定与民族繁荣。

青藏高原地区的生态补偿工作在大范围区域上是以退牧还草、草原生态保护补助奖励等以国家财政投资为主的大型工程项目为代表。草原生态保护补助奖励政策确定 5 年为一个补助周期。随着草原生态保护补助奖励政策的进一步实施，牧民增加了收入，同时青藏高原生态环境得到改善。在总结“十二五”期间奖励实施的基础上，为保证政策的连续性，2016 年中国政府启动了新一轮草原生态保护补助奖励，加大了财政的投入力度，将使广大牧民获得进一步的实惠。

生态补偿既是生态保护工程，也是一项惠及当地牧民的民生工程，牧民们对工程实施的认识与认知程度直接关系到工程的实施效果。最近几年，由于生态补偿政策的有效实施使广大农牧民从中得到了实惠，与此同时，该政策也得到了当地牧民的高度认可。据李云龙等通过问卷和小型座谈会相结合的方法进行的调查结果显示，羌塘地区绝大多数牧民（比例为 98%）支持“退牧还草”工程的实施，认为该工程的优势体现在改善草地生态环境，促进退化草地恢复；为子孙后代造福，保护草地资源；可获取生态补偿，增加家庭现金收入；实现草地资源的永久、可持续利用[41]。

针对青藏高原高寒草地生态系统的特殊性，学者们围绕生态补偿实施过程中的草畜平衡、补偿标准、补偿主体等问题进行了创新性尝试，并提出了合理有效的建议，解决了补偿政策实施过程中的实际问题，有益于草地生态补偿政策更好地实施，有益于协调区域经济可持续发展，实现人与自然和谐发展，达到高寒草地资源的可持续开发利用。

付伟等针对青藏高原高寒草地生态系统提出了“六位一体”结合型草地生态补偿机制的构想，有机结合了政府补偿、市场补偿与社区补偿相结合的生态补偿机制[42]。刘兴元等对藏北那曲高寒草地构建草地亚类分区模型，从空间上划分适度生产功能区、减畜恢复功能区和禁牧封育功能区，并据此建立了功能分区分级生态补偿模式；设计生态补偿的组织管理体系及流程、生态补偿的损益评估机制和约束奖惩机制，提出了针对不同功能区的生态补偿方案[43]。

（二）青藏高原高寒草地资源研究的战略需求

青藏高原草地生态系统的健康和可持续发展对我国生态安全和社会经济发展具有举足轻重的作用。现有的理论和实践研究尚不能应对当前社会经济可持续发展与生态环境保护及全面推进生态文明建设的要求，因此，未来继续开展青藏高原草地资源研究是国家及地方的重大战略需求。

1. 维护生态安全屏障功能的战略需要

近年来，国家高度重视青藏高原生态安全屏障区的生态保护与建设工作，2009 年国务院批准实施《西藏生态安全屏障保护与建设规划（2008—2030 年）》，2011 年国务院正式印发《青藏高原区域生态建设与环境保护规划（2011—2030 年）》，2014 年国家发改委等 12 部委联合印发《全国生态保护与建设规划（2013—2020 年）》明确给出青藏高原生态屏障的覆盖区域[44]。青藏高原生态安全屏障是国家层面生态保护与建设的战略重点之一，是构建“两屏三带一区多点”国家生态安全屏障骨架的重要生态区域。其中高寒草地生态系统又是该屏障的主体，约占该生态屏障区面积的 69%[44]，是我国乃至东亚的江河源头区、重要水源涵养区，也是我国乃至全球维持气候稳定的“生态源”和“气候源”。该区域内有三江源草原草甸湿地区、若尔盖草原湿地区、甘南黄河重要水源补给区、阿尔金草原荒漠化防治区、藏西北羌塘高原荒漠区等国家重点生态功能区[45]。青藏高原高寒草地一方面扮演着生态屏障的重要角色，另一方面又是地方畜牧业经济发展的基础。在当前有限的草地资源约束前提下，畜牧业经济发展与草地生态屏障功能间不可避免地对草地资源分配存在“争夺”现象，使生态安全屏障保护与畜牧业经济发展之间存在冲突，因此，如何找到二者间的利益均衡点成为提升高寒草地生态屏障功能与协调各利益主体间关系，并最终实现青藏高原草地生态系统可持续发展问题的突破口[46]。

2. 大力推进生态文明建设的需要

建设生态文明是我国现代化建设的重要战略举措，是经济社会实现科学发展的必由之路。青藏高原各类天然草地面积占全国天然草地总面积的39%，是我国天然草地面积最大的自然生态区域。高寒草地资源事关青藏高原生态环境保护和社会经济发展的全局，在青藏高原生态文明建设中具有基础性的重要地位[47]。青藏高原生态文明建设没有现成的经验和模式，只能在摸索中前行。《全国草原保护建设利用“十三五”规划》明确指出，加强草原保护建设是推进生态文明建设的重要任务。青藏高原高寒草地面临着生态保护与社会经济发展的一系列问题亟待解决，这对我们推进生态文明建设提出了新要求。“十三五”时期是我国全面建成全面小康社会的关键时期，提高农牧民收入是其中的重点和难点。因此，在推动青藏高原草原生态文明建设过程中需要注重科学认识和科学决策。青藏高原脆弱的生态环境要求我们必须在总结原有高寒草地资源研究的基础上，形成基于科学系统认识青藏高原草地的科学理论与决策体系，使青藏高原草原生态文明建设按照自然规律和科学的发展方向前行。另外，青藏高原高寒草地生态文明建设还必须强化科技支撑研究，针对制约当地农牧产业发展、草原生态环境保护等问题量身制定适用的技术、产品和市场策划，有针对性地解决生态文明建设过程中的关键问题[47]。

3. 保护生物多样性的需要

青藏高原高寒草原区是我国生物多样性最丰富的地区之一，多年来的研究极大地丰富了生物多样性成果。目前由于诸多原因，仍存在部分偏远、条件艰苦地区的数据匮乏区，甚至是空白区。此外，青藏高原高寒生态系统受到气候变化和人类活动影响共同干扰，草原植被、降水、土壤和生态系统服务都受到不同程度的影响，导致生物多样性下降，造成濒危植物数量不断增加。《中华人民共和国国民经济和社会发展第十三个五年规划纲要》指出，“实施生物多样性保护工程，开展生物多样性本底调查与评估，完善观测体系。科学规划和建设生物资源保护库圃，建设野生动植物人工种群保育基地和基因库”。因此，积极开展生物多样性的相关研究将为实现这一政策目标提供重要的科技支撑和保障，同时这一战略需求也将成为高寒草原保护学科发展的动力。

4. 实现青藏高原草地畜牧业可持续发展的需要

青藏高原高寒草地是重要的畜牧业基地，畜牧业的发展与草地的可持续利用息息相关。随着人们日益增长的物质需求，青藏高原高寒草原区不同程度地存在着过度放牧、超载放牧等不合理现象，因此，必须依据当前状况建立合理的载畜量以实现草畜平衡是草地可持续发展的核心[48]。《全国草原保护建设利用"十三五"规划》提出"对生态脆弱区的草原和重要水源涵养区的草原实行禁牧、休牧制度。继续实施草原生态保护补助奖励政策，对纳入政策范围的草原给予禁牧补助和草畜平衡奖励，实行禁牧、划区轮牧或轮刈等措施，防止过度利用，切实减轻天然草原承载压力，实现草原永续利用"。因此，积极探索研究青藏高原高寒草地放牧系统结构优化、转变畜牧业经营方式、建立长效生态补偿机制等一系列相关课题的研究，为保证在保护草原生态平衡的前提下，科学合理地利用高寒草地资源，缓解草畜矛盾实现畜牧业的平稳、良好发展是今后一个时期内的重要任务。

三、青藏高原高寒草地资源研究成果与学科发展

（一）青藏高原草地资源研究重大研究课题

1. 国家重点研发计划

国家重点研发计划始于 2016 年，是由原来的"973"计划、"863"计划、国家科技支撑计划等整合而成，是针对事关国计民生的重大社会公益性研究，以及事关核心竞争力、整体自主创新能力和国家安全的战略性、基础性、前瞻性重大科学问题、重大共性关键技术和产品，为国民经济和社会发展主要领域提供持续性的支撑和引领。首度启动的与青藏高原高寒草地资源研究有关的项目如下。

（1）典型高寒生态系统演变规律及机制。该项目拟从微观到宏观、地上到地下多尺度综合研究典型高寒草地生态系统演变规律及机制，揭示青藏高原高寒草地的退化机制，发展和完善高寒草地的退化与恢复理论，进一步凝练出高寒草地的适应性管理原理与途径，为高寒草地畜牧业的可持续发展提供科学依据。

（2）西藏退化高寒生态系统恢复与重建技术及示范。该项目旨在研究生态系统演变规律和影响机理的基础上，针对西藏高原不同的退化区域，重点研发高寒退化草地恢复、沙化土地治理、生态产业及生态畜牧业发展等技术与模式，开展县域水平的集成示范，实现高寒生态系统功能的提升与适应性优化管理的目标，为西藏生态安全屏障保护与建设提供技术支撑。

（3）三江源区退化高寒生态系统恢复技术及示范。该项目以综合生态系统管理方法为支撑点，以三江源区退化严重的三类主体生态系统 – 高寒草甸、高寒草原和高寒湿地为研究对象，以"土壤（土）– 植被（草）– 动物（畜）"协同恢复的思路为指导，通过创新性、系统性、综合性的科学研究，自主研发三江源区生态恢复与生态衍生生产业发展的综合技术体系，完善生态恢复及产业发展模式和监测技术体系，推动生态恢复和区域发展模式的转型升级，提升生态整体恢复的技术水平和监管能力，解决三江源退化草地恢复重建及功能提升的重大问题，旨在为三江源的生态建设提供科技支撑和系统解决方案[49]。

2. 国家"973"计划项目

国家重点基础研究发展计划（"973"计划）是具有明确国家目标、对国家的发展和科

学技术的进步具有全局性和带动性的基础研究发展计划。2012—2016年间与青藏高原草地资源有关的项目重点关注了全球变化对高原草地的影响，主要项目有“全球变化对中国典型草地生态过程的影响及生态环境效应（项目编号：2013CB956300）”，其中课题二为“全球变化对高寒草地生态过程的影响及机理”，主要研究全球变化情景下青藏高原高寒草地关键要素响应全球变化的过程、时空格局以及生态环境效应，为增加陆地碳汇、缓解中国温室气体减排和限排压力提供技术支撑。

3. 国家科技基础性工作专项

科技基础性工作专项主要支持对科技、经济、社会发展具有重要意义但目前缺乏稳定支持渠道的科技基础性工作。2013年启动了青藏高原资料匮乏区综合科学考察（项目编号：2012FY111400），该项目通过对青藏高原的羌塘地区、三江源（长江、黄河、澜沧江源头）地区等研究程度较低的地区开展地表水文、土地覆被与土壤质量、植被多样性与植物群落等方面的考察，使这些区域的基础资料匮乏或不准确的局面大大改善，对于填补青藏高原高寒草地资源研究在某些方面资料的匮乏、空白有重大意义，同时为在环境变化背景下合理进行资源开发利用与有效进行国家环境安全、生态安全屏障建设等提供数据基础和科学依据。

4. 国家科技支撑计划项目

国家科技支撑计划是面向经济和社会发展需求，重点解决经济社会发展中的重大科技问题的国家科技计划。青藏高原高寒草地资源研究领域的项目主要集中在退化草地的修复治理技术集成和研究示范方面，为青藏高原生态安全屏障建设提供技术支撑；其次还包括人工牧草栽培、冬虫夏草和红景天等高原草地资源的开发利用，主要项目包括：

（1）三江源地区脆弱生态系统修复与可持续发展关键技术研究及其应用示范（项目编号：2009BAC61B01）；

（2）黄河重要水源补给区（玛曲）生态修复及保护技术集成研究与示范（项目编号：2009BAC53800）；

（3）玉树地震灾区退化草地恢复及生态畜牧业技术与示范（项目编号：2011BAC09B06）；

（4）西南生态安全屏障决策支撑技术系（项目编号：2011BAC09B08）；

（5）藏北退化草地综合整治技术与示范（项目编号：2011BAC09B03）；

（6）重点牧区“生产生态生活”保障技术集成与示范（项目编号：2012BAD13B02）；

（7）祁连山地区生态治理技术研究及示范（项目编号：2012BAC08B00）；

（8）高寒草地生物多样性综合保护与持续利用技术（项目编号：2012BAC01B00）；

（9）西藏高原脆弱生态修复技术研究与示范（项目编号：2013BAC04B02）；

（10）青藏高原冻土区退化草地修复技术研究与示范（项目编号：2014BAC05B00）；

（11）西北和青藏地区优质牧草丰产栽培及草畜耦合技术集成与产业化示范（项目编号：2011BAD17B05）；

（12）西藏区冬虫夏草的原位孕育与红景天、喜马拉雅紫茉莉、婆婆纳、茅膏菜等濒危藏药材人工种植及野生抚育的关键技术研究与示范（项目编号：2011BAI13B06）；

（13）冬虫夏草生长模拟展示关键技术研究与示范（项目编号：2011BAH22B04）。

5. 国家自然科学基金项目

国家自然科学基金是我国支持基础研究的主要渠道。它面向全国的科研机构和研究人员，在青藏高原高寒草地资源研究方面给予了较多资助，取得了巨大成绩。根据不完全统计，2012—2016 年，获得国家自然科学基金资助的青藏高原高寒草地资源研究领域的项目逾 284 项，主要集中在草地资源基础理论研究、草地管理、草地资源开发及草地恢复等四个方面。其中，面上基金 169 项，优秀青年科学基金和青年科学基金共计 110 项，重点项目 3 项。2012—2016 年面上基金和青年基金均呈上升趋势，表明国家自然科学基金资助的青藏高原草地资源研究项目力度逐年增加，2016 年可获得国家自然科学基金资助的相关研究项目数量多达 77 项，其中包含了 54 个面上基金，22 个青年基金和一个重点项目。从中可以看出，青藏高原草地资源的基础理论研究工作仍然是当前阶段研究的热点。

（二）青藏高原高寒草地资源研究主要科研成果

1. 气候变化对青藏高原高寒草地的影响

青藏高原作为全球气候变化的敏感区域，高寒草地生态系统对区域和全球变化的响应异常敏感，一直是众多研究者关注的重点。近 5 年来，相关研究主要集中在青藏高原草地生态系统物候、群落物种组成、生产力、碳循环等对气候变化的响应过程以及应对气候变化的适应性管理等方面，取得了突出的成绩，部分成果发表在 *PNAS*、*Nature* 等国际顶尖杂志上，显著提升了我国在青藏高原研究方面的国际影响力，同时也为全球气候变化背景下青藏高原高寒草地的可持续利用提供了理论依据。

2. 科技支撑青藏高原重大生态工程建设

随着全球气候变化的加剧以及人类活动的影响，青藏高原的草地生态系统也发生了显著的变化，草场退化、土地沙化以及水土流失等生态问题日益显著，资源环境健康与社会发展之间的矛盾日趋突出，严重地影响着当地农牧民的生产生活水平的提高。“十一五”以来，国家确定了青藏高原的生态安全屏障功能地位，并先后启动了一批重大生态工程对退化草地开展治理恢复，科研部门则先后开展针对性技术研发和集成研究。在不同区域依据草地退化状况，研发了包括围栏封育、施肥、生态播种、优良牧草选育、生态系统稳定以及人工草地建植等相应草地植被恢复模式和技术；依据毒杂草种类，提出了人工去除、播种、施肥等治理措施；提出了药剂、招鹰架和阻拦网与陷阱结合的形式控制草原害鼠；此外，还根据青藏高原不同分区的资源环境特征，提出了农牧系统耦合，间接治理退化的草地的模式，为青藏高原退化草地的恢复治理提供了坚实的科技支撑。

3. 科学评估青藏高原重大生态工程的效益

2005 年，国务院批准《青海三江源自然保护区生态保护和建设总体规划》，投资 75 亿元，开展生态保护与建设工程。一期工程于 2005 年至 2013 年实施，历时 9 年，包括生态保护与建设项目、农牧民生产生活基础设施建设项目、支撑项目三大类，共 22 个子项目，其中生态保护与建设项目的主要内容包括退牧还草、退化草地治理、草地鼠害治理、水土流失治理等。根据 2015 年对一期工程评估的结果表明，在工程实施后，三江源绝大部分河流断面水质达到一类和二类，草地面积净增加 123.70km^2，水体与湿地面积净增加 279.85km^2，荒漠生态系统面积净减少 492.61km^2，草地载畜超载量由 129% 降低到 46%，植被覆盖度提高的地区占全区总面积的 79.18%。总体上，三江源生态系统退化趋势初步得到遏制。

2009 年 2 月 18 日国务院批准了《西藏生态安全屏障保护与建设规划》，确定了三大类十项工程，重点实施天然草地保护工程、野生动植物保护及保护区建设工程、重要湿地保护工程等五项保护工程，以及人工种草与天然草地改良工程、防沙治沙工程、水土流失治理工程等四项建设工程，同时建设生态环境监测控制体系、草地生态监测体系、林业生态监测体系和水土保持监测体系的支撑保障项目。2016 年 10 月 26 日，国务院新闻办公室和中国科学院联合发布了《西藏生态安全屏障保护与建设工程（2008—2014 年）建设成效评估》，结果表明：①高原生态系统整体稳定，植被覆盖度呈增加趋势。近二十年来各类生态系统结构整体稳定，生态格局的变化率低于 0.15%；植被覆盖度微弱上升变幅小，植被覆盖度微弱增加的区域面积占国土比例达 66.5%。②退牧还草促进了草地恢复。工程区植被覆盖度提高 16.9%，草地生态系统结构改善明显，工程区生物量提高 8.2 g/m^2，累计增加牧草产量 327 万吨。③生态系统服务功能逐步提升，生态安全屏障功能稳定向好。生态系统碳固定总量增加 3.71%，固碳功能稳中有升；生态系统水源调节作用波动中提升，涵养作用稳固保持；生态系统防风固沙作用开始发挥，主要风沙区强度减弱。

4. 科研论文

科研论文是检验学科发展成果的重要标准，在中国知网中分别以“青藏高原”并含“高寒草地”“草地资源”“人工草地”“藏药”“牧草”“毒杂草”“草地恢复”为主题词，检索 2012 年 1 月 1 日—2016 年 12 月 31 日期间的文献，共有 506 篇论文，其中期刊论文 342 篇，博士学位论文 52 篇，优秀硕士学位论文 142 篇，会议论文 18 篇。从发表论文数量来看，研究主要集中高寒草地基础理论、牧草栽培与利用等方面。

5. 专著成果

近年来关于青藏高原草地资源研究相关的图书、图册、图谱不断出版发行，既有局部地域范围内的，也有对整个高原范围内的研究。这些专著体现了青藏高原草地资源研究的最新成果，为今后相关领域的研究提供了基础资料。据不完全统计，2012—2016 年间，出版发行的专著有 21 本，内容涵盖了生物多样性、生态保护与建设和资源开发与利用 3 个大方面的内容。这些论著既有适合科技工作者的工具书，又有满足大众的科普读物。

（三）青藏高原高寒草地资源研究队伍建设

以青藏高原高寒草地为主要对象的研究队伍不断壮大，在进行长期科学研究的同时也培养了一大批相关领域的专业人才。目前主要从事青藏高原高寒草地资源研究的机构主要可以分为三大类型：一是国家相关部委直属的科研机构，二是教育部下属的高等院校，三是各省级部门下属的地方性机构。其中大多数机构承担着青藏高原草地资源研究的各项工作，从理论研究到技术研发，众多的科研队伍也为青藏高原草地资源的恢复治理、生态防治及未来草地生态系统的优化管理提供了理论与技术支撑。

除了科研院所之外，20 世纪 90 年代以后，为长期定位研究高原生态系统中的一些科学问题，先后成立了一批野外生态试验站，其中包括一些以草地资源研究为主的野外台站，如中国科学院海北高寒草甸生态系统试验站和拉萨高原生态试验站；特别是进入 21 世纪以来，野外台站发展迅速，各个部门在青藏高原不同的典型生态系统先后建立了多个生态观测站，其中有很多都涉及了高原草地资源方面的观测和研究内容，这些台站的成立实现了对青藏高原地区地表过程与环境变化的长期连续监测，为研究青藏高原草地资源对全球变化的影响与响应、区域经济社会可持续发展等提供了重要的平台和数据支持，同时也极大地促进了青藏高原高寒草地资源研究的发展。

1. 国家级科研机构

主要包括中国科学院的有关研究所：青藏高原研究所、地理科学与资源研究所、西北高原生物研究所、寒区旱区环境与工程研究所、水利部成都山地灾害与环境研究所、成都生物研究所、昆明植物研究所；中国农业科学院、中国气象局等。

2. 高等院校

高等院校有北京大学、北京师范大学、中国农业大学、武汉大学、南京大学、兰州大学、中山大学、西北农林科技大学、南京农业大学、四川大学、云南大学、成都理工大学、西藏大学、西南民族大学、西北师范大学、西藏民族学院、西藏藏医学院、青海大学、西藏农牧学院、青海师范大学、青海民族大学、甘肃农业大学、甘肃民族师范学院、青海畜牧兽医职业技术学院等。

3. 地方性机构

地方性机构主要以高原内各省相关单位为主，西藏自治区农牧科学院草业科学研究所、青海省国土规划研究院、西藏自治区高原生物研究所、西藏自治区草原监理站、西藏国土资源规划开发研究院、青海省草原总站、甘肃省畜牧兽医研究所、甘肃省草原监督管理局、四川省草原科学研究院等。

（四）青藏高原高寒草地资源研究获奖情况

近几年，与高原草地资源相关的研究取得了一系列成果，多项成果获得国家级及省部级奖项，其中国家级 1 项，省部级 7 项。这些奖项主要集中在退化草地生态修复、农牧业发展、生态建设等方面。

四、青藏高原高寒草地资源未来研究方向和重点领域

（一）青藏高原草地资源研究发展趋势

1. 青藏高原草地资源的相关理论与方法研究

草地资源学的研究目的是实现草地资源的高效利用并保持草地资源的可持续发展，而青藏高原高寒草地又有高、寒、旱的独特性，其理论和方法一直都是研究中的重点。长期以来，学者们关于高寒草地资源的研究已经开展了大量工作，积累了丰富的经验，形成了众多的理论。但在新的研究需求驱动下，高寒草地资源学科的研究领域、研究方向、研究内容、研究方法、研究手段以及要解决的理论问题和技术问题越来越多，越来越复杂，从而促进高寒草地资源研究的理论和方法不断更新，新成果不断涌现，将使草地资源学研究的理论和方法更加丰富、更加全面。

2. 青藏高原草地生态系统对全球变化的响应与适应研究

青藏高原作为独立的地理单元在全球变化中起着重要作用，占主体地位的高寒草地生态系统对区域和全球变化的响应异常敏感。当前气候变化和人类活动是对高寒草地影响最重要的两方面因素。已有的研究表明，有关青藏高原气候变化对高寒草地的可能影响还尚未得到统一的结论，特别是不同尺度间的研究结果。因此，需要科学评价气候变化及其对高寒草地结构和功能的潜在影响，将已经发生的变化纳入到全球变化模型或评价体系中，以便更加精确地评估气候变化的长期影响[50]。与此同时，由于人类活动所产生的影响，如放牧、围栏建设等对高寒草地影响的研究也将是一个重要方向，这都将成为今后必须回答的关键科学问题。

3. 青藏高原草地资源及其变化调查研究进一步加强

高寒草地对于青藏高原地区的社会经济发展、文化传承及我国的生态安全有着重大意义，因此摸清青藏高原高寒草地资源利用的现状、掌握存在的问题是进行合理规划、保护、实现经济社会各项工作可持续进行的前提。特别是随着新兴的大数据技术上升到国家战略层面中，丰富、齐全的高寒草地资源基础数据必将助力于该技术的迅速发展。因此，为满足不同部门对高寒草地资源数据的需求，牧草种质、藏药材、草原生产力、群落生物多样性、物候变化、生物量分配、野生动植物等基本信息的调查将成为未来工作的重点。

4. 合理开发利用与保护推动高寒草地资源管理的全面发展

加强对青藏高原高寒草地资源的管理，要求我们继续稳步推进草原承包经营制度、草场分等定级、划区轮牧禁牧制度、退牧还草工程、生态保护补助奖励制度、草原监测预警等工作，为科学利用和有效保护草原奠定基础。高寒草地生态价值评估、资源资产负债表、生态保护建设成效评价、草地承载力动态监测、草原基础设施建设等领域将受到重视。再加上高寒草地资源管理工作中不断出现的新问题，都将不断促使青藏高原高寒草地资源研究根据现实需要开展多方面的相关研究，以期为进一步提升职能部门的管理水平。

（二）青藏高原草地资源未来研究方向和重点

1. 气候变化和人类活动对高寒草地生态系统的影响

气候变化对高寒草地生态系统的影响深刻而广泛并且将长期存在，开展相关的基础理论研究，对青藏高原生态系统的优化管理、国家生态安全屏障保护与建设规划的实施、重大生态工程的布局及其治理技术与模式的选择都具有重要的意义[51]。因此，在今后的研究中需要加强控制试验、地面调查，并结合无人机、遥感监测等技术发展，重点解决以下问题。

（1）气候变化和人类活动对青藏高原不同区域高寒草地的影响。西藏高原草地面积广大，类型多样，受气候变化和人类活动的影响程度不一，厘清变化机理和趋势是高原草地生态系统管理的基础。主要利用历史数据和生态样带调查数据，同时开展植被调查和农户调查，整合气象数据、遥感数据，利用模型分析气候变化对不同区域生态系统的影响，包括草地生长过程、生产力变化、牧草生产等方面，并量化、辨识人类活动和人类活动对高寒草地生系统的影响，为各地生态系统的管理提供理论依据。

（2）气候变化对高寒草地畜牧业发展的影响。通过对西藏自治区不同区域草地生产力的调查，分析气候因素对草地生产力的影响，同时调查实际载畜量，分析草地理论载畜量和实际载畜量之间的差异，建立较为精确的计算草地生产力的数学模型，模拟计算出气候变化下草地理论载畜量，对西藏不同区域内草畜平衡实施措施的制定提供理论依据。

2. 青藏高原草地资源保护和农牧民增收

（1）青藏高原国家公园建设。青藏高原高寒草地具有类型多样并且生物多样性丰富的特点，不但有适应高寒气候的优质牧草、藏药材等，还有珍贵濒危的野生动物资源。为了很好地保护和利用这些资源，国家公园的建立是最好的措施。2016 年，国家开始三江源国家公园体制试点工作，提出将力争于 5 年内建成三江源国家公园；西藏自治区也提出了建立第三极国家公园的设想。预期未来几年，国家公园建设将是青藏高原地区生态建设的重点，而开展相应的科技支撑研究将是重要的方向。

（2）青藏高原生态工程效益的监测与评估。对青藏高原实施的生态安全屏障建设与保护工程进行全面的监测，评估生态工程的综合效益。其中高寒草地以退牧还草工程为重点，对围栏封育等工程措施的效应展开评估，针对现有不同封育年限围栏封育下的轮牧、禁牧草地进行动态监测，包括物候变化、群落结构组成、生物量 / 生产力等，以确定合理的围封修复时间，进而评估围封对退化草地恢复的效果和综合效益，为国家下一步的生态建设提供决策支持。

（3）畜牧业转型升级与农牧民增收研究。畜牧业是当地经济发展的重要支柱产业，农牧民收入的主要来源。注重畜牧业发展过程中的经济、社会和生态效益兼顾的研究，为合理安排载畜量、转变畜牧业经营方式，因地制宜地制定政府扶持政策提供理论和技术支持，促进当地社会经济的发展。

3. 退化草地综合治理的关键技术研究

当前，需针对不同青藏高原内部不同地区高寒草地退化问题，开展人工草地恢复技术的集成研究与示范，重点突破人工草地建植、复壮、优良牧草选育、毒杂草治理以及鼠害防治等技术，为退化草地的治理恢复奠定技术基础。

（1）人工草地建植。对不同退化地区实施适宜的单一牧草播种、多种牧草混合播种技术的探索研究。通过小尺度的具体田间管理措施，从播种方式、耕地、灌溉方式等各个环节设计不同的处理方式，比选出较适宜的种植管理模式。

（2）人工草地复壮技术。主要是通过在人工草地样地上进行施肥试验，设计不同梯度施肥处理所施加的元素量及施肥量，定期对生长季内草地群落结构特征、生物量分配格局动态、生物量大小进行取样研究，为牧草有效复壮提供技术支撑。

（3）优良草种选育。重点筛选和开发适合高寒退化草地恢复的本土草种，从种质资源收集、种质资源评价、筛选、萌发试验、抗逆性锻炼、繁育、收获方式等工作入手，逐步获得适应退化区当地环境的高品质草种，在从各环节技术上寻找突破，积累经验。

（4）青藏高原高寒草地鼠害防治研究。鼠害是导致草原沙化、产草量下降的重要因素。高寒草原鼠害猖獗，每年造成巨大损失。目前仍未确定行之有效的治理措施，鼠类等小型兽类的危害形势依然严峻。因此，迫切需要系统、全面防治技术的相关研究，积极开发和筛选适合青藏高原高寒地区使用的生态环保型灭鼠治理技术。

（5）青藏高原高寒草地毒杂草防治研究。毒杂草蔓延成为破坏草场影响畜牧业发展的又一因素。当前，针对毒杂草防治工作的相关研究表明补播、施肥，剔除等方法都能较好地降低毒杂草在植物群落里的比例，但是其在草地类型多样的高寒草地的应用仍需要检验与试验，以期得到最好的整治效果。

4. 青藏高原草地生态系统服务与生态补偿研究

生态补偿是青藏高原草地管理的重要举措，而生态服务功能的评估是生态补偿的基础。在今后的工作中必须注重制订和完善适合于青藏高原高寒草地的生态系统服务功能评估技术规程，建立健全高寒草地生态价值评估制度，全面开展草地健康指数评价体系，建立长时间和大空间尺度上的定量化研究，其急需解决的问题主要在于缺乏大量可靠的相关数据、统一的估算方法及结果的验证，如水源涵养、生物多样性、防风固沙、碳固定等方面，从而全面、客观地评估高原草地的生态服务功能，量化生态工程建设的效应，为生态补偿提供科学基础。

（三）青藏高原地区草地资源研究前景展望

青藏高原高寒草地资源研究将瞄准国际科技前沿，以国家目标和战略需求为导向，应对全球气候变化、协调区域发展、生态安全屏障建设、推进藏区生态文明建设、维护边疆稳定、全面建成小康社会中发挥重要的作用。因此，青藏高原高寒草地资源研究在基础数据积累、人才培养、与外界同行交流等方面具有广阔的前景。

1. 基础数据不断充实使高寒草地资源研究更加高效

传统的实地监测和现代的大尺度遥感监测都将在未来的草地资源调查研究中得到加强，资源信息处理能力得到提升，以确保能够对草地资源信息进行动态更新。与此同时，随着高寒草地资源各类调查工作的不断深入开展，一些本底性的基础数据将不断得到充实，相关的数据库平台建设得以完善。进而使青藏高原高寒草地资源基础信息数据将得到有效管理、保存、共享、交流和利用，以期为更好、更高效地研究提供便利，以满足各应用领域的不同需求，这将是未来青藏高原高寒草地资源信息研究现代化的努力方向。

2017 年 8 月，第二次青藏高原综合科学考察研究正式启动，该次考察将在 20 世纪 80 年代第一次科考的基础上，对青藏高原的水、生态、人类活动等环境问题进行考察研究，分析青藏高原环境变化对人类社会发展的影响，提出青藏高原生态安全屏障功能保护和第三极国家公园建设方案。预期通过这次大规模的科学考察，将会积累大量科学资料，为青藏高原生态保护和社会经济发展提供坚实的科学依据。

2. 多学科融合使学科体系更加完备，人才培养更加深入

多学科间的相互交叉与融合是现代学科发展的趋势，也是促进创新性成果产出的重要途径。青藏高原高寒草地资源研究涉及草业科学、植物学、植物分类学、植物保护学、畜牧学、生物学、经济学等诸多学科。随着青藏高原高寒草地退化防治、畜牧业可持续发展、全面建成小康社会实现当地贫困人口脱贫、国家生态屏障建设等工作的开展为高寒草地资源学的相关研究带来了发展机遇与挑战，同时也提出了更高的要求。今后的研究需加强各学科间交叉领域的研究，使青藏高原草地资源的学科体系更加完备，研究领域不断拓展，创新性研究成果不断产出。与此同时，在今后一段时间内我们必须加强人才队伍建设，建立越来越多、越来越年轻的高素质、高水平研究队伍；继续推进研究平台建设，加强学科间的相互联系与合作。

3. 不断加强国际交流合作使高寒草地资源研究走向世界

青藏高原高寒草地资源的独特性和区域重要性使其越来越受到国际学术界的关注，相关领域的研究也日益成为热点，因此加强国际合作和交流是未来高原草地资源研究的必然

趋势。预期通过我国及青藏高原周边国家共同努力，实现国家间科研成果共享和共同创新，推动全球气候变化背景下高寒草地资源的保护与发展，让相关科研成果更好地服务于当地的生态保护和社会发展。特别是近年来，随着我国“一带一路”战略的大力推进，极大地促进了沿线相关国家在高寒草地资源研究领域的交流与合作，同时也提高了我国在周边国家中的科技影响力。

参考文献

[1] 张镱锂，李炳元，郑度. 论青藏高原范围与面积[J]. 地理研究，2002，21（1）：1-8.

[2] Zhang Y，Qi W，Zhou C，et al. Spatial and temporal variability in the net primary production of alpine grassland on the Tibetan Plateau since 1982[J]. J Geogr Sci，2014，24（2）：269-87.

[3] 孙鸿烈. 中国科学院青藏高原综合科学考察研究三十年[J]. 科学新闻，2003，20：8-9.

[4] 武建双，李晓佳，沈振西，等. 藏北高寒草地样带物种多样性沿降水梯度的分布格局[J]. 草业学报，2012，03：17-25.

[5] 贾文雄，刘亚荣，张禹舜，等. 祁连山草甸草原物种多样性和生物量与气候要素的关系[J]. 干旱区研究，2015，06：1167-1172.

[6] 张有佳，李昌龙，金红喜，等. 甘肃玛曲高寒草原沙化草地植物多样性研究[J]. 安徽农业科学，2013，18：7929-7932.

[7] 李文华，赵新全，张宪洲，等. 青藏高原主要生态系统变化及其碳源/碳汇功能作用[J]. 自然杂志，2013，03：172-178.

[8] 马玉宝，闫伟红，徐柱，等. 川、藏地区野生牧草种质资源考察与搜集[J]. 中国野生植物资源，2014，03：36-39.

[9] 李刚，孙炜琳，张华，等. 基于秸秆补饲的青藏高原草地载畜量平衡遥感监测[J]. 农业工程学报，2014，17：200-211.

[10] 郭雅婧，薛冉，李春涛，等. 青藏高原草畜供求的月际平衡模式研究[J]. 中国草地学报，2014，02：29-35.

[11] 张明，王伟，魏希杰. 称多县高寒草甸草场草畜平衡模式探讨[J]. 青海畜牧兽医杂志，2013，03：35-36.

[12] 赵雪雁，万文玉，王伟军. 近50年气候变化对青藏高原牧草生产潜力及物候期的影响[J]. 中国生态农业学报，2016，04：532-543.

[13] 宋春桥，游松财，柯灵红，等. 藏北高原典型植被样区物候变化及其对气候变化的响应[J]. 生态学报，2012，04：41-51.

[14] 丁明军，张镱锂，孙晓敏，等. 近10年青藏高原高寒草地物候时空变化特征分析[J]. 科学通报，2012，33：3185-3194.

[15] 王常顺，孟凡栋，李新娥，等. 青藏高原草地生态系统对气候变化的响应[J]. 生态学杂志，2013，06：1587-1595.

[16] Wang S，Duan J，Xu G，et al. Effects of warming and grazing on soil N availability，species composition，and ANPP in an alpine meadow[J]. Ecology，2012，93（11）：2365-2376.

[17] 徐满厚，刘敏，薛娴，等. 增温、刈割对高寒草甸植被物种多样性和地下生物量的影响[J]. 生态学杂

志，2015，09：2432–2439.
[18] 余欣超，姚步青，周华坤，等. 青藏高原两种高寒草甸地下生物量及其碳分配对长期增温的响应差异[J]. 科学通报，2015，04：379–388.
[19] Yu C，Zhang Y，Claus H，et al. Ecological and environmental issues faced by a developing Tibet[J]. Environmental science & technology，2012，46（4）：1979–1980.
[20] 王军邦，黄玫，林小惠. 青藏高原草地生态系统碳收支研究进展[J]. 地理科学进展，2012，31（01）：123–128.
[21] Chen B X，Zhang X Z，Tao J，et al. The impact of climate change and anthropogenic activities on alpine grassland over the Qinghai–Tibet Plateau[J]. Agr Forest Meteorol，2014，189：11–18.
[22] 卢杰，兰小中. 山南地区珍稀濒危藏药植物资源特征[J]. 自然资源学报，2013，11：1977–1987.
[23] 卢杰，兰小中. 拉萨市珍稀濒危藏药植物资源调查研究[J]. 中国中药杂志，2013，01：127–132.
[24] 汪书丽，罗建，兰小中. 拉萨河流域药用植物资源多样性研究[J]. 时珍国医国药，2013，06：1480–1483.
[25] 余奇，郑维列，权红，等. 西藏芒康县蓼属药用植物资源调查研究[J]. 北方园艺，2015，12：142–144.
[26] 尕丹才让，李忠民. 藏区生态保护、资源开发与农牧民增收——以冬虫夏草为例[J]. 西藏研究，2012，05：114–120.
[27] 黄丽俊，李利东，袁建新，等. 冬虫夏草研究现状及展望[J]. 农学学报，2014，08：63–65.
[28] 德吉，周生灵，郭小芳，等. 红景天（*Rhodiola L*）的研究进展[J]. 西藏科技，2012，08：70–71.
[29] 李涛，伍龙，朱小迪，等. 川西高原地区红景天属药用植物种质资源的分布与区系特点[J]. 华西药学杂志，2012，05：503–505.
[30] 孙包朋，郑维列，卢杰，等. 西藏色季拉山红景天属植物资源概况[J]. 西藏科技，2013，02：67–68.
[31] 袁雷，钟国辉，权红，等. 西藏大花红景天挥发油成分 GC–MS 分析[J]. 中国实验方剂学杂志，2012，23：67–70.
[32] 夏霖，杨奇森. 藏羚的迁移与保护[J]. 生物学通报，2015，01：12–15.
[33] 彭科峰. 最新版《IUCN 濒危物种红色名录》发布[EB/OL]. 2016，http：//news.sciencenet.cn/ htmlnews/2016/9/355567.shtm.
[34] 路飞英，石建斌，张子慧，等. 阿尔金山自然保护区藏羚羊、藏野驴和野牦牛的数量与分布[J]. 北京师范大学学报（自然科学版），2015，04：374–381.
[35] 董世魁，武晓宇，刘世梁，等. 阿尔金山自然保护区基于野牦牛、藏野驴、藏羚羊适宜栖息地的生态容量估测[J]. 生态学报，2015，23：759–607.
[36] 朱新书，阎萍，梁春年，等. 野牦牛的抗逆性与牦牛的抗逆育种研究[J]. 黑龙江畜牧兽医，2012，05：29–30.
[37] 诸葛海锦，林丹琪，李晓文. 青藏高原高寒荒漠区藏羚生态廊道识别及其保护状况评估[J]. 应用生态学报，2015，08）：2504–2510.
[38] 邓斌，任国华，刘志云，等. 封育三年对三种高寒草地群落土壤种子库的影响[J]. 草业学报，2012，05：23–31.
[39] 李媛媛，董世魁，李小艳，等. 围栏封育对黄河源区退化高寒草地植被组成及生物量的影响[J]. 草地学报，2012，02：275–286.
[40] 苏淑兰，李洋，王立亚，等. 围封与放牧对青藏高原草地生物量与功能群结构的影响[J]. 西北植物学报，2014，08：1652–1657.
[41] 李云龙，周宇庭，张宪洲，等. 羌塘牧民对“退牧还草”工程的认知与响应[J]. 草业科学，2013，05：788–794.
[42] 付伟，赵俊权，杜国祯. 青藏高原高寒草地生态补偿机制研究[J]. 生态经济，2012，10：153–158.

［43］刘兴元，龙瑞军．藏北高寒草地生态补偿机制与方案［J］．生态学报，2013，11：3404-3414.
［44］牟雪洁，赵昕奕，饶胜，等．青藏高原生态屏障区近10年生态系统结构变化研究［J］. 北京大学学报（自然科学版），2016，02：279-286.
［45］国家发展改革委员会．全国生态保护与建设规划（2013—2020年）［EB/OL］.2013，http：//img.project.fdi.gov.cn//21/1800000121/File/201411/201411200852287951489.pdf.
［46］刘兴元．青藏高原草地生态屏障保护与畜牧业经济发展博弈［J］．生态经济，2012，10：93-97.
［47］刘刚，泽柏，张孝德．论青藏高原草原生态文明建设［J］．农村经济，2015，07：106-110.
［48］付伟，赵俊权，杜国祯．青藏高原高寒草地放牧生态系统可持续发展研究［J］．草原与草坪，2013，01：84-88.
［49］马玉寿，周华坤，邵新庆，等．三江源区退化高寒生态系统恢复技术与示范［J］．生态学报，2016，22：7078-7082.
［50］孟凡栋，汪诗平，玲白．青藏高原气候变化与高寒草地［J］．广西植物，2014，02：269-275.
［51］张宪洲，杨永平，朴世龙，等．青藏高原生态变化［J］．科学通报，2015，32：3048-3056.

撰稿人：张宪洲　曾朝旭　何永涛

海洋资源研究

一、引言

人类的生存和发展，始终是以自然资源为基础和支撑的。在当今世界，人口、资源、环境之间的矛盾日益突出，人类对资源的开发与利用逐渐由陆地资源主导转向陆海资源兼顾，海洋资源的开发和利用越来越成为扩大人类生存空间的必然选择。21 世纪是“海洋世纪”，已成为人类共识。

中国海域辽阔，大体上为 3° 58′ N~41° N，106° E~125° E，跨越温带、亚热带至热带。根据《联合国海洋法公约》有关规定和我国的主张，我国管辖的海域面积约 300 万平方千米[1]，从北到南有渤海、黄海、东海、南海以及台湾以东太平洋海域，统称为“四海一洋”[2]。我国海域蕴藏着丰富的生物资源、海洋能资源、矿产资源、空间资源、旅游资源等海洋资源，是我国国土资源的重要组成部分。

经济全球化的背景下，海洋对世界政治经济秩序和国家安全与发展的影响越发显著。正因如此，沿海各国尤其是沿海发达国家积极实施了与海洋资源调查、研究和开发利用相关的研究计划，以获得开发利用海洋资源的“先机”。开展海洋资源研究，一方面是提高海洋资源开发能力、发展海洋经济、保护海洋生态环境、维护国家海洋权益、建设海洋强国的国家海洋战略需求；另一方面，研究取得的一系列成果也推动了海洋资源学科的发展。

近几年，中国海洋资源研究形成了丰硕的研究成果，提出了很多新方法、新观点，对海洋资源的开发利用、海洋资源与生态环境保护以及海洋资源与经济社会的发展具有重要意义。本报告通过对已有研究成果的梳理，总结了我国海洋资源研究的现状和学科建设成就；从国家、区域和学科发展层面，分析了海洋资源研究的战略需求和研究现状，进而阐述了我国海洋资源研究的发展趋势、发展方向和研究展望。

二、中国海洋资源研究现状与战略需求

（一）中国海洋资源研究现状

近几年，中国海洋资源研究取得了丰硕的研究成果，提出了很多新观点、新理论、新方法，主要体现在海洋资源的开发利用研究、海洋资源与生态环境的系统研究以及海洋资源与经济社会发展研究三个方面。

1. 海洋资源的开发利用研究

我国的领海海域和专属经济区蕴含十分丰富的海洋资源，特别是近几年来，随着“海洋强国”建设战略的稳步推进，我国对海洋资源的开发与利用研究进入了新的发展阶段，主要在各类海洋资源的调查研究、技术手段的创新与应用以及国际合作开发等方面取得了显著进展。

（1）海洋矿产资源的开发利用研究。海洋矿产资源对经济产业的发展至关重要，相关研究在重砂资源等重矿物的含量、分布特征和矿物组合[3-6]以及稀土等基础性材料在南海海域的分布取得了较多的成果。海洋固体矿产资源的研究成果还体现在较多的综述类研究论文上[7, 8]。针对海洋矿产资源的调查方法与分析手段亦取得了较多研究进展，研究发现重矿物分析是海洋沉积学研究的有效手段，可广泛用于沉积物物源约束、传输路径识别、沉积物分散体系重建和地层划分等。

（2）海洋生物资源的开发利用研究。从研究数量和研究范围体现了海洋生物资源研究的广泛与深入，研究进展主要体现在海洋生物资源分布特征、物种特征、多样性状况研究与调查方法的创新。

对资源分布特征的研究主要从资源总量[9-11]、时空分布[12-15]和利用水平[16, 17]3个方面展开；对物种特征的研究包括群落结构特征[18-21]、生物多样性[22, 23]以及遗传多样性水平[24-27]。多数研究对我国海洋生物资源多样性的状况进行了分析，研究表明：我国基础生物资源如渤海湾浮游生物和底栖生物种类明显下降[28]；黄海山东海域鱼类群落多样性下降，资源呈衰退趋势[29]；东海渔业资源过度利用，呈现衰退状况[30]，实际东海海域海洋生态系统中海洋生物的灭绝风险可能比以前估计的更加严重[31]。另外，在研究方法和手段上呈现多样化和精细化——除了传统的现场调查、底拖网调查数据、生物网采集的浮游动物样品，还利用现代信息技术方法和社会统计调查方法进行数据搜集和资源模型评估，从而使得研究结果更加科学和精准。

（3）海水及海水化学资源的开发利用研究。相关研究从海水供需平衡、海水理化性质和海水淡化技术等角度对海水及水化学资源的合理开发与利用进行了分析，对缓解我国水资源短缺的状况具有重大的意义。比如孟辉等通过计算供需水量与海水储量，对海水资源的开发利用的前景做出判断，有利于缓解水资源短缺问题[32]。方宏达等结合各地（中国渤海、黄海、东海和南海海域）海水淡化工程，阐述与之密切相关的海水理化性质、海水

淡化的工艺技术条件和发展现状，有利于解决我国水荒问题，是我国水资源研究提供的重要补充和战略储备[33]。

（4）海洋能资源的开发利用研究。海洋能以潮汐能、波浪能、温差能、盐差能、海流能等形式存在于海洋之中，是一种重要的海洋可再生能源，合理开发利用海洋能资源可以有效地缓解常规能源短缺所带来的能源问题。近年来，对海洋能资源的调查研究主要集中在资源储量的评估和资源特征的描述方法及其应用。研究对中国渤海、黄海及东海的部分区域的波浪能资源进行了全面评估，比如万勇等在此基础上确定了波浪能资源的重点开发利用区，可为该海域的波浪能资源的开发利用提供参考依据[34]。

另外，有研究计算了全球海域波浪能资源的总储量和有效储量，为海浪发电、海水淡化等波浪能资源开发利用提供科学依据[35]。在海洋能资源特征的描述方法研究中，海浪的数值模拟技术的应用取得了突破性的进展。比如刘首华等对山东省周边海域波浪能资源的评估[36]，实现了波浪能流密度的数值预报，为海浪发电、海水淡化等波浪能开发工作提供保障；根据首份覆盖整个中国海、长时间序列、高时空分辨率、高精度的海浪场数据，郑崇伟等首次实现了中国海海浪波周期季节特征的精细化研究[37]。

（5）海洋油气资源的开发利用研究。近几年来，海洋油气资源的研究进展主要体现在对油气成藏条件、分布特征及其影响因素研究[38–42]。重点研究海域包括北黄海盆地[43]、南黄海盆地[44]、东海盆地[45, 46]等。另外，有学者结合世界深水油气勘探开发现状和深水油气资源分布特征，对我国深海油气资源的开发前景进行了展望[47, 48]。同时，在调查技术研究方面也取得了一系列进展，为油气资源调查提供技术理论支持，比如对油气资源的地震调查方法的研究，创新了勘探技术，在油气资源调查中发挥重要的作用[49]。

（6）海域天然气水合物资源的开发利用研究。天然气水合物，特别是海洋天然气水合物被普遍认为将是21世纪替代煤炭、石油和天然气的新型清洁能源，其研究受到了世界各国高度重视[50]。我国南海北部大陆坡丰富的天然气水合物远景资源具有良好的开发前景，因此也吸引了诸多研究关注[51, 52]；目前我国的开采技术落后于先进地区，不过已有大量研究关注海洋天然气水合物的勘探和开发技术进展，研究内容涵盖开采的原理和方法、技术的创新、国际开采计划和经验等[53–55]，以期促进我国海域天然气水合物资源的开发与利用。

（7）滨海旅游资源的开发利用研究。滨海旅游资源依托海洋，不仅是人类宝贵的精神、文化财产，经过合理的开发和利用也可以成为丰富的物质财产。近年来，随着滨海旅游业的兴起，滨海旅游资源的开发与利用也引起了研究者的关注。目前，该领域的研究以沿海地区为重点，分析了沿海区域旅游系统的结构形态、演化机理和影响因素；同时，以旅游系统调控和优化为目标，以可持续发展理念为指导，对旅游资源的开发利用模式和产业发展战略进行了研究，提出了相应的措施[56–58]。

（8）海洋空间资源的开发利用研究。海洋空间是经济发展的载体，承载着食品供给、交通运输、滨海旅游、矿产开采等重要产业活动。我国海洋空间资源开发利用规模呈逐年递增趋势[59]，与之相关的研究也在沿海滩涂的围垦开发、海岸带的围填海活动、边远海岛的开发利用以及与国家权益的维护息息相关的岛礁建设和海域划界等领域中取得了丰硕的成果。

围垦、围填海等活动是空间拓展的重要手段，近年来其生态效应研究进展显著[60, 61]，响应了国家生态文明建设的重大需求。近年来，周边国家与我国围绕岛礁归属和海域划界等问题频繁发生争端，在我国国家利益受到威胁的背景下，学者主要从国际法[62–64]和战略价值[65, 66]的角度对岛礁建设问题进行了分析；在海域划界问题中取得的进展主要体现在两点，一是通过对中国南海断续线划定的地形依据证明了南海断续线就是国界线[67, 68]；二是通过对海域主权争端的历史经验总结，提出了争端的解决机制[69, 70]。

（9）海洋资源国际合作开发研究。海洋资源的流动性和丰富性构成了国际合作开发海洋资源的内在要求。面对世界海洋资源整体衰退以及世界经济全球化的持续发展，海洋资源共同开发的相关研究在我国兴起，学者们在相关领域展开了较多的研究，主要集中在对国际合作开发策略的研究。学者针对南沙海域、南海、西北太平洋、北太平洋等海域的资源合作开发策略进行了探讨，其中包括《北太平洋公海渔业资源养护和管理公约》等在内的国际性合作公约是主要的研究内容之一。同时，针对不同的资源问题，学者提出了不同的建议，如遵循“主权属我，搁置争议，共同开发”、构建科研合作–管理合作机制等[71–74]。

2. 海洋资源与生态环境的系统研究

随着对海洋资源的开发利用强度和范围的增加，海洋生态环境系统正在面临着持续退化的压力，同时环境的恶化也会反过来对资源的开发产生负面影响。在此背景下，海洋资源与生态环境的系统研究吸引了学界的较多关注，主要在海洋资源与生态环境的影响研究、海洋资源与生态环境的评价研究以及海洋资源与生态环境保护的对策研究 3 个领域取得了较大的进展。

（1）海洋资源与生态环境的影响研究。关于海洋资源生态环境的影响研究主要从两个方面开展：一方面，学者对海洋生态环境效应进行了分析，包括对捕捞业等产业发展的阻滞效应和对海洋资源分布的影响[76–78]；另一方面，研究了填海造地、海水养殖等海洋资源开发利用活动对海洋生态环境的影响[79–81]。不过目前针对海洋资源和生态环境双向影响的综合研究有待加强，以进一步明确二者之间的内在联系。

（2）海洋资源与生态环境的评价研究。研究主要从海洋系统协调性、生态风险、综合质量、可持续发展等方面进行指标体系的构建和应用，评价对象涉及海岛、海洋经济区、海湾以及整体性的海洋资源和环境[82–84]。另外，建立资源环境承载力监测预警机制是十八届三中全会做出的重大决定，针对海洋资源环境承载力评价的研究成果丰硕，在方法应用、系统分析、变化趋势等方面进行了较为全面的研究[85, 86]。

（3）海洋资源与生态环境保护的对策研究。环境保护是我国的基本国策，学者从理论技术、政策法律、风险应对等多重角度对海洋资源环境保护的对策进行了分析和研究。理论技术方面，学者以经济学、生态学等理论为依据研究了海洋资源环境的管理问题[87-89]，并在环境监测、信息管理平台建设等方面进行了技术研究[90, 91]；政策法律方面，从生态补偿政策、环境保护立法、海岛保护与利用规划等领域进行了对策研究[92, 93]；风险应对方面，针对石油溢油造成海洋污染等突发性事件进行了预防和治理的体系研究[94-96]。

3. 海洋资源与经济社会发展研究

海洋为我国经济可持续发展提供了广阔的空间和巨量的资源，海洋经济作为我国国民经济的重要组成部分，对我国经济发展的贡献率越来越大，成为我国经济持续发展的重要条件[97]。这与近几年在海洋资源与经济社会发展的研究分不开，研究进展主要体现在海域资源价值评估研究、海洋产业发展与布局研究、区域海洋经济差异与协调发展研究等3个方面。

（1）海域资源价值评估研究。随着海域有偿使用制度改革的推进，我国海域市场逐步形成，海域资源价值的评估研究在影响因素、技术方法以及完善对策等方面取得的进展也逐步推动了海域使用权价格评估工作的开展。区位条件、自然因素、社会经济因素等被纳入影响因素的研究中；市场估价法、条件价值法等技术方法被较多应用于价值评估中；针对我国目前海域评估工作中出现的问题，从制度建设、评估原则、能力建设等方面提出了完善对策[99, 100]。

（2）海洋产业发展与布局研究。合理的海洋产业结构是促进海洋经济发展、提升国际竞争力的重要因素[101]。近年来，关于海洋产业发展与布局的研究取得了较大的进展，主要体现在三个方面：一是海洋产业结构的演变、影响和优化对策[102-104]；二是海洋产业竞争力的评价[105, 106]；三是海洋产业集群及其影响[107, 108]。从产业类型来看，研究主要涉及海洋旅游产业、海洋渔业、海洋文化产业等；从研究区域来看，涉及各海域、沿海省份、沿海城市等多个层面。

（3）区域海洋经济差异与协调发展。随着海洋经济的发展，海陆联系越来越紧密，近年来出现了较多关于区域海洋经济的差异和协调发展研究。一方面，研究者们运用统计数据，定量地体现沿海省市、海湾空间等区域经济的时空差异[109, 110]；另一方面，构建计量模型模拟和分析了海洋经济与生态环境之间的相互作用和协调发展，并逐步形成了规律性的认识，为海洋生态经济综合管理提供了理论支撑[111, 112]。

（二）中国海洋资源研究战略需求

国家在《国民经济和社会发展第十二个五年规划》（下文简称“十二五”规划）中明确提出“海洋强国”战略，开展中国海洋资源研究可以有效地满足的科学开发海洋资源、保护海洋生态环境、壮大海洋经济以及维护海洋权益等重要战略需求。

1. 缓解资源短缺，促进海洋资源科学开发

改革开放以来，中国经济高速发展，已经成为世界第二大经济体，在取得巨大经济成就的同时，也伴随着大量资源的消耗，面临着资源短缺、能源耗竭等资源危机。2011 年 3 月公布的“十二五”规划提出提高海洋资源开发保护能力，2012 年 11 月，党的十八大报告中也明确表示“提高海洋资源开发能力”，是“到 2020 年全面建成小康社会的必然要求”之一。

我国管辖着广大的海域面积、拥有丰富的海洋资源，但是海洋资源的开发仍显不足。面对新的需求，不断加强对我国海洋固体矿产资源、海洋生物资源、海水及水化学资源、海洋能资源、海洋油气资源、海域天然气水合物资源等各类资源的调查研究，同时不断创新海洋资源勘探、调查和研究的技术方法以及海洋资源国际合作开发模式的研究，有利于缓解我国资源短缺的现状，促进海洋资源的科学开发和合理利用。

2. 落实科学发展观，加强海洋生态环境保护

改革开放以来，东部沿海地区成为我国经济社会发展的龙头。但随着海洋开发的力度不断加大，海洋生态环境也面临着越来越大的压力。海洋污染造成部分近岸海洋生态系统退化，濒危珍稀海洋生物持续减少，海洋生态灾害时有发生[113]。在此形势下，国家“十二五”规划对加大海洋环境保护力度提出了明确要求；2012 年国务院批准的《全国海洋功能区划（2011—2020 年）》也对我国管辖海域的开发利用和环境保护做出了全面部署和具体安排。

对海洋资源与生态环境的相互影响进行研究，有利于形成良好的海洋资源观，从而促进科学发展观的落实，这也是加强海洋生态环境保护的内在要求；对海洋资源与生态环境的评价进行研究，有利于明晰海洋资源环境承载力，从而不断提升资源集约节约和综合利用效率；对海洋资源与生态环境保护的对策进行研究，则有利于完善海洋资源管理的机制体制，促进人与海洋的长期和谐共处，最终实现海洋经济的全面、协调和可持续发展。

3. 坚持陆海统筹，推进海洋经济建设

近年来，随着海洋资源的开发与海域经济的发展，海陆联系越来越紧密，中国“海洋经济”呈现出迅速发展的态势，陆海统筹的大力发展可以更加有效地促进地区生产总值的增加。“十二五”规划明确了大力发展海洋经济的要求；根据 2015 年 11 月发布的《中共中央关于制定国民经济和社会发展第十三个五年规划的建议》提出，积极拓展蓝色经济空间，坚持陆海统筹，壮大海洋经济，将长期作为我国经济发展的重要任务。

在这样的形势下，从海域资源价值评估、海洋产业发展与布局、区域海洋经济差异与协调发展等方面对海洋资源与经济社会发展的综合研究有利于找准“拓展蓝色经济空间”着力点，破解海洋经济供需矛盾，从而调整海洋经济结构、优化海洋产业布局、提高海洋经济发展质量，进一步发挥海洋经济对海洋强国战略的推动作用。

4. 解决主权争端，实现国家海洋权益维护

随着海洋在沿海国家战略全局中的地位更加凸显，各国以维护和拓展海洋权益为核心的海洋综合实力竞争愈演愈烈。当前我国维护海洋权益的形势依然极其严峻复杂，多个周边国家竞相在我国南海开采油气资源、开发旅游项目，甚至通过法案将我国部分岛礁划为己有，严重侵害了我国海洋权益。“十二五”规划明确提出要坚决维护国家海洋权益，尽管中国已经具备维护海洋权益、建设海洋强国的工业基础，但是维护海洋权益仍然面临着诸多挑战[114]。

随着“一带一路”国际战略布局的全面推进，中国发展的战略重心进一步向海上方向倾斜，国家战略利益向海上方向迅速拓展。一方面，加强争议海域资源的调查和研究、海域划界问题的研究以及边远海岛资源的开发和利用有利于宣示我国主权；另一方面，加强对海域主权争端的历史经验总结有利于解决我国和周边国家之间的主权争端，最终实现海洋强国的国家战略。

三、中国海洋资源主要研究成果

近几年来，中国海洋资源研究从课题、科研到奖励都取得了丰硕的成果。中国海洋资源研究不仅在国家重点基础研究发展计划、国家科技支撑计划项目、国家自然科学基金、国家社会科学基金项目以及国际（地区）合作研究项目中取得诸多项目支持和课题成果，在调查、技术、规划、论文和专著等方面也有较多成果，并获得国家科学技术进步奖、海洋科学技术奖、国家技术发明奖和国家自然科学奖等重大奖励。

（一）中国海洋资源研究重大研究课题

在国家重点基础研究发展计划、国家科技支撑计划项目、国家自然科学基金、国家社会科学基金项目以及国际（地区）合作研究项目中，海洋资源相关研究项目占据了一定的比重，体现了国家对海洋资源研究的关注和支持。

1. 国家重点基础研究发展计划

国家重点基础研究发展计划（即国家“973”计划项目，含重大科学研究计划）于1997年设立，并于2016年结项。十年来，“973”计划始终坚持面向国家重大需求，立足国际科学发展前沿，解决中国经济社会发展和科技自身发展中的重大科学问题，为经济建设、社会可持续发展提供了科学支撑。在资源环境领域，“973”计划以揭示人类活动对地球系统的影响机制与动力学为主线，从整体上认识人类所面临的一系列资源与环境问题产生的根源与发展规律，开展基础研究，为解决资源短缺、灾害频发、环境污染和生态退化等经济社会发展中的关键问题提供科技支撑。

2012年以来资助的与海洋资源有关的项目有：海水养殖动物主要病毒性疫病暴发机理与免疫防治的基础研究、中国早古生代海相碳酸盐岩层系大型油气田形成机理与分布规律、中国南方海相页岩气高效开发的基础研究、深海水下油气输送系统安全运行与风险控制、南海陆坡生态系统动力学与生物资源的可持续利用、海洋深水油气安全高效钻完井基础研究、人类活动引起的营养物质输入对海湾生态环境影响机理与调控原理、近海环境变化对渔业种群补充过程的影响及其资源效应等。

2. 国家科技支撑计划项目

2012 年，国家科技支撑计划资源领域将海洋资源开发与保障技术作为支持的重点领域，重点支持方向主要有海水淡化技术，海洋工程建设技术，海洋环境监测技术，海洋生物资源综合利用技术等。

2012 年以来资助的与海洋资源有关的项目有：不同海域重大海洋工程结构安全与腐蚀控制技术及其示范、远海岛礁地理信息监测与生态保护关键技术研究与示范、海洋生物资源综合利用技术、重点海域海洋环境精细化检测集成应用示范等。

3. 国家自然科学基金项目

国家自然科学基金在海洋过程及其资源和环境效应领域的重点是：西太平洋的多尺度过程与高低纬相互作用；我国近海的海陆相互作用；海洋微生物与生物地球化学循环；海洋生态系统与生态安全；海底资源的成矿成藏理论。

2012 年以来重点资助的研究方向包括：深水油气系统的形成与构造和沉积过程、海底资源开发与利用的环境影响以及海洋观测探测中的重大关键技术问题等。

2012 年以来资助的与海洋资源有关的项目有：海域承载力视角下海洋渔业空间布局优化的模型及应用、渤黄海科学考察实验研究、海洋划界中的海岸线长度量算研究、黄东海浮游动物功能群变动与生态系统演变、我国海洋鱼类复殖吸虫物种资源与系统学研究、基于 SAR 的北部湾海域波能时空分布理论研究、五种广布性海洋贝类的比较系统地理学研究：探讨中国近海贝类遗传格局形成过程和演化机制、海洋考察船时共享航次调查数据质量评价研究与实施等。

4. 国家社会科学基金项目

国家社会科学基金设立于 1991 年，是负责制定国家哲学社会科学研究中长期规划和年度计划，管理国家社科基金，组织评审立项、中期管理、成果验收、宣传推介等工作的组织。

2012 年以来重点资助的研究项目包括：围填海造地资源环境价值损失评估及补偿研究、基于碳足迹理论的我国滨海旅游业低碳化发展途径与政策研究、基于生态系统的海洋陆源污染防治立法研究，南京信息工程大学、世纪上半叶南海地缘形势与国民政府维护海洋权益研究、中国海洋经济结构转型中的创新驱动效应研究、依法治国背景下我国海洋渔业管理制度改革研究、维护海洋安全后备力量应急动员体制机制研究、极地海洋生物资源的养护与可持续利用博弈及我国参与研究、中国南海不可再生资源跨期开发利用机制研究，海南热带海洋学院、构建南海海洋共同体研究等。

5. 国际（地区）合作研究项目

国家自然科学基金国际（地区）合作研究与交流项目主要资助科学技术人员立足国际科学前沿，有效利用国际科技资源，本着平等合作、互利互惠、成果共享的原则开展实质性国际（地区）合作研究与学术交流，以提高我国科学研究水平和国际竞争能力。近几年国内高校及研究所与香港理工大学、葡萄牙贝拉地区大学、葡萄牙里斯本理工大学、葡萄牙波尔图大学、葡萄牙阿尔加维大学、以色列理工学院、英国阿伯丁大学、英国肯特大学、美国国立大学等大学通过共同成立研究项目展开了较为广泛的合作研究和交流。

2012 年以来国际（地区）合作项目组中与海洋资源有关的项目有：南海天然气水合物储层水合物开采过程地质力学参数演化规律研究、近海波浪能太阳能互补发电系统的研究、波浪能资源评估与装置的能源转换性能研究、海产双壳贝类中生物毒素的解毒机理与高灵敏生物传感器检测方法研究、评估和优化海藻水产养殖的环境和社会经济效益、鱼类免疫在极端环境下的进化、针对阿米巴原虫的海洋微生物天然药物的高通量协同筛选与机制研究、海洋钻井平台滑模观测器综合与分析研究、基于海洋植物内生真菌的新型药物先导结构发现、从深海黑色软海绵中活性药物的发掘和生产、藻类资源与养殖环境等。

（二）中国海洋资源研究主要科研成果

近几年，我国海洋资源研究相关部门和学术界根据国家海洋事业发展的实际需要，在海洋综合调查、海洋探测技术、海洋资源相关规划、科研论文和研究专著等方面取得了丰富的成果。

1. 调查成果

2012 年 10 月 26 日，新中国成立以来调查规模最大、涉及学科最全、采用技术手段最先进的国家综合性专项——“我国近海海洋综合调查与评价”专项（简称“908 专项”）在北京顺利通过总验收。

通过“908 专项”调查与研究，基本摸清了我国近海海洋环境资源家底，更新了我国近海海洋基础数据和图件，对海洋环境、资源及开发利用与管理等进行了综合评价，构建了中国“数字海洋”信息基础框架，提出了有关我国海洋开发、环境保护和管理政策的系列建议，为国家宏观决策、海洋经济建设、海洋管理和海洋安全保障提供了有效的支撑和服务。

“908 专项”还组织实施了海岛海岸带、海洋灾害、海水资源利用、海洋可再生能源、海域使用现状、沿海地区社会经济等一系列专题调查，获得了我国近海海洋可再生能源蕴藏量与分布，海水资源开发利用现状、海砂资源的分布和资源量、海洋灾害分布等第一手资料。查明了我国近海海洋可再生能源总蕴藏量、总技术可开发装机容量，包括潮汐能蕴藏量、潮流能蕴藏量、波浪能蕴藏量、温差能蕴藏量、盐差能蕴藏量及海洋风能蕴藏量；查清了我国近海海水资源潜力及开发利用状况，明确我国沿海地区水资源短缺日益严重，水资源已经成为制约沿海地区经济社会可持续发展的重要瓶颈；总体掌握了我国近海海砂资源的分布和资源量，掌握了我国重要海砂资源区面积和估算资源量，包括近海陆架出露海砂和陆架埋藏砂；首次评价了我国潜在海水增养殖资源并选划出潜在资源海域，评价得出全国具有潜在开发价值的海水养殖区面积，包括池塘养殖区面积、底播养殖区面积、筏式养殖区面积、网箱养殖区面积和工厂化养殖面积；首次评价了我国新型潜在滨海旅游资源并选划出潜在资源区，在中国沿海城市范围内，对现有滨海旅游资源进行评估，确定了潜在滨海旅游区选划原则和指标体系；首次获取了我国滨海湿地面积，选划出潜在滨海旅游资源区；系统认识了我国近海海洋生态系统健康状况、生态功能和服务价值，明确我国近海海洋经济动物资源面临着严峻形势，近海渔业资源整体处于衰退状态。

经过全国 180 余家涉海单位及 3 万余名海洋科技工作者历时 8 年多的努力，这些专项成果得以相继推出并投入应用[115]。

2. 技术成果

海洋资源的开发很大程度上依赖于海洋探测技术与研究装备的研发。我国海洋调查船、深潜器等技术装备在经历了研制、试验和应用后，近几年来在海洋资源的勘探与研究中发挥了重要的作用。

海洋调查船与队伍的建设方面，目前中国拥有近海调查船和远洋调查船 50 余艘，其中近海调查船主要分布沿海大中城市，“大洋一号”“实验 1”“海洋六号”“科学号”“雪龙号”等大洋综合调查船的建成使用显著提升了我国海洋综合探测能力与研究水平，为开展深远海综合科学考察研究、深化我国深海战略布局提供了强有力的能力支撑。中国海洋调查船队于 2012 年 4 月，由国家海洋局联合国家发改委、教育部、科技部、财政部、中国科学院和国家自然科学基金委等单位成立。自成立以来，承担了 40 多家部门和单位的 800 多项海洋调查任务，包括国家海洋基础性、综合性和专项调查等任务，以及国家重大研究项目、国际重大海洋科学合作项目和政府间海洋合作项目涉及的调查任务，累计航行天数超过 14000 天。经过近几年的发展，基本形成了覆盖全国海区的区域服务能力，并初步形成了近岸、远海、大洋和极地的综合考察能力，实现了国家海洋科考能力跨越式发展，促进我国海洋科学考察能力和研究水平跻身国际前列。

深潜器研制与应用方面，2012 年 7 月 16 日，我国自主集成研发的“蛟龙”号载人潜水器圆满完成了 7000 m 级海试，最大下潜深度达到 7062 米，使我国成为继美国、法国、俄罗斯、日本之后第 5 个掌握大深度载人深潜技术的国家。2013 年，“蛟龙”号试验性应用航次在南海实施，载人潜水器首次搜索观测到了面积约为 2000 平方米的由大量的毛瓷蟹、蜘蛛蟹、深海虾、贻贝等构成的冷泉生物群落。自 2013 年以来，“蛟龙”号载人潜水器在中国南海、东太平洋海盆区、西太平洋海沟区、西太平洋海山区、西南印度洋脊、西北印度洋脊等 6 大海区开展了试验性应用航次，取得了丰硕的科考下潜成果，有效地推动了我国的深海科学与技术发展[116]。

3. 规划成果

近年来，随着海洋资源相关规划的相继出台，逐渐形成了《全国海洋主体功能区规划》《国家海洋事业发展“十二五”规划》等规划成果。

《全国海岛保护规划》（本段落简称《规划》）于 2012 年 4 月公布实施，全面分析了当前海岛保护与利用的现状、存在的问题和面临的形势，是引导全社会保护和合理利用海岛资源的纲领性文件，是从事海岛保护、利用活动的依据。《规划》明确了海岛分类、分区保护的具体要求，确定了海岛资源和生态调查评估、领海基点海岛保护、海岛生态修复等十项重点工程，并在组织领导、法制建设、能力建设、公众参与、工程管理和资金保障方面提出了具体保障措施。《规划》提出，到 2020 年，实现海岛生态保护显著加强、海岛开发秩序逐步规范、海岛人居环境明显改善、特殊用途海岛保护力度增强[117]。

《国家海洋事业发展“十二五”规划》（本段简称《规划》）于 2013 年 4 月发布实施，对“十二五”期间我国海洋资源管理目标和内容进行了详细阐述，内容涵盖海洋资源、环境、生态、经济、权益和安全等方面的综合管理和公共服务活动。部署了科学养护和利用海洋资源、加强海域使用管理、实施海岛分类分区管理、加大海洋污染防控力度、加大海洋生态保护和修复力度、加强对海洋经济发展的指导与服务、提升海洋公共服务质量和水平、增强海洋领域应对气候变化和海洋灾害风险防范及应急管理能力、加强海上维权巡航执法、全面参与国际海洋事务、加强国际海域资源调查与极地考察、推进海洋技术产业化、强化海洋教育和人才培养、健全海洋法律法规体系、培育海洋文化产业等 15 项主要任务。同时，《规划》还提出了制定海洋发展战略、实施海洋综合管理、强化规划配套指导、加大政府投入力度等保障措施[118]。

《全国海洋主体功能区规划》（本段落简称《规划》）作为《全国主体功能区规划》的重要组成部分，于 2015 年 8 月出台实施，标志着国家主体功能区战略实现了陆域国土空间和海域国土空间的全覆盖，对于推动形成陆海统筹、高效协调、可持续发展的国土空间开发格局具有重要促进作用，对于实施海洋强国战略、提高海洋开发能力、转变海洋发展方式、保护海洋生态环境、维护国家海洋权益等具有重要战略意义。《规划》是推进形成海洋主体功能区布局的基本依据，也是海洋空间开发的基础性和约束性规划。《规划》提出要针对内水和领海、专属经济区和大陆架及其他管辖海域等的不同特点，根据不同海域资源环境承载能力、现有开发强度和发展潜力，合理确定不同海域主体功能，科学谋划海洋开发，调整开发内容，规范开发秩序，提高开发能力和效率，着力推动海洋开发方式向循环利用型转变，实现可持续开发利用，构建陆海协调、人海和谐的海洋空间开发格局[119]。

在沿海省市层面也相继编制完成了海洋资源相关规划，如《浙江省海洋资源保护与利用“十三五”规划》《江苏省海岛保护规划（2011—2020 年）》《山东省海岛保护规划》《广东省海洋功能区划（2011—2020 年）》《广西海洋经济可持续发展“十三五”规划》《上海市海洋发展“十二五”规划》《宁波市海洋经济发展规划》等。

4. 论文成果

2012—2016 年，海洋资源研究论文成果丰硕。利用中国知网数据库平台，以“海洋资源”为主题，对 2012 年 1 月 1 日—2016 年 12 月 31 日期间发表的论文进行检索，共筛选出 597 篇海洋资源研究论文，其中期刊论文 480 篇，学位论文（平台收录的优秀硕士论文和博士论文）73 篇，会议论文 44 篇（图 1）。

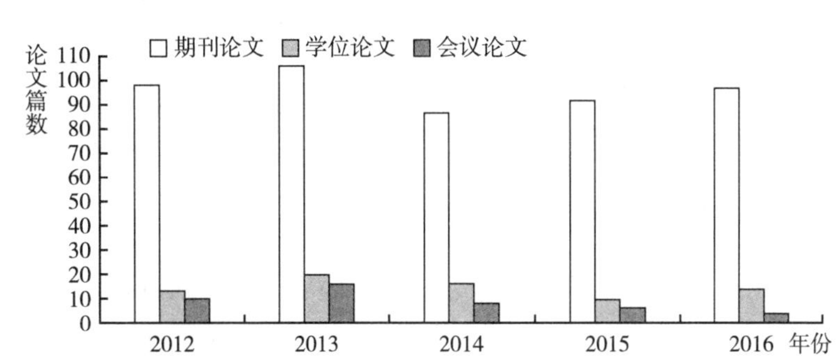

图 1　2012—2016 年海洋资源研究论文发表情况

通过知网数据库平台的关键词共线网络分析图（图 2），可以发现研究针对海洋资源的开发利用、可持续发展、海洋渔业资源、海洋文化资源、海洋产业、蓝色经济区、对策、保护、管理等内容进行了较为集中的讨论。从学科的分布来看，相关文献主要涉及海洋科学、资源科学、水产和渔业、地理学、环境科学、经济学、公共管理学等学科，因此研究学科的交叉性较为突出。

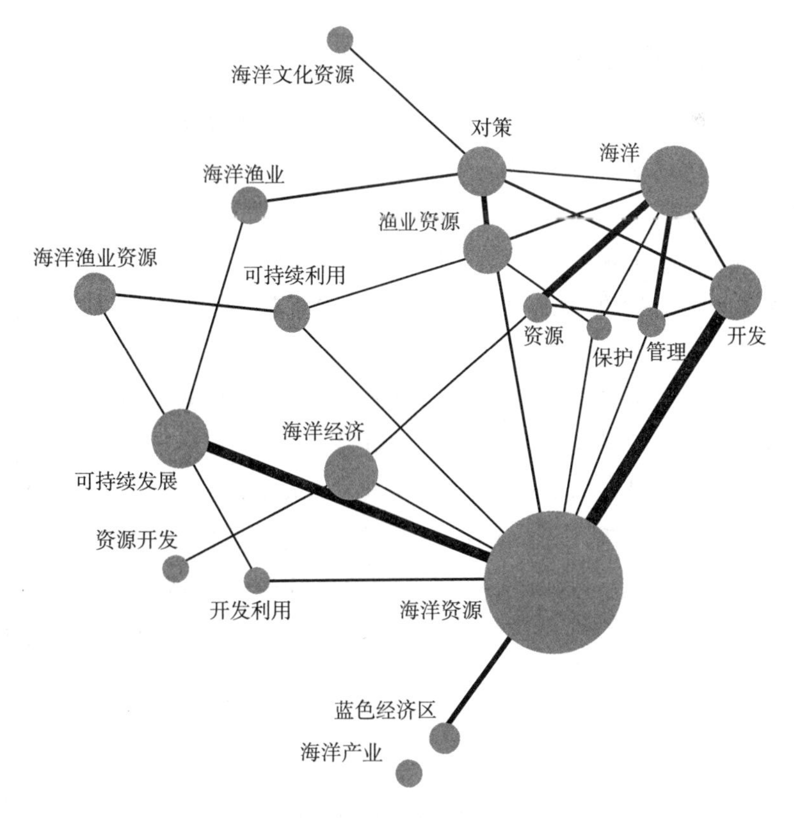

图 2　关键词共线网络分析图

5. 著作成果

近年来，随着海洋资源研究的不断深入，逐渐形成了丰富的著作成果。据不完全统计，2012—2016 年海洋资源相关著作共 40 本，由相关专著内容可看出，我国海洋资源学研究的内容主要是基础的海洋资源分类、分布与开发以及海洋环境、经济、政策研究。

（三）中国海洋资源研究成果奖励

海洋资源研究作为国家科技创新体系的重要内容，近年来科技成果也十分突出。2012—2016 年度获国家级科技奖以及部分获海洋科学技术奖的海洋类项目情况也反映了我国在海洋资源学领域的发展重点与成果。

2012 年以来，我国在海洋资源学领域的成果主要集中在以下几方面：

一是海洋资源勘探开采技术，如遥感技术和水下探测技术，以油气资源的勘探与开发为主；二是海洋生物资源的开发，以海水养殖的产业化发展和渔业资源可持续利用为主；三是海洋装备的开发，包括船舶、海洋工程设备、抗腐蚀材料等。

四、中国海洋资源学科建设主要成就

（一）中国海洋资源研究相关机构

以主要目标为分类依据，将我国海洋资源研究相关的机构分成服务国家战略、支撑基础研究和资源利用技术研发 3 大类。

1. 服务国家战略

服务国家战略一直是海洋资源学科发展的重要使命。20 世纪 40 年代以来，南京大学（时中央大学）等研究机构的地理地质专家就开始参与南海疆界线的划定等工作，为中国南海权益的维护做出了奠基性工作。近年来，我国政府部门及相关研究机构围绕海洋强国战略，开始大力开展海洋资源调查、发展海洋经济与海洋科学技术，同时积极展开有关维护国家海洋权益、制定海洋战略决策等方面的研究。

目前主要服务国家战略的专业机构有国土资源部系统内与海洋资源有关的科研部门如国家海洋局系统下第一海洋研究所、第二海洋研究所、第三海洋研究所等，而与海洋资源开发利用相关的重点实验室则包括了海洋油气资源与环境地质重点实验室、海底矿产资源重点实验室、南海海洋资源利用国家重点实验室，此外还有侧重国家海洋权益保护的中国南海协同创新中心。

2. 支撑基础研究

支撑基础研究是大部分海洋资源学专业机构都具备的功能，但承担基础研究支撑的专业机构主要是中国科学院系统下的相关海洋研究所，以及大部分涉海高校下属的研究所和实验室，包括中国海洋大学、北京大学、同济大学、南京大学、厦门大学等综合性大学下设的实验室及研究所，侧重对于海洋资源成因、演变规律、开发利用方向等方面的研究。其中中国海洋大学涉及领域较为广泛深入，如海洋物理、海洋化学、海洋生物等方面都有较为深入的研究，其他大学则各有偏重，如厦门大学侧重近海或滨海海洋环境以及海洋信息技术的研究，南京大学侧重海岸与海岛资源及环境的研究，同济大学侧重海洋地质方面的理论研究，而北京大学则主要研究海洋系统与全球变化。

3. 资源利用技术研发

海洋资源的不同用途体现了不同的资源利用方向。为了更好地开发利用海洋资源，大部分涉海院校及研究所实验室都在加大对资源利用技术的研发投入。目前将资源利用技术研发作为主要职能和基本定位的专业研究机构主要是以行业为背景的应用型院校，如侧重船舶与海洋工程学的工科类院校，侧重渔业资源开发利用的水产类院校。

一般而言，工科类院校侧重船舶与海洋工程学科，如上海交通大学的船舶与海洋工程等，哈尔滨工程大学的港口海岸及近海工程、水声工程等，还有航运院校的轮机工程、航海技术专业，如大连海事大学的轮机、航海专业等。大多数水产院校与部分农林类大学，如大连海洋大学、上海海洋大学等的海洋渔业科学与技术专业与水产养殖专业。

4. 研究方向统计情况

通过对各海洋资源学相关研究所与高校所设研究方向的梳理，发现目前海洋资源学研究领域多集中在海洋资源与环境研究、海洋生物资源利用、物理海洋学、海洋地质等方面；相对比较少的机构研究领域涉及的是远洋渔业、水产养殖、海洋探测技术与工程等方面（如图 3）。

其中，由南京大学牵头的中国南海研究协同创新中心特别开展了关于南海问题的综合研究，以实现南海权益最大化为目标，服务国家南海战略决策。

（二）中国海洋资源研究人才培养情况

国家积极支持海洋资源学科人才培养。国家海洋局于 2010 年 9 月与北京大学、清华大学、南京大学、中国海洋大学、浙江大学等国内 17 所高校签署协议，全面实施中国海洋人才培养战略[120]，海洋资源学相关专业毕业生也逐年递增，为海洋资源开发、海水养殖、海洋油气开发等行业和相关部门输送了大量人才。近几年，我国在海洋固体矿产资源和海洋油气资源的开发与利用取得重大进展，加上国家政策倾斜，相关专业的就业形势较好，且有持续增加的趋势。

目前我国涉及海洋科学学科研究生培养的单位有 46 个（不含台湾、香港、澳门地区）[121]，共设置二级学科物理海洋学专业 25 个、海洋化学专业 25 个、海洋生物学专业 28 个、海洋地质专业 19 个，除学科专业目录规定之外，还包括海洋药学、海洋物理、海洋生态、海洋气象、海岛开发与保护、海洋事务、海洋渔业资源、海洋资源与权益综合管理等自主设置二级学科专业。海洋资源学在学科的不断交叉和融合中得到发展，海

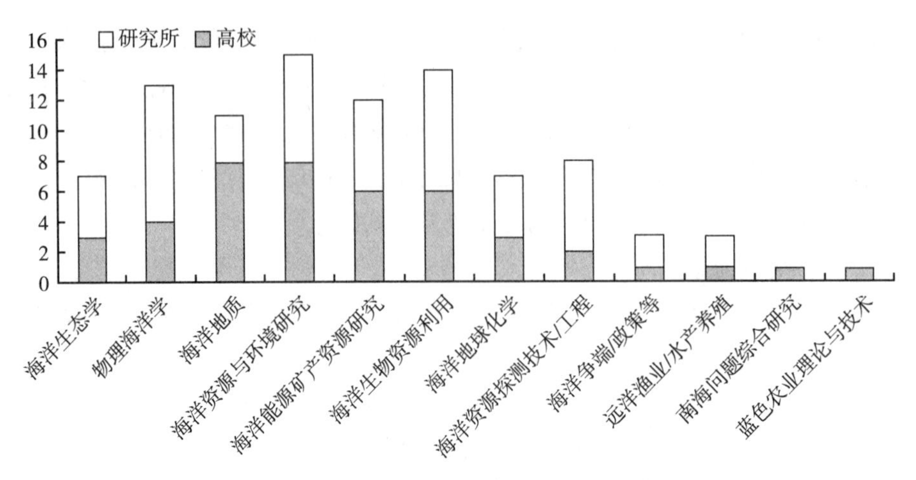

图 3 各研究所和高校海洋资源研究方向概况

洋资源学人才因此具有更加丰富的知识结构，能够更加适应经济社会发展需求和学科发展需要，利于满足海洋强国建设战略的人才需求。

与此同时，由图 4 可以看出，对海洋资源的研究分散在各个学科门类中，其中海洋地质学、海洋生物科学与技术、物理海洋学以及海洋地球化学等专业设置最为广泛，北京大学、浙江大学等设置了海洋战略研究，中国海洋大学另开设了海洋水产养殖的专业课程，这些均丰富了海洋资源学科专业研究领域。

海洋资源学并未成为专业和完善的学科体系，仅作为重要的研究方向依托课题与项目对其开展研究。因此在人才培养过程中存在师资力量、人才培养方案、课程标准设置等未及时跟进等问题，使得人才培养专业性难以得到保证。因此，需要加快完善海洋资源学科专业方向设置、人才培养方案以及相关配套软硬件设施和师资力量，健全海洋资源学人才培养体系，为国家重大海洋资源战略提供专业人才伍。

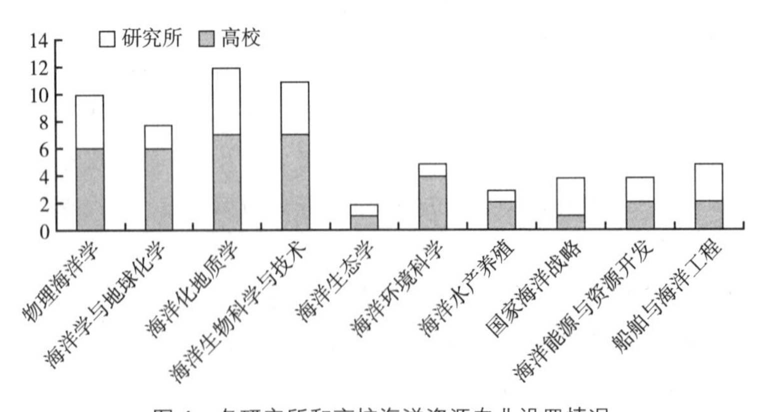

图 4 各研究所和高校海洋资源专业设置情况

（三）中国海洋资源学科交流平台建设情况

2012年以来，围绕“海洋强国”战略，海洋资源相关的政府部门及各高校展开了促进海洋资源学科的交流平台建设工作。中国科学技术协会、中国海洋学会、中国太平洋学会、中国海洋湖沼学会、中国水产学会等学术团体积极主办国内和国际学术会议及论坛，包括中国海洋论坛、海洋强国战略论坛、国际海岛论坛等，以海洋微生物学、海参资源保护与持续利用、渔业资源养护、海洋与湖沼生态安全、中韩围填海环境影响与管理政策等为主题，产生了较大的影响力。促进了海洋资源领域的学术交流与学科的发展，也促进了国内、外专家学者和学术团体的交往与合作。

《海洋学报》《海洋科学进展》《海洋世界》《中国海洋湖沼学报》《太平洋学报》等期刊作为学术论文发表的主要平台，充分发挥了学术团队的人力知识的集中优势，切实提高了学术交流的效率和影响力，也为海洋资源研究者展现论著成果提供了良好的条件。

五、中国海洋资源研究展望

（一）中国海洋资源研究发展趋势

近年来，海洋资源研究进入快速发展阶段，其发展趋势可以归结为以下三个方面。

一是由近海浅海资源研究向远洋深海资源研究发展。受过去30年的生产力和科技水平的限制，海洋开发的重点区域主要在海岸带和近海区域，主要为海洋生物资源、港口航道资源、滨海旅游资源等传统海洋资源，在占海洋表面积80%以上的深海区域内资源勘探和开发进程较为滞后，因此有着巨大的发展空间[122]。随着我国水下深潜技术的发展，目前我国对海洋资源的开采已经开始向深水发展，包括深海油气资源、深海矿产资源和深海生物基因资源等深海战略性资源。

二是从传统海洋资源产业研究向新兴海洋资源产业研究发展。海洋资源研究的发展与海洋资源产业的发展紧密相关，海洋资源产业发展越成熟，标志着对该领域的海洋资源了解越详细、理论发展越完善。目前对海洋资源产业的发展研究已经从海洋航运、盐业与海洋捕捞业等传统产业的研究转向海洋油气开采、海水养殖、海底采矿等新兴的产业研究。海洋资源产业在新兴产业的不断壮大之下日益成熟和完善，受目前的资源紧缺尤其是能源短缺的影响，海洋生物资源（海水养殖、药物利用）、海洋油气资源、海洋能资源等相关产业是近期的研究热点。

三是从不合理开发利用研究向可持续发展研究转变。由于过去环保意识、科技水平与政策引导等方面的不足，在对海洋资源进行开发利用的过程中产生大量的环境和生态问题，譬如过度开发造成海洋资源枯竭，矿产、新能源等资源开发利用能效低下，海洋空间、旅游资源开发混乱无序等，对海洋环境造成巨大污染，使得海洋生态压力持续增加，进而影响了人的生存环境。随着对可持续发展理论的认识不断深入，在国家生态文明建设的政策引领下，针对如何防止开发海洋资源的过程中造成的负面影响，如何使海洋资源高效益、有秩序地合理开发等问题的研究逐渐占据主流。

（二）中国海洋资源研究方向

根据中国海洋资源研究现状、战略需求和发展趋势，结合世界经济发展和能源格局出现的新变化、我国经济发展进入“新常态”的时代背景，总结在今后一段时期内，我国海洋资源研究的主要方向和研究重点。

1. 海洋资源的开发利用研究

（1）海洋矿产资源的开发利用研究。进一步查清锰结核、深海沉积物稀土资源、多金属硫化物等海洋矿产资源的空间分布情况；借鉴国外技术经验，丰富海洋固体矿产资源的调查方法与分析手段，继续进行技术攻关，为商业开采提供技术支撑的同时兼顾生态利益，为制定我国新形势下的矿产资源战略提供依据。

（2）海洋生物资源的开发利用研究。以海洋资源承载能力为基础，深入研究如何实现海洋生物资源的高效开发和可持续利用，以保证食物安全为重要前提进行海洋生物资源的研发，重点研发环境友好型海水养殖发展工程、近海生物资源养护工程、极地大洋渔业资源开发工程、海洋食品加工与质量安全保障工程等海洋食物开发工程，实现海洋生物资源的可持续开发利用。

（3）海水及海水化学资源的开发利用研究。创新海水淡化的工艺和技术方法，尽快实现节能、环保、高效的海水淡化方式研究，促进海水资源作为缺水地区和海岛的第一供水源；浓缩后海水的资源化利用方面，提取钾肥向精细化和系列化的方向发展，进一步提高经济效益；制备新型镁盐功能性材料则是浓海水镁盐的发展方向；加强浓海水综合利用策略、循环经济模式以及海水淡化扶持政策研究，建立国家补贴机制推进海水淡化产业化发展，以求突破海水淡化产业市场瓶颈。

（4）海洋能资源的开发利用研究。突破目前海洋能源的试验和积累经验阶段，围绕《可再生能源发展“十三五”规划》的布局，继续推进优势海洋能资源的开发利用研究，对各类海洋能的协调发展进行研究，以期实现各类的海洋可再生能源互补开发和综合利用；开展新技术装置研究和实验，建立并完善海洋能观测体系和评估机制。

（5）海洋油气资源的开发利用研究。强化海洋油气资源开采技术的更新与优化研究，加快南海油气资源开发力度；借鉴国外先进的深水开采技术并结合我国实际海域运行情况加以完善；完善油气资源的价值评估体系，针对原油泄露等环境风险性因素，加强突发事件预警和处理机制研究，加强海洋油气资源的开发与环境保护相结合的对策研究。

（6）海域天然气水合物资源的开发利用研究。天然气水合物和可燃冰仍是战略储备资源，研究前景广阔，加强对我国东海陆坡、南海北部陆坡、东沙陆坡和南沙海槽、台湾省东北和东南海域、冲绳海槽等拥有水合物产出良好条件的区域的研究力度，同时加强与天然气水合物环境有关的生物、化学、物理效应的研究，推动我国水合物的合理开发和利用工作向纵深推进。

（7）海洋旅游资源的开发利用研究。注重海洋旅游资源开发过程中的生态环境效应和生态旅游业的发展研究，以促进海洋生态文明建设；结合“一带一路”构想的背景和机遇，加强海洋旅游产业的发展战略研究，开展21世纪海上丝绸之路国家旅游合作研究。

（8）海洋空间资源的开发利用研究。深入调查和研究沿海滩涂的围垦开发、海岸带的围填海利用现状，促进围填海指标的合理安排和对非法围填海的查处；加强对岛礁建设的生态影响和战略价值研究，推进海域划界以及和周边国家主权争端的解决机制研究；对涉海事务协调机制进行研究，切实维护国家海洋权益。

（9）海洋资源国际合作开发研究。“21世纪海上丝绸之路”建设为中国与沿线国家的蓝色经济合作提供重要平台，以此为切入点，以能源、产业、科技、生态环境等为重点领域研究沿线国家海洋资源和蓝色经济合作开发的框架和机制，推动中国与沿线国家之间的要素流动、通道安全和海洋可持续发展的实现。

2. 海洋资源与生态环境的系统研究

（1）海洋资源与生态环境的影响研究。加强海洋资源和生态环境相互影响机制的研究，明确二者之间的内在联系和互动机理，从而提高公众对海洋资源与环境的认识，促进对海洋客观规律的认识和尊重，有助于可持续发展观在海洋领域的落实。

（2）海洋资源与生态环境的评价研究。以海洋资源环境对社会经济发展的支撑能力为主线，进一步探索海洋资源承载力的评价，重点加强指标体系和综合评价方法的研究；基于海洋资源承载力研究，加强对海洋用途管制等制度体系的探索。

（3）海洋资源与生态环境保护的对策研究。以生态优先、环保优先为前提，加强陆海统筹污染防治机制研究，促进海域污染的源头控制与治理；深化围填海生态补偿机制、海洋生态修复工程、海洋生态红线制度研究，从而有效控制破坏海洋生态环境的开发利用活动，改善海洋生态环境，维护海洋生态价值和社会价值。

3. 海洋资源与经济社会发展研究

（1）海域资源价值评估研究。明确海域资源价值的复杂性和区别于土地资源价值的独特性，总结海域评估的多样性影响因素，在此基础上进一步针对海域资源价值的评估开展研究和调查，同时加强方法和制度的研究，建立健全海域资源评估的技术方法；结合实际工作和调研数据，开展海域使用金的标准化研究，为我国海域评估工作的顺利开展提供理论支撑。

（2）海洋产业发展与布局研究。加强海洋养殖业由近海向深海拓展的技术研究；以海洋主体功能区规划为依据，针对海洋交通运输、海洋船舶制造等海洋产业现存的市场萎缩、产能过剩、债务沉重等问题的解决机制开展研究，同时深入研究海洋产业发展的布局模式和优化升级，从而优化海洋产业结构、转变海洋经济发展方式、促进海洋经济的不断壮大。

（3）区域海洋经济发展战略研究。在明确沿海地区发展的差异性和共性的基础上，开展沿海地区的比较优势识别和地区主导产业的布局研究，通过创新海洋科技促进海洋产业结构升级，完善差异化发展战略，加快海洋经济产业“走出去”步伐，转移化解我国海洋产业过剩产能。

（三）中国海洋资源研究前景展望

中国海洋资源研究在促进海洋资源科学开发、加强海洋生态环境保护、推进海洋经济建设和实现国家海洋权益维护等方面具有关键性作用，在科学和技术研究、学科体系的构建和完善以及国际交流合作等方面呈现良好的发展前景。

1. 科学和技术研究协同发展

海洋资源的研究史同时也是海洋技术的发展史，每一项重大发现的背后，几乎都伴随着一项新技术的出现。对海洋资源的研究越来越考虑到海洋资源复合性强、层次丰富的显著空间特点，逐渐对近海、深海和大洋形成的有机整体开展综合系统的科学研究，与之相伴而行的是不断创新的技术研究。海洋科学调查船使得人们开始对全球海洋资源有了较为全面的了解；海洋遥感方便了人们进行大尺度的海洋资源调查；水声探测技术和深潜器的发展使得人们对海洋资源的认识从海面深入到海底。科学与技术的协同发展既是海洋资源学的发展特点，也是其发展的必然要求。只有科学与技术协同发展，才能推动海洋资源学不断创新发展。

2. 学科体系的构建和完善

海洋资源学科尚未形成清晰明确的学科体系，它是海洋科学与资源科学的交叉学科，同时因海洋资源的繁多种类，海洋资源研究涉及地理学、生物学、化学、物理、经济学、管理学等多门类的学科。海洋资源研究的不断深入正推动着海洋资源学科体系的建立和完善，也促进了专业化人才队伍的不断扩大。另外，海洋并不是一个孤立的系统，它是地球系统的重要组成部分，与岩石圈、水圈、大气圈、生物圈等圈层都时刻进行着物质与能量的交换，如近海与大洋之间的相互作用、陆海相互作用、海气相互作用。因此，各个领域的相互配合与交叉在海洋资源的研究中得到越来越充分的体现。

3. 国际交流和合作不断深入

在资源学科积极推动国际交流与合作的过程中，海洋资源领域的研究也十分注重国际视野的培养和国际经验的借鉴。中国积极参与国际学术组织的“国际大洋发现计划”（IODP）和“国际地圈—生物圈计划（IGBP）”，在不断加强参加科学调查研究的同时，充分和高效利用过去几十年培养的人才与基础知识储备，大力发展、提高大洋综合科学研究与观测能力和基础设施建设，组建实验研究中心及观测基地、组织国内外合作研究，增强了全球变化研究能力、提高了海洋研究的国际化程度，对于国家未来发展与生存空间的拓展利用也发挥了关键作用[123]。相信随着我国海洋强国战略的不断推进，我国海洋资源研究的国际化水平和影响力将会显著提高。

参考文献

[1] 国家海洋局. 国家海洋事业发展“十二五”规划［EB/OL］. http：//www.soa.gov.cn/zwgk/fwjgwywj/shxzfg/201304/t20130411_24765.html.

[2] 王颖. 中国区域海洋学. 海洋地貌学［M］. 北京：海洋出版社，2012.

[3] 崔木花，董普，左海凤. 我国海洋矿产资源的现状浅析［J］. 海洋开发与管理，2005（5）：18-23.

[4] 黄龙，耿威，王中波，等. 渤海东部和黄海北部表层有用重砂资源及影响因素［J］. 海洋地质前沿，2016，32（5）：40-47.

[5] 黄龙，张志珣，杨慧良. 东海陆架北部表层有用重砂资源形成条件及成矿远景［J］. 海洋地质前沿，2012（7）：10-16.

[6] 秦亚超，李日辉，姜学钧. 黄海中北部和渤海东部表层沉积物重矿物特征及其物源分析［C］// 中国东部和海域地质特征及资源环境学术研讨会 . 2013.

[7] 吴绍渊. 南海海底稀土元素研究进展［J］. 海洋科学，2014，38（3）：116-121.

[8] 曾志刚，张维，荣坤波，等. 东太平洋海隆热液活动及多金属硫化物资源潜力研究进展［J］. 矿物岩石地球化学通报，2015，34（5）：938-946.

[9] 李建生，凌建忠，程家骅. 中国海域两种大型食用水母利用状况分析及沙海蜇资源量评估［J］. 海洋渔业，2014，36（3）：202-207.

[10] 卢占晖，薛利建，张龙，等. 东海大陆架虾类资源量评估［J］. 水生生物学报，2013（5）：855-862.

[11] 冯波，颜云榕，张宇美，等. 南海鸢乌贼资源评估的新方法［J］. 渔业科学进展，2014（4）：1-6.

[12] 王新星，陈作志，黄梓荣，等. 南海北部沿岸自然保护区内大珠母贝资源现状初步分析［J］. 南方水产科学，2016，12（2）：110-115.

[13] 李建生，凌建忠，程家骅. 秋季东海北部和黄海南部沙海蜇资源分布及其与底层温盐度的关系［J］. 海洋渔业，2012，34（4）：371-378.

[14] 刘鸿，叶振江，李增光，等. 黄海中部近岸春夏季鱼卵、仔稚鱼群落结构特征［J］. 生态学报，2016，36（12）：3775-3784.

[15] 刘文博，刘鸿，叶振江，等. 黄海中部近岸小黄鱼与蓝点马鲛鱼卵时空分布的初步研究［J］. 浙江海洋学院学报（自然科学版），2015，34（6）：526-531.

[16] 刘尊雷，谢汉阳，严利平，等. 黄海南部和东海小黄鱼资源动态的比较［J］. 大连海洋大学学报，2013，28（6）：627-632.

[17] 赵淑江，吕宝强，李汝伟，等. 物种灭绝背景下东海渔业资源衰退原因分析［J］. 中国科学：地球科学，2015，45（11）：1628-1640.

[18] 徐兆礼，陈佳杰. 再议东黄渤海带鱼种群划分问题［J］. 中国水产科学，2016，23（5）：1185-1196.

[19] 杨涛，单秀娟，陈云龙，等. 黄海中南部狮子鱼种类的分析［J］. 渔业科学进展，2015，36（5）：19-25.

[20] 张亚洲，李振华. 2014 年春季东海带鱼资源保护区海域浮游动物群落结构［J］. 浙江海洋学院学报（自然科学版），2015，34（4）：305-309.

[21] 王龙，张楠，马振华，等. 南海永暑礁海域六指多指马鲅，日本金线鱼和银鲳的体长——体重关系及形态

学研究［C］// 中国水产学会学术年会 . 2014.
［22］高文胜，刘宪斌，张秋丰，等．渤海湾近岸海域浮游动物多样性［J］．海洋科学，2014，38（4）：55-60.
［23］任中华，李凡，魏佳丽，等．渤海东部海域秋季底层游泳动物种类组成及群落多样性［J］．生态学报，2016，36（17）：5537-5547.
［24］丁鸽，张代臻，张华彬，等．黄渤海海域口虾蛄野生资源的种群遗传学研究［J］．四川动物，2015，34（4）：494-499.
［25］张代臻，丁鸽，周婷婷，等．黄海海域口虾蛄种群的遗传多样性［J］．动物学杂志，2013，48（2）：232-240.
［26］隋宥珍，周永东，卢占晖，等．东海海域口虾蛄种群遗传多样性［J］．动物学杂志，2016（2）：291-300.
［27］范艳波，王中铎，郭昱嵩，等．南海海域红斑后海螯虾的分子识别与群体遗传分化［J］．海洋与湖沼，2013，44（1）：220-225.
［28］马玉艳，张秋丰，徐玉山，等．渤海湾基础生物资源现状及其变化趋势［J］．海洋环境科学，2013（6）：845-850.
［29］吕振波，李凡，徐炳庆，等．黄海山东海域春、秋季鱼类群落多样性［J］．生物多样性，2012，20（2）：207-214.
［30］刘尊雷，谢汉阳，严利平，等．黄海南部和东海小黄鱼资源动态的比较［J］．大连海洋大学学报，2013，28（6）：627-632.
［31］赵淑江，吕宝强，李汝伟，等．物种灭绝背景下东海渔业资源衰退原因分析［J］．中国科学：地球科学，2015，45（11）：1628-1640.
［32］孟辉，李倩，夏芸，等．沧州渤海新区海冰资源开发利用的可行性分析［J］．水资源与水工程学报，2016，27（4）：55-60.
［33］方宏达，陈锦芳，段金明，等．中国近岸海域海水水质及海水淡化利用的研究进展［J］．工业水处理，2015，35（4）：5-10.
［34］万勇，张杰，孟俊敏，等．基于 ERA-Interim 再分析数据的 OE-W01 区块南海争议海域渔业合作，促波浪能资源评估［J］．资源科学，2014，36（6）：1278-1287.
［35］郑崇伟，贾本凯，郭随平，等．全球海域波浪能资源储量分析［J］．资源科学，2013，35（8）：37-41.
［36］刘首华，杨忠良，岳心阳，等．山东省周边海域波浪能资源评估［J］．海洋学报，2015，37（7）：108-122.
［37］郑崇伟，黎鑫，孙成志，等．中国海海浪波周期季节特征的精细化模拟分析［J］．海洋科学进展，2014，01：44-49.
［38］沈朴，刘丽芳，吴克强，等．渤海海域埕岛油田新近系油气差异聚集主控因素［J］. 科学技术与工程，2016，16（2）：138-142.
［39］强昆生，吕修祥，周心怀，等．渤海海域黄河口凹陷油气成藏条件及其分布特征［J］. 现代地质，2012，26（4）：793.
［40］滕长宇，邹华耀，郝芳，等．渤海海域天然气保存条件与分布特征［J］．天然气地球科学，2015，26（1）：71-80.
［41］刘燕戌，李文勇．南黄海航空重力局部异常解析［J］．地球物理学进展，2015（3）：1418-1425.
［42］陈凯，漆家福，刘震，等．渤海海域渤东地区新生代断裂特征及对油气的控制［J］．地质科技情报，2012，31（1）：63-71.
［43］刘金萍，王嘹亮，简晓玲，等．北黄海盆地中生界原油特征及油源初探［J］．新疆石油地质，2013，34（5）：515-518.
［44］冉伟民，栾锡武，姜效典，等．南黄海盆地油气勘探现状及前景分析［C］// 全国沉积学大会沉积学与非常规资源 . 2015.

[45] 林霖，沙志彬，龚跃华，等．南海北部海域天然气水合物成矿区游离气分布特征研究［J］．南海地质研究，2013（1）：18–24.
[46] 吴能友，张光学，梁金强，等．南海北部陆坡天然气水合物研究进展［J］．新能源进展，2013，1（1）：80–94.
[47] 牛华伟，郑军，曾广东．深水油气勘探开发——进展及启示［J］．海洋石油，2012，32（4）：1–6.
[48] 郭峰．我国非常规油气资源及其开发前景展望［C］// 非常规油气成藏与勘探评价学术讨论会 . 2013.
[49] 曾宪军，韦成龙，李福元，等．南海北部海域油气资源调查技术及其应用研究——拖缆及海底地震仪联合勘探观测系统研究［J］．海洋技术学报，2015，34（5）：114–118.
[50] 李丽松，苗琦．天然气水合物勘探开发技术发展综述［J］．天然气与石油，2014，32（1）：67–71.
[51] 罗敏，王宏斌，杨胜雄，等．南海天然气水合物研究进展［J］．矿物岩石地球化学通报，2013，32（1）：56–69.
[52] 苏正，曹运诚，杨睿，等．南海北部神狐海域天然气水合物成藏模式研究［J］．地球物理学报，2014，57（5）：1664–1674.
[53] 李丽松，苗琦．天然气水合物勘探开发技术发展综述［J］．天然气与石油，2014，32（1）：67–71.
[54] 光新军，王敏生．海洋天然气水合物试采关键技术［J］．石油钻探技术，2016，44（5）：45–51.
[55] 吴传芝，赵克斌，孙长青，等．天然气水合物开采技术研究进展［J］．地质科技情报，2016（6）：243–250.
[56] 李国强．论南海人文资源［J］．南海学刊，2015（1）：2–9.
[57] 何青，李靖宇．陆海统筹战略取向下的中国大“S”型海域经济带创建构想（续）［J］. 港口经济,2013（7）：5–9.
[58] 刘芝凤．闽台海洋民俗文化遗产资源分析与评述［C］// 文化遗产区域保护与活化学术研讨会暨首届中国文化遗产保护研究生论坛 . 2013.
[59] 王江涛．我国海洋空间资源供给侧结构性改革的对策［J］．经济纵横，2016，No.365（4）：39–44.
[60] 华祖林，耿妍，顾莉．滩涂围垦的环境影响与生态效应研究进展［J］．水利经济，2012，30（3）：66–69.
[61] Suo Anning，Zhang Minghui，Yu Yonghai，等．Loss appraisal on the value of marine ecosystem services of the sea reclamation project for Caofeidian 曹妃甸围填海工程的海洋生态服务功能损失估算［J］．海洋科学，2012，36（3）：108–114.
[62] 赵心．从国际法角度解读中国南沙岛礁建设的法律性质问题［J］．理论与改革，2015（6）：158–161.
[63] 马博．审视南海岛礁建设法理性问题中的三个国际法维度［J］．法学评论，2015（6）：153–161.
[64] 李智，李天生．有效管辖视角下中国南海海权的维护［J］．中国海商法研究，2013，24（4）：82–86.
[65] 汪业成，刘永学，李满春，等．基于场强模型的南沙岛礁战略地位评价［J］．地理研究，2013，32（12）：2292–2301.
[66] 成王玉，刘永学，李满春，等．基于 AHP 与模糊综合评价方法的南沙东部岛礁战略价值评价［J］．热带地理，2013，33（4）：381–386.
[67] 王颖，葛晨东，邹欣庆．论证南海海疆国界线［J］．Acta Oceanologica Sinica，2014，36（10）：1–11.
[68] 唐盟，马劲松，王颖，等．1947 年中国南海断续线精准划定的地形依据［J］．地理学报，2016，71（6）：914–927.
[69] 赵伟．南（中国）海周边国家协议解决海域划界争端的实践及其对中国的启示［J］．中国海洋法学评论：中英文版，2013（1）：136–181.
[70] 陈永蓉．浅析中日东海海域划界争端［J］．企业导报，2013（5）：5–6.
[71] 公衍芬，杨文斌，谭树东．南海油气资源综述及开发战略设想［J］．海洋地质与第四纪地质，2012（5）：137–147.
[72] 张湘兰，胡斌．南海渔业资源合作开发的国际法思考［J］．海南大学学报人文社会科学版，2013，31（4）：

7–12.
[73]胡德坤，韩永利.《旧金山和约》与日本领土处置问题[J]. 现代国际关系，2012（11）：8–13.
[74]张水锴. 通过由下而上的跨界合作共同养护西北太平洋跨界鱼种资源[J]. 中国海洋法学评论：中英文版，2014（2）：1–25.
[75]唐峰华，岳冬冬，熊敏思，等.《北太平洋公海渔业资源养护和管理公约》解读及中国远洋渔业应对策略[J]. 渔业信息与战略，2016，31（3）：210–217.
[76]孙才志，李欣. 环渤海地区海洋资源、环境阻尼效应测度及空间差异[J]. 经济地理，2013，33（12）：169–176.
[77]魏合龙，孙治雷，王利波，等. 天然气水合物系统的环境效应[J]. 海洋地质与第四纪地质，2016（1）：1–13.
[78]侯西勇，刘静，宋洋，等. 中国大陆海岸线开发利用的生态环境影响与政策建议[J]. 中国科学院院刊，2016，31（10）：1143–1150.
[79]张明慧，陈昌平，索安宁，等. 围填海的海洋环境影响国内外研究进展[J]. 生态环境学报，2012（8）：1509–1513.
[80]李仕涛，王诺，张源凌，等. 30a 来渤海填海造地对海洋生态环境的影响[J]. 海洋环境科学，2013，32（6）：926–929.
[81]苏艺，刘佳，韩晓庆，等. 海水养殖对海洋生态环境的影响——以河北省昌黎县为例[J]. 江苏农业科学，2012，40（3）：306–309.
[82]孙伯良，王爱民. 浙江省海洋经济 – 资源 – 环境系统协调性的定量测评[J]. 中国科技论坛，2012（2）：95–101.
[83]易爱军，商思争. 海洋环境资源可持续发展指标体系的框架研究[J]. 绿色科技，2016（22）：161–162.
[84]李晓敏，张杰，曹金芳，等. 广东省川山群岛开发利用生态风险评价[J]. 生态学报，2015，35（7）：2265–2276.
[85]刘佳，万荣，陈晓文. 山东省蓝色经济区海洋资源承载力测评[J]. 海洋环境科学，2013，32（4）：619–624.
[86]关道明，张志锋，杨正先，等. 海洋资源环境承载能力理论与测度方法的探索[J]. 中国科学院院刊，2016，31（10）：1241–1247.
[87]张晓霞，陶平，程嘉熠，等. 海岛近岸海域资源环境承载能力评价及其应用[J]. 环境科学研究，2016，29（11）：1725–1734.
[88]李建勋. 国际海洋资源环境管理困境与破解——基于集体行动理论的视角[J]. 太平洋学报，2012，20（11）：89–97.
[89]刘慧，苏纪兰. 基于生态系统的海洋管理理论与实践[J]. 地球科学进展，2014，29（2）：275–284.
[90]陈尚，任大川，夏涛，等. 海洋生态资本理论框架下的生态系统服务评估[J]. 生态学报，2013，33（19）：6254–6263.
[91]朱瑞，张东，顾云娟，等. "数字辐射沙脊群"资源与环境信息管理平台设计和关键技术[J]. 海洋通报，2012，31（2）：168–175.
[92]丁家旺，秦伟. 电化学传感技术在海洋环境监测中的应用[J]. 环境化学，2014，33（1）：53–61.
[93]王岚. 国际海底区域开发中的环境保护立法——域外经验及中国策略[J]. 湖南师范大学社会科学学报，2016，45（4）：91–98.
[94]张志卫，赵锦霞，丰爱平，等. 基于生态系统的海岛保护与利用规划编制技术研究[J]. 海洋环境科学，2015，34（2）：300–306.
[95]率鹏，郭帅，曹竞祎，等. 海洋石油环境污染的处理及其防治[J]. 中国造船，2013（a02）：571–575.
[96]杨红，杭君. 上海海域溢油生态环境风险区划研究[J]. 长江流域资源与环境，2015，24（1）：106–113.

[97] 李健，赵世卓，史浩．考虑海洋环境突发事件的大数据海陆协同治理体系研究［J］．科技管理研究，2015（17）：104–108.
[98] 李孟刚．中国海洋产业安全报告：2011–2012［M］．北京：社会科学文献出版社，2012.
[99] 闻德美，姜旭朝，刘铁鹰．海域资源价值评估方法综述［J］．资源科学，2014，36（4）：670–681.
[100] 王喜刚，王尔大．海岸带地区环境资源经济价值的评估方法及实证分析［J］．技术经济，2013，32（9）：99–105.
[101] 栾维新，杜利楠．我国海洋产业结构的现状及演变趋势［J］．太平洋学报，2015（8）：80–89.
[102] 蔡权德，栾维新，黄杰，等．产业结构调整与我国沿海港口吞吐量的关系［J］．中国港湾建设，2011（04）：72–74.
[103] 狄乾斌，刘欣欣，王萌．我国海洋产业结构变动对海洋经济增长贡献的时空差异研究［J］．经济地理，2014，34（10）：98–103.
[104] 宁凌，胡婷，滕达．中国海洋产业结构演变趋势及升级对策研究［J］．经济问题探索，2013（7）：67–75.
[105] 李娜．长三角海洋经济竞争力评价与整合［J］．华东经济管理，2012，26（11）：22–26.
[106] 吴姗姗，张凤成，曹可．基于集对分析和主成分分析的中国沿海省海洋产业竞争力评价［J］．资源科学，2014，36（11）：2386–2391.
[107] 高源，韩增林，杨俊，等．中国海洋产业空间集聚及其协调发展研究［J］．地理科学，2015，35（8）：946–951.
[108] 于谨凯，刘星华，单春红．海洋产业集聚对经济增长的影响研究：基于动态面板数据的 GMM 方法［J］．东岳论丛，2014，246（12）：140–143.
[109] 狄乾斌，刘欣欣，曹可．中国海洋经济发展的时空差异及其动态变化研究［J］．地理科学，2013，33（12）：1413–1420.
[110] 方春洪，梁湘波，刘容子．基于海湾空间的海洋经济差异分析——以辽东湾、渤海湾、莱州湾为例［J］．中国人口·资源与环境，2012，22（2）：170–174.
[111] 盖美，赵丽玲．辽宁沿海经济带经济与海洋环境协调发展研究［J］．资源科学，2012，34（9）：1712–1725.
[112] 高强，高乐华．海洋生态经济协调发展研究综述［J］．海洋环境科学，2012，31（2）：289–294.
[113] 刘赐贵．加强海洋生态文明建设 促进海洋经济可持续发展［J］．海洋开发与管理，2012，29（6）：16–18.
[114] 人民网．维护海洋权益 建设海洋强国［EB/OL］. http：//www.china.com.cn/opinion/theory/2017–09/22/content_41631606.htm.
[115] 中国网．向国家提交圆满答卷 908 专项顺利通过总收．http：//www.china.com.cn/node_7000058/content_27206536_2.htm.
[116] 刘保华，丁忠军，史先鹏，等．载人潜水器在深海科学考察中的应用研究进展［J］．海洋学报，2015，37（10）：1–10.
[117] 中央政府门户网站．国家海洋局公布实施《全国海岛保护规划》［EB/OL］．http：//www.gov.cn/jrzg/2012–04/19/content_2117571.htm.
[118] 中央政府门户网站．《国家海洋事业发展“十二五”规划》日前出台［EB/OL］．http：//www.gov.cn/gzdt/2013–01/25/content_2319714.htm.
[119] 新华网．国务院印发《全国海洋主体功能区规划》［EB/OL］．http：//news.xinhuanet.com/politics/2015–08/20/c_1116317876.htm.
[120] 乔宝刚，李秀光，薛清元．海洋科学专业的毕业生就业流向——以中国海洋大学为例［J］．中国大学生就业，2012（1）：45–47.
[121] 王辉赞，张韧，冯芒，等．我国海洋学科研究生培养专业开设现状分析与展望［J］．海洋开发与管理，

2016，33（4）：90–93.
［122］姜秉国，韩立民. 海洋战略性新兴产业的概念内涵与发展趋势分析［J］. 太平洋学报，2011，19（5）：76–82.
［123］张虎才. 参加国际大洋发现计划 IODP 361 的启示［J］. 地球科学进展，2016，31（4）：422–427.

撰稿人：黄贤金　殷　勇　李升峰　袁　苑　刘　云　林静霞　秦亚情

ABSTRACTS

Comprehensive Report

Advances and Prospects of Resources Science

Resources science is a newly-developing interdiscipline, mainly studying the formation, evolution, quality characteristics, spatial and temporal distribution of natural resources, and its correlation with social development of human beings. This report analyzes the resources problems confronted by the social and economic development in China, reviews on the important progress and disciplinary construction achievements in resources research in recent years, and came up with the direction and major fields of research on natural resources in the future.

Resource problem confronted by social and economic development in China

After entering 21st Century, social development of human beings has faced with three global resources problems: the first is the earth system characterized as climate warming results in the reduction of biodiversity, declining of water resource and degradation of land; the second is that the water pollution, soil pollution and air pollution triggered by human activities reduces the quantity of renewable resources and causes the declining of quality; the third is that the regional conflict such as energy fighting and mineral exhaustion occurs frequently in strategic resource area and the geopolitics and economics risk increase.

China has a large population and the per capita occupancy volume of farmland, water, energy, mineral and other important resources is low. Not only is the global resource problem prominent, but the resource problem brought by industrialization and urbanization are more complicated. It mainly shows that: 1) The water and soil resources are highly utilized, but the effective demand is weak and the effective supply is insufficient, so the development and renovation are difficult and the optimized allocation of resource is complicated; 2) Energy structure is unreasonable and the resource flow cost is very high; 3) management and high-efficient utilization mechanism of natural resource and asset is imperfect, the comprehensive utilization of resource is low and wastage is serious; 4) resource region (or city) is transformed slowly, and social and economic development keeps depressed; 5) Some important strategic resources, such as energy and agricultural products and etc., depend highly on the foreign trade and national resource has high security risk.

Recent research progress and disciplinary construction achievement

In the last several years, more than one hundred state key projects related with resources research has been initialized and completed, and tens of thousand copies of paper, research report, thematic map and monographs have been published. The research on resources science and the innovation of the technology for natural resource utilization have made far-reaching development.

(1) Natural resources investigation develops toward globalization, professionalization and normalization. In the last several years, the execution of some transnational projects of scientific survey for natural resources, such as *Integrated Scientific Expedition in North China and Its Neighboring Area*, it is marks that the natural resource survey and research of our country has not been merely limited to domestic territory. Especially, the investigation supported by national science and technology key project, has been deepened to focus on some key areas and disciplinary fields, such as *The Integrated Survey for the animal Resources in Southwestern Tibet Plateau*, *The Investigation of Changes of Salt Lake Resources in China*, *The Investigation of Oleaginous Microalgae in China* and so on.

(2) Research on five traditional resources like land, water, creature, energy mineral and climate resources has made a remarkable progress. In several years, land exploitation, utilization, regulation and protection are systematically researched based on the new situation analysis of the urban-rural development transformation, and the results play an important role in solving resource problems in the industrialization and urbanization process. In the aspect of water resources research, it especially captured some major technologies of in-depth disposal of wastewater in some major industries and constructs the basic technology system and monitoring prewarning network of water environment treatment. Exploitation of medicinal animal and plant resources, utilization of crop residue resources, and the real time monitoring of forest resources have been become an important research field for biological resources. The efficient utilization of energy

and mineral resources and its innovation of application technology are emphatically studied. And it is also a current attractive topic to study the impact of climate change on hydrology and water resources.

(3) Marine resource investigation and ocean resource exploitation technology realizes stepping development. The achievements were gained mainly in the marine resources exploration and mining technology, the development of marine biological resources and the development of marine equipment. Especially, 908 special project figures out the situation of marine environment offshore in our country, updates the basic data of offshore ocean and evaluates the development, utilization and management of ocean resource comprehensively. In addition, the design of seawater desalination project and the application technology development of marine biological resources also make prominent progress.

(4) Resource flow research, resource circulation research and ecological compensation mechanism research laid a solid foundation for establishing management and high-efficient of utilizing natural resources and assets. Especially, the trial compilation work of "*Natural Resource Balance Sheet*" completed recently provides a solid science and technological support for natural resource and asset audition of leaders upon dismissal.

(5) The disciplinary history of resource science has been analyzed, the construction resource science talent cultivation system and subject teaching material system is ongoing orderly. The professional research institute and professional team grows stronger and the position of subject is clearer.

(6) Research on hydrology and water resource, research on change in land coverage and land utilization, research on global climatic change and coping strategy, and research on biodiversity has been transformed from the past tracking orientation to participating in international cooperation plan and self-independent innovation. International science and technology cooperation ability and influence have stepped to a new stage.

The development trend and prospect of the discipline in the future

"13th Five-Year Plan" period is a victory-determining stage of building a moderately prosperous society in an all-around way and entering the rank of innovative nation. National scientific and technological innovation has listed "high-efficient development and utilization of resource" as a special field and proved special support for it. Nearly half of the prospective fields listed in the report Innovation 2050: Science & Technology and the Future of China prepared by Chinese

Academy of Sciences are related to resources and the resource science has broad development prospect in the future. In the construction of disciplinary theory basis, traditional interdisciplinary synthesis walks toward cross, fusion and integration, and the independent theory system and methodology start emerging; and the international cooperation in resource science will be expanded and deepened further.

The research topic and technological innovation in the future will focus on the following aspects: 1) Coupling research of land and water resources; 2) Research on efficient development and utilization of ocean resource; 3) Research on efficient development and utilization of energy and mineral resources; 4) Technological method innovation of resource science in big data age; 5) Research on theoretical basis of natural resource and asset accounting; 6) Technological innovation of renewable resource utilization; and 7) Research on national resource security strategy.

Written by Li Jiayong

Reports on Special Topics

Research on Resource-exhausted Cities Transformation in Northeast China

The northeast China is the region full of resource-based cities that have been undergoing the industrial transformation from the viewpoint of economic development. Those cities amounts to 14% of the resource-based cities in China, most of which belong to resources-exhausted cities and need to develop new industrial sectors to sustain their economic growth. In recent years, the economic growth in the region has continued to slow down, and the major economic indicators of those resource-based cities fell more obviously. “Resource curse” effect existed in more than 70% of those resource-based cities burdened by exhausting resources and out-of-date production facilities, and exerted a great negative effect on their further economic growth and sustainable development through industrial transformation in the region. Since the year of 2008, when the country launched a program of Revitalizing Old Industrial Bases and began to support a large-scale transformation of resource-exhausted cities, great progress has been made in the transformation and development of resources-exhausted cities in northeast China, drawing much attention of researchers to probe into what has happened there. Recent research topics on those resource-based cities in northeast China have been mostly focusing on the following four aspects. First, what are the problems existed in the transformation process and how to solve those problems so as to keep those cities' sustainable development; second, in which aspects should the evaluation of development capability for those cities be concentrated on and extended to; third, what are the driving forces and which kinds of influences of those forces exerted on the industrial transformation and mainly on which sectors; and fourth, how to build up a series of feasible transformation strategies to realize the continuous economic growth in the region. In the future, the researches on resource-based cities in northeast China will focus on the four following topics: the suitable composition of industrial sectors for fully exploiting the regional comparative advantages in resources, the prior consideration on ecological conservation and environmental protection during the industrial transformation, the consideration of the social welfare and resident livelihood while developing local economy, and the institutional reformation and system construction adapting to new economic situations. According to the characteristics of the natural resources in the region, some special areas, such as the isolated mining area, the mining subsidence area, etc., will be paid more attention to in the future research practices.

Written by Zhang Wenzhong, Yu Jianhui

Advances in Agricultural Resources in North China Plain

North China plain has faced severe challenges in the agricultural resources with limited amount of cultivated land, cultivated land quality degradation and pollution problems. In addition, water resource scarcity, extensive agriculture water use, water use inefficiency, poor water management and over-exploitation of ground water in north China plain are still big concerns. Furthermore, agricultural waste resources are high demand in production and low utilization, which caused higher pressure in environment. Therefore, in-depth study of relevant fields is great significant for the sustainable development of agriculture in north China plain.

During the period from 2012 to 2016, great achievements have been made in previous research of agricultural resources for the north China plain, such as studies on arable land resources, water resources and agricultural waste resources. Firstly, the researchers have mainly focused on the investigation of cultivated land resources and its quality monitoring and management, sustainable utilization and protection of cultivated land, and the management of cultivated land resources. Secondly, the water resources research has been raised in terms of comprehending agricultural water consumption and its utilization efficiency, the impact from climate change on water resources, high efficient management of water resources and sustainable utilization. Thirdly, the research on resource utilization of agricultural wastes has also been developing on the way towards agricultural sustainability.

In the past five years, 38 National Major research projects and 129 National natural science foundation projects has been achieved. Several collaborative research projects have been carried out between China and Netherlands, UK and Australia. 5673 research papers were published, including 3183 journal articles, 2343 Master's and PHD thesis, and 147 conference papers. The top 5 periodicals in research papers are Journal of Agricultural Engineering, Anhui Agricultural Science, Chinese Agriculture Bulletin, Journal of Plant Nutrition and Fertilizer and Journal of Natural Resources. Based on the number of PHD students, the top 5 universities are China Agricultural University, Chinese Academy of Agricultural Sciences, Northwest Agriculture and Forestry University, University of Chinese Academy of Sciences and Nanjing Agricultural University.

For upcoming three to five years, the research trend includes the following perspectives: 1) Ecological effect research on the utilization of cultivated land resources; the application of new technologies such as 3S technology and big data in the precision and informatization of regional cultivated land resources and study on the land regulation theory and method of quantity, quality and ecological trinity; 2) In-depth research on water cycle mechanism of water resources under changing environment; the basic research on efficient utilization and comprehensive management of multi-water resources under intense competition conditions, and research on prevention and control of regional water resources pollution; 3) The agricultural straw treatment continues to be dominated by straw mulching and energy utilization, and vigorously promotes the fertilizer and feed utilization of straw. Livestock and poultry breeding waste are mainly utilized in energy, fertilizer and feed. Based on the research and combination of the regional characteristics, the research, demonstration and promotion of comprehensive utilization mode of agricultural waste will still be carried out to promote waste recycling use.

Written by Jiang Rongfeng, Kong Xiangbin, Shen Yanjun, Ma Lin, Cui Jianyu, Cui Zhenling, Li Yanming, Zhang Fusuo

Advances in Soil and Water Conservation Research in the Loess Plateau Region

Soil and water resources are not only basic conditions for human survival, but also important material bases for economic and social development. Realizing the sustainable utilization of water and soil resources as well as the sustainable maintenance of the ecological environment is an objective requirement of sustainable economic and social development. Under the long-term influence of human activities, the Loess Plateau region has become an area with the most serious water and soil erosion in China, and even in the world. Since the beginning of the 21st century, with the continuous deepening of the basic theoretical research on soil and water conservation as well as the gradual maturity of relevant methods and techniques, the conservation of water and soil resources in the Loess Plateau region has achieved remarkable results. Besides, the ecological environment in that region has significantly improved, while the economy and society there have achieved a rapid growth. Based on a systematical review on the conservation history of soil and water resources in the Loess Plateau region, this report summarizes the recent research status and main progresses of soil and water conservation there. From the perspectives of national strategic needs, the development of regional water and soil resources as well as the progress of resource science, this report illustrates the strategic needs of the study on the conservation of water and soil resources in the Loess Plateau region in detail. It also systematically sorts out and analyzes the major research topics, main scientific research achievements, research team establishments, and scientific research awards in the past 5 years. In addition, it proposes 4 development trends of the research on water and soil conservation in the Loess Plateau region in the near future, and propounds 5 major research directions and 17 research priorities in this field. Among those research topics, the mechanism and models of soil erosion process, the environmental effects of soil and water conservation, the key technologies in soil and water conservation, the ecological services provided by soil and water conservation, and the conservation of soil and water resources for ecological construction, are the mainstreams in research fields. Finally, this report provides an outlook of the future development of soil and water conservation research in the Loess Plateau region.

Written by Xue Dongqian, Song Yongyong, Wan Sisi, Gu Kai, Meng Fanli

Research on Water Resources and Land Resources in Northwest China

Northwest China is an important protective shelterbelt and buffer zone to maintain the national ecological security and is also the core zone of the "Belt and Road" strategy in the new period. In recent years, a series of ecological and environmental problems have been triggered with the influence of global warming and human activities. A series of studies referred to the key problems of water resources and exploitation and utilization of land resources in Northwest China have been carried out in order to achieve the regional sustainable development. Northwest China showed a transition from warm-dry to warm-wet and a significant increase trend of extreme hydrological event. Summer precipitation in Northwest China is mainly affected by westerly water vapor transport and water vapor from Bay of Bengal around the east of Tibet Plateau. The deep groundwater of inland basin in Northwest China formed in the middle Holocene (3000-160000 years) with poor renewal ability and the atmospheric rainfall is difficult to reach this hinterland region to form an effective supply for its groundwater recovery. The intense solar radiation caused obvious hysteresis and loopback feature between daily variation of canopy conductance and the main environmental factors of a typical crop (i.e. grape) in the drought oasis. Meanwhile, resulting from the high surface heterogeneities, one special phenomenon, known as the "oasis effect" was often observed and enhanced evapotranspiration (ET) in the extremely arid area in Northwest China.

In recent years, the trend of land desertification has been reversed somewhat in northwest China, but the driving forces behind are still not very clear. Meanwhile, the total value of ecosystem services in this region has showed an upward trend. Under the background of global change, there is a need of further strengthening the researches into the water resources vulnerability and uncertainty; the coupling of nature/society based on water recycling process; and the establishment of a quantitative evaluation index system to maintain regional ecological security from the viewpoint of land and water resources conservation.

Written by Zhu Gaofeng, Bao Anming, Ma Jinzhu, Qin Fucang

Research on Natural Resources in Hilly Area of Southeast China

The hilly area of southeast China refers to the vast area located in the south China, west to the Yun-Gui Plateau region and north to the Yangtze River, ranging between 20°N~28°N, 110°E~120°E with low and gentle hills or valleys. It covers an area of about 1150 103km^2, with the most abundant water, thermal and biological resources in China. The significant progress has been made in resource research in the hilly area of Southeast China from 2012 to 2016. Through resource surveying and resource evaluation, the advantages and characteristics of the regional resources as well as the main problems of resources use existing in the region have been found out. Important progress has been made in the fields of the development, utilization and protection of water resources, land resources, biological resources, energy resources, mineral resources and geothermal resources etc.. The investigation of forest resources, production capacity of forest resources, ecological benefits of forest resources, restoration of forest ecosystems, characteristics of resource flows and their influencing factors, ecological and socio-economic effects of resource flows, and optimal allocation of regional resources have also been finished. The establishment of monitoring systems for various resources, including biological resources, forest resources, agricultural resources and land resources has provided important support for the utilization of resources and ecological construction in the region, building up an important research platform for the development of resources disciplines. From 2012 to 2016, the research teams in institutions of higher learning and the research institutes engaged in resources research have been continuously expanding, while the investment in scientific research has been continuously increasing. Meanwhile, the quality of personnel training has been markedly improved, and the resource discipline has been significantly developed along with the improvement of research facilities.

The research on resources in the hilly area of southeast China will focus on the following major fields, in the future, showing an application-oriented trend: 1) The application of resources research into the regional economic growth coordinated with local social development in the southeastern hilly region; 2) The development of quantitative methods and modelling for precise and digitalized resources research with computer-aided techniques; 3) The extensive application of new technologies and new methods in regional resource research.

In the future, the research on resources in the hilly areas of southeast China should be under the guidance of the major national strategies and aiming at the long-run needs. With the key resources, such as water resources, land resources, biological resources, energy resources and mineral resources, as the prioritized research targets, the key research directions will be extended to the following fields: 1) the carrying capacity of resources use in light of ecological and environmental security in the southeastern hilly region; 2) the compilation of the balance sheet for the regional natural resources; 3) the impacts and effects of regional resources exploitation and utilization on regional ecology and environment; 4) the regional resource flow process with a view of optimal resources allocation. A prosperous outlook for the area can be expected: through the combination of basic research with applied research, the advantages of resources in the hilly area of southeast China will be transformed into the advantages of economic development, the problem of comparatively shortage in regional resources will be solved, and the sustainable development of regional economy will be reached at last. Meanwhile, along with the realization of those goals, the construction of the resources disciplines in the area will be promoted and developed much further.

Written by Chen Songlin, Liao Shangang

Research on Natural Resources in Mountain and Hilly Area in Southwest China

The mountainous and hilly area in southwestern China is a vast land area with many high mountain peaks and deep valleys. There are, however, not only large quantities but also great varieties of natural resource stocks in this mountainous and hilly area.. Thus, the area is one of the most treasured places with abundant natural resources and great potentials in China.

In this Chapter, the characteristics, the spatial and temporal changes and the utilization status of water resource, land resource, biota resource and landscape resource in the area were specified according to their unique features. The impacts of land use and land cover change, the infrastructure construction, such as large hydro-power stations, railways and/or highways, and the urbanization process throughout the whole area on land, water, biota and landscape resources have been extensively summarized. Meanwhile, the negative responses of those natural resources resulted from the intensified use by accelerated human activities, especially the urbanization process, to the local and regional ecology and environment were analyzed with introduction to some case study practices. The future challenges and the strategies for solving those problems caused by the irrational use of natural resources in the past have also been put forward. To realize the sustainable utilization of resources and to keep the sustainable economic growth in the area, the following principles should be obeyed in the future research, namely, paying special attention to the regional water energy resources exploitation with a view of hydrological cycling, focusing more on land resource consolidation from the viewpoint of man-land relationship, and stressing on the ecological conservation in the process of biological resources use. Based on the analysis and elaboration on those above-mentioned issues, we then have stated some research trends and most-concerned topics for future research into the natural resources in the mountainous and hilly area in southwest China, under the new era situation of "Ecological civilization and green development". The water resource, biological resource, and the carrying capacity of land resource in the mountainous area should be, in particular, among the prioritized topics in resources research.

Written by Deng Wei, Zhu Bo, Wang Xiaodan

Advances in Alpine Grassland Resources Research in the Qinghai-Tibet Plateau

As the largest area of natural grassland resources in China, about 1.525×10^6 km^2 alpine grassland such as alpine meadow, alpine steppe and alpine desert, distributes on the Qinghai-Tibet plateau, taking up 59.28% of the total land areas of the plateau. The alpine grassland is not only the base for animal husbandry for local farmers, but also an important ecological security barrier for China and other countries nearby. In recent years, however, the alpine grassland on the Qinghai-Tibetan plateau is undergoing a severe degradation process, owing to its sensitive and fragile features to human disturbances as from the increased overgrazing, along with the global climate change.

Aiming to solve above-mentioned problems, in recent 5 years, supported by the national basic research program (the 973 project), the science and technology plan project, the natural science foundation project, etc., many research institutes and universities have carried out a series of researches into the alpine grasslands on the Qinghai-Tibet plateau, and made important progress in the fields of grassland ecosystems. The topics of those researches mainly focused on or concerned to, 1) the dynamic response in phenology of grassland's dominant species, species composition in grassland community, productivity of grassland ecosystems, and the carbon cycling of the grasslands to climate change, etc.; 2) the breakthrough in key technologies and the pilot demonstrations for restoration of the degraded alpine grasslands in different areas; and 3) the assessment and evaluation on a few major ecological engineering projects, such as the first phase of ecological conservation and construction planning for the Sanjiangyuan Nature Reserve (2005—2013), and the barrier project of protection and construction for regional ecological security on the Tibetan plateau (2008—2014). The achievements of those ecological projects have provided a scientific basis for future ecological restoration projects and further researches on grassland resources on the Qinghai-Tibet plateau.

The future researches about the alpine grassland resources on the Qinghai-Tibet plateau will, aiming at the international frontier of science, and guided by the national demands and the practical needs from the local governments, mainly focus on the following topics: 1) response and adaption of alpine grassland ecosystems to global change; 2) investigation and surveying of alpine grassland resources and their dynamic changes; 3) utilization and protection of alpine grassland resources to promote the regional economic, social and ecological developments, and 4) continuing research on some key technologies for the restoration of the degraded grassland on the Qinghai-Tibet plateau.

Written by Zhang Xianzhou, Zeng Zhaoxu, He Yongtao

Advances in Marine Resources Research

China owns abundant marine resources, such as biological resources, energy resources, mineral resources, space resources and tourism resources, which constitutes to an important part in China's natural resources. Under the situation of economic globalization, the ocean will play an ever-increasing and important role in national security and world economic growth and human development. The coastal countries, especially the developed coastal countries, actively carried out the investigation, research, and utilization of marine resources. Research on marine resources, is for the purpose of developing the marine economy, using marine resources, protecting marine ecology and environment, and safeguarding national marine rights and interests.

In recent years, researches on China's marine resources have gained fruitful achievements. The report has summarized the research achievements of marine resources from 2012 to 2016, the current situation of marine resources research in China, and the achievements of discipline construction. Meanwhile, the report also analyzed the strategic needs of marine resources research, and elaborated the research trends, direction and prospects of marine resources in China.

The achievements gained from the China's marine resources research include, 1) surveying on the marine mineral resources, marine biological resources, sea water and sea water chemistry, ocean energy resources, marine oil and gas resources, marine gas hydrate resources, coastal tourism resources, marine spatial resources and some other kinds of marine resources; 2) developing in technological innovation and application, and international cooperation; 3) revealing the influence of human activities on the marine resources and ecological environment, and putting forward some countermeasures to mitigate the situation; 4) evaluating the feasibility of co-development of marine resources and social-economic development, and the industry layout for regional marine economy.

With respect to the national strategic needs of marine resources, the report put forward the "marine power" strategy. Research on China's marine resources can effectively meet the needs of protecting marine ecology and environment, strengthening the marine economy, and maintaining China’s marine rights and interests. China's marine resources research mainly meets the strategic needs from the following four aspects: 1) to alleviate resource shortage and promote the expansion of marine resources; 2) to implement and strengthen the protection of marine ecology and marine environment; 3) to insist on land-sea coordination and promote the marine economy; 4) to settle down the disputes over sovereignty and maintain the national maritime rights and interests of China.

In recent five years, China's marine resources researches have yielded fruitful results in the following three aspects: 1) conducted the comprehensive marine survey, developed marine detection technology, issued marine resources planning; 2) published a large number of research literature and research monographs; 3) developed equipment and tools for marine resources exploration and mining, as well as fishing on marine biological resources.

There are at present a large number of Institutions conducting marine resource research, involving diverse disciplines with different research goals. The construction of the subject interaction platform is constantly advancing, to promote personnel training and academic communication in all the disciplines of marine resources research.

The marine resources research is developing with the following trends: 1) researches extending from offshore shallow sea resources to deep-sea resources; 2) researches extending from traditional marine resources industry to new marine resources industry; 3) researches focusing on the sustainable use and exploitation of marine resources . There are three major research directions for marine resources at present, including marine resources development and utilization of marine resources; relationship between marine resources and the marine ecosystems and marine environment; and functions of marine resources to the regional economic and social developments. Those research directions can be described in detail, , the research on the development and utilization of marine biological resources, sea water and sea water chemical resources, ocean energy resources research, marine oil and gas resources, natural gas hydrate resources, marine tourism resources, marine space resources, international cooperation in marine resources use, impacts of resources use on marine ecology and environment, assessment of marine resources and marine environment, countermeasures for environmental protection, evaluation on marine resources, development and layout of marine industry, and strategy for regional marine economy development.

China's marine resources research has played a crucial role in promoting scientific utilization of marine resources, strengthening the protection of marine ecological environment, promoting the construction of marine economy, and helping to safeguard and maintain national marine rights and interests. Thus, there is still an urgent need to promote the coordinated marine resources research, in particular, to develop further the international cooperation and the disciplinary construction.

Written by Huang Xianjin, Yin Yong, Li Shengfeng, Yuan Yuan

索 引